双柏恐龙河州级自然保护区

主编 郑进烜 余昌元

云南出版集团

YNK 云南科技出版社

·昆明·

图书在版编目（ＣＩＰ）数据

双柏恐龙河州级自然保护区 / 郑进烜, 余昌元主编
. -- 昆明：云南科技出版社, 2021.12
ISBN 978-7-5587-4034-3

Ⅰ.①双… Ⅱ.①郑… ②余… Ⅲ.①自然保护区—
介绍—楚雄彝族自治州 Ⅳ.①S759.997.42

中国版本图书馆CIP数据核字(2021)第248213号

双柏恐龙河州级自然保护区
SHUANGBAI KONGLONG HE ZHOUJI ZIRAN BAOHUQU
郑进烜　余昌元　主编

出 版 人：温　翔
策　　划：高　亢
责任编辑：赵　敏　赵敏杰
封面设计：长策文化
责任校对：张舒园
责任印制：蒋丽芬

书　　号：ISBN 978-7-5587-4034-3
印　　刷：昆明亮彩印务有限公司
开　　本：889mm×1194mm　1/16
印　　张：16
字　　数：410千字
版　　次：2021年12月第1版
印　　次：2021年12月第1次印刷
定　　价：68.00元

出版发行：云南出版集团　云南科技出版社
地　　址：昆明市环城西路609号
电　　话：0871-64192481

编辑委员会

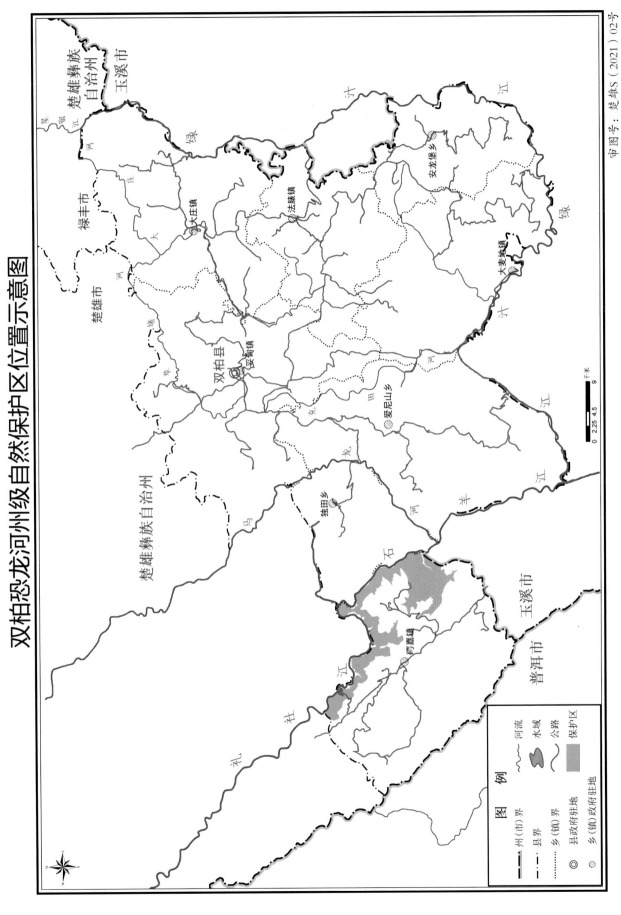

双柏恐龙河州级自然保护区位置示意图

审图号：楚雄S（2021）02号

双柏恐龙河州级自然保护区植被分布图

审图号：楚雄S（2021）02号

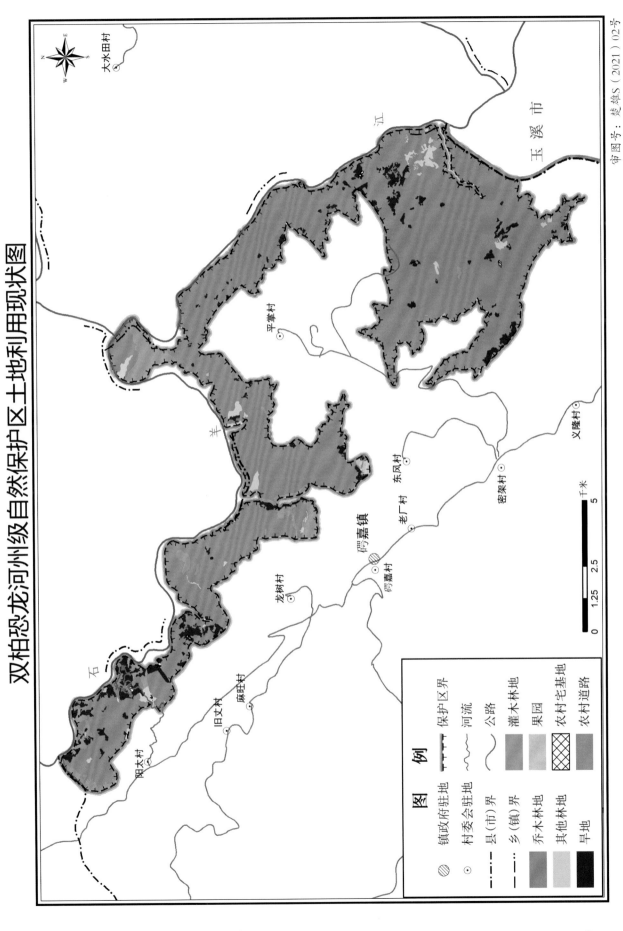

双柏恐龙河州级自然保护区土地利用现状图

审图号：楚雄S（2021）02号

图　例

	镇政府驻地		保护区界		灌木林地
	村委会驻地		河流		果园
	县（市）界		公路		农村宅基地
	乡（镇）界		乔木林地		农村道路
			其他林地		
			旱地		

千米
0　1.25　2.5　5

双柏恐龙河州级自然保护区国家重点保护野生动物分布图

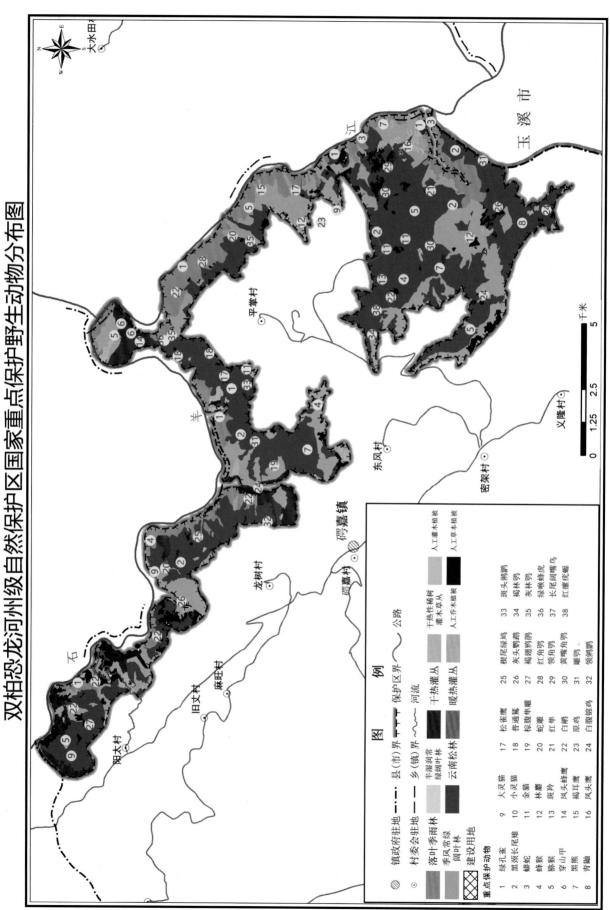

审图号：楚雄S（2021）02号

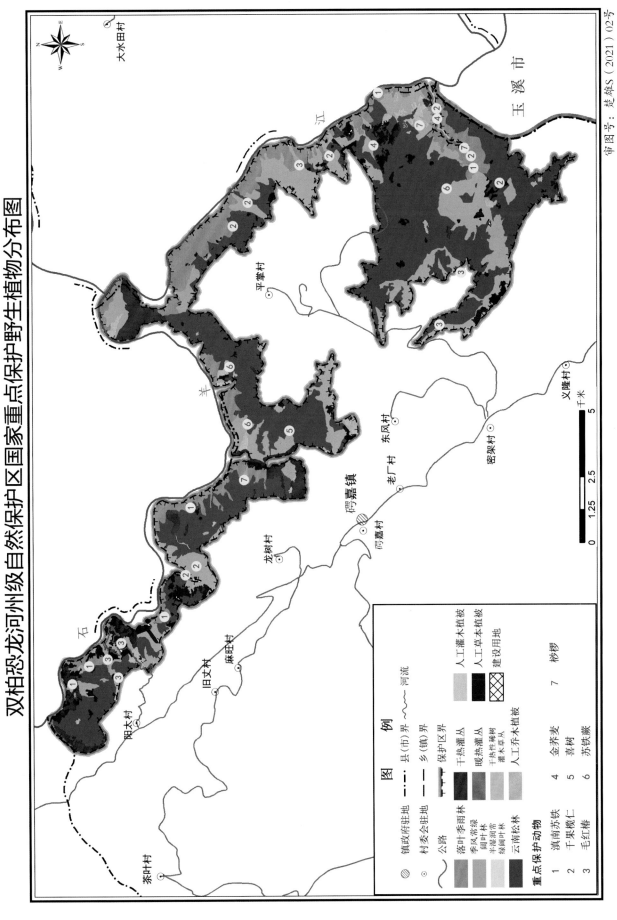

双柏恐龙河州级自然保护区国家重点保护野生植物分布图

审图号：楚雄S（2021）02号

图　例

镇政府驻地	县（市）界	河流
村委会驻地	乡（镇）界	人工灌木植被
公路	保护区界	人工草本植被
洛叶季雨林	干热灌丛	建设用地
季风常绿阔叶林	暖热灌丛	7　杪椤
半湿润常绿阔叶林	干热性稀树灌木草丛	
云南松林	人工乔木植被	

重点保护动物

1　滇南苏铁	4　金荞麦
2　干果榄仁	5　喜树
3　毛红椿	6　苏铁蕨

0　1.25　2.5　5 千米

双柏恐龙河州级自然保护区林权图

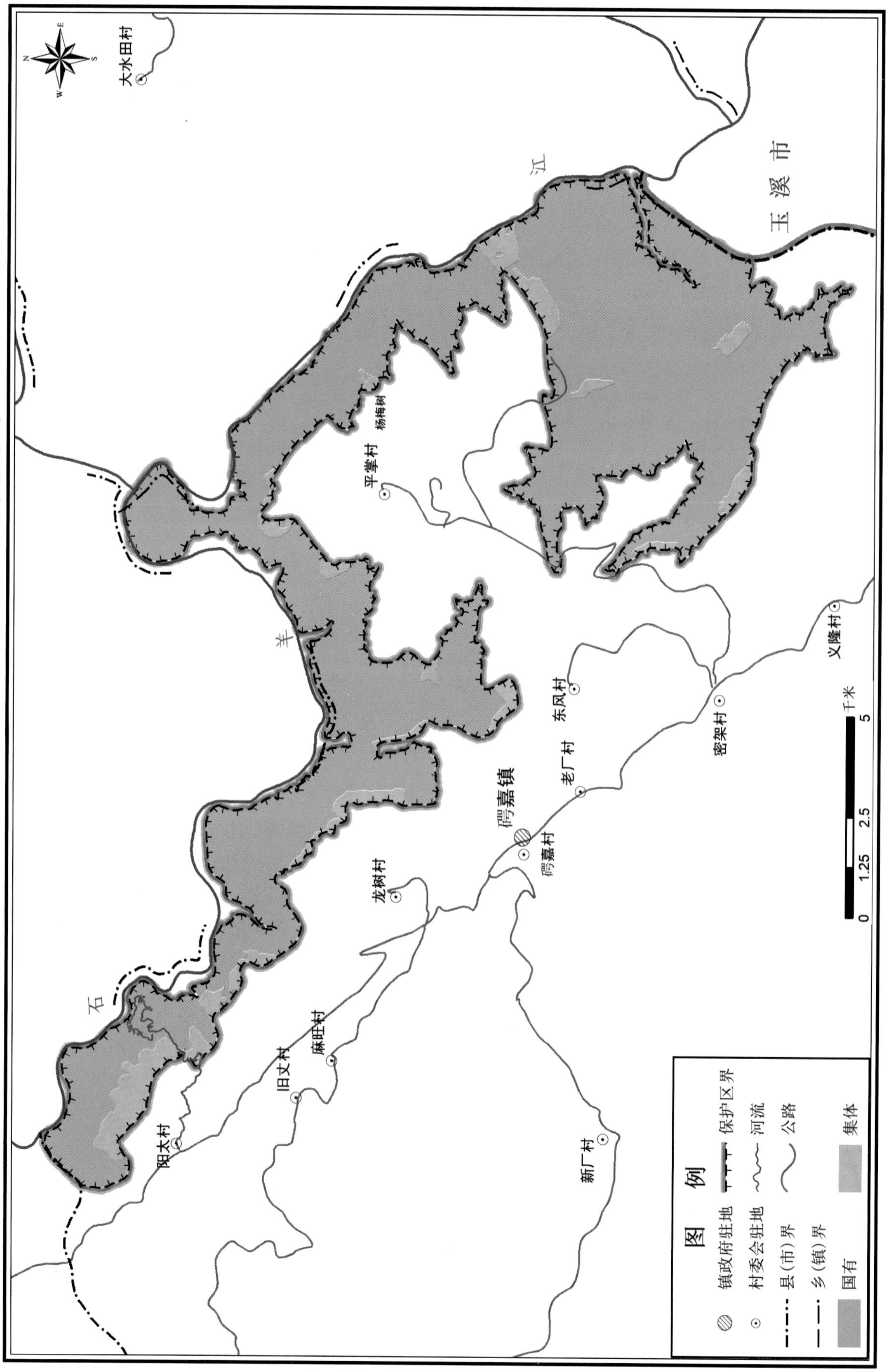

大水田村

江

玉溪市

平掌村
杨梅树村

羊

石

龙树村

东风村

老厂村

鄂嘉镇

鄂嘉村

密架村

义隆村

新厂村

旧文村

麻旺村

阳太村

图　例

镇政府驻地	保护区界
村委会驻地	河流
县（市）界	公路
乡（镇）界	集体
	国有

0　　1.25　　2.5　　　　　5
千米

审图号：楚雄S（2021）02号

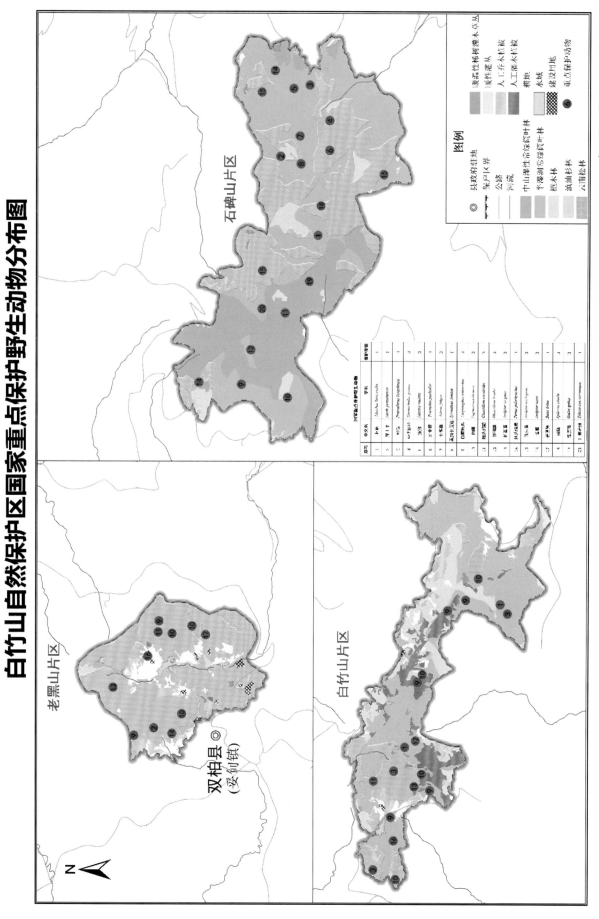

自竹山自然保护区国家重点保护野生动物分布图

双柏恐龙河州级自然保护区功能区划图

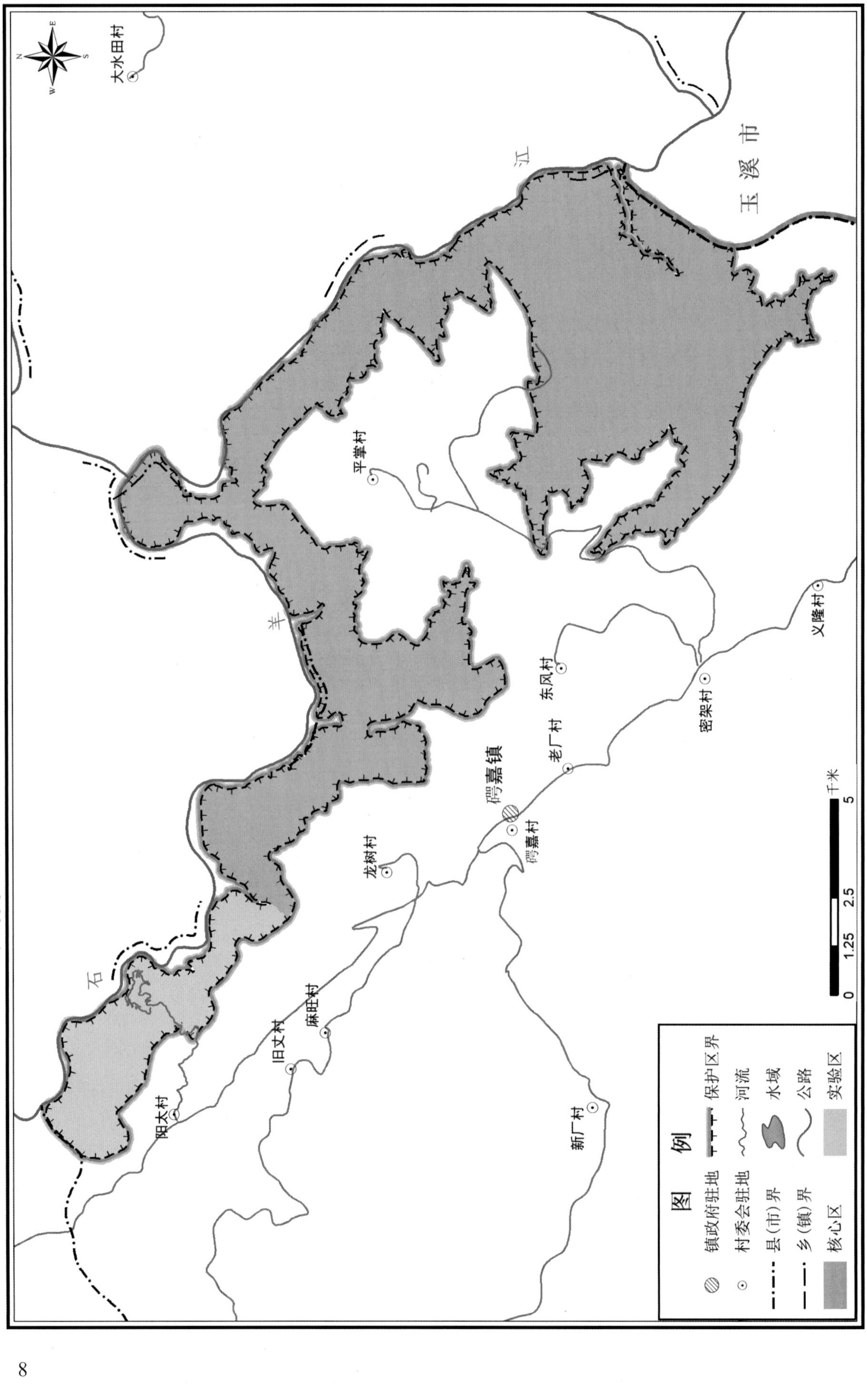

大水田村

玉溪市

平掌村

羊

义隆村

东凤村

密架村

老厂村

鄂嘉镇

龙树村

鄂嘉村

石

麻旺村

旧文村

新厂村

阳太村

审图号：楚雄S（2021）02号

图例

图	例	
◎	镇政府驻地	保护区界
⊙	村委会驻地	河流
	县(市)界	水域
	乡(镇)界	公路
	核心区	实验区

千米
0 1.25 2.5 5

保护区植被

落叶季雨林

季雨林

半湿润常绿阔叶林

云南松林

白头树林

稀树灌木草丛

干热河谷稀树灌丛

干热河谷

国家重点保护野生植物

国家Ⅰ级重点保护植物

滇南苏铁*Cycas diannanensis*

国家Ⅱ级重点保护植物

桫椤*Alsophila spinulosa*

国家Ⅱ级重点保护植物

苏铁蕨*Brainea insignis*

国家Ⅱ级重点保护植物

金荞麦*Fagopyrum dibotrys*

国家Ⅱ级重点保护植物

毛红椿*Toona ciliate var. pubescens*

国家Ⅱ级重点保护植物

千果榄仁*Terminalia myriocarpa*

国家Ⅱ级重点保护植物

喜树*Camptotheca acuminata*

国家重点保护野生动物

国家Ⅰ级保护动物

林麝 *Moschus berezovskii*

国家Ⅰ级保护动物

穿山甲 *Manis pentadactyla*

国家Ⅱ级保护动物

猕猴 *Macaca mulatta*

国家Ⅱ级保护动物

黑熊 *Selenarctos thibetanus*

国家Ⅰ级保护动物

绿孔雀 *Pavo muticus*

国家Ⅰ级保护动物

黑颈长尾雉 *Syrmaticus humiae*

国家Ⅱ级保护动物

白腹锦鸡 *Chrvsolophus amherstiae*

国家Ⅱ级保护动物

白鹇 *Lophura nycthemera*

国家Ⅱ级保护动物

斑头鸺鹠*Glaucidium cuculoides*

国家Ⅱ级保护动物

凤头蜂鹰*Pernis ptilorhyncus*

国家Ⅱ级保护动物

凤头鹰*Accipiter trivirgatus*

国家Ⅱ级保护动物

领鸺鹠*Glaucidium brodiei brodiei*

国家Ⅱ级保护动物

红瘰疣螈*Tylototriton verrucoosus*

国家Ⅱ级保护动物

眼镜王蛇*Ophiophagus hannah*

前言 PREFACE

　　双柏恐龙河州级自然保护区（以下简称"保护区"或"恐龙河保护区"）位于云南省楚雄州双柏县鄂嘉镇境内，地处北纬24°23′～24°34′，东经101°10′～101°23′，最低海拔623m，最高海拔1796m，相对高差1173m，北面以石羊江与楚雄市交界，东面以石羊江与独田乡相邻，南面与西南以鄂嘉林场国有林区为界。保护区于2003年经楚雄州人民政府批准建立，总面积10391.0hm²。保护区为野生动物类型的小型自然保护区，主要保护以国家重点保护动植物绿孔雀、黑颈长尾雉、滇南苏铁等为代表的珍稀濒危野生动植物资源及其栖息地。主要保护对象包括：

　　（1）以国家重点保护动物绿孔雀、黑颈长尾雉、蟒蛇、猕猴、白鹇、白腹锦鸡和国家重点保护植物滇南苏铁、千果榄仁、金荞麦、桫椤、毛红椿等为代表的珍稀濒危野生动植物资源及其栖息地；

　　（2）以千果榄仁、八宝树为建群种的热带季雨林；

　　（3）保护元江中上游重要水源涵养地。

　　为切实贯彻落实党和国家关于生态文明建设与环境保护精神，以及《国务院办公厅关于做好自然保护区管理有关工作的通知》《云南省人民政府关于进一步加强自然保护区建设和管理的意见》和《云南省人民政府办公厅关于做好自然保护区管理有关工作的意见》等文件精神，对2018年中央环保督察回头看提出的"自然保护区和重点流域保护区管理松懈，违法违规开发建设和随意调整问题严重。市（州）、县（市、区）级自然保护区普遍存在'批而不建、建而不管、管而不严'现象，自然保护区面积占国土面积比例下降"及省级自然保护区专项督察提出的"随意调整自然保护区范围和功能区问题"等问题

进行认真的整改落实。经双柏县人民政府召开会议研究决定，委托云南省林业调查规划院（云南省自然保护地研究监测中心）牵头组织完成保护区综合科学考察。本次综合科学考察于2019年4月至8月进行，设置了自然地理、植被、植物、兽类、鸟类、两栖爬行类、鱼类、生物多样性、土地利用、社会经济与社会发展、保护建设管理、摄像、GIS与制图共13方面的专题。综合考察由中国科学院昆明动物研究所、中国科学院昆明植物研究所、云南大学、云南师范大学、西南林业大学等单位共同开展，是恐龙河自然保护区迄今关于自然环境和自然资源最为全面的一次综合考察，基本摸清了保护区自然环境、生物资源本底和一些重要物种的分布和数量。特别是关于绿孔雀的分布点、濒危状况及其主要危胁因子。

此书根据上述综合科学考察结果，并综合前人工作基础上整理编撰而成，较为系统地阐述了恐龙河自然保护区自然环境、动植物资源、社会经济及建设管理状况，可供保护区管理者以及从事自然保护地、野生动植物、生物多样性等领域研究的广大科学工作者和爱好者参考借鉴。编者水平有限，不足之处难免，敬请专家和读者指正。

在野外考察、资料整理和成果编写期间，得到了云南省林业和草原局保护地处、野生动植物处、楚雄州林业和草原局、双柏县人民政府、双柏县林业和草原局、恐龙河州级保护区管护局的大力支持，在此一并表示感谢。

编者

2021年12月

目录 CONTENTS

第❶章 保护区概况

摘要：保护区位于云南省楚雄州双柏县鄂嘉镇境内，地处北纬24°23′~24°34′，东经101°10′~101°23′。保护区最低海拔623m，最高海拔1796m，相对高差1173m，北面以石羊江与楚雄市交界，东面以石羊江与独田乡相邻，南面与西南以鄂嘉林场国有林区为界，总面积为10391.00hm²。保护区功能区区划以针对性、完整性和协调性为原则，采用核心区和缓冲区两区区划，其中：核心区面积9038.00hm²，占总面积的86.98%；实验区面积的1353.00hm²；占总面积的13.02%。

1.1 位置与范围

1.1.1 地理位置

保护区位于云南省楚雄州双柏县鄂嘉镇境内，北纬24°22′48.6″~ 24°34′6.4″，东经101°9′55.3″~101°24′43.9″，总面积10391.00hm²。其中：核心区面积9038.00hm²，占保护区总面积86.98%；实验区面积1353.00hm²，占保护区总面积13.02%。

1.1.2 四至界线

保护区范围内最高海拔1796m，最低海拔623m，相对高差1173m。双柏恐龙河州级自然保护区四至界限描述如下：

东至界线：以鄂嘉镇、大地基乡和独田乡三乡镇交界处为起点，沿着石羊江南下，在新山南边小梁子上升至海拔820m，以820m海拔向东南方到达新山与小地基之间的大箐沟，往箐沟高处上升至海拔900m，沿900m继续往东南上升，至大岭冈西北边箐沟，海拔上升到960m，绕过大岭冈往石羊江方向大梁子，沿着1000m等高线向东南方向前进，至茅铺子西北1000m处的箐沟，后往南边不断下降高度，到大团山往石羊江方向大梁子降至海拔800m，沿800m海拔线往北折，至大团山东侧箐沟，行至下高粱地南边箐沟，一路沿着箐沟往上，爬升至1200m海拔，后沿1200m海拔线一路前行，至大地心西北边梁子，顺着箐沟往西南海拔下降至900m，沿900m海拔线行至大地心南边箐沟后，垂直向前前行后爬升至1589.8m高程，沿着山梁子往南方向直到独田乡、者竜乡和爱尼山乡的三乡交界处。

南至界线：以小江河与石羊江交汇处为起点，沿着县界向西南方向前行至瓦房沄山头1595m高程点，顺着山坡下至与小路交叉处，转向正南行至1602m高程点北偏西875m处，顺着山沟下至半山坡与大箐交汇，沿着半山坡绕行，过1032m高程点东侧，穿过两条支流，与干流在杨梅树北偏西850m交叉，接着沿半山坡环行，过小对旧东侧，至小江河岸边893m高程点处为南至界线。

西至界线：以小江河岸边893m高程点处为起点，向西沿着山坡上升至半山1200m等高线处，转西北方向过老龙东侧，沿半山坡环行，途经小官村西侧，继续前行与松香厂大箐支箐交汇，穿过主箐沿大岭岗半山绕行直至钟家坟与下叉河田的林区公路交叉点，顺公路到钟家坟管护点，顺农地边绕行至1064m高程点旁边大岭岗箐与龙湾庙箐交叉口，转向正西前行至1460m等高线处，沿等高线绕行过小林岗至2001m高程点南侧的小岭岗箐末端（密架至平掌的现行公路），跨过小岭岗箐顺山谷直下至1420m等高线，顺1420m等高线平过龙湾庙大箐、到三岔箐口东侧650m处的山谷，沿着山谷上升至山顶，翻过1796m山峰顺着山坡直下降至小松树东侧的农田，再沿农田所在等高线绕行至大水沟与红星地间的大箐与小路的交叉处，顺小路前行过董家凹西侧、少六田、999m高程点后，沿着红星地与小竹箐间的大箐前行520m至1200m等高线处，顺着1200m等高线走向行至与破屋西北侧的小路交汇处，再沿着小路前行至1523.5m高程点东侧，下到半山坡沿山腰绕行过杨梅树村下山林、大平掌村下山林、瓦房东侧至鹅头山转向南，过丫口、倮左山直到跨过新峰山大箐，然后沿1200m等高线向西行松树林，转向正南过1487m高程点东侧、一碗水，上至山顶，再沿坡下到1292m高程点旁的丫乐大箐支箐，越过2条支箐顺着1400m等高线延伸至马槽山，而后沿小路到天生桥，再顺前鱼庄河东岸向前至离石羊江2km处调转方向，沿鱼庄河西岸返回到827m高程点，顺恐龙河西行到老虎山正北1km处的河边，转向北顺山脊上升到山顶，翻过山顶下至1300m等高线，沿等高线方向延伸至通长山，翻过山峰向下至麻赖河，接着再爬升至山顶，过糯米口、1300.2m高程点、麻赖山，然后先下坡后上坡至旧那山1612m高程点，继续前行至1408.8m山峰转向正西沿山谷下至大黑泥箐1065m高程点为西至界线。

北至界线：以大阱边东侧1065m高程点为起点，沿着大黑泥箐北上至不管河交叉口，转向偏东，继续沿不管河走向前行至不管河与石羊江交汇处止。

1.2 保护区的性质和保护对象

1.2.1 保护区性质与类型

（1）保护区的性质

保护区是经楚雄州人民政府批准成立，以保护国家重点保护动物绿孔雀（*Pavo muticus*）、黑颈长尾雉（*Symaticus humiae*）、滇南苏铁（*Cycas diannanensis*）等为代表的珍稀濒危野生动植物资源及其栖息地为目的，依法划出予以特殊保护和管理的自然地域，是集自然保护、科研监测、宣教、社区共管、生态旅游为一体的社会公益事业。保护区的管理机构属公益一类事业单位。

（2）保护区的类型

依据中华人民共和国国家标准《自然保护区类型与级别划分原则》（GB/T14529—93），恐龙河州级自然保护区属于野生生物类别，野生动物类型的小型自然保护区。

1.2.2 主要保护对象

保护区主要保护对象为：

（1）以国家重点保护动物绿孔雀（*Pavo muticus*）、黑颈长尾雉（*Symaticus humiae*）、蟒蛇（*Python molurus*）、猕猴（*Macaca mulatta*）、白鹇（*Lophura nycthemera*）、白腹锦

鸡（*Chrvsolophus amherstiae*）和重点保护植物滇南苏铁（*Cycas diannanensis*）、千果榄仁（*Termimalia myriocarpa*）、金荞麦（*Fagopyrum dibotrys*）、桫椤（*Alsophila spinulosa*）、毛红椿（*Toona ciliata* var. *pubescens*）等为代表的珍稀濒危野生动植物资源及其栖息地；

（2）以千果榄仁、八宝树为建群种的热带季雨林；

（3）保护元江中上游重要水源涵养地。

1.3　功能区划

1.3.1　区划原则

（1）针对性。针对主要保护对象的栖息地以及面临的干扰因素，确定各功能区的空间位置和范围。

（2）完整性。为保证主要保护对象的长期安全及其生境的持久稳定，确保各功能区的完整性。

（3）协调性。在自然环境与自然资源有效保护的前提下，充分考虑当地社区生产生活的基本需要和社会经济的发展需求。

1.3.2　区划方法

根据区划原则和依据，在实地调查基础上，结合保护区的地形地貌、森林植被分布情况，保护对象的分布状况及自然、社会经济条件等，采取人工区划与自然区划相结合的综合区划对保护区进行区划。区划调整由保护区管护局和项目组人员参与共同确定，采用两区区划。

核心区是以保护物种集中、生态系统完整且地域连片，可构成一个有效的保护单位。具体而言，将下列条件的地段区域划为核心区：绿孔雀、苏铁集中分布的区域；适宜保护对象生长、栖息的场所；具有典型代表性并保存完好的自然生态系统、优美的自然景观；区内无不良因素的干扰和破坏；保护对象在单位面积上的群体有适宜的可容量。

实验区是以改善自然生态环境和合理利用自然资源、人文资源、发展经济、增强保护区自养能力、改善职工工作和生活条件为目的。区划时，在确保保护区主要保护对象得到有效保护的前提下，充分考虑到保护区和当地经济的发展需求，为保护区范围内开展自然资源可持续利用预留空间，以满足保护区生态经济的可持续发展。

1.3.3　区划结果

根据功能区划的原则和方法，将保护区划分为核心区和实验区两个功能区。经区划，保护区总面积10391.00hm²，其中：核心区面积9038.00hm²，占保护区总面积的86.98%；实验区面积1353.00hm²，占保护区总面积的13.02%。见表1-1。

表1-1　保护区功能区区划面积表

功能区	核心区	实验区	合计
功能区面积（hm²）	9038.00	1353.00	10391.00
占总面积百分比（%）	86.98	13.02	100.0

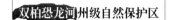

第②章 自然地理

摘要： 保护区在地质构造上位于横断山脉和青藏高原的结合部、地处云南山字型构造，前弧西翼和青、藏、滇、缅成"歹"字形构造中段的复合部位；在地层岩性方面受多条断裂带控制，存在有较大规模的构造破碎带，区域在地层岩性上主要为下元古界大红山群、中生界三叠系上统、中生界侏罗系下统以及新生界第四系地层。

受第三纪喜马拉雅山造山运动的激烈影响，恐龙河自然保护区所在的双柏县具有地表崎岖、高差悬殊、群山连绵、山环水绕的地形特点，整体上地形由西北向东南倾斜。保护区境内最高海拔1796m，最低海拔623m，相对高差1173m，整体处于石羊江干热河谷内，因此低山河谷是保护区内最主要的地貌类型。

保护区所在的双柏县属于亚热带低纬度高原季风气候，旱雨季分明，气候垂直差异明显。在时间上，每年5—10月为雨季，这一时期主要受到来自印度洋的西南暖湿气流和太平洋的东南暖湿气流共同影响，区内炎热多雨；11月至次年4月为旱季，这一时期则主要受到西风南支气流和北方南下的冷空气控制，区内凉爽干燥。在空间上，海拔1400m以下的河谷地区，全年干燥少雨属典型的干热河谷气候；海拔1400~2000m低山地区，为典型的亚热带季风气候，气温和降水适中；2300m以上的山地地区，为温带季风气候，寒凉多雨。恐龙河自然保护区主要分布于干热河谷气候区内，少部分位于亚热带季风气候区。

保护区境内共分布有红壤和紫色土2种土壤类型，在空间分布上表现出与等高线平行的垂直带状分布，呈交叉分布状态。其中：红壤分布海拔在2200m以下，在保护区有大面积分布，为黄红壤亚类；紫色土分布海拔在1400~2300m，是保护区内的主要土壤类型，主要为酸性紫色土和中性紫色土2个亚类。

保护区属元江—红河水系，主要位于石羊江流域内的干热河谷内，由于地形陡峭且干燥少雨，区内河流除干流石羊江外，河道短促，水流稀少且季节变化显著。水文特征方面，保护区所在的双柏县地表径流主要由降水补给，年径流深度为251.9mm，年径流量为$9.89 \times 10^{8}m^{3}$，但时空分布明显不均。在湖泊库塘方面，保护区内无天然湖泊，但分布多个中型和小型水库。在地下水方面，保护区所在的双柏县地下水资源丰富，但空间分布不均。

2.1 地质

在地质构造上，双柏县位于横断山脉和青藏高原的结合部、地处云南。"山"字形构造，前弧西翼和青、藏、滇、缅成"歹"字形构造中段的复合部位。保护区位于县域西部，主要受哀牢山断裂带和红河断裂带控制，地质活动频繁。其中，哀牢山断裂带位于保护区上部的哀牢山山顶；红河断裂带位于保护区下部哀牢山山麓的石羊江河谷内，走向大致与哀牢山断裂带平行。

在地层岩性方面，由于保护区所在的双柏县西部受多条断裂带控制，存在较大规模的构造破碎带。该区域在地层岩性上主要为下元古界大红山群、中生界三叠系上统、中生界侏罗系下统以及新生界第四系地层。其中：大红山群地层由中度、深度变质岩系组成，以巨厚层状白云石大理岩夹片岩、石英岩、长石石英砂岩、片岩、云母片麻岩等为主；三叠系上统则为页岩夹云母质砂岩，局部夹煤层；侏罗系地层则为泥质页岩、粉砂质泥岩夹石灰质粉砂岩以及细粒石英质砂岩等；第四系地层主要为河湖相黏土、砂、砾石沉积及坡残积、冲积。

2.2　地形、地貌

县域西部石羊江、马龙河自西北向东南横穿全境，属于典型的高山峡谷地区；县域东部北、东、南三面皆被绿汁江及其支流环绕，中部为山区呈现出中高周低的地形特点。整体上，区内山高谷深、沟谷交错、地势陡峭，断层、古河遗迹、剥蚀面上的河流堆积物随处可见。保护区境内最高海拔1796m，最低海拔623m，相对高差1173m，整体处于石羊江干热河谷内，因此低山河谷是保护区内最主要的地貌类型。其中，1400~1796m为低山区，区内地势陡峭，可见多级河流阶地分布；1400m以下至河床为河谷区，受高大山体的萦闭，区内焚风效应明显。

2.3　气候

保护区所在的双柏县属于亚热带低纬度高原季风气候，旱雨季分明，气候垂直差异明显。在时间上，每年5—10月为雨季，这一时期主要受到来自印度洋的西南暖湿气流和太平洋的东南暖湿气流共同影响，区内炎热多雨；11月至次年4月为旱季，这一时期则主要受到西风南支气流和北方南下的冷空气控制，区内凉爽干燥。在空间上，海拔1400m以下的河谷地区，全年干燥少雨属典型的干热河谷气候；海拔1400~2000m低山地区，为典型的亚热带季风气候，气温和降水适中；2300m以上的山地地区，为温带季风气候，寒凉多雨。恐龙河自然保护区主要分布于干热河谷气候区内，少部分位于亚热带季风气候区。保护区的气候分布特征如下：

（1）气象要素时间变化特征

①气温：恐龙河自然保护区所在的双柏县多年平均气温为15.1℃，变化范围7.53~19.33℃，极端最低温4.4℃，极端最高温为31.3℃，整体上气温年际变化相对较小，年内变化较大，冷热分明。

②降水：保护区所在的双柏县多年平均降水量为950.1mm，全年降水的85%集中于雨季（约770mm），且7月和8月最多；旱季降水仅占全年的15%，约为180mm，整体上年际变化较小在900~1100mm，年内变化较大，旱雨季分明。

③蒸发：保护区年平均蒸发量为1957.2mm，为降雨量的2.1倍，其中4月蒸发量为296.2mm，占全年蒸发量的15.1%。按中国气候区划中干燥度划分标准可知，保护区所在的双柏县干燥度为2.01，属干旱气候。

④其他气候特征：保护区多年平均日照2355.4h，多年平均相对湿度为72.25%，多年平均无霜期274d左右，全年多西南风。

（2）垂直气候带分布特征

依据全国和云南划分气候带的主导指标，可将双柏县划分为3个山地垂直气候带。

①干热河谷气候：主要分布于海拔1400m以下的河谷地区，恐龙河片区大部分属于该气候类型，年平均气温8.6~23℃，年降水量在800mm以下，整体上气候干燥，降水小，蒸发大。

②山地亚热带季风气候：主要分布于海拔1400~2300m的高原山地地区，在恐龙河自然保护区的边缘上有少量分布，年均气温8~19℃，年降水量800~1000mm，整体上气候相对湿润，降水略有增加。

③山地温带季风气候：主要分布海拔2300m以上的山地地区，恐龙河自然保护区在此区域未有分布。

2.4 土壤

根据云南省和楚雄州双柏县第二次土壤普查结果以及保护区的实地调查采样可知，保护区境内共分布有红壤和紫色土2种土壤类型，在空间分布上表现出与等高线平行的垂直带状分布，呈交叉分布状态。

红壤为亚热带北部地区的地带性土壤，分布海拔在2200m以下，在保护区西部有大面积分布，为黄红壤亚类，自然植被生长较差。土壤质地偏黏，轻壤至重壤都有，结构多为团块状或核状，土层深浅不一，质地随岩石性质而异。普遍缺磷，反应偏酸。表土呈红色，土层较厚，有机质含量2%，缺磷严重，心土棕红色，常有铁锰胶膜沉积。

紫色土为发育于亚热带地区紫色砂岩和页岩上的非地带性土壤，分布海拔1400~2300m，是保护区内的主要土壤类型，主要为酸性紫色土和中性紫色土2个亚类。整体上紫色土与本地区的红壤相比，紫色土的化学风化微弱，物理风化强烈，成土作用常被周期性的侵蚀作用所破坏，发育缓慢，土层浅薄且多夹有半风化母岩，局部地区岩石裸露。其中，酸性紫色土亚类，分布在海拔1700~2200m，分布面积较大，由于海拔较高，淋溶作用强烈，土壤呈酸性反应，pH在6.5以下；中性紫色土亚类，分布在海拔在1700m以下，由于分布海拔较低，雨量少，钙质淋溶作用弱，土壤呈中性反应，pH 6.5~7.5，盐基饱和度较高。

整体上，保护区所在的双柏县土地资源面积大，垂直和水平分布具有规律性，由于山区面积广大而坝区面积狭小，土地资源利用不协调，开发利用难度大，管理困难，且土地资源退化和水土流失现象严重。

2.5 水文

保护区主要分布于双柏县境内的石羊江流域内，属元江—红河水系的范畴。保护区主要区域位于石羊江流域内的干热河谷内，由于地形陡峭且干燥少雨，区内河流除干流石羊江外，河道短促，水流稀少且季节变化显著。

水文特征方面，保护区所在的双柏县地表径流主要由降水补给，年径流深度为251.9mm，年径流量为$9.89 \times 10^8 m^3$，但时空分布明显不均。在时间上，径流年内分配与降雨年内分配情况基本一致，主要集中在雨季，丰水期为5—10月，尤以6—10月的径流量最大，枯水期为11月至次年4月，与旱季时间基本重合；在空间上，保护区内各河流径流深分布不均，保护区所在的石羊江流域径流量较多。

在湖泊库塘方面，保护区内无天然湖泊，但分布多个中型和小型水库。保护区及其周边地区分布有塘房庙水库、三岔河水库、平河场等水库。

在地下水方面，保护区所在的双柏县地下水资源丰富，但空间分布不均。区内主要分布于有松散岩类孔隙水、碳酸盐岩溶水和基岩裂隙水3个地下水类型。其中，恐龙河片区受地质构造影响，多基岩裂隙水出露，地下水补给高程较短，具有就地补给就地排泄的特征。此外，保护区地下水pH为7.1，呈弱碱性，地下水总硬度一般7.8~25H°。

第❸章 植 被

摘要：依据《云南植被》的植被区划系统，保护区内植被属于亚热带常绿阔叶林（Ⅱ）区域，西部（半湿润）常绿阔叶林（ⅡA）亚区域，是高原亚热带南部季风常绿阔叶林（ⅡAi）区域与高原亚热带北部常绿阔叶林（ⅡAii）区域的交汇过渡地带。根据《中国植被》《云南植被》类型编目系统，保护区的植被可划分为5个植被型，6个植被亚型，14个群系，16个群落。其主要的群系类型有千果榄仁林、木棉林、白头树林、毒药树林、刺栲林、毛叶青冈林、高山栲林、滇青冈林、锥连栎林、云南松林、滇油杉林、含虾子花的中草草丛、含滇榄仁+水蔗草的高草灌草丛和含余甘子的中草草丛等。保护区位于元江上游的礼社江河谷，地处哀牢山东坡，为云南亚热带南北部交错地带，蕴藏着多样的植被类型。从植被整体来看仍表现较多的亚热带特征，区内植被具有云南山地典型的"山原型水平地带性植被"的特征。另外，由于保护区河谷地带为较为典型的干热河谷，分布有被称为"河谷型萨瓦纳植被"的稀树灌木草丛，是世界植被中"萨瓦纳植被"的干热河谷类型，具有极重要的保护价值。

3.1 调查方法

本次调查采用植物群落学调查的传统方法，野外调查和内业资料整理相结合、线路调查和样方调查相结合。在线路调查的基础上，根据不同植物群落的生态结构和主要组成成分的特点，采取典型抽样的方式选择样地，根据法瑞学派的调查方法调查样地群落结构、物种组成和环境因子等。

3.1.1 线路调查

在保护区内，根据生态环境和地形条件，规划出具备野外可操作性的调查线路，然后沿规划路线，逐一进行线路现场踏勘调查，所选调查线路覆盖自然保护区的各类生境和各植被类型。线路调查时，采用GPS确定地理位置并记录和采集相关植物种类，列出调查区各植被类型的分布情况。

3.1.2 样地调查

在线路调查基础上，选择典型植物群落布设样地调查植被群落结构和植物资源种类，所布设样地具有代表性和典型性的特点。

3.1.3 样方布点原则

根据线路调查成果，在典型植被分布区域布设样地，并考虑整个自然保护区布点的代表性和均匀性。特别重要的植被根据群落内的植物变化情况进行增设样地；尽量避免取样误差；两人以上进行观察记录，消除主观因素。

3.1.4 群落调查

（1）法瑞学派样地记录法

采用法瑞学派样地记录法进行群落调查，乔木群落样地面积为20m×20m，灌草样地为10m×10m，利用GPS确定样地位置，记录样地中所有高等植物，并按Braun-Blanquet多优度—群聚度记分。

（2）样方调查及数据统计方法

即在野外考察中用分散典型取样原则，按植物群落的种类组成、结构和外貌的一致程度，初步确定群丛（association），并在各个群丛个体（association individual）的植物群落地段上选取面积为400m²的样地进行群落调查。每一样地植物群落学调查结果所记录的调查表称为一个样地记录（Relevé）。选取一个样地后，做好一个完整的样地记录。首先记样地记录总表，记下野外编号、群落名称（常野外暂定）、样地面积、取样地点、取样日期、海拔高度、坡向、坡度、群落高度、总盖度、群落分层及各层高度与层盖度、突出生态现象、人为影响状况等。在此样地记录中，除记录调查项目如群落生境、群落结构、生态表现、季相动态等外，专备样地记录分表，着重记录样地面积内每一个植物种类（只限维管植物种类）的种名和"多优度—群集度（abundant domfinance~sociability）"指标，即Braun~Blanquet的"盖度多度—群集度（coverage abundance~sociahility）"指标，分+至5共6级。多优度—群集度的评测标准如下：

在多优度方面：

5—样地内某种植物的盖度在75%以上者；

4—样地内某种植物的盖度在50%~75%者；

3—样地内某种植物的盖度在25%~50%者；

2—样地内某种植物的盖度在5%~25%者；

1—样地内某种植物的盖度在5%以下，或个体数量尚多者；

+—样地内某种植物的盖度很小，数量也少，或小单株者。

在群集度方面：

5—集成大片而背景化者；

4—小群或大块者；

3—小片或小块者；

2—小丛或小簇者；

1—散生或单生者。

群集度必须跟着多优度联用，其间以小点分开，即构成所测样地内每一个植物种的"多优度—群集度"，例如"5.5""3.3""+""1.1""+.2"等等，某种植物达"3.3"以上者就可构成"群丛相（phase）"的重要种。

将调查区域内的所有已取得的样地记录，按暂定的"群丛"进行归类，建立各正式群丛的初表，即群落样地综合表。在每一张群落样地综合表中，列出各样地记录中所记的生境和群落结构特征，如样地号、分布地、地形、海拔、坡向、坡度、群落总盖度、分层数、各结构层的高度和层盖度、样地面积、样地种数等。表上列出各样地出现的所有植物种或变种等学名（包括中文名和拉丁学名），按生长型（growth form）组合分3组列出，即乔木层，灌木层，草本层和藤本植物。然后，在植物名称横行与样地记录号纵列的交汇处，记录植物种在该样地记录上的"多优度—群集度"指数，如"3.3""2.2""1.1""+"等，该列样地中该种植物不存在的以空格表示，一直到各样地记录所有植物种类的该指数在已定的初表上登记完为止。确保数据快速而样地物种不被重复或漏记情况出现。

群落样地综合表上还要统计出每一个种的存在度（presence）等级，以Ⅰ~Ⅴ分5级表示。存在度计算公式为，K为存在度，N物种出现样地数，S调查样地总数。

Ⅰ级为存在度值为1%~20%者；

Ⅱ级为21%~40%者；

Ⅲ级为41%~60%者；

Ⅳ级为61%~80%者；

Ⅴ级为81%~100%者（存在度值包括上限不包含下限）。

同时要统计出该植物种的盖度系数（Coverage coefficient），其计算公式为：

$$C=100\sum(T_i \times T_j)/S$$

C为盖度系数，T_i为该种植物某一盖度级出现次数，T_j为该盖度级的平均数，S为统计的样地总数。

多优度指标转换成盖度级平均数为：5（75~100）=87.5；4（50~75）=62.5；3（25~50）=37.5；2（5~25）=15；1（0~5）=2.5；+=0.1。并将存在度和盖度系数计算填入群落样地综合表中。

盖度系数表示各种植物在该群丛中的重要性，凡盖度系数大的种，其地位与作用则大，反之则小。盖度系数与群丛的生活型谱（life form spectrum）相结合，则可说明某一类生活型植物在群丛中的优势度。盖度系数值的大小与Braun Blanquet的盖度多度级的划分标准有关，故数值常相差悬殊，但对反映植物种在群落中的地位和作用起很大作用，但数值大小仅有相对比较意义。根据已形成的这一张植物群落分类单位综合表，作为植被研究的基础资料，既可用于植物群落特征多样性的分析，也是各个群丛描述的主要依据。

3.2 植被类型及系统

3.2.1 植被分类原则与依据

依据《云南植被》中采用的分类系统，并参考《中国植被》和《云南森林》等重要植被专著，遵循群落学–生态学的分类原则。在植被分类过程中主要依据群落的种类组成，群落的生态外貌和结构，群落的动态和生态地理分布等方面特征。

根据上述原则，本专著在植被分类过程中采用3个主级分类单位，即植被型（高级分类单位）、群系（中级分类单位）和群丛（低级分类单位），各级再根据实际增设亚级或辅助单位。

（1）植被型——植被高级分类单位

以群落生态外貌特征为依据，群落外貌和结构主要取决于优势种或标志种以及与之伴生的相关植物的生活型。生活型的划分首先从演化形态学的角度分木本、半木本、草本、叶状体植物等；以下按主轴木质化程度及寿命长短分乔木、灌木、半灌木、多年生草本、一年生草本等类群；又按体态分针叶、阔叶、簇生叶、退化叶等；再下以发育节律分为常绿、落叶等等。一般群落主要结构单元中的优势种生活型相同或相似，水热条件要求一致的植物群落联合为植被型。植被型一般与气候带和垂直带相吻合，但由于地形地貌及土壤等因子作用，常常会形成"隐域"植被。

（2）群系——植被中级分类单位

在群落结构和外貌特征相同的前提下，以主要层优势种（建群种）或共建种为依据。群落的基本特征取决于群落主要层次的优势种或标志种，采用优势种或标志种为植被类型分类的基本原则，能够简明快速地判定植被类型。对于热带或亚热带的植物群落来说，主要层优势种往往不明显，根据前人经验，采用生态幅狭窄、对特定植被类型有指示作用的标志种作为划分标准。因此群系的命名以优势种、建群种和标志种来命名。

（3）群丛——植被基本分类单位

群丛是植被分类中的最基本的分类单位。凡属于同一植物群丛的各个具体植物群落应具有共同正常的植物种类组成和标志群丛的共同植物种类，群落的结构特征，生态特征，层片配置，季相变化和群落生态外貌相同；以及处于相似的生境，在群落动态方面则是处于相同的演替阶段。另外群丛应该具有一定的分布区。

3.2.2 植被分类系统

根据上述植被分类的依据与原则，通过野外实地考察，将保护区内植被初步划分为5个植被型、6个植被亚型、14个群系和16个群落（表3–1）。

表3–1 保护区植被分类系统

Ⅰ. 季雨林

（Ⅰ）落叶季雨林

（一）千果榄仁林（Form. *Terminalia myriocarpa*）

1. 千果榄仁、八宝树群落（*Terminalia myriocarpa*，*Duabanga grandiflora* Comm.）

2. 千果榄仁、滇南苏铁群落（*Terminalia myriocarpa*，*Cycas diannanensis*）

（二）木棉林（Form. *Bombax malabaricum*）

3. 木棉、心叶木群落（*Bombax malabaricum*，*Haldina cordifolia* Comm.）

（三）白头树林（Form. *Garuga forrestii*）

4. 白头树、厚皮树群落（*Garuga forresti*，*Lannea coromandelica* Comm.）

Ⅱ. 常绿阔叶林

（Ⅱ）季风常绿阔叶林

（四）毒药树林（Form. *Sladenia celastrifolia*）

5. 毒药树、截头石栎群落（*Sladenia celastrifolia*，*Lithocarpus truncatus* Comm.）

（五）刺栲林（Form. *Castanopsis hystrix*）

6. 刺栲群落（*Castanopsis hystrix* Comm.）

续表3-1

（六）毛叶青冈林（Form. *Cyclobalanopsis kerrii*，*Castanopsis calathiformis*）

    7. 毛叶青冈、毛叶黄杞群落（*Cyclobalanopsis kerrii*，*Engelhardia colebrookiana* Comm.）

（Ⅲ）半湿润常绿阔叶林

    （七）高山栲林（Form. *Castanopsis delavayi*）

        8. 高山栲群落（*Castanopsis delavayi* Comm.）

    （八）滇青冈林（Form. *Cyclobalanopsis glaucoides*）

        9. 滇青冈群落（*Cyclobalanopsis glaucoides* Comm.）

Ⅲ. 硬叶常绿阔叶林

  （Ⅳ）干热河谷常绿阔叶林

    （九）锥连栎林（Form. *Quercus franchetii*）

        10. 锥连栎群落（*Quercus franchetii* Comm.）

Ⅳ. 暖性针叶林

  （Ⅴ）暖温性针叶林

    （十）云南松林（Form. *Pinus yunnanensis*）

        11. 云南松群落（*Pinus yunnanensis* Comm.）

    （十一）滇油杉林（Form. *Keteleeria evelyniana*）

        12. 滇油杉群落（*Keteleeria evelyniana* Comm.）

Ⅴ. 稀树灌木草丛

  （Ⅵ）干热性稀树灌木草丛

    （十二）含虾子花的中草草丛（Form. medium grassland containing *Woodfordia fruticosa*）

        13. 狭叶山黄麻、虾子花群落（*Trema angustifolia*，*Woodtordia truticosa* Comm.）

        14. 木棉、虾子花群落（*Bombax malabaricum*，*Woodtordia truticosa* Comm.）

    （十三）含滇榄仁、水蔗草的高草灌草丛（Form. tall grassland containing *Terminalia franchetii*，*Apluda mutica*）

        15. 滇榄仁、黄荆、水蔗草群落（*Terminalia franchetii*，*Vitex negundo Apluda mutica* Comm.）

    （十四）含余甘子的中草草丛（Form. medium grassland containing *Phyllanthus emblica*）

        16. 余甘子、坡柳、黄茅群落（*Heteropogon contortus*，*Phyllanthus emblica*，*Dodonaea angustifolia* Comm.）

注：Ⅰ、Ⅱ、Ⅲ、……植被型；（Ⅰ）、（Ⅱ）、（Ⅲ）、……植被亚型；一、二、三、……群系组；（一）、（二）、（三）、……群系；1、2、3、……群丛。

3.3　植被概述

3.3.1　季雨林

    组成季雨林的热带树种生长高大，森林外貌终年常绿，种类繁多，生长茂密。上层树种在每年干热季节时有一个短暂而集中的换叶期，表现了一定的季节变化特点。在云南南部热带季雨林具有较广泛的分布，东起滇东南海拔300~700m的盆地或河谷的暴露坡面，向西则分布到滇西南的南汀河下游以南的山地下部。

保护区季雨林根据《云南植被》的植被分类系统，分布有落叶季雨林1个类型，3个群系，即千果榄仁林、木棉林、白头树林。季雨林是恐龙河自然保护区植被类型的重要组成部分，同时也是和该区域干热气候环境条件相适应而形成的一类标志性植被。

落叶季雨林是在具有明显干、湿季变化的热带季风气候下发育而成的热带落叶森林植被。保护区由于受河谷局部环流和焚风效应的影响而形成干热生境，落叶季雨林上层乔木分布稀疏、树冠大、分枝成伞形，群落结构较为简单，优势种明显；林内透光度大，林下以阳性灌木和禾草为主，藤本、附生植物均不发达，其形成和发展与当地的生态、地理和人为等影响因素密切相关。

（1）千果榄仁林Form. *Terminalia myriocarpa*

本群落多出现在较狭窄沟谷的侧坡，具有坡度大、土层较薄、碎石较多、土质松散和环境阴湿等特点。根据初步调查发现主要有2个群落：

1）千果榄仁、八宝树群落*Terminalia myriocarpa, Duabanga grandiflora* Comm.

该群落见于保护区小江河附近，较为典型，局限分布于石羊江的支流河谷，在小生境的特殊作用下发育了比较典型的落叶季雨林，在整个保护区内面积不大，但比较独特。以调查样地为例，整个群落乔木层高度约10~30m，盖度约为60%~70%，主要有千果榄仁（*Terminalia myriocarpa*）、八宝树（*Duabanga grandiflora*），并混生白头树（*Garuga forrestii*）、大叶苹婆（*Sterculia kingtungensis*）、蝶形花科一种（Papilionaceae sp.）、山槐（*Albizia kalkora*）、火绳树（*Eriolaena spectabilis*）、高山栲（*Castanopsis delavayi*）等。

灌木层高度约1~5m，盖度约为50%，主要有刺通草（*Trevesia palmata*）、潺槁木姜子（*Litsea glutinosa*）、聚花白饭树（*Flueggea leucopyra*）、白枪杆（*Fraxinus malacophylla*）、毛果算盘子（*Glochidion eriocarpum*）、羊蹄甲属一种（*Bauhinia* sp.）、火筒树（*Leea indica*）、大叶紫珠（*Callicarpa macrophylla*）、云南柿（*Diospyros yunnanensis*）、昆明鸡血藤（*Millettia dielsiana*）、八角枫（*Alangium chinense*）、元江杭子梢（*Campylotropis henryi*）、云南萝芙木（*Rauvolfia yunnanensi*）等。

草本层高度约0.3~1m，盖度约为60%，主要有长梗开口箭（*Campylandra longipedunculata*）、新月蕨（*Pronephrium* sp.）、地不容（*Stephania epigaea*）、海芋（*Alocasia odora*）、大蝎子草（*Girardinia diversifolia*）、半育鳞毛蕨（*Dryopteris sublacera*）、二型鳞毛蕨（*Dryopteris cochleata*）、狭叶凤尾蕨（*Pteris henryi*）、破布草（*Stachys kouyangensis*）、血满草（*Sambucus adnata*）、车前（*Plantago asiatica*）、黄鹌菜（*Youngia japonica*）、钟萼草（*Lindenbergia philippensis*）、竹叶花椒（*Zanthoxylum armatum*）、偏翅唐松草（*Thalictrum delavayi*）、兰科一种（Orchidaceae sp.）、笋兰（*Thunia alba*）、分枝感应草（*Biophytum esquirolii*）、大叶山蚂蝗（*Desmodium gangeticum*）等。

藤本植物主要有长黄毛山牵牛（*Thunbergia lacei*）、毛葡萄（*Vitis heyneana*）、黑老虎（*Kadsura coccinea*）、毛叶悬钩子（*Rubus poliophyllus*）等。

2）千果榄仁、滇南苏铁群落*Terminalia myriocarpa, Cycas diannanensis* Comm.

该群落见于保护区内铜厂一带，海拔1200~1300m范围区域。以调查样地为例，乔木层高度约10~30m，盖度约为80%，主要有千果榄仁（*Terminalia myriocarpa*）、滇榄仁（*Terminalia franchetii*）、厚皮树（*Lannea coromandelica*）、山槐（*Albizia kalkora*）、翅子树（*Pterospermum acerifolium*）、高山栲（*Castanopsis delavayi*）、栓皮栎（*Quercus variabilis*）、槲栎（*Quercus aliena*）等。

灌木层高度约1~5m，盖度约为50%，最具特色的是有成片的滇南苏铁（*Cycas diannanensis*）构成灌木层的优势种，其他种类有刺通草（*Trevesia palmata*）、茶条木（*Delavaya toxocarpa*）、火绳树（*Eriolaena spectabilis*）、竹叶花椒（*Zanthoxylum armatum*）、羽萼木、大叶苹婆（*Sterculia kingtungensis*）、椭圆悬钩子（*Rubus ellipticus*）、拟复盆子（*Rubus idaeopsis*）、元江杭子梢（*Campylotropis henryi*）、粉枝莓（*Rubus biflorus*）、闹鱼鸡血藤（*Millettia ichthyochtona*）、斑鸠菊（*Vernonia esculenta*）等。

草本层高度约0.5~1m，盖度约为60%，主要有大蝎子草（*Girardinia diversifolia*）、西南齿唇兰（*Anoectochilus elwesii*）、云南崖爬藤（*Tetrastigma yunnanense*）、血满草（*Sambucus adnata*）、蒟子（*Piper yunnanense*）、小叶荩草（*Arthraxon lancifolius*）、车前（*Plantago asiatica*）、石韦（*Pyrrosia lingua*）、新月蕨（*Pronephrrium gymnopteridifrons*）、牛膝（*Achyranthes bidentata*）、紫茎泽兰（*Eupatorium adenophora*）、翼齿六棱菊（*Laggera pterodonta*）、笋兰（*Thunia alba*）、薹草属一种（*Carex* sp.）、小白酒草（*Conyza canadensis*）、飞机草（*Chromolaena odoratum*）等。

藤本植物有毛葡萄（*Vitis heyneana*）、白花叶（*Poranopsis sinensis*）、菝葜一种（*Smilax* sp.）等。

（2）木棉林Form. *Bombax ceiba*

3）木棉、心叶木群落*Bombax ceiba, Haldina cordifolia* Comm.

该群落见于保护区石羊江河谷附近较为典型，以调查样地为例，乔木层高度约10~40mm，盖度约为80%，主要有木棉（*Bombax ceiba*）、心叶木（*Haldina cordifolia*）、扁担杆（*Grewia biloba*）、余甘子（*Phyllanthus emblica*）、蒙自合欢（*Albizia bracteata*）、火绳树（*Eriolaena spectabilis*）、天料木（*Homalium cochinchinense*）等。

灌木层高度约1~5m，盖度约为60%，主要有斑鸠菊（*Vernonia esculenta*）、虾子花（*Woodfordia fruticosa*）、刺蒴麻（*Triumfetta rhomboidea*）、椭圆悬钩子（*Rubus ellipticus*）、土茯苓（*Smilax glabra*）、皱叶醉鱼草（*Buddleja crispa*）、密蒙花（*Buddleja officinalis*）等。

草本层高度约0.5~1m，盖度约为50%左右，主要有喀西茄（*Solanum aculeatissimum*）、刺天茄（*Solanum indicum*）、石椒草（*Boenninghausenia sessilicarpa*）、紫茎泽兰（*Eupatorium adenophora*）、三开瓢（*Adenia parviflora*）、云南兔儿风（*Ainsliaea yunnanensis*）、茅叶荩草（*Arthraxon prionodes*）、云南崖爬藤（*Tetrastigma yunnanense*）等。

（3）白头树林Form. *Garuga forrestii*

4）白头树、厚皮树群落*Garuga forrestii, Lannea coromandelica* Comm.

该群落在保护区最为常见，广泛分布于石羊江河谷海拔650~1300m范围。以调查样地为例，乔木层高度约10~20m，盖度约为70%，主要有白头树（*Garuga forrestii*）、厚皮树（*Lannea coromandelica*）、楹树（*Albizia chinensis*）、山合欢（*Albizia kalkora*）、余甘子（*Phyllanthus emblica*）、槲栎（*Quercus aliena*）、清香木（*Pistacia weinmanniifolia*）等。

灌木层高度约1~5m，盖度约为60%，主要有羊蹄甲属一种（*Bauhinia* sp.）、三叶悬钩子（*Rubus delavayi*）、斑鸠菊（*Vernonia esculenta*）、虾子花（*Woodfordia fruticosa*）、大乌泡（*Rubus pluribracteatus*）、喜阴悬钩子（*Rubus mesogaeus*）、水茄（*Solanum torvum*）等。

草本层高度约0.5~1m，盖度约为50%，主要有细梗香草（*Lysimachia capillipes*）、牛膝（*Achyranthes bidentata*）、西南荩草（*Arthraxon xinanensis*）、紫茎泽兰（*Eupatorium adenophora*）、鸭跖草（*Commelina communis*）、地地藕（*Commelina maculata*）、竹节草（*Commelina diffusa*）、普通铁线蕨（*Adiantum edgeworthii*）、鞭叶铁线蕨（*Adiantum caudatum*）、过路黄（*Lysimachia christinae*）等。

3.3.2　常绿阔叶林

常绿阔叶林是指由壳斗科、山茶科、木兰科、樟科的常绿阔叶树种为主组成的森林，主要分布在亚热带的湿润气候条件下，在我国分布范围非常辽阔。云南的常绿阔叶林因受西南季风和高原地貌的深刻影响，根据其生境的水热组合、物种组成和群落结构特征等的不同，可以分为不同的类型。

恐龙河自然保护区常绿阔叶林根据《云南植被》的植被分类系统，有季风常绿阔叶林和半湿润常绿阔叶林2个类型，5个群系，即毒药树林、刺栲林、毛叶青冈林、高山栲林和滇青冈林。

3.3.2.1　季风常绿阔叶林

在云南季风常绿阔叶林的分布以滇中南为主体，也分布于滇南热带山地的垂直带上，海拔1100~1500m，乔木层主要以栲属（*Castanopsis*）、栎属（*Quercus*）、木荷属（*Schima*）、茶梨属（*Anneslea*）、润楠属（*Machilus*）为常见，其生态特征在干性类型中也有旱生化表现：树皮褐色、增厚；叶形偏小、革质较厚。季风常绿阔叶林的外貌表现为林冠浓郁、暗绿色、稍不平整、多作波状起伏，以常绿树为主体掺杂少量落叶树，全年的季相变化在深绿色背景上干季带灰棕色，雨季带油绿色，特别在优势树种的换叶期更为明显。

（4）毒药树林 Form. *Sladenia celastrifolia*

5）毒药树、截头石栎群落 *Sladenia celastrifolia, Lithocarpus truncates* Comm.

该群落见于保护区大平滩至小对臼一带，海拔约1100~1200m范围区域。以调查样地为例，乔木层高度约10~20m，盖度约为80%，主要有毒药树（*Sladenia celastrifolia*）、截头石栎（*Lithocarpus truncatus*）、滇石栎（*Lithocarpus dealbatus*）、余甘子a（*Phyllanthus emblic*）、西南木荷（*Schima wallichii*）、清香木（*Pistacia weinmanniifolia*）、毛杨梅（*Myrica esculenta*）等。

灌木层高度约0.5~1.5m，盖度约为50%，主要有茶梨（*Anneslea fragrans*）、椭圆悬钩子（*Rubus ellipticus*）、展毛野牡丹（*Melastoma normale*）、地檀香（*Gaultheria forrestii*）、深紫木蓝（*Indigofera atropurpurea*）、短梗菝葜（*Smilax scobinicaulis*）等。

草本层高度约0.3~1m，盖度约为40%，主要有马耳蕨（*Polystichum tsussimense*）、菜蕨（*Callipteris esculenta*）、疏叶蹄盖蕨（*Athyrium dissitifolium*）、千里光（*Senecio scandens*）、牛膝（*Achyranthes bidentata*）、紫茎泽兰（*Eupatorium adenophora*）、普通铁线蕨（*Adiantum edgeworthii*）、牡蒿（*Artemisia japonica*）、地果（*Ficus tikoua*）等。

（5）刺栲林 Form. *Castanopsis hystrix*

6）刺栲群落 *Castanopsis hystrix* Comm.

该群落见于保护区局部地带，植被发育不典型。以调查样地为例，乔木层高度约10~25m，盖度约为80%，主要有刺栲（*Castanopsis hystrix*）、西南木荷（*Schima wallichii*）、刺桐（*Erythrina variegata*）、高山栲（*Castanopsis delavayi*）、滇石栎（*Lithocarpus dealbatus*）、毛叶柿（*Diospyros mollifolia*）、华山矾（*Symplocos chinensis*）、老挝天料木（*Homalium ceylanicum*）等。

灌木层高度约0.5~1.5m，盖度约为50%，主要有厚皮香（*Ternstroemia gymnanthera*）、茶梨（*Anneslea fragrans*）、椭圆悬钩子（*Rubus ellipticus*）、斑鸠菊（*Vernonia esculenta*）、野拔子（*Elsholtzia rugulosa*）、马钱叶菝葜（*Smilax lunglingensis*）等。

草本层高度约0.3~1m，盖度约为40%，主要有沿阶草（*Ophiopogon bodinieri*）、鸡足山耳蕨（*Polystichum jizhushanense*）、披针新月蕨（*Pronephrium penangianum*）、疏叶蹄盖蕨（*Athyrium dissitifolium*）、紫茎泽兰（*Eupatorium adenophora*）、薹草属一种（*Carex* sp.）、蜜蜂花（*Melissa axillaris*）等。

（6）毛叶青冈林 Form. *Cyclobalanopsis kerrii*

7）毛叶青冈、毛叶黄杞群落 *Cyclobalanopsis kerrii*, *Engelhardia spicata* Comm.

该群落见于保护区河谷山坡附近较为典型，海拔800~1000m范围区域。以调查样地为例，乔木层高度约10~20m，盖度约为65%，主要有毛叶青冈（*Cyclobalanopsis kerrii*）、毛叶黄杞（*Engelhardia spicata*）、刺栲（*Castanopsis hystrix*）、西南木荷（*Schima wallichii*）、高山栲（*Castanopsis delavayi*）、滇石栎（*Lithocarpus dealbatus*）、毛叶柿（*Diospyros mollifolia*）、滇青冈（*Cyclobalanopsis glaucoides*）、密花树（*Rapanea neriifolia*）等。

灌木层高度约0.5~1.5m，盖度约为50%，主要有厚皮香（*Ternstroemia gymnanthera*）、铁仔（*Myrsine africana*）、茶梨（*Anneslea fragrans*）、椭圆悬钩子（*Rubus ellipticus*）、野拔子（*Elsholtzia rugulosa*）等。

草本层高度约0.3~1m，盖度约为40%，主要有翼齿六棱菊（*Laggera pterodonta*）、紫茎泽兰（*Eupatorium adenophora*）、云南崖爬藤（*Tetrastigma yunnanense*）、珠光香青（*Anaphalis margaritacea*）、地果（*Ficus tikoua*）、牡蒿（*Artemisia japonica*）、毛绞股蓝（*Gynostemma pubescens*）、金盏银盘（*Bidens biternata*）、三脉紫菀（*Aster ageratoides*）等。

3.3.2.2 半湿润常绿阔叶林

半湿润常绿阔叶林是滇中高原地区的基本植被类型，分布于高原宽谷盆地四周的低山丘陵上，占海拔高度大约为1700~2500m范围，与整个高原面的起伏高度基本一致，其分布的最低下限可下延至1500m处。半湿润常绿阔叶林是滇中高原很有代表性的植被类型，由于这一类型在垂直海拔范围纵跨了近1000m，故在不同海拔、不同地形的水热条件下，在群落组成上仍然存在差异。

由于长期的人为经济活动，特别是砍取硬栎木作为薪炭，以及林下放牧等影响，目前原始状态的半湿润常绿阔叶林在滇中高原已很少见。保护区的半湿润常绿阔叶林，根据调查有2个群系：高山栲林、滇青冈林。

（7）高山栲林 Form. *Castanopsis delavayi*

8）高山栲群落 *Castanopsis delavayi* Comm.

高山栲在保护区多地零散分布，但成林较少，仅在海拔较高地带有少量分布。

以调查样地为例，乔木层高度约8~15m，盖度约为80%，主要有高山栲（*Castanopsis delavayi*）、槲栎（*Quercus aliena*），并混生滇石栎（*Quercus aliena*）、滇油杉（*Keteleeria evelyniana*）、云南松（*Pinus yunnanensis*）、清香木（*Pistacia weinmanniifolia*）、香叶树（*Lindera communis*）、团香果（*Lindera latifolia*）、滇润楠（*Machilus yunnanensis*）等。

灌木层高度约1~2m，盖度约为50%，主要有长柱十大功劳（*Mahonia duclouxiana*）、水红木（*Viburnum cylindricum*）、椭圆悬钩子（*Rubus ellipticus*）、粉叶小檗（*Berberis pruinosa*）、密花荚蒾（*Viburnum congestum*）、五风藤（*Holboellia latifolia*）等。

草本层高度约0.5~1m，盖度约为40%，主要有地不容（*Stephania epigaea*）、竹叶草（*Oplismenus compositus*）、滇南马兜铃（*Aristolochia petelotii*）、浆果薹草（*Carex baccans*）、对马耳蕨（*Polystichum tsus-simense*）、友水龙骨（*Polypodiodes amoena*）、石韦（*Pyrrosia lingua*）等。

（8）滇青冈林Form. *Cyclobalanopsis glaucoid*

9）滇青冈群落 *Cyclobalanopsis glaucoide* Comm.

滇青冈以云南高原为分布中心，并限于西南季风影响下的中亚热带气候条件，在这一范围滇青冈具有较广的生态适应幅度，生长于半湿润常绿阔叶林的各种类型中，以它为优势的森林多见于陡坡和石灰岩地区。滇青冈林可分布于海拔1500~2500m范围，由于其分布的范围广，因此，各地滇青冈林的种类组成情况并不完全一样。但以滇青冈为上层优势的群落，分布地土壤偏干和较贫瘠，因而多少表现出耐干的生态特征。

该群落见于恐龙河自然保护区新峰山附近较为典型。以调查样地为例，乔木层高度约6~15m，盖度约为75%~85%，以滇青冈（*Cyclobalanopsis glaucoides*）为优势，群落中还混生有高山栲（*Castanopsis delavayi*）、滇油杉（*Keteleeria evelyniana*）、栓皮栎（*Quercus variabilis*）、滇石栎（*Lithocarpus dealbatus*）等。

灌木层在林下不连续，高度约1~5m，盖度约为35%。主要种类有斑鸠菊（*Vernonia esculenta*）、余甘子（*Phyllanthus emblica*）、米饭花（*Vaccinium bracteatum*）、美丽马醉木（*Pieris formosa*）、南烛（*Lyonia ovalifolia*）、樟叶越桔（*Vaccinium dunalianum*）、针齿铁仔（*Myrsine semiserrata*）、小檗属一种（*Berberis* sp.）等。

草本层稀疏，高度约0.2~0.5m，盖度约为30%，主要种类有紫茎泽兰（*Eupatorium adenophora*）、野拔子（*Elsholtzia rugulosa*）、大丁草（*Leibnitzia anandria*）、松毛火绒草（*Leontopodium andersonii*）、细柄草（*Capillipedium parviflorum*）、地果（*Ficus tikoua*）、长节耳草（*Hedyotis uncinella*）、金粉蕨（*Onychium siliculosum*）、扭瓦韦（*Lepisorus contortus*）、野草香（*Elsholtzia cypriani*）、画眉草（*Eragrostis pilosa*）、崖爬藤（*Tetrastigma obtectum*）等。

3.3.3　硬叶常绿阔叶林

我国的硬叶常绿阔叶林主要是由常绿硬叶的栎类树种组成，分布于我国西南的云南北部、四川西部及藏东南地区，尤以金沙江流域为集中。因此，这一类植被在云南省的植被类型中也占有一定地位。

硬叶常绿阔叶林所分布的生境特别是地貌和气候条件具有多样性。它既分布于寒温性气候的高山，又分布于亚热带干热气候的峡谷，只有"硬叶""常绿"和"阔叶"是其共同特征，由于以硬叶的栎类为主体，故也称之为"硬叶常绿栎类林"。植株均具有很明显的耐寒、耐旱的形态结构：叶常绿、革质坚硬、叶型偏小、叶常反卷具尖刺和硬锯齿、叶背面一般都密被黄色和褐色或灰色的短绒毛；树皮多坚厚而具有粗纹；分枝多而密集；树干弯曲而低矮等旱生生态适应的特征。在云南多数分布在亚高山的石灰岩坡面，阳坡比阴坡多，山脊和陡坡比沟谷多，所以适应于旱瘠的土壤、抗风、耐强光照是这类植被的另一个特点。长期人为活动的结果，目前在云南硬叶栎类萌生灌丛的分布面积远远大于其森林的面积。

保护区硬叶常绿阔叶林根据《云南植被》的植被分类系统，有干热河谷常绿阔叶林1个类型，1个群系。

干热河谷常绿阔叶林主要分布于金沙江河谷两侧海拔2600m左右的坡面上，下延可分布至1500m或更低，分布地的气候以干热为特征，年平均温度约15~19℃以上，年降水量仅700mm左右，集中于雨季降落，全年的蒸发量大于降水量2倍以上，越接近河谷底部气候越干热，而本类植被一般只分布于干热河谷的中上部，尤其以石灰岩坡面为多见。由于生境中气候与基质均极干燥，因而此类植被耐干旱的特征是很明显的，群落内几乎不见苔藓、地衣等附生植物和其他喜湿的植物种类，群落低矮而树干多弯曲，耐旱喜阳的灌木和草本植物比较常见。

（9）锥连栎林Form. *Quercus franchetii*

群落上层以锥连栎（*Quercus franchetii*）为优势的硬叶常绿栎林，比较普遍地分布于金沙江河谷海拔1600~2300m的坡面，它也是滇中高原北缘干热河谷植被中的一个重要类型，在人为影响下目前成林的已很少见。本群系的特点是：①分布较广，一般分布于非石灰岩地区；②群落高度一般在10m以下，树干弯曲而粗壮，生长较稀疏；③具有喜暖、耐旱、耐火烧的生态适应特点，但砍伐后萌生力稍差。

10）锥连栎群落*Quercus franchetii* Comm.

该群落见于保护区大湾附近较为典型，海拔650~1000m范围区域。以调查样地为例，乔木层高度约6~8m，盖度75%~80%，建群种和优势种以锥连栎和毛叶黄杞（*Engelhardia spicata*）为主，另外混生云南油杉（*Keteleeria evelyniana*）、滇青冈（*Cyclobalanopsis glaucoides*）等。

灌木层高度约2~5m，盖度约40%~60%，主要有厚皮香（*Ternstroemia gymnanthera*）、铁仔（*Myrsine africana*）、密花荚蒾（*Viburnum congestmu*）、密蒙花（*Buddleja officinalis*）、七里香（*Buddleja asiatica*）等。

草本层高度约0.4~1m，盖度约30%~50%，主要有西南石韦（*Pyrrosia gralla*）、刺齿贯众（*Cyrtomium caryotideum*）、丈野古草（*Arundinella decempedalis*）、沿阶草（*Ophiopogon bodinieri*）、鬼针草（*Bidens pilosa*）、知风草（*Eragrostis ferruginea*）、蜈蚣草（*Eremochloa ciliaris*）等。

3.3.4 暖性针叶林

暖性针叶林多半为旱性或半旱性的森林，在云南广泛分布，成为山地垂直带的一个重要特征，其分布的海拔范围一般为800~2800m，个别林地分布范围为600~3100m，这类森林的乔木层优势种是一些发生古老的松柏类科属，主要属为松，其次为油杉、柏等。根据建群种的生态特点，结合群落的结构、种类组成和生境，暖性针叶林可分为2个植被亚型：暖温性针叶林和暖热性针叶林，前者以云南松林为代表，后者以思茅松林为代表。在恐龙河自然保护区域内，其优势种主要是云南松和滇油杉等暖温性树种，故而在本植被型下仅有1个植被亚型，即暖温性针叶林，有2个群系，即云南松林、滇油杉。

暖温性针叶林

（10）云南松林Form. *Pinus yunnanensis*

11）云南松群落*Pinus yunnanensis* Comm.

云南高原是云南松的分布中心地区，其生态幅很广。云南松林在保护内分布面积较大，有幼林，也有中龄林，是次生植被的主体。

该群落见于保护区上段，海拔900m以上多少有分布。以调查样地为例，乔木层高度约8~15m，盖度约为70%~80%。优势种较为单一，以云南松（*Pinus yunnanensis*）为主，另外还混生西南木荷（*Schima wallichii*）、岗枚（*Eurya groffii*）、越南山矾（*Symplocos cochinchinensis*）、隐距越橘（*Vaccinium exaristatum*）、锥连栎（*Quercus franchetii*）、栓皮栎（*Quercus variabilis*）、毛杨梅（*Myrica esculenta*）等。

灌木层高度约2~5m，盖度约40%~60%。主要有风吹箫（*Leycesteria formosa*）、野拔子（*Elsholtzia rugulosa*）、岗斑鸠菊（*Vernonia clivorum*）、椭圆悬钩子（*Rubus ellipticus*）、厚皮香（*Ternstroemia gymnanthera*）、碎米花（*Rhododendron spiciferum*）、南烛（*Vaccinium bracteatum*）、毛叶黄杞（*Engelhardia spicata*）、余甘子（*Phyllanthus emblic*）、铁仔（*Myrsine africana*）、马醉木（*Pieris japonica*）等。

草本层高度约0.5~2m，盖度约20%~40%，主要有翼齿六棱菊（*Laggera crispata*）、硬秆子草（*Capillipedium assimile*）、裂稃草（*Schizachyrium brevifolium*）、斑茅（*Saccharum arundinaceum*）、白健秆（*Eulalia pallens*）、黄背草（*Themeda japonica*）、四棱猪屎豆（*Crotalaria tetragona*）、灰堇菜（*Viola canescens*）、六耳铃（*Blumea laciniata*）、艾纳香属一种（*Blumea* sp.）等。

（11）滇油杉林Form. *Keteleeria evelyniana*

12）滇油杉群落*Keteleeria evelyniana* Comm.

该群落见于保护区上段的调整地块，不见大面积分布，仅在局部地段成林。以调查样地为例，乔木层高度约10~20m，盖度70%~80%，主要为滇油杉（*Keteleeria evelyniana*）和栓皮栎（*Quercus variabilis*）为优势，伴生云南松（*Pinus yunnanensis*）、滇青冈（*Cyclobalanopsis glaucoides*）、高山栲（*Castanopsis delavayi*）、槲栎（*Quercus aliena*）等。

灌木层高度约1~3m，盖度约60%~70%，主要有南烛（*Vaccinium bracteatum*）、沙针（*Osyris quadripartita*）、三叶悬钩子（*Rubus delavayi*）、马桑（*Coriaria nepalensis*）、葛（*Pueraria lobata*）、大叶山蚂蝗（*Desmodium gangeticum*）、小雀花（*Campylotropis polyantha*）等。

草木层高度约0.5~2m，盖度约30%~50%，主要有崖爬藤（*Tetrastigma obtectum*）、龙芽草（*Agrimonia pilosa*）、菊叶鱼眼草（*Dichrocephala chrysanthemifolia*）、白藤（*Porana decora*）、毛萼香茶菜（*Rabdosia eriocalyx*）、退色黄芩（*Scutellaria discolor*）、云南兔儿风（*Ainsliaea yunnanensis*）、千里光（*Senecio scandens*）、鞭打绣球（*Hemiphragma heterophyllum*）、沿阶草（*Ophiopogon bodinieri*）等。

3.3.5 稀树灌木草丛

在云南稀树灌木草丛是一类分布十分广泛的植被类型，群落以草丛为主，其间散生灌木和乔木。灌木一般低矮，有时高度不及草丛，乔木一般生长不良、散布在成片草丛中。稀树灌木草丛具有明显的次生性，其群落结构不稳定，群落结构常随地区不同而变化较大，目前所见较大面积的稀树灌木草丛，都是在原有森林长期不断地受到砍伐破坏下所形成的一类次生植被。本类植被的一个重要特征是：草丛中以广泛分布于亚热带或热带的多年生丛生禾草为主，一般较高大粗壮，其高度0.5~4m不等。所有的草本、灌木、乔木都为喜阳耐旱的种类，而且在耐土壤贫瘠、耐放牧、耐践踏、耐火烧、萌发力强等方面都有相似之处。

干热性稀树灌木草丛：

从植被的生态环境看，本植被亚型的群落大多都分布于干热河谷底部，与其两侧中山上部相对高差一般在1500m左右，有的在2000m以上。在云南西南季风受山脉屏障，在背风面形成雨影区，形成河谷焚风效应，加之峡谷地貌的封闭性促使干热谷风盛行，造成谷底的特殊"干热"气候。本植被亚型的植物种类组成中，绝大部分为热带成分，其次为亚热带成分。干季草丛呈现一片枯黄景色，雨季前后重返青绿，一年中的季相进程依干湿季交替为转移，稀树和灌木中落叶种类的季相变化也如此，它们与季雨林一致，均属于雨绿类型。

（12）含虾子花的中草草丛Form. medium grassland containing *Woodfordia fruticosa*

13）狭叶山黄麻、虾子花群落*Trema angustifolia,Woodfordia fruticosa* Comm.

该群落见于保护区河谷地带，海拔650~1000m范围区域。以调查样地为例，乔木树种高度约5~10m，稀疏，不形成层片。乔木树种可见有厚皮树（*Lannea coromandelica*）、黄连木（*Pistacia chinensis*）、火绳树（*Eriolaena spectabilis*）等。

灌木层高度约2~5m，盖度约40%。主要有狭叶山黄麻（*Trema angustifolia*）、虾子花（*Woodfordia fruticosa*）、余甘子（*Phyllanthus emblica*）、茶条木（*Delavaya toxocarpa*）、毛叶黄杞（*Engelhardia spicataa*）、坡柳（*Salix myrtillacea*）、粉叶羊蹄甲（*Bauhinia glauca*）、假地豆（*Desmodium heterocarpon*）等。

群落结构以草丛为主，高度约0.8~1.5m，盖度常达80%以上。以禾草为背景，而禾草中又以黄茅（*Heteropogon contortus*）独占优势，主要有芸香草（*Cymbopogon distans*）、苞子营（*Themeda caudata*）、棕叶芦（*Thysanolaena maxima*）等，局部地段飞机草（*Chromolaena odoratum*）较为优势。

样地外还散生有：木紫珠（*Callicarpa arborea*）、三叶漆（*Terminthia paniculata*）、钝叶黄檀（*Dalbergia obtusifolia*）、大叶紫珠（*Callicarpa macrophylla*）等。

14）木棉、虾子花群落*Bombax ceiba, Woodfordia fruticosa* Comm.

该群落见于保护区江边一带附近较为典型。以调查样地为例，乔木种类较少，稀疏，树冠冠幅开展，常常孤树状分布于群落中，全部乔木的盖度约为20%。主要见有木棉（*Bombax ceiba*）、楹树（*Albizia chinensis*）、火绳树（*Eriolaena spectabilis*）等。

灌木层高度约2~6m，盖度约40%，主要有虾子花（*Woodfordia fruticosa*）、鞍叶羊蹄甲（*Bauhinia brachycarpa*）、椭圆悬钩子（*Rubus ellipticus*）、红泡刺藤（*Rubus niveus*）、粗糠柴（*Mallotus philippensis*）、岗柃（*Eurya groffii*）、清香木（*Pistacia weinmanniifolia*）、滇刺枣（*Ziziphus mauritiana*）、毛叶青冈（*Cyclobalanopsis kerrii*）、余甘子（*Phyllanthus emblica*）、千张纸（*Oroxylum indicum*）等。

草本层高度约0.2~2m，盖度约80%以上。主要有飞机草（*Chromolaena odoratum*）、磨盘草（*Abutilon indicum*）、水蔗草（*Apluda mutica*）、黄茅（*Heteropogon contortus*）、胜红蓟（*Ageratum conyzoides*）、白茅（*Imperata cylindrica*）、拟金茅（*Eulaliopsis binata*）、丈野古草（*Arundinella decempedalis*）、黄背草（*Themeda triandra*）、刺芒野古草（*Arundinella setosa*）、棕茅（*Eulalia phaeothrix*）、黄珠子草（*Phyllanthus virgatus*）、土丁桂（*Evolvulus alsinoides*）、飞扬草（*Euphorbia hirta*）等。

（13）含滇榄仁、水蔗草的高草灌丛草丛Form. tall grassland containing *Terminalia franchetii*, *Apluda mutica*

15）滇榄仁、黄荆、水蔗草群落*Terminalia franchetii*, *Vitex negundo*, *Apluda mutica* comm.

该群落见于保护区下段。以调查样地为例，乔木层与灌木层没有明显界限，统称为乔灌层。乔灌层高度约6~10m，盖度约40%，主要有滇榄仁（*Terminalia franchetii*）、黄荆（*Vitex negundo*）、红皮水锦树（*Wendlandia tinctoria* subsp. *intermedia*）、虾子花（*Woodfordia fruticosa*）、灰色木蓝（*Indigofera wightii*）、排钱树（*Phyllodium pulchellum*）、白刺花（*Sophora davidii*）等。

草本层高度约0.3~1m，盖度约70%，主要有水蔗草（*Apluda mutica*）、飞机草（*Chromolaena odorata*）、天蓝苜蓿（*Medicago lupulina*）、黄花稔（*Sida acuta*）、大理剪股颖（*Agrostis taliensis*）、白茅（*Imperata cylindrica*）、黄茅（*Heteropogon contortus*）、拟金茅（*Eulaliopsis binata*）等。

（14）含余甘子的中草草丛Form. medium grassland containing *Phyllanthus emblica*

16）余甘子、坡柳、黄茅群落*Phyllanthus emblica*, *Salix myrtillacea Heteropogon contortus* Comm.

本群落为干热河谷稀树灌木草丛的北部类型，具有亚热带南部的性质，它主要分布于我省北部金沙江流域中下游地区，本群落的草丛仍以中等高度的耐旱禾草黄茅（*Heteropogon contortus*）为优势种，稀树和灌木以余甘子（*Phyllanthus emblica*）和坡柳（*Salix myrtillacea*）为标志，虽然木棉（*Bombax ceiba*）、千张纸（*Oroxylum indicum*）也偶有所见，但长势一般较差，远不如滇南河谷普遍，而清香木（*Pistacia weinmanniifolia*）、毛叶黄杞（*Engelhardia spicata*）等则为南北各河谷地区所共有，虾子花（*Woodfordia fruticosa*）极为少见，而为坡柳代替了它的位置。

该群落见于恐龙河自然保护区海拔下段，在干旱山坡常见。以调查样地为例，乔灌层高度约3~6m，盖度约40%，主要有余甘子（*Phyllanthus emblica*）、毛叶黄杞（*Engelhardia spicata*）、清香木（*Pistacia weinmanniifolia*）、毛叶柿（*Diospyros mollifolia*）、坡柳（*Salix myrtillacea*）、长波叶山蚂蝗（*Desmodium sequax*）、长叶千斤拔（*Flemingia stricta*）、垂序木蓝（*Indigofera pendula*）等。

草本层高度约0.2~0.8m，盖度约80%，主要有芸香草（*Cymbopogon distans*）、黄茅（*Heteropogon contortus*）、飞机草（*Chromolaena odoratum*）、皱叶狗尾草（*Setaria plicata*）、黄背草（*Themeda japonica*）、茅叶荩草（*Arthraxon prionodes*）、粘山药（*Dioscorea hemsleyi*）、黄花蒿（*Artemisia annua*）、毛木防己（*Cocculus orbiculatus*）、金丝草（*Pogonatherum crinitum*）、千里光（*Senecio scandens*）、崖爬藤（*Tetrastigma obtectum*）、鬼针草（*Bidens pilosa*）、倒提壶（*Cynoglossum amabile*）等。

3.4　植被分布规律

根据《云南植被》中的植被区划系统，恐龙河自然保护区在区划属于亚热带常绿阔叶林（Ⅱ）区域，西部（半湿润）常绿阔叶林亚（ⅡA）区域，是高原亚热带南部季风常绿阔叶林（ⅡAi）区域与高原亚热带北部常绿阔叶林（ⅡAii）区域的交汇过渡地带，因此植被类型多样并且部分植被交错分布的特点较为显著。

保护区位于元江上游的礼社江河谷，地处哀牢山东坡，最高海拔1796m，最低海拔623m，相对高差1000多m，区域地处云南亚热带南北部交错地带，因而蕴藏着多样的植被类型。从植被整体来看，仍表现较多的亚热带特征，区内植被具有云南山地典型的"山原型水平地带性植被"的特征。保护区位于云南高原和横断山系的结合部，气候上受西南季风和西风急流交替影响，干湿季节分明，这种气候类型影响下发育的典型植被则为半湿润常绿阔叶林，这是我国出现干湿季分明的气候区内发育的一类常绿阔叶林，滇中高原是其分布的中心地带，在不同的地形、土壤条件下，形成不同优势种为代表的群落类型；向南与季风常绿阔叶林邻接，后者对应于我国东部的南亚热带雨林。在保护区1400m以上区域分布有相当面积的滇青冈林和高山栲林，并且有一定面积的云南松林，这是半湿润常绿阔叶林在干扰情况下形成的一种次生植被。因此，可以说保护区的水平地带性植被是半湿润常绿阔叶林。

保护区河谷地带为较为典型的干热河谷，部分区域干热河谷气候的海拔上限可上升至1200m或者更高区域。河谷中干热河谷标志种丰富，如黄茅（*Heteropogon contortus*）、虾子花（*Woodfordia fruticosa*）、木棉（*Bombax ceiba*）、狭叶山黄麻（*Trema angustifolia*）等。在河谷中分布有被称为"河谷型萨瓦纳植被"的稀树灌木草丛，是世界植被中"萨瓦纳植被"的干热河谷类型，也是一类极具保护价值的植被类型。

保护区的季雨林属于落叶季雨林，也称为河谷季雨林，共有3个群系。千果榄仁林分布于热量较为充沛的河谷中，海拔最高可达1300m，是保护区极具保护价值的一类植被；木棉林分布于河边，沿河谷成带状分布；白头树林在保护区1300m以下较为常见，是河谷型季雨林的典型代表。

季风常绿阔叶林分布于较为潮湿沟谷中，由于小地形形成特殊的微气候环境，沟谷气候较为湿润，并四季均有溪流流过，为季风常绿阔叶林的发育提供了条件。

暖温性针叶林在保护区主要分布于坡度较缓的山坡，一直可分布到礼社江江边，但大多集中于海拔1200m以上。

3.5 植被特点总结和评价

（1）保护区处于重要的国际河流元江—红河的上游，地处云南植物地理的东西分界区域，地理位置独特，植被保护和研究对元江—红河流域的水土涵养和其他生态功能发挥具有直接影响。

（2）保护区最高海拔2148m，最低海拔623m，相对高差1525m，区内地形地貌复杂多样，保存了较为丰富的植被类型，根据初步调查，保护区共有5个植被型、6个植被亚型、14个群系和16个群落，多样性非常丰富。

（3）保护区气候为典型的干热河谷气候类型，形成了典型干热性的河谷生态系统。在保护区内发育和保存了非常完好的落叶季雨林和被称作"河谷型萨瓦纳植被"的稀树灌木草丛。从全国范围来看，以干热河谷植被为保护对象的自然保护区相对较少，因此恐龙河自然保护区内的典型干热河谷植被（落叶季雨林和稀树灌木草丛）具有较高的保护价值。

（4）季雨林是分布于具有明显干湿季节变化热带地区的热带森林，主要分布于海拔1000m以下的热带地区。恐龙河保护区由于特殊地理位置和地形地貌，形成了大片的保存完好的落叶季雨林。特别是在保护区内发现以千果榄仁为标志种的落叶季雨林，是该类型植被分布的北界，且可分布到海拔1370m，具有高纬度、高海拔的特点，在植被地理学研究中具有一定意义，具有重要的保护价值。

（5）季风常绿阔叶林在保护区内分布面积不大，但该类植被中包含的植物种类最多，群落结构最为复杂。毒药树科是仅含毒药树属的单型科，毒药树被认为是古老孑遗植物，在保护区与壳斗科的石栎属植物一起成林，较为稀有；毛叶青冈林的生境相对较为干旱，是季风常绿阔叶林向半湿润常绿阔叶林过渡的中间类型，同时也是绿孔雀的栖息生境之一，具有较高的保护价值。

第④章　植　物

摘要：为掌握保护区内的植物多样性，对保护区范围内的野生植物资源进行了全面调查，同时对凭证标本及数码照片进行系统鉴定。根据调查及鉴定结果，编制"双柏恐龙河州级自然保护区维管束植物名录"，并进行植物多样性和区系成分分析。保护区内的维管植物种类较为丰富。据调查，共记录到双柏恐龙河州级自然保护区共有维管植物1204种（含种下等级，包括部分人工栽培植物），隶属于192科736属。其中：蕨类植物30科57属103种，裸子植物5科8属9种，被子植物157科671属1092种。

保护区现有维管束植物192科，其中：30种以上的仅有5个科，11~30个物种数有20个科，2~10个物种有120个科，1个物种有47个科。据统计结果分析，可知这2~10个物种的科是该地区种子植物区系的主体，对当地植物区系的形成和演替具有重要意义。

保护区共记录维管束植物736属，其中出现种数超过5个种的有8属，分属8个科，占全部属数的1.08%；这8个属共包含63种，占全部种数的5.23%。按照种子植物科的区系类型划分的原则，将保护区种子植物的162个科划分为11种类型及变型，其中：世界广布的科有42科，占总科数的25.93%；热带类型的科89科，占总科数的54.94%；温带类型的科31科，占总科数的19.14%。按种子植物属的区系类型划分的标准，保护区的679属划分为15个分布类型，其中：世界广布属55属，占总数的8.10%；热带分布属424属，占总数的62.44%；温带分布属199属，占总数的29.31%。综合科、属二级水平的统计分析结果，保护区热带成分较丰富，也有一定量的温带成分，具有鲜明的热带性质，同时具有热带植物区系和亚热带、温带植物区系交汇的特点。

保护区内植物种类丰富，具有食用植物资源、药用植物资源、工业用植物资源和保护与改善环境植物资源等4大类植物资源，以及珍稀、濒危及特有植物。其中国家保护植物7种；中国特有属9属，占调查总属数的1.39%；云南特有植物47种，拥有大量古老、特有、子遗植物类群。植物区系的源头可以追溯到老第三纪甚至更早的白垩纪，充分说明保护区植物区系的古老性。恐龙河自然保护区植物区系联系广泛，与滇中高原、横断山等区域联系极为紧密。

4.1　研究方法

4.1.1　野外考察

野外考察分旱季（2019年4月）和雨季（2019年8月份）两次开展，由项目组与管护局工作人员共同组成调查队，对保护区范围内的野生植物资源进行全面调查。

4.1.2 调查范围与内容

保护区范围各海拔梯度，以野生维管植物和自然植被为调查对象，重点关注珍稀、濒危、特有和资源植物。

4.1.3 调查方法

采用植物区系传统调查研究方法。野外实地调查采取路线调查与重点调查相结合的方法，根据自然保护区地形地貌及植被分布规律，野外调查设计了多条考察线路，同时根据植被情况布设样方进行重点调查。考察线路覆盖保护区全部区域，样方设置具有代表性，包括保护区内所有的植被类型。对易于识别的广布种，调查过程中主要采用野外记录及数码拍照的方法；其余植物则采集标本及拍摄照片，带回室内研究鉴定。对资源植物和珍稀濒危植物调查采取野外调查、民间访问和市场调查相结合的方法进行。

4.1.4 标本鉴定

依据国内外公开出版的植物志和树木志等专著，参考相关文献对凭证标本及数码照片进行鉴定，部分鉴定结果与馆藏标本及在线数据库资源进行比对核实；难于鉴定的种类，请相关专科专属专家进行鉴定和核实。

4.1.5 标本馆查阅

在云南大学植物标本馆内和中国科学院昆明植物研究所标本馆数据库（http://kun.kingdonia.org/）查阅过去在恐龙河自然保护区范围及其附近地区采集过的标本。

4.1.6 内业分析

根据调查结果，编制维管束植物名录，并进行植物多样性和区系成分分析。

4.2 研究历史

保护区是2003年4月经楚雄州人民政府正式批准建立的州级自然保护区。保护区内蕴藏着丰富的物种资源，一直以来都是具有科考价值的地方，自其成立以来有不少专家和学者相继对该区域进行过调查研究。2006年，李学红发表了题为"恐龙河自然保护区保护价值及保护措施"的研究文章；2009年，谢以昌发表了题为"恐龙河自然保护区生物资源现状及保护对策"的研究文章；2013年，王恒颖等人发表了题为"恐龙河自然保护区的动植物资源现状及保护对策研究"的研究文章，文中共记录有维管植物192科、737属、1205种，其中：蕨类植物有30科、58属、104种，裸子植物有5科、8属、9种，被子植物有157科、671属、1092种；2012年，马猛等人发表了题为"恐龙河自然保护区元江苏铁种群结构"的研究文章。

4.3 植物多样性

4.3.1 植物物种多样性

保护区最高海拔2148m，最低海拔623m，形状呈长条形，东西长50km，南北宽

2～4km，总面积1.04万hm²，植物物种多样性非常丰富。通过野外调查所采集标本和拍摄照片的系统鉴定，以及对各植物标本馆（YNU）馆藏的采自双柏恐龙河自然保护区范围内的标本系统查阅，同时结合相关的文献资料，共记录到双柏恐龙河州级自然保护区共有维管植物1204种(含种下等级)，隶属于192科736属。其中：蕨类植物30科57属103种，裸子植物5科8属9种，被子植物157科671属1092种，详见表4-1和附录1。随着调查的深入，该地区记录的种类还会有新发现和增加。但基于现有的种类及对其种子植物区系所做的统计分析，已经基本可以揭示该地区种子植物区系的组成、特点、性质和地位。

表4-1　保护区维管植物科、属、种统计

维管植物	科	属	种
蕨类植物	30	57	103
裸子植物	5	8	9
被子植物	157	671	1092
合计	192	736	1204

4.3.2　科的组成

保护区目前记载维管束植物192科〔基于秦仁昌系统（蕨类）、郑万钧系统（裸子植物）和哈钦松系统（被子植物）〕。以科为单位，包含属的数量最多类群是禾本科（Gramineae），共统计到50个属，占所有维管束植物属数的7.15%，这与保护区地处干热河谷的特点密切相关。其次是菊科（Compositae），与禾本科相当，共有47个属，占所有维管束植物属数的6.72%；蝶形花科（Papilionaceae）有32个属，占所有维管束植物属数的4.58%；大戟科（Euphorbiaceae）和唇形科（Labiatae）均有23个属，占所有维管束植物属数的3.29%；其余的科所含属数都在20个以下。从科所含物种数来看，30种以上的仅有5个科，11～30个物种数有20个科，2～10个物种有120个科，1个物种有47个科。见表4-2。

表4-2　保护区维管植物科组成统计

数量	科名（属数、种数）
30种以上的科	大戟科Euphorbiaceae（23、40），蝶形花科 Fabaceae（32、61），菊科 Compositae（47、71），唇形科 Labiatae（23、39），禾本科 Poaceae（50、76）。
11~30种的科	蹄盖蕨科 Athyriaceae（6、12），樟科 Lauraceae（8、19），毛茛科 Ranunculaceae（5、14），葫芦科 Cucurbitaceae（8、11），锦葵科 Malvaceae（9、13），蔷薇科 Rosaceae（16、27），壳斗科 Fagaceae（4、17），桑科 Moraceae（4、15），荨麻科 Urticaceae（10、16），葡萄科 Vitaceae（5、11），萝藦科 Asclepiadaceae（13、13），茜草科 Rubiaceae（16、21），茄科 Solanaceae（5、11），旋花科Convolvulaceae（7、11），玄参科 Scrophulariaceae（11、14），爵床科 Acanthaceae（13、16），马鞭草科 Verbenaceae（8、15），百合科 Liliaceae（10、14），兰科 Orchidaceae（13、13），莎草科 Cyperaceae（6、12）。

续表4-2

数量	科名（属数、种数）
2~10种的科	石松科 Lycopodiaceae（3、3），卷柏科 Selaginellaceae（1、6），木贼科 Equisetaceae（2、3），里白科 Gleicheniaceae（1、2），海金沙科 Lygodiaceae（1、2），碗蕨科 Dennstaedtiaceae（1、3），凤尾蕨科 Pteridaceae（2、9），中国蕨科 Sinopteridaceae（5、8），铁线蕨科 Adiantaceae（1、6），裸子蕨科 Hemionitidaceae（2、2），肿足蕨科 Hypodematiaceae（1、1），金星蕨科 Thelypteridaceae（4、8），铁角蕨科 Aspleniaceae（2、5），乌毛蕨科 Blechnaceae（2、3），鳞毛蕨科 Dryopteridaceae（3、6），骨碎补科 Davalliaceae（2、2），水龙骨科 Polypodiaceae（5、9），槲蕨科 Drynariaceae（2、3），柏科Cupressaceae（2、2），松科 Pinaceae（2、3），杉科 Taxodiaceae（2、2），木兰科 Magnoliaceae（2、2），五味子科 Schisandraceae（2、3），番荔枝科 Annonaceae（3、3），小檗科 Berberidaceae（2、4），防己科 Menispermaceae（5、5），胡椒科Piperaceae（2、5），金粟兰科 Chloranthaceae（2、2），紫堇科 Fumariaceae（2、2），山柑科 Capparaceae（2、3），十字花科 Cruciferae（7、9），堇菜科 Violaceae（1、4），远志科 Polygalaceae（2、4），石竹科 Caryophyllaceae（5、7），粟米草科 Molluginaceae（2、2），马齿苋科 Portulaceae（2、2），蓼科 Polygonaceae（3、10），藜科 Chenopodiaceae（1、2），苋科 Amaranthaceae（5、9），牻牛儿苗科 Geraniaceae（1、2），酢浆草科 Oxalidaceae（2、2），凤仙花科 Balsaminaceae（1、4），千屈菜科 Lythraceae（3、5），柳叶菜科 Onagraceae（2、3），瑞香科 Thymelaeaceae（2、2），山龙眼科 Proteaceae（1、2），海桐科 Pittosporaceae（1、2），西番莲科 Passifloraceae（2、3），秋海棠科 Begoniaceae（1、3），山茶科 Theaceae（6、9），水东哥科 Saurauiaceae（1、2），桃金娘科 Myrtaceae（3、5），野牡丹科 Melastomataceae（2、5），使君子科 Combretaceae（2、4），金丝桃科 Hypericaceae（2、6），椴树科 Tiliaceae（4、8），梧桐科 Sterculiaceae（4、9），鼠刺科 Iteaceae（1、2），绣球花科 Hydrangeaceae（3、3），苏木科 Caesalpiniaceae（4、9），含羞草科 Mimosaceae（3、7），黄杨科 Buxaceae（2、2），杨梅科 Myricaceae（1、2），桦木科 Betulaceae（2、2），榆科 Ulmaceae（4、6），卫矛科 Celastraceae（4、5），山柚子科 Opiliaceae（2、2），桑寄生科 Loranthaceae（3、4），鼠李科 Rhamnaceae（9、9），胡颓子科 Elaeagnaceae（1、3），芸香科 Rutaceae（6、6），楝科 Meliaceae（5、5），无患子科 Sapindaceae（4、4），泡花树科Meliosmaceae（1、2），清风藤科 Sabiaceae（2、4），漆树科 Anacardiaceae（8、10），胡桃科 Juglandaceae（4、5），山茱萸科 Cornaceae（1、2），五加科 Araliaceae（6、7），天胡荽科Hydrocotylaceae（2、2），伞形科 Umbelliferae（9、10），杜鹃花科 Ericaceae（6、10），越桔科 Vacciniaceae（4、8），柿树科 Ebenaceae（1、2），紫金牛科 Myrsinaceae（5、10），山矾科 Symplocaceae（1、2），醉鱼草科 Buddlejaceae（1、3），木樨科 Oleaceae（3、5），夹竹桃科 Apocynaceae（5、6），杠柳科Periplocaceae（3、3），忍冬科 Caprifoliaceae（4、7），败酱科 Valerianaceae（2、3），龙胆科 Gentianaceae（4、7），报春花科 Primulaceae（2、5），蓝雪科 Plumbaginaceae（2、2），车前科 Plantaginaceae（1、2），桔梗科 Campanulaceae（4、4），半边莲科 Lobeliaceae（2、4），紫草科 Boraginaceae（6、8），苦苣苔科 Gesneriaceae（7、8），紫葳科 Bignoniaceae（4、4），鸭跖草科 Commelinaceae（5、10），芭蕉科 Musaceae（2、2），姜科 Zingiberaceae（4、4），美人蕉科Cannaceae（1、2），菝葜科 Smilacaceae（1、3），天南星科 Araceae（6、9），石蒜科 Amaryllidaceae（2、2），薯蓣科 Dioscoreaceae（1、7），仙茅科 Hypoxidaceae（2、2）。

续表4-2

数量	科名（属数、种数）
1种的科	瘤足蕨科 Plagiogyriaceae（1、1），桫椤科 Cyatheaceae（1、1），稀子蕨科 Monachosoraceae（1、1），鳞始蕨科 Lindsaeaceae（1、1），姬蕨科 Hypolepidaceae（1、1），蕨科 Pteridiaceae（1、1），肾蕨科 Nephrolepidaceae（1、1），蘋科 Marsileaceae（1、1），苏铁科 Cycadaceae（1、1），买麻藤科 Gnetaceae（1、1），莲叶桐科 Hernandiaceae（1、1），金鱼藻科 Ceratophyllaceae（1、1），木通科 Lardizabalaceae（1、1），马兜铃科 Aristolochiaceae（1、1），三白草科 Saururaceae（1、1），景天科 Crassulaceae（1、1），虎耳草科 Saxifragaceae（1、1），茅膏菜科 Droseraceae（1、1），商陆科 Phytolaccaceae（1、1），亚麻科 Linaceae（1、1），蒺藜科 Zygophyllaceae（1、1），八宝树科 Sonneratiaceae（1、1），紫茉莉科 Nyctaginaceae（1、1），马桑科 Coriariaceae（1、1），大风子科 Flacourtiaceae（1、1），天料木科 Samydaceae（1、1），仙人掌科 Cactaceae（1、1），毒药树科 Sladeniaceae（1、1），藤黄科 Guttiferae（1、1），木棉科 Bombacaceae（1、1），金虎尾科 Malpighiaceae（1、1），杨柳科 Salicaceae（1、1），榛科 Corylaceae（1、1），大麻科 Cannabidaceae（1、1），铁青树科 Olacaceae（1、1），檀香科 Santalaceae（1、1），苦木科 Simaroubaceae（1、1），橄榄科 Burseraceae（1、1），翅子藤科 Hippocrateaceae（1、1），九子母科 Podoaceae（1、1），鞘柄木科 Toricelliaceae（1、1），八角枫科 Alangiaceae（1、1），川续断科 Dipsacaceae（1、1），菟丝子科 Cuscutaceae（1、1），雨久花科 Pontederiaceae（1、1），龙舌兰科 Agavaceae（1、1），箭根薯科 Taccaceae（1、1）。

有些科虽然所含的属、种数不多，但它们在本地区植被中占有重要地位，往往是本区植被的建群种或优势种，如松科（Pinaceae）、壳斗科（Fagaceae）、杜鹃花科（Ericaceae）、八角科（Illiciaceae）等科的种类，它们对当地植物区系的形成和演替具有重要意义。

4.3.3 属的组成

保护区共记录维管束植物736属，出现种数超过5个种的有8属，分属8个科，占全部属数的1.08%；这8个属共包含63种，占全部种数的5.23%。其中：被子植物的榕属（*Ficus*）所包含物种数最多，为11种；其次是凤尾蕨属（*Pteris*）、悬钩子属（*Rubus*）和香薷属（*Elsholtzia*）均含8种；山胡椒属（*Lindera*）、蓼属（*Polygonum*）、栎属（*Quercus*）、山蚂蝗属（*Desmodium*）均含7种。详见表4-2和表4-3。

表4-3 保护区较大属统计

属名	所含物种数
凤尾蕨属 *Pteris*	8
山胡椒属 *Lindera*	7
蓼属 *Polygonum*	7
悬钩子属 *Rubus*	8
山蚂蝗属 *Desmodium*	7
栎属 *Quercus*	7
榕属 *Ficus*	11
香薷属 *Elsholtzia*	8

4.4 维管植物区系成分分析

4.4.1种子植物科的区系成分分析

依据吴征镒等学者对种子植物科的区系类型划分的原则，将保护区内所有种子植物的162科划分为11种类型及变型，见表4-4。

表4-4 保护区种子植物区系科的分布区类型

科的分布区类型	科数	占总科数%
1 世界广布	42	25.93
2 泛热带	61	37.65
3 东亚（热带、亚热带）及热带南美间断	12	7.41
4 旧世界热带	7	4.32
5 热带亚洲至热带大洋洲	4	2.47
6 热带亚洲至热带非洲	1	0.62
7 热带亚洲（即热带东南亚至印度–马来，太平洋诸岛）	4	2.47
热带分布科合计（2~7）	89	54.94
8 北温带	21	12.96
9 东亚及北美间断	7	4.32
10 旧世界温带	2	1.23
14 东亚	1	0.62
温带分布科合计（8~14）	31	19.14
合 计	162	100

（1）世界广布科

保护区内世界广布科有42个科，占总科数的25.93%，包括有毛茛科（Ranunculaceae）、金鱼藻科（Ceratophyllaceae）、十字花科（Cruciferae）、董菜科（Violaceae）、远志科（Polygalaceae）、景天科（Crassulaceae）、虎耳草科（Saxifragaceae）、石竹科（Caryophyllaceae）、马齿苋科（Portulacaceae）、蓼科（Polygonaceae）、藜科（Chenopodiaceae）、苋科（Amaranthaceae）、酢浆草科（Oxalidaceae）、千屈菜科（Lythraceae）、柳叶菜科（Onagraceae）、瑞香科（Thymelaeaceae）、蔷薇科（Rosaceae）、蝶形花科（Fabaceae）、杨梅科（Myricaceae）、榆科（Ulmaceae）、桑科（Moraceae）、鼠李科（Rhamnaceae）、伞形科（Umbelliferae）、木犀科（Oleaceae）、茜草科（Rubiaceae）、败酱科（Valerianaceae）、菊科（Compositae）、龙胆科（Gentianaceae）、报春花科（Primulaceae）、蓝雪科（Plumbaginaceae）、车前科（Plantaginaceae）、桔梗科（Campanulaceae）、半边莲科（Lobeliaceae）、紫草科（Boraginaceae）、茄科（Solanaceae）、旋花科（Convolvulaceae）、菟丝子科（Cuscutaceae）、玄参科（Scrophulariaceae）、唇形科（Labiatae）、兰科（Orchidaceae）、莎草科（Cyperaceae）和禾本科（Gramineae）。

（2）热带类型的科

泛热带分布的科有61个，占总科数的37.65%，包括有：买麻藤科（Gnetaceae）、番荔枝科（Annonaceae）、樟科（Lauraceae）、莲叶桐科（Hernandiaceae）、防己科（Menispermaceae）、马兜铃科（Aristolochiaceae）、胡椒科（Piperaceae）、金粟兰科（Chloranthaceae）、山柑科（Capparaceae）、粟米草科（Molluginaceae）、商陆科（Phytolaccaceae）、亚麻科（Linaceae）、蒺藜科（Zygophyllaceae）、凤仙花科（Balsaminaceae）、山龙眼科（Proteaceae）、大风子科（Flacourtiaceae）、天料木科（Samydaceae）、西番莲科（Passifloraceae）、葫芦科（Cucurbitaceae）、秋海棠科（Begoniaceae）、山茶科（Theaceae）、桃金娘科（Myrtaceae）、使君子科（Combretaceae）、藤黄科（Guttiferae）、椴树科（Tiliaceae）、梧桐科（Sterculiaceae）、木棉科（Bombacaceae）、大戟科（Euphorbiaceae）、苏木科（Caesalpiniaceae）、含羞草科（Mimosaceae）、荨麻科（Urticaceae）、冬青科（Aquifoliaceae）、卫矛科（Celastraceae）、铁青树科（Olacaceae）、槲寄生科（Viscacea）、山柚子科（Opiliaceae）、桑寄生科（Loranthaceae）、檀香科（Santalaceae）、葡萄科（Vitaceae）、芸香科（Rutaceae）、苦木科（Simaroubaceae）、橄榄科（Burseraceae）、无患子科（Sapindaceae）、漆树科（Anacardiaceae）、柿树科（Ebenaceae）、紫金牛科（Myrsinaceae）、山矾科（Symplocaceae）、醉鱼草科（Buddlejaceae）、夹竹桃科（Apocynaceae）、萝藦科（Asclepiadaceae）、天胡荽科（Hydrocotylaceae）、紫葳科（Bignoniaceae）、爵床科（Acanthaceae）、鸭跖草科（Commelinaceae）、雨久花科（Pontederiaceae）、菝葜科（Smilacaceae）、天南星科（Araceae）、石蒜科（Amaryllidaceae）、薯蓣科（Dioscoreaceae）、仙茅科（Hypoxidaceae）、箭根薯科（Taccaceae）。

东亚(热带、亚热带)及热带南美间断的科有12个，占总科数的7.41%，分别是木通科（Lardizabalaceae）、紫茉莉科（Nyctaginaceae）、仙人掌科（Cactaceae）、水东哥科（Saurauiaceae）、五加科（Araliaceae）、越桔科（Vacciniaceae）、野茉莉科（Styracaceae）、破布木科（Cordiaceae）、苦苣苔科（Gesneriaceae）、马鞭草科（Verbenaceae）、龙舌兰科（Agavaceae）。

旧世界热带分布的科有7个，占总科数的4.32%，分别是海桑科（Sonneratiaceae）、海桐科（Pittosporaceae）、楝科（Meliaceae）、八角枫科（Alangiaceae）、火筒树科（Leeaceae）、泡花树科（Meliosmaceae）、芭蕉科（Musaceae）。

热带亚洲至热带大洋洲分布的科有4个，占总科数的2.47%，包括苏铁科（Cycadaceae）、野牡丹科（Melastomataceae）、翅子藤科（Hippocrateaceae）、姜科（Zingiberaceae）。

热带亚洲至热带非洲分布的科为杜鹃花科（Ericaceae）。

热带亚洲（即热带东南亚至印度-马来，太平洋诸岛)分布的科有4个，占总科数的2.47%，包括有：肋果茶科（Sladeniaceae）、金虎尾科（Malpighiaceae）、清风藤科（Sabiaceae）、九子母科（Podoaceae）。

（3）温带类型的科

北温带分布的科有21个，占总科数的12.96%，分别是：松科（Pinaceae）、柏科（Cupressaceae）、大麻科（Cannabacea）、小檗科（Berberidaceae）、紫堇科

（Fumariaceae）、茅膏菜科（Droseraceae）、牻牛儿苗科（Geraniaceae）、马桑科（Coriariaceae）、金丝桃科（Hypericaceae）、绣球花科（Hydrangeaceae）、黄杨科（Buxaceae）、杨柳科（Salicaceae）、桦木科（Betulaceae）、榛科（Corylaceae）、壳斗科（Fagaceae）、大麻科（Cannabaceae）、胡颓子科（Elaeagnaceae）、胡桃科（Juglandaceae）、山茱萸科（Cornaceae）、忍冬科（Caprifoliaceae）、百合科（Liliaceae）。

东亚及北美间断分布的科有7个，占总科数的4.32%，包括杉科（Taxodiaceae）、木兰科（Magnoliaceae）、五味子科（Schisandraceae）、三白草科（Saururaceae）、鼠刺科（Iteaceae）。

旧世界温带分布的科有2个，占总科数的1.23%，包括锦葵科（Malvaceae）和川续断科（Dipsacaceae）。

东亚分布的科为鞘柄木科（Toricelliaceae）。

从以上分析可见，在科级水平上，恐龙河自然保护区的区系成分较为多样，11个类型均有代表。其中泛热带成分的科所占比例最高，说明本地区的植物区系的热带性质较为显著。

4.4.2　种子植物属属的区系成分分析

将保护区内679属种子植物划分为15个分布类型，见表4-4，显示出当地植物区系成分的高度多样性和复杂性。

表4-4　种子植物属的地理成分

属的分布区类型	属数	占总属数%
1 世界广布	55	8.10
2 泛热带	166	24.45
3 热带亚洲及热带美洲间断分布	23	3.39
4 旧世界热带分布	68	10.01
5 热带亚洲至热带大洋洲间断分布	40	5.89
6 热带亚洲至热带非洲	33	4.86
7 热带亚洲分布	94	13.84
热带分布属合计（2~7）	424	62.44
8 北温带	80	11.78
9 东亚及北美间断	26	3.83
10 旧世界温带	29	4.27
11 温带亚洲分布	5	0.74
12 地中海区、西亚至中亚	4	0.59
14 东亚（东喜马拉雅-日本）	42	6.19
15 中国特有分布	13	1.91
温带分布属合计（8~15）	199	29.31
（17）热带非洲-热带美洲间断	1	0.15
合　计	679	100

（1）世界分布

世界广布的属共55个，占所有种子植物属的8.10%，分别是：银莲花属（*Anemone*）、铁线莲属（*Clematis*）、毛茛属（*Ranunculus*）、金鱼藻属（*Ceratophyllum*）、荠属（*Capsella*）、碎米荠属（*Cardamine*）、臭荠属（*Coronopus*）、豆瓣菜属（*Nasturtium*）、堇菜属（*Viola*）、远志属（*Polygala*）、茅膏菜属（*Drosera*）、繁缕属（*Stellaria*）、酸模属（*Rumex*）、藜属（*Chenopodium*）、苋属（*Amaranthus*）、老鹳草属（*Geranium*）、酢浆草属（*Oxalis*）、水苋属（*Ammannia*）、金丝桃属（*Hypericum*）、大戟属（*Euphorbia*）、悬钩子属（*Rubus*）、槐属（*Sophora*）、荨麻属（*Urtica*）、卫矛属（*Euonymus*）、鼠李属（*Rhamnus*）、积雪草属（*Centella*）、变豆菜属（*Sanicula*）、白花丹属（*Plumbago*）、蚕豆属（*Faba*）、虫豆属（*Atylosia*）、饿蚂蝗属（*Dollinera*）、耳草属（*Oldenlandia*）、丰花草属（*Spermacoce*）、山蚂蝗属（*Nicolsonia*）、蟹豆属（*Abarema*）、拉拉藤属（*Galium*）、蒿属（*Artemisia*）、鬼针草属（*Bidens*）、飞蓬属（*Erigeron*）、牛膝菊属（*Galinsoga*）、鼠麴草属（*Gnaphalium*）、千里光属（*Senecio*）、苍耳属（*Xanthium*）、龙胆属（*Gentiana*）、珍珠菜属（*Lysimachia*）、车前属（*Plantago*）、酸浆属（*Physalis*）、茄属（*Solanum*）、鼠尾草属（*Salvia*）、黄芩属（*Scutellaria*）、水苏属（*Stachys*）、薹草属（*Carex*）、莎草属（*Cyperus*）、剪股颖属（*Agrostis*）、早熟禾属（*Poa*）。

（2）泛热带分布及其变型

泛热带分布的属有166个，占所有种子植物属的24.45%，裸子植物1个，为买麻藤属（*Gnetum*），被子植物有154个，包括：木防己属（*Cocculus*）、马兜铃属（*Aristolochia*）、草胡椒属（*Peperomia*）、胡椒属（*Piper*）、山柑属（*Capparis*）、白花菜属（*Cleome*）、荷莲豆属（*Drymaria*）、星粟草属（*Glinus*）、粟米草属（*Mollugo*）、马齿苋属（*Portulaca*）、土人参属（*Talinum*）、商陆属（*Phytolacca*）、青葙属（*Celosia*）、蒺藜属（*Tribulus*）、感应草属（*Biophytum*）、凤仙花属（*Impatiens*）、节节菜属（*Rotala*）、丁香蓼属（*Ludwigia*）、黏腺果属（*Commicarpus*）、柞木属（*Xylosma*）、西番莲属（*Passiflora*）、风车子属（*Combretum*）、秋海棠属（*Begonia*）、厚皮香属（*Ternstroemia*）、榄仁树属（*Terminalia*）、红厚壳属（*Calophyllum*）、黄麻属（*Corchorus*）、山芝麻属（*Helicteres*）、刺蒴麻属（*Triumfetta*）、蛇婆子属（*Waltheria*）、苘麻属（*Abutilon*）、木槿属（*Hibiscus*）、黄花稔属（*Sida*）、梵天花属（*Urena*）、铁苋菜属（*Acalypha*）、山麻杆属（*Alchornea*）、算盘子属（*Glochidion*）、麻疯树属（*Jatropha*）、叶下珠属（*Phyllanthus*）、乌桕属（*Sapium*）、桂樱属（*Laurocerasus*）、羊蹄甲属（*Bauhinia*）、苏木属（*Caesalpinia*）、合欢属（*Albizia*）、相思子属（*Abrus*）、猪屎豆属（*Crotalaria*）、黄檀属（*Dalbergia*）、鱼藤属（*Derris*）、刺桐属（*Erythrina*）、木蓝属（*Indigofera*）、鸡血藤属（*Millettia*）、鹿藿属（*Rhynchosia*）、田菁属（*Sesbania*）、灰毛豆属（*Tephrosia*）、糙叶树属（*Aphananthe*）、朴属（*Celtis*）、山黄麻属（*Trema*）、榕属（*Ficus*）、苎麻属（*Boehmeria*）、冷水花属（*Pilea*）、雾水葛属（*Pouzolzia*）、南蛇藤属（*Celastrus*）、美登木属（*Maytenus*）、蛇藤属（*Colubrina*）、咀签属（*Gouania*）、枣属（*Ziziphus*）、白粉藤属（*Cissus*）、花椒属（*Zanthoxylum*）、鹪鹩花属（*Trichilia*）、倒地铃属（*Cardiospermum*）、坡柳属（*Salix*）、五叶参属（*Pentapanax*）、鹅掌柴属（*Schefflera*）、天胡荽属（*Hydrocotyle*）、柿属（*Diospyros*）、紫金牛属（*Ardisia*）、密花树属（*Rapanea*）、山矾属（*Symplocos*）、醉鱼草属（*Buddleja*）、

素馨属（*Jasminum*）、鸡骨常山属（*Alstonia*）、马利筋属（*Asclepias*）、牛奶菜属（*Marsdenia*）、耳草属（*Hedyotis*）、钩藤属（*Uncaria*）、刺苞果属（*Acanthospermum*）、下田菊属（*Adenostemma*）、藿香蓟属（*Ageratum*）、白酒草属（*Conyza*）、鳢肠属（*Eclipta*）、金腰箭属（*Synedrella*）、万寿菊属（*Tagetes*）、斑鸠菊属（*Vernonia*）、蓝雪属（*Ceratostigma*）、蓝花参属（*Wahlenbergia*）、半边莲属（*Lobelia*）、铜锤玉带草属（*Pratia*）、厚壳树属（*Ehretia*）、曼陀罗属（*Datura*）、马蹄金属（*Dichondra*）、番薯属（*Ipomoea*）、鱼黄草属（*Merremia*）、菟丝子属（*Cuscuta*）、母草属（*Lindernia*）、假杜鹃属（*Barleria*）、狗肝菜属（*Dicliptera*）、紫珠属（*Callicarpa*）、马缨丹属（*Lantana*）、马鞭草属（*Verbena*）、牡荆属（*Vitex*）、巴豆属（*Croton*）、板蓝属（*Baphicacanthus*）、车桑子属（*Dodonaea*）、慈竹属（*Neosinocalamus*）、刺芹属（*Eryngium*）、大青属（*Clerodendrum*）、冬青属（*Ilex*）、番茄属（*Lycopersicon*）、页草属（*Sympagis*）、黄瓜属（*Cucumis*）、尖蕊花属（*Aechmanthera*）、九节属（*Psychotria*）、决明属（*Senna*）、南瓜属（*Cucurbita*）、糯米团属（*Hyrtanandra*）、苹婆属（*Sterculia*）、山一笼鸡属（*Gutzlaffia*）、丝瓜属（*Luffa*）、天芥菜属（*Heliotropium*）、烟草属（*Nicotiana*）、云实属（*Alpinia*）、鸭跖草属（*Commelina*）、闭鞘姜属（*Costus*）、山菅兰属（*Dianella*）、菝葜属（*Smilax*）、薯蓣属（*Dioscorea*）、仙茅属（*Curculigo*）、小金梅草属（*Hypoxis*）、箭根薯属（*Tacca*）、羊耳蒜属（*Liparis*）、飘拂草属（*Fimbristylis*）、水蜈蚣属（*Kyllinga*）、砖子苗属（*Mariscus*）、三芒草属（*Aristida*）、野古草属（*Arundinella*）、孔颖草属（*Bothriochloa*）、虎尾草属（*Chloris*）、狗牙根属（*Cynodon*）、马唐属（*Digitaria*）、稗属（*Echinochloa*）、画眉草属（*Eragrostis*）、蔗茅属（*Erianthus*）、黄茅属（*Heteropogon*）、苞茅属（*Hyparrhenia*）、白茅属（*Imperata*）、鸭嘴草属（*Ischaemum*）、小草属（*Microchloa*）、求米草属（*Oplismenus*）、稻属（*Oryza*）、雀稗属（*Paspalum*）、狼尾草属（*Pennisetum*）、芦苇属（*Phragmites*）、甘蔗属（*Saccharum*）、裂稃草属（*Schizachyrium*）、狗尾草属（*Setaria*）。

（3）热带亚洲及热带南美间断分布类型

热带亚洲及热带南美间断分布的有23个，占所有种子植物属的3.39%，有：樟属（*Cinnamomum*）、木姜子属（*Litsea*）、仙人掌属（*Opuntia*）、柃木属（*Eurya*）、大头茶属（*Gordonia*）、水东哥属（*Saurauia*）、安息香属（*Styrax*）、番石榴属（*Psidium*）、赛葵属（*Malvastrum*）、木薯属（*Manihot*）、地榆属（*Sanguisorba*）、山蚂蝗属（*Desmodium*）、青皮木属（*Schoepfia*）、无患子属（*Sapindus*）、泡花树属（*Meliosma*）、白珠属（*Gaultheria*）、紫茎泽兰属（*Ageratina*）、肿柄菊属（*Tithonia*）、百日菊属（*Zinnia*）、红丝线属（*Lycianthes*）、假酸浆属（*Nicandra*）、龙舌兰属（*Agave*）、野甘草属（*Scoparia*）。

（4）旧世界热带分布类型

旧世界热带分布的属有68个，占所有种子植物属的10.01%，有：暗罗属（*Polyalthia*）、千金藤属（*Stephania*）、青牛胆属（*Tinospora*）、牛膝属（*Achyranthes*）、白花苋属（*Aerva*）、海桐属（*Pittosporum*）、蒴莲属（*Adenia*）、苦瓜属（*Momordica*）、蒲桃属（*Syzygium*）、金锦香属（*Osbeckia*）、扁担杆属（*Grewia*）、秋葵属（*Abelmoschus*）、五月茶属（*Antidesma*）、土蜜树属（*Bridelia*）、白饭树属（*Flueggea*）、野桐属（*Mallotus*）、血桐属（*Macaranga*）、链荚豆属（*Alysicarpus*）、山黑豆属（*Dumasia*）、

千斤拔属（*Flemingia*）、狸尾豆属（*Uraria*）、楼梯草属（*Elatostema*）、火筒树属（*Leea*）、、鸦胆子属（*Brucea*）、楝属（*Melia*）、八角枫属（*Alangium*）、酸藤子属（*Embelia*）、杜茎山属（*Maesa*）、假虎刺属（*Carissa*）、吊灯花属（*Ceropegia*）、白叶藤属（*Cryptolepis*）、娃儿藤属（*Tylophora*）、鱼骨木属（*Canthium*）、艾纳香属（*Blumea*）、鱼眼草属（*Dichrocephala*）、扁担杆属（*Grewia*）、补骨脂属（*Cullen*）、飞机草属（*Chromolaena*）、黄金茅属（*Eulalia*）、黄皮属（*Clausena*）、马交儿属（*Zehneria*）、梅蓝属（*Melhania*）、蘑芋属（*Amorphophallus*）、水麻属（*Debregeasia*）、芋兰属（Nervilia）、栀子属（*Gardenia*）、紫玉盘属（*Uvaria*）、一点红属（*Emilia*）、菊三七属（*Gynura*）、毛束草属（*Trichodesma*）、猪菜藤属（*Hewittia*）、蝴蝶草属（*Torenia*）、枪刀药属（*Hypoestes*）、爵床属（*Rostellularia*）、山牵牛属（*Thunbergia*）、豆腐柴属（*Premna*）、绣球防风属（*Leucas*）、鸡脚参属（*Orthosiphon*）、蓝耳草属（*Cyanotis*）、水竹叶属（*Murdannia*）、天门冬属（*Asparagus*）、叉柱兰属（*Cheirostylis*）、荩草属（*Arthraxon*）、细柄草属（*Capillipedium*）、簕竹属（*Bambusa*）、香茅属（*Cymbopogon*）、类芦属（*Neyraudia*）、菅属（*Themeda*）。

（5）热带亚洲至热带大洋洲间断分布类型

热带亚洲至热带大洋洲间断分布的属有40个，占所有种子植物属的5.89%，其中裸子植物1属，即：苏铁属（*Cycas*），被子植物43个，有：新木姜子属（*Neolitsea*）、齿果草属（*Salomonia*）、荛花属（*Wikstroemia*）、山龙眼属（*Helicia*）、茅瓜属（*Solena*）、栝楼属（*Trichosanthes*）、野牡丹属（*Melastoma*）、昂天莲属（*Ambrom*）、银柴属（*Aporusa*）、黑面神属（*Breynia*）、雀舌木属（*Leptopus*）、守宫木属（*Sauropus*）、舞草属（*Codariocalyx*）、假木豆属（*Dendrolobium*）、葫芦茶属（*Tadehagi*）、柘属（*Cudrania*）、猫乳属（*Rhamnella*）、崖爬藤属（*Tetrastigma*）、嘉榄属（*Garuga*）、椿属（*Toona*）、翅子藤属（*Loeseneriella*）、山楝子属（*Buchanania*）、广防风属（*Anisomeles*）、蜜茱萸属（*Melicope*）、女贞属（*Ligustrum*）、眼树莲属（*Dischidia*）、醉魂藤属（*Heterostemma*）、水锦树属（*Wendlandia*）、银背藤属（*Argyreia*）、毛麝香属（*Adenosma*）、通泉草属（*Mazus*）、豆蔻属（*Amomum*）、芭蕉属（*Musa*）、海芋属（*Alocasia*）、石柑属（*Pothos*）、毛兰属（*Eria*）、万代兰属（*Vanda*）、蜈蚣草属（*Eremochloa*）、淡竹叶属（*Lophatherum*）。

（6）热带亚洲至热带非洲分布类型

热带亚洲至热带非洲分布的属有33个，占所有种子植物属的4.86%，有：青藤属（*Illigera*）、虾子花属（*Woodfordia*）、木棉属（*Bombax*）、蓖麻属（*Ricinus*）、老虎刺属（*Pterolobium*）、水麻属（*Debregeasia*）、蝎子草属（*Girardinia*）、尾球木属（*Urobotrya*）、飞龙掌血属（*Toddalia*）、厚皮树属（*Lannea*）、三叶漆属（*Terminthia*）、铁仔属（*Myrsine*）、牛角瓜属（*Calotropis*）、南山藤属（*Dregea*）、杠柳属（*Periploca*）、水团花属（*Adina*）、玉叶金花属（*Mussaenda*）、野茼蒿属（*Crassocephalum*）、火石花属（*Gerbera*）、六棱菊属（*Laggera*）、小舌菊属（*Microglossa*）、紫金标属（*Ceratostigma*）、钟萼草属（*Lindenbergia*）、香茶菜属（*Isodon*）、长蒴苣苔属（*Didymocarpus*）、盾座苣苔属（*Epithema*）、羽叶楸属（*Stereospermum*）、观音草属（*Peristrophe*）、姜花属（*Hedychium*）、芦荟属（*Aloe*）、脆兰属（*Acampe*）、莠竹属（*Microstegium*）、芒属（*Miscanthus*）。

（7）热带亚洲分布类型

热带亚洲(即热带东南亚至印度–马来，太平洋诸岛)分布的属有94个，占所有种子植物属的13.84%，有：含笑属（*Michelia*）、南五味子属（*Kadsura*）、黄肉楠属（*Actinodaphne*）、润楠属（*Machilus*）、新樟属（*Neocinnamomum*）、楠属（*Phoebe*）、轮环藤属（*Cyclea*）、细圆藤属（*Pericampylus*）、金粟兰属（*Chloranthus*）、八宝树属（*Duabanga*）、锥形果属（*Gomphogyne*）、绞股蓝属（*Gynostemma*）、赤瓟属（*Thladiantha*）、茶梨属（*Anneslea*）、山茶属（*Camellia*）、木荷属（*Schima*）、肋果茶属（*Sladenia*）、子楝树属（*Decaspermum*）、黄牛木属（*Cratoxylum*）、一担柴属（*Colona*）、火绳树属（*Eriolaena*）、翅果麻属（*Kydia*）、风车藤属（*Ligustrum*）、秋枫属（*Bischofia*）、叶轮木属（*Ostodes*）、珠子木属（*Phyllanthodendron*）、宿萼木属（*Strophioblachia*）、常山属（*Dichroa*）、蛇莓属（*Duchesnea*）、排钱树属（*Phyllodium*）、葛属（*Pueraria*）、宿苞豆属（*Shuteria*）、清香桂属（*Sarcococca*）、青冈属（*Cyclobalanopsis*）、构属（*Broussonetia*）、紫麻属（*Oreocnide*）、甜菜树属（*Yunnanopilia*）、梨果寄生属（*Scurrula*）、苞叶木属（*Chaydaia*）、石椒草属（*Boenninghausenia*）、九里香属（*Murraya*）、单花山胡椒属（*Iteadaphne*）、风筝果属（*Hiptage*）、假糙苏属（*Paraphlomis*）、尖子木属（*Oxyspora*）、姜属（*Zingiber*）、芋属（*Colocasia*）、浆果楝属（*Cipadessa*）、地黄连属（*Munronia*）、茶条木属（*Delavaya*）、清风藤属（*Sabia*）、杧果属（*Mangifera*）、藤漆属（*Pegia*）、黄杞属（*Engelhardtia*）、幌伞枫属（*Heteropanax*）、刺通草属（*Trevesia*）、金叶子属（*Craibiodendron*）、球兰属（*Hoya*）、翅果藤属（*Myriopteron*）、鹿角藤属（*Chonemorpha*）、须药藤属（*Stelmatocrypton*）、心叶木属（*Haldina*）、蛇根草属（*Ophiorrhiza*）、鸡矢藤属（*Paederia*）、岭罗麦属（*Tarennoidea*）、苦荬菜属（*Ixeris*）、金钱豹属（*Campanumoea*）、飞蛾藤属（*Porana*）、来江藤属（*Brandisia*）、芒毛苣苔属（*Aeschynanthus*）、蛛毛苣苔属（*Paraboea*）、火烧花属（*Mayodendron*）、千张纸属（*Oroxylum*）、菜豆树属（*Radermachera*）、鳔冠花属（*Cystacanthus*）、喜花草属（*Eranthemum*）、金足草属（*Goldfussia*）、地皮消属（*Pararuellia*）、红毛蓝属（*Pyrrothrix*）、羽萼木属（*Colebrookea*）、锥花属（*Gomphostemma*）、竹叶吉祥草属（*Spatholirion*）、刺芋属（*Lasia*）、竹叶兰属（*Arundina*）、钻柱兰属（*Pelatantheria*）、笋兰属（*Thunia*）、独蒜兰属（*Pleione*）、水蔗草属（*Apluda*）、空竹属（*Cephalostachyum*）、牡竹属（*Dendrocalamus*）、拟金茅属（*Eulaliopsis*）、水禾属（*Hygroryza*）、金发草属（*Pogonatherum*）、棕叶芦属（*Thysanolaena*）。

（8）北温带分布类型

北温带分布的属有80个，占所有种子植物属的11.78%，其中裸子植物2个属，即：松属（Pinus）和柏木属（Cupressus），被子植物有74个，包括：翠雀属（*Delphinium*）、唐松草属（*Thalictrum*）、小檗属（*Berberis*）、紫堇属（*Corydalis*）、遏蓝菜属（*Thlaspi*）、狗筋蔓属（*Cucubalus*）、漆姑草属（*Sagina*）、蝇子草属（*Silene*）、蓼属（*Polygonum*）、柳叶菜属（*Epilobium*）、蔓蓼属（*Polygonum*）、马桑属（*Coriaria*）、龙芽草属（*Agrimonia*）、樱属（*Cerasus*）、山楂属（Crataegus）、委陵菜属（*Potentilla*）、蔷薇属（*Rosa*）、绣线菊属（*Spiraea*）、野豌豆属（*Vicia*）、黄杨属（*Buxus*）、杨属（*Populus*）、杨梅属（*Myrica*）、桤木属（*Alnus*）、桦木属（*Betula*）、鹅耳枥属

（*Carpinus*）、栎属（*Quercus*）、榆属（*Ulmus*）、桑属（*Morus*）、葎草属（*Humulus*）、油杉寄生属（*Arceuthobium*）、胡颓子属（*Elaeagnus*）、葡萄属（*Vitis*）、梾木属（*Swida*）、柴胡属（*Bupleurum*）、独活属（*Heracleum*）、水芹属（*Oenanthe*）、茴芹属（*Pimpinella*）、杜鹃属（*Rhododendron*）、越橘属（*Vaccinium*）、白蜡树属（*Fraxinus*）、茜草属（*Rubia*）、忍冬属（*Lonicera*）、荚蒾属（*Viburnum*）、接骨木属（*Sambucus*）、鹅绒藤属（*Cynanchum*）、鹿蹄草属（*Pyrola*）、欧瑞木属（*Thelycrania*）、首乌属（*Fallopia*）、四照花属（*Dendrobenthamia*）、盐麸木属（*Rhus*）、缬草属（*Valeriana*）、香青属（*Anaphalis*）、紫菀属（*Aster*）、蓟属（*Cirsium*）、还阳参属（*Crepis*）、火绒草属（*Leontopodium*）、蒲公英属（*Taraxacum*）、獐牙菜属（*Swertia*）、报春花属（*Primula*）、风铃草属（*Campanula*）、倒提壶属（*Cynoglossum*）、沟酸浆属（*Mimulus*）、婆婆纳属（*Veronica*）、风轮菜属（*Clinopodium*）、薄荷属（*Mentha*）、夏枯草属（*Prunella*）、香科科属（*Teucrium*）、百合属（*Lilium*）、黄精属（*Polygonatum*）、菖蒲属（*Acorus*）、天南星属（*Arisaema*）、葱属（*Allium*）、玉凤花属（*Habenaria*）、绶草属（*Spiranthes*）、羊胡子草属（*Eriophorum*）、黄花茅属（*Anthoxanthum*）、野青茅属（*Deyeuxia*）、棒头草属（*Polypogon*）。

（9）东亚及北美间断分布类型

东亚及北美间断分布的属有26个，占所有种子植物属的3.83%，包括：木兰属（*Magnolia*）、五味子属（*Schisandra*）、山胡椒属（*Lindera*）、十大功劳属（*Mahonia*）、落新妇属（Astilbe）、鼠刺属（*Itea*）、溲疏属（*Deutzia*）、绣球属（*Hydrangea*）、石楠属（*Photinia*）、两型豆属（*Amphicarpaea*）、胡枝子属（*Lespedeza*）、栲属（*Castanopsis*）、石栎属（*lithocarpus*）、八角属（*Illicium*）、板凳果属（*Pachysandra*）、木犀属（*Osmanthus*）、漆属（*Toxicodendron*）、山核桃属（*Carya*）、蛇葡萄属（*Ampelopsis*）、马醉木属（*Pieris*）、米饭花属（*Lyonia*）、楤木属（*Aralia*）、络石属（*Trachelospermum*）、大丁草属（*Leibnitzia*）、燕麦属（*Avena*）、乱子草属（*Muhlenbergia*）。

（10）旧世界温带分布类型

旧世界温带分布的属有29个，占所有种子植物属的4.27%，包括：萝卜属（*Raphanus*）、蜀葵属（*Althaea*）无、锦葵属（*Malva*）、枸子属（*Cotoneaster*）、火棘属（*Pyracantha*）、百脉根属（*Lotus*）、苜蓿属（*Medicago*）、草木犀属（*Melilotus*）、马甲子属（*Paliurus*）、窃衣属（*Torilis*）、败酱属（*Patrinia*）、天名精属（*Carpesium*）、毛连菜属（*Picris*）、川续断属（*Dipsacus*）、火棘属（*Pyracantha*）、石楠属（*Photinia*）、旋覆花（*Inula*）、芸苔属（*Brassica*）、苦苣菜属（*Sonchus*）、滇紫草属（*Onosma*）、附地菜属（*Trigonotis*）、筋骨草属（*Ajuga*）、野芝麻属（*Lamium*）、香薷属（*Elsholtzia*）、益母草属（*Leonurus*）、蜜蜂花属（*Melissa*）、姜味草属（*Micromeria*）、滇香薷属（*Origanum*）、角盘兰属（*Herminium*）、芦竹属（*Arundo*）。

（11）温带亚洲分布类型

温带亚洲分布的属有5个，占所有种子植物属的0.74%，包括：狼毒属（*Stellera*）、杭子梢属（*Campylotropis*）、枫杨属（*Pterocarya*）、大麻属（*Canna*）、黄鹌菜属（*Youngia*）。

（12）地中海区、西亚至中亚分布类型

地中海区、西亚至中亚分布的属有4个，占所有种子植物属的0.59%，分别是：菠菜属

（*Spinacia*）、沙针属（*Osyris*）、黄连木属（*Pistacia*）和常春藤属（*Hedera*）。

（13）东亚（东喜马拉雅—日本）分布类型

东亚（东喜马拉雅—日本）分布的属有42个，占所有种子植物属的6.19%，其中裸子植物有2个，油杉属（*Keteleeria*）和柳杉属（*Cryptomeria*）；被子植物有39个，分别是：鹰爪枫属（*Holboellia*）、蕺菜属（*Houttuynia*）、紫金龙属（*Dactylicapnos*）、石莲属（*Sinocrassula*）、石海椒属（*Reinwardtia*）、雪胆属（*Hemsleya*）、油桐属（*Vernicia*）、移依属（*Docynia*）、扁核木属（*Prinsepia*）、雷公藤属（*Tripterygium*）、勾儿茶属（*Berchemia*）、南酸枣属（*Choerospondias*）、九子母属（*Dobinea*）、化香树属（*Platycarya*）、鞘柄木属（*Toricellia*）、须弥茜树属（*Himalrandia*）、野丁香属（*Leptodermis*）、风吹萧属（*Leycesteria*）、兔儿风属（*Ainsliaea*）、泥胡菜属（*Hemisteptia*）、黏冠草属（*Myriactis*）、秋分草属（*Rhynchospermum*）、合耳菊属（*Synotis*）、角蒿属（*Incarvillea*）、党参属（*Codonopsis*）、鞭打绣球属（*Hemiphragma*）、珊瑚苣苔属（*Corallodiscus*）、莸属（*Caryopteris*）、铃子香属（*Chelonopsis*）、火把花属（*Colquhounia*）、米团花属（*Leucosceptrum*）、竹叶子属（*Streptolirion*）、距药姜属（*Cautleya*）、万寿竹属（*Disporum*）、吉祥草属（*Reineckea*）、沿阶草属（*Ophiopogon*）、开口箭属（*Tupistra*）、石蒜属（*Lycoris*）、白及属（*Bletilla*）、显子草属（*Phaenosperma*）。

（14）中国特有分布

中国特有分布属共13个，占所有种子植物属的1.91%，其中裸子植物2个，即：杉木属（*Cunninghamia*）和侧柏属（*Platycladus*），被子植物11个，分别是：牛筋条属（*Dichotomanthus*）、巴豆藤属（*Craspedolobium*）、长蕊斑种草属（*Antiotrema*）、翅茎草属（*Pterygiella*）、长冠苣苔属（*Rhabdothamnopsis*）、猫儿屎属（*Decaisnea*）、舌喙兰属（*Hemipilia*）、帚菊属（*Pertya*）、南一笼鸡属（*Paragutzlaffia*）、地涌金莲属（*Musella*）、鹭鸶草属（*Diuranthera*）。

（15）热带非洲—热带美洲间断分布类型

热带非洲—热带美洲间断分布的属有1个，即入侵植物凤眼蓝属（*Eichhornia*）。

根据以上分析，保护区的植物区系是东亚植物区系的一部分，有42属属东亚分布，占总数的6.19%；同时其区系以热带成分为主，也有一定量的温带成分，具有鲜明的亚热带性质，具有热带植物植物区系和亚热带、温带植物区系交汇的特点。具体表现为泛热带分布的属最多，共166属，占总数的24.45%，其次是热带亚洲分布的属，有94属，占总数的13.84%，旧世界热带分布的有68属，占总数的10.01%，热带亚洲和热带大洋洲间断分布有40属，占总数的5.89%，热带亚洲和热带非洲分布的有33属，占总数的4.86%，热带亚洲和热带美洲间断分布的有23属，占总数的3.39%；也有一定数量的温带区系成分，如80属属北温带分布，占总数的11.78%。从种类分析来看，滇南苏铁、甜菜树等子遗植物说明了流域内植物区系具有起源古老的特点。

4.4.3　特有成分分析

恐龙河自然保护区是哀牢山脉重要的组成部分，处于滇中红土高原西侧、元江(红河)深大断裂带上。长期以来，哀牢山及红河河谷一线一直被认为是云南自然地理的东西分界线，有着特殊的地理环境。保护区位于哀牢山东侧，处云贵高原与横断山山地两大自然地理区域结合部，因地质构造的变化，形成了高、中、低及谷地以及侵蚀阶地、古河道及宽谷相间的地貌类型。在气候上，除了具有哀牢山综特点外，还有位居东侧的垂直温差小的特点，给动植物保存、繁衍提供了有利条件，因此其植物的特有成分较丰富，此次调查记录到：

蕨类植物中的中国特有科有蹄盖蕨科（Athyriaceae），中国特有属有亮毛蕨属（Acystopteris），中国特有种有：澜沧江卷柏、狭叶凤尾蕨、毛叶粉背蕨、鳞轴小膜盖蕨、西南石韦、拟鳞瓦韦等6个；还有云南特有种多毛鳞盖蕨（Microlepia pilosissima）和无量山蹄盖蕨（Athyrium wuliangshanense）。

裸子植物中的中国特有种有云南油杉（Keteleeria evelyniana）、华山松（Pinus armandii）；云南特有种杉木（Cunninghamia lanceolate）。

被子植物中的重要的中国特有属有：牛筋藤属（Malaisia）、巴豆藤属（Craspedolobium）、长蕊斑种草属（Antiotrema）、翅茎草属（Pterygiella）、长冠苣苔属（Rhabdothamnopsis）、南一笼鸡属（Paragutzlaffia）、地涌金莲属（Musella）、鹭鸶草属（Diuranthera）、慈竹属（Neosinocalamus）等；重要的中国特有种有：牛筋条、巴豆藤、长蕊斑种草、翅茎草、长冠苣苔、南一笼鸡、异蕊一笼鸡、地涌金莲、鹭鸶草以及慈竹等物种。

4.4.4　区系特点

（1）保护区属于东亚植物区，从南北来看，其处于东亚植物区与古热带植物区的南北交汇部分，在植物区系上具有特殊的意义；从东西来看，保护区地理位置独特，位于云南省最重要的地理分界线上，石羊江东岸属于云南高原，西岸属于横断山山系，是中国—喜马拉雅植物区系和中国—日本森林植物区系交汇过渡区域。保护区位于哀牢山东坡，植被呈现垂直地带性，随海拔的上升依次分布有干热河谷稀树灌木草丛、偏干性常绿阔叶林、季风常绿阔叶林、云南松林及半湿润常绿阔叶林，植物种类也较丰富，植物区系比较复杂。

（2）从种子植物属级区系分析可知，保护区域的植物区系是东亚植物区系的一部分，有424属热带分布，占所有属总数的62.44%，达到一半以上，具有明显的热带性质；同时其温带性质分布的有199个，占所有属总数的29.31%，具有热带植物植物区系和亚热带、温带植物区系交汇的特点。具体表现为泛热带分布的属最多，共166属，占所有属总数的24.45%，其次是热带亚洲分布的属，有94属，占所有属总数的13.84%；北温带分布的属有80属，11.78%；旧世界热带分布的有68个，占所有属总数的10.01%；东亚（东喜马拉雅—日本）分布的属有42个，占所有属总数的6.19%；热带亚洲至热带大洋洲间断分布的属有40个，占所有属总数的5.89%；其余成分的属都在40个以下。

（3）种级区系来看，区系的热带性质明显，含有丰富的热带性的属种，如使君子科的千果榄仁，茜草科的心叶木、大戟科的五月茶、银柴、云南叶轮木，漆树科的三叶漆、厚皮树、藤漆，金虎尾科的风车藤，火筒树科的火筒树，海桑科八宝树在区系十分常见，但也含丰富的温带和亚热带成分，很多成分也与滇中高原的很多种类相联系，如木犀科的白枪杆，壳斗科的锥连栎、铁橡栎，兰科的玉凤花、龙胆科的獐牙菜等。

综合上述，保护区地理位置特殊，从南北而言是东亚植物区与古热带植物区的南北交汇区域，东西方向属于中国—喜马拉雅植物区系和中国—日本森林植物区系交汇过渡区域。区内植物种类丰富，区系复杂，起源古老。

4.5 珍稀、濒危及特有植物

4.5.1 珍稀保护植物多样性

保护区内共有珍稀、濒危保护植物7种，均列入国务院1999年8月颁布的《国家重点保护野生植物名录（第一批）》，其中国家一级保护植物有1种，国家二级保护植物有6种，详见表4-6。

表4-6 双柏恐龙河州级自然保护区珍稀濒危保护植物名录

序号	物种名	学名	保护等级
1	滇南苏铁	*Cycas diannanensis*	Ⅰ
2	桫椤	*Alsophila spinulosa*	Ⅱ
3	苏铁蕨	*Brainea insignis*	Ⅱ
4	金荞麦	*Fagopyrum dibotrys*	Ⅱ
5	千果榄仁	*Terminalia myriocarpa*	Ⅱ
6	喜树	*Camptotheca acuminata*	Ⅱ
7	毛红椿	*Toona ciliate var. pubescens*	Ⅱ

*注：保护级别中，"重点保护植物"为列入国务院1999年8月颁布的《国家重点保护野生植物名录（第一批）》的物种。

4.5.2 主要濒危保护植物

（1）滇南苏铁（*Cycas diannanensis*）

隶属苏铁科（Cycadaceae）苏铁属（*Cycas*），为中国特有植物，被国务院颁布的《国家重点保护野生植物名录（第一批）》列为一级重点保护植物。

树干高0.8~3m，直径30~40cm，具环状叶痕，下部渐脱落。羽叶长2.5~3m，羽片约67~138对，纸质叶柄长0.8~1m，两侧具短刺36~40对，先端尖锐而微弯，长0.2~0.4cm，羽片条形，中部羽片长25~38cm，宽1.4~1.5cm，中脉两面隆起。雄球花柱状卵圆形，小孢子叶长约4cm，上面不育部分被黄褐色绒毛。雌球花卵圆形，长约20cm，直径15cm；大孢子叶长26~80cm，顶片宽圆形或卵圆形，背面密被黄褐绒毛，腹面无毛，边缘具13~20对钻形裂片，长约2~3.5cm，大孢子叶柄长（3）6~17.5cm，两侧着生2~7枚胚珠，胚珠疏生毛与无毛并存。种子球形，熟时红褐色，长3~6cm，直径2.1~2.8cm。花期4~5月，种子成熟期10—11月。滇南苏铁与巴兰萨苏铁、单羽苏铁外形近似，但滇南苏铁叶柄上的刺较短，叶背淡绿色，大孢子叶顶片卵圆形，边缘具13~20对侧裂片，胚珠有时有毛；巴兰萨苏铁刺较长而直伸，约0.4~0.8cm；而后者刺长0.2~0.4cm，微弯；且单羽苏铁大孢子顶裂片明显比侧裂片粗大，胚珠2~5枚，种子较小。

在保护区范围内有一定规模的分布，个体数量较多，自然更新和繁殖旺盛，具有极高的保护价值。

（2）桫椤（*Alsophila spinulosa*）

隶属蕨类植物门下的桫椤科（Cyatheaceae）桫椤属（*Alsophila*），被国务院颁布的《国家重点保护野生植物名录（第一批）》列为二级重点保护植物。

茎干高达6m或更高，直径10~20cm，上部有残存的叶柄，向下密被交织的不定根。叶螺旋状排列于茎顶端；茎段端和拳卷叶以及叶柄的基部密被鳞片和糠秕状鳞毛，鳞片暗棕色，有光泽，狭披针形，先端呈褐棕色刚毛状，两侧有窄而色淡的啮齿状薄边；叶柄长30~50cm，通常棕色或上面较淡，连同叶轴和羽轴有刺状突起，背面两侧各有1条不连续的皮孔线，向上延至叶轴；叶片大，长矩圆形，长1~2m，宽0.4~1.5m，三回羽状深裂；羽片17~20对，互生，基部1对缩短，长约30cm，中部羽片长40~50cm，宽14~18cm，长矩圆形，二回羽状深裂；小羽片18~20对，基部小羽片稍缩短，中部的长9~12cm，宽1.2~1.6cm，披针形，先端渐尖而有长尾，基部宽楔形，无柄或有短柄，羽状深裂；裂片18~20对，斜展，基部裂片稍缩短，中部的长约7mm，宽约4mm，镰状披针形，短尖头，边缘有锯齿；叶脉在裂片上羽状分裂，基部下侧小脉出自中脉的基部；叶纸质，干后绿色；羽轴、小羽轴和中脉上面被糙硬毛，下面被灰白色小鳞片。孢子囊群孢生于侧脉分叉处，靠近中脉，有隔丝，囊托突起，囊群盖球形，膜质；囊群盖球形，薄膜质，外侧开裂，易破，成熟时反折覆盖于主脉上面。

桫椤树形美观，树冠犹如巨伞，虽历经沧桑却万劫余生，依然茎苍叶秀，高大挺拔，称得上是一件艺术品，园艺观赏价值极高。通常生于山地溪傍或疏林中，海拔260~1600m，在保护区内主要分布于潮湿的植被茂盛的沟谷中。由于其自身的古老性和孑遗性，对研究物种的形成和植物地理区系具有重要价值，它与恐龙化石并存，在重现恐龙生活时期的古生态环境、研究恐龙兴衰、地质变迁等方面具有重要参考价值。

桫椤在保护区内分布较少，个体数量较少，需进一步加强保护。

（3）苏铁蕨（*Brainea insignis*）

隶属蕨类植物门下乌毛蕨科（Blechnaceae）苏铁蕨属（*Brainea*），被国务院颁布的《国家重点保护野生植物名录（第一批）》列为二级重点保护植物。

植株高达1.5m。主轴直立或斜上，粗约10~15cm，单一或有时分叉，黑褐色，木质，坚实，顶部与叶柄基部均密被鳞片；鳞片线形，长达3cm，先端钻状渐尖，边缘略具缘毛，红棕色或褐棕色，有光泽，膜质。叶簇生于主轴的顶部，略呈二形；叶柄长10~30cm，粗3~6mm，棕禾秆色，坚硬，光滑或下部略显粗糙；叶片椭圆披针形，长50~100cm，一回羽状；羽片30~50对，对生或互生，线状披针形至狭披针形，先端长渐尖，基部为不对称的心脏形，近无柄，边缘有细密的锯齿，偶有少数不整齐的裂片，干后软骨质的边缘向内反卷，下部羽片略缩短，彼此相距2~5cm，平展或向下反折，羽片基部略覆盖叶轴，向上的羽片密接或略疏离，斜展，中部羽片最长，达15cm，宽7~11mm，羽片基部紧靠叶轴；能育叶与不育叶同形，仅羽片较短较狭，彼此较疏离，边缘有时呈不规则的浅裂。叶脉两面均明显，沿主脉两侧各有1行三角形或多角形网眼，网眼外的小脉分离，单一或一至二回分叉。叶革质，干后上面灰绿色或棕绿色，光滑，下面棕色，光滑或于下部（特别在主脉下部）有少数棕色披针形小鳞片；叶轴棕禾秆色，上面有纵沟，光滑。孢子囊群沿主脉两侧的小脉着生，成熟时逐渐满布于主脉两侧，最终满布于能育羽片的下面。

本种形体苍劲，常被引种驯化为观赏蕨类，颇具盆景韵味，具有重要的保护价值。

（4）金荞麦（*Fagopyrum dibotrys*）

蓼科（Polygonaceae）荞麦属（*Fagopyrum*），被国务院颁布的《国家重点保护野生植物名录（第一批）》列为二级重点保护植物。

多年生草本。根状茎木质化，黑褐色。茎直立，高50~100cm，分枝，具纵棱，无毛。有时一侧沿棱被柔毛。叶三角形，长4~12cm，宽3~11cm，顶端渐尖，基部近戟形，边缘全缘，两面具乳头状突起或被柔毛；叶柄长可达10cm；托叶鞘筒状，膜质，褐色，长5~10mm，偏斜，顶端截形，无缘毛。花序伞房状，顶生或腋生；苞片卵状披针形，顶端尖，边缘膜质，长约3mm，每苞内具2~4花；花梗中部具关节，与苞片近等长；花被5深裂，白色，花被片长椭圆形，长约2.5mm，雄蕊8，比花被短，花柱3，柱头头状。瘦果宽卵形，具3锐棱，长6~8mm，黑褐色，无光泽，超出宿存花被2~3倍。花期7—9月，果期8—10月。

主要产于陕西、华东、华中、华南及西南，海拔250~3200m。在保护区内主要生于山谷湿地和山坡灌丛等地。

金荞麦是栽培荞麦的近缘种，同时具有一定的药用价值，因此具有保护意见和价值。

（5）千果榄仁（*Terminalia myriocarpa*）

隶属使君子科（Combretaceae）下的诃子属（*Terminalia*），被国务院颁布的《国家重点保护野生植物名录（第一批）》列为二级重点保护植物。

常绿乔木，高达25~35m，具大板根；小枝圆柱状，被褐色短绒毛或变无毛。叶对生，厚纸质；叶片长椭圆形，长10~18cm，宽5~8cm，全缘或微波状，偶有粗齿，顶端有一短而偏斜的尖头，基部钝圆，除中脉两侧被黄褐色毛外，其余无毛或近无毛，侧脉15~25对，两面明显，平行；叶柄较粗，长5~15mm，顶端有1对具柄的腺体。大型圆锥花序，顶生或腋生，长18~26cm，总轴密被黄色绒毛。花极小，极多数，两性，红色，长（连小花梗）4mm；小苞片三角形，宿存；萼筒杯状，长2mm，5齿裂；雄蕊10，突出；具花盘。瘦果细小，极多数，有3翅，其中2翅等大，1翅特小，长约3mm，宽（连翅）12mm，翅膜质，干时苍黄色，被疏毛，大翅对生，长方形，小翅位于两大翅之间。花期8—9月，果期10月至翌年1月。

木材白色、坚硬，可作车船和建筑用材，既是重要的保护植物也是极具价值的资源植物。

（6）喜树（*Camptotheca acuminata*）

隶属蓝果树科（Nyssaceae）下的喜树属（*Camptotheca*），为中国特有种，被国务院颁布的《国家重点保护野生植物名录（第一批）》列为二级重点保护植物。

落叶乔木，高达20余m；树皮灰色，浅纵裂。小枝皮孔长圆形或圆形，幼枝被灰色微柔毛。叶互生，长圆形或椭圆形，长12~28cm，宽6~12cm，先端短尖，基部圆或宽楔形，稀近心形，全缘，幼时上面脉上被柔毛，下面疏生柔毛，侧脉11~15对；叶柄长1.5~3cm，幼时被微柔毛。花杂性同株；头状花序生于枝顶及上部叶腋，常2~6（~9）个组成复花序，雌花序位上部，雄花序位下部，花序梗长4~6cm，幼时被微柔毛；苞片3，卵状三角形，长2.5~3cm。花无梗；花萼杯状，齿状5裂，具缘毛；花瓣5，卵状长圆形，长2mm，雄蕊10，着生花盘周围，花丝不等长，外轮长于花瓣，内轮较短，花药4室；子房下位，1室，胚珠下垂，花柱长约4mm，顶端2（3）裂。头状果序具15~20枚瘦果，果长2~2.5cm，顶端具宿存花盘，无果柄。种子1，子叶较薄，胚根圆筒状。

产于江苏南部、浙江、福建、江西、湖北、湖南、四川、贵州、广东、广西、云南等省区，在四川西部、成都平原和江西东南部均较常见；常生于海拔1000m以下的林边或溪边。喜树虽分布较广，资源较多，但天然资源很少，也是本保护区内非常值得保护的物种之一。

（7）毛红椿（*Toona ciliate* var. *pubescens*）

隶属楝科（Meliaceae）下的香椿属（*Toona*），被国务院颁布的《国家重点保护野生植物名录（第一批）》列为二级重点保护植物。

大乔木，高可达20余m；小枝初时被柔毛，渐变无毛，有稀疏的苍白色皮孔。叶为偶数或奇数羽状复叶，长25~40cm，通常有小叶7~8对；叶柄长约为叶长的1/4，圆柱形；小叶对生或近对生，纸质，长圆状卵形或披针形，长8~15cm，宽2.5~6cm，先端尾状渐尖，基部一侧圆形，另一侧楔形，不等边，边全缘，两面均无毛或仅于背面脉腋内有毛，侧脉每边12~18条，背面凸起；小叶柄长5~13mm。圆锥花序顶生，约与叶等长或稍短，被短硬毛或近无毛；花长约5mm，具短花梗，长1~2mm；花萼短，5裂，裂片钝，被微柔毛及睫毛；花瓣5，白色，长圆形，长4~5mm，先端钝或具短尖，无毛或被微柔毛，边缘具睫毛；雄蕊5，约与花瓣等长，花丝被疏柔毛，花药椭圆形；花盘与子房等长，被粗毛；子房密被长硬毛，每室有胚珠8~10颗，花柱无毛，柱头盘状，有5条细纹。蒴果长椭圆形，木质，干后紫褐色，有苍白色皮孔，长2~3.5cm；种子两端具翅，翅扁平，膜质。花期4—6月，果期10—12月。

毛红椿是一种重要的资源植物，其木材赤褐色，纹理通直，质软，耐腐，适宜建筑、车舟、茶箱、家具、雕刻等用材。树皮含单宁，可提制栲胶。

4.6　主要资源植物

保护区野生植物种类繁多，其中许多具有重要的资源价值。对保护区的野生植物资源进行系统的研究，对于科学地利用和保护植物资源、维护生物多样性和促进国民经济建设服务具有重要意义。

4.6.1　食用植物资源

食用植物资源包括被人类直接食用或间接食用的植物资源。在双柏恐龙河州级自然保护区内，食用植物资源较为丰富。如蕨类植物中毛蕨菜的幼嫩的拳卷叶可以食用，根状茎富含淀粉20%~46%，俗称蕨粉，可作为面条和酒精原料。紫萁科紫萁的嫩叶可食用，是著名的野生蔬菜，同时紫萁在保护区内分布广泛，资源含量非常丰富。番木瓜果实成熟可作水果，未成熟的果实可作蔬菜煮熟食或腌食，可加工成蜜饯、果汁、果酱、果脯及罐头等。桃果实可食用，也供药用，有破血、和血、益气之效。番荔枝属的果实也可食用，还有胡颓子、悬钩子属等多种属。茶为较好的野生饮料植物资源。野生蔬菜资源在保护区数量非常繁多，如苋属大多可作蔬菜食用、药用或栽培供观赏，其中的刺苋，嫩茎叶作野菜食用，味美；蕺菜，嫩根茎可食，我国西南地区人民常作蔬菜或调味品；家麻树种子煮熟亦美味；藜科中的藜，又叫做"灰条菜"，其嫩叶、幼苗可做蔬菜食用。特别值得一提的是花椒叶在当地常被炒食或凉拌，深受当地人喜爱；而价格昂贵的甜菜树则是很少能品尝到的佳肴，将嫩叶直接煮汤或加入酸菜或放入少许鸡蛋都极其美味。

4.6.2　药用植物资源

保护区内的药用植物资源含量非常丰富，如铁线蕨属许多种类可以全草入药，用于治人、畜疾病；箭叶秋葵的根入药，治胃痛、神经衰弱，外用作祛瘀消肿、跌打扭伤和接骨药；白木通的根、茎和果均入药，利尿、通乳，有舒筋活络之效，治风湿关节痛；海芋的根茎供药用，对腹痛、霍乱、疝气等有良效，又可治肺结核、风湿关节炎、气管炎、流感、伤寒、风湿心脏病；云南草蔻的种子供药用，有燥湿、暖胃、健脾的功用，用于心腹冷痛、痞满吐酸、噎膈、反胃、寒湿吐泻；荷包山桂花，根皮入药，有清热解毒、祛风除湿、补虚消肿之功能；土人参，根为滋补强壮药，补中益气，润肺生津，叶消肿解毒，治疗疮疖肿；金荞麦，块根供药用，清热解毒、排脓去瘀；何首乌，块根入药，安神、养血、活络；土牛膝根药用，有清热解毒，利尿功效，主治感冒发热，扁桃体炎，白喉，流行性腮腺炎，泌尿系结石，肾炎水肿等症；海金沙，据李时珍《本草纲目》，本种"甘寒无毒，主治：通利小肠，疗伤寒热狂，治湿热肿毒，小便热淋膏淋血淋石淋经痛，解热毒气"；臭灵丹具有很好的消炎止痛清热解毒的作用，是药店里很常见的一味中草药，针对患者自身的口腔炎症都能有和好的治愈效果，用法上的方式有很多，一般以煎汤口服为主；黄精在当地也是一种名贵的药材，常用于炖鸡，具有补脾、润肺生津的作用；水茄作为传统中药，其根部入药，用于治疗感冒、久咳、胃痛、牙痛、腰肌劳损等症状。

4.6.3　工业用植物资源

该类主要包括木材、纤维植物、鞣料植物等。保护区内原生植被保存较好，植物种类繁多，有丰富的材用植物资源。原生植被中的许多树种都是优质的材用植物资源，如杉木的木材黄白色，有时心材带淡红褐色，质较软，细致，有香气，纹理直，易加工，耐腐力强，不受白蚁蛀食，可供建筑、桥梁、造船、矿柱、木桩、电杆、家具及木纤维工业原料等用；当地分布较多的厚皮树，其树皮可提制栲胶，有用树皮浸出液涂染鱼网，茎皮纤维可织粗布，木材轻软，不易变形，干后不开裂，但不耐腐，可作家俱和箱板等，种子还可用于榨油；其它的椴树科、山茶科、壳斗科、樟科等科许多树种都是优良的材用树种。纤维植物方面，桑科的构树树皮为高级纤维，可用制作多种高级纸张和人造棉。鳞毛蕨、密毛蕨、杉木、酸模、盐肤木、西南木荷等则是著名的鞣料植物，樟科的很多种都是香料植物。

4.6.4　保护与改善环境植物资源

该类主要包括水土保持植物、绿肥植物、花卉植物等，在保护区里，主要是水土保持植物和花卉植物较为丰富。很多的蕨类植物，外形优雅，四季常绿，是重要的花卉植物资源，如蹄盖蕨、凤尾蕨、铁线蕨等；凤仙花科的种类花冠奇特，颜色鲜艳，种类较多，是重要的观赏植物；合欢属的一些种类为重要的荒山绿化树种、用材及风景树种，如毛叶合欢、蒙自合欢等；调查发现保护区内野生的发财树是一种很好的盆栽植物；杭子梢属植物较耐干旱，可作水土保持的重要树种；一些种类为营造混交林的良好树木，可起到固氮改良土壤的作用。棕榈科的植物树形、叶形优美，可作为较好的绿化植物。

4.7　植物资源特点与保护价值

4.7.1　物种丰富　保护价值较高

保护区内蕴藏着丰富的物种资源，其中植物物种多样性非常丰富。通过野外考查、室内标本整理鉴定，记录到双柏保护区内共有维管植物1105种（含种下等级），隶属176科699属。其中蕨类植物27科53属100种，裸子植物4科6属7种，被子植物145科640属998种。与其他地区对比可以发现，保护区属于云南高原植物种类较为丰富的地区。该区野生植物种类繁多，其中许多具有重要的资源价值。对保护区的野生植物资源进行系统的研究，对于科学地利用与保护植物资源、维护生物多样性和促进国民经济建设服务具有重要意义。

4.7.2 区系类型多样 偏热带性质

保护区属于东亚植物区，属中国—喜马拉雅森林植物亚区、云南高原亚区。地理位置独特，位于滇中高原和横断山区交汇位置，植物区系较为丰富，有一定的特有成分，特有类型较为多样。本区植物区系起源古老、联系广泛。拥有大量古老、特有、孑遗植物类群，充分说明本区植物区系的古老性，本区植物区系的源头可以追溯到老第三纪甚至更早的白垩纪；本区植物区系联系广泛，与滇中高原、横断山等区域联系极为紧密。另外，保护区维管植物区系性质具有鲜明的热带性质，但相对我国华中及其他亚热带地区的区系而言，本区区系具有偏干旱的特点，因此本区区系为偏干的亚热带性质。

4.7.3 特有成分明显 研究价值较高

就科而言，本区域的东亚特有科有1科，即鞘柄木科（Toricelliaceae）。本区域有中国特有属9属，占调查总属数的1.39%，特别应该提出的是，本区域内中国特有种较多，有245种，云南特有种47种，种的特有现象表现较强。该区特有成分丰富，在科、属、种各个层次均有较高的特有比例，具有较高的研究价值。

4.7.4 保护植物较少 保护价值较高

保护区内有国家Ⅰ级保护植物1种，即滇南苏铁（Cycas diannanensis）；国家Ⅱ级保护植物6种，分别是桫椤（Alsophila spinulosa）、苏铁蕨（Brainea insignis）、金荞麦（Fagopyrum dibotrys）、千果榄仁（Terminalia myriocarpa）、喜树（Camptotheca acuminata）和毛红椿（Toona ciliate var. pubescens）。其中滇南苏铁和桫椤由于具有古老性和孑遗性，对研究物种的形成和植物地理区系具有重要价值，它与恐龙化石并存，在重现恐龙生活时期的古生态环境，研究恐龙兴衰、地质变迁等方面具有重要参考价值。另外如喜树和毛红椿等重要的资源植物，具有重大的潜在的保护意义。

附录1 双柏恐龙河州级自然保护区维管束植物名录

根据前后2次现场调查，共收录了双柏恐龙河州级自然保护区范围内分布的维管植物1204种（其中包括部分人工栽培植物），隶属192科736属，其中蕨类植物30科57属103种；裸子植物5科8属9种；被子植物157科671属1092种。名录中，蕨类植物按秦仁昌（蕨类植物）分类系统排列；裸子植物按照郑万钧（裸子植物）分类系统排列。

蕨类植物门 Pteridophyta

（30科57属103种）

石松科 Lycopodiaceae

石松 *Lycopodium japonicum* Thunb.

分布于云南省大部分中低海拔山地，酸性土地带广布；生于疏林下及林缘或灌丛草坡，海拔1200~3000m。

国内除东北三省、内蒙古、青海、山西、山东、香港等省区，大陆其余各省区及台湾均有分布。也分布于日本、菲律宾、印度尼西亚、马来西亚、中南半岛、不丹、尼泊尔及印度。

灯笼石松 *Palhinhaea cernua* (L.) Franco et Vasc.

分布于云南省大部分热带、亚热带地区，也出现于暖温带的昆明及大理；生于酸性土地带的阔叶林疏林中及林缘、灌丛中、湿润沟边及路旁土壁上，偶见生于田边地埂上，海拔100~2200m。西藏、四川、重庆、贵州、广西、广东、海南、香港、福建、台湾、浙江、江西、湖南等省区也有。广布于亚洲、非洲、大洋洲及美洲热带、亚热带，向北可达日本北海道。

扁枝石松 *Diphasiastrum complanatum* (L.) Holub

分布于云南省内大部分海拔1600~3100m的山地，酸性土地带均有分布；生于云南松林、松栎混交林疏林下及灌丛草坡，是较冷而湿的气候环境中酸性土的指示植物之一。华中、华东、西南大部分省区及西藏、新疆也有。北半球暖温带及温带气候湿润山地广布。

卷柏科 Selaginellaceae

块茎卷柏 *Selaginella chrysocaulos* (Hook. et Grev.) Spring

分布于巧家、会泽、东川、禄劝、嵩明、昆明、安宁、呈贡、宜良、澄江、新平、武定、大姚、双柏、麻栗坡、元阳、景东、镇沅、永德、漾濞、大理、宾川、丽江、香格里拉、维西、德钦、龙陵、潞西、盈江、兰坪、贡山；生于松栎混交林、华山松林、云南松林、尼泊尔桤木林、灌木林林下及常绿阔叶林林缘，偶见于疏荫处砌石墙上，海拔1500~2700m。西藏东部及南部、四川西部、贵州西部也有。也分布于越南北部、印度、不丹、尼泊尔、克什米尔西部及巴基斯坦西北部。

印度卷柏 *Selaginella indica* (Milde) R. M. Tryon

分布于安宁、双柏、漾濞、大理、洱源、宾川、永胜等县山地；多生于山箐林缘及灌丛草坡光照较多处的露岩上，较少见生于土壁上及砌石上，海拔1500~2500m。西藏南部、四川西南部也有。也分布于印度东北部和北部至南部。

澜沧江卷柏 *Selaginella gebaueriana* Hand.–Mazz.

分布于绥江、巧家、宣威、禄劝、富民、昆明、安宁、澄江、易门、邱北、广南、文山、西畴、蒙自、勐海、禄丰、大姚、漾濞、大理、鹤庆、香格里拉、维西、德钦等县市；生于常绿阔叶林、松栎林、灌木林林下及林缘阴湿处岩石上及土壁上，海拔800~2400m。四川、重庆、贵州、广西西部、湖南西部及湖北西部也有。中国西南地区特有种。模式标本采自云南西北部N27°30′~28°20′的澜沧江峡谷，该段峡谷在维西、德钦两县境内。

兖州卷柏 *Selaginella involavens* (Sw.) Spring

分布于镇雄、大关、禄劝、嵩明、昆明、安宁、武定、禄劝、永仁、大姚、双柏、新平、广南、文山、西畴、马关、金平、元阳、蒙自、弥勒、景东、镇沅、景洪、镇康、永德、漾濞、宾川、丽江、维西、香格里拉、德钦、泸水、福贡、贡山；生于常绿阔叶林、附生苔藓林林中岩石上或树干上，海拔500~2600m，石灰岩地区较多，少见于灌木林中岩隙。西藏、四川、重庆、贵州、广西、广东、香港、海南、福建、台湾、浙江、安徽、江西、湖南、湖北、山东、河南、陕西、甘肃等省区也有。也分布于越南、老挝、泰国、缅甸、不丹、尼泊尔、印度、斯里兰卡、印度尼西亚、韩国、日本。

垫状卷柏（九死还魂草） *Selaginella pulvinata* (Hook. et Grev.) Maxim.

分布于巧家、会泽、禄劝、嵩明、富民、昆明、安宁、石林、广南、弥勒、澄江、易门、武定、永仁、宾川、大理、洱源、鹤庆、丽江、香格里拉、德钦等地；生于岩石露头及峭壁上，多见于石灰岩地区，海拔1100~3000m。西藏、四川、重庆、贵州、广西、福建、江西、湖南、湖北、河南、河北、北京、辽宁西部（凌源）、内蒙古也有。也分布于印度东北部（阿萨姆）。

疏叶卷柏*Selaginella remotifolia* Spring

分布于绥江、永善、大关、嵩明、昆明、安宁、广南、西畴、马关、弥勒、蒙自、河口、元阳、景东、大理、贡山；多生于常绿阔叶林及松栎林下，较少见于林缘湿润处岩石上，海拔650~2600m。四川、重庆、贵州、广西、广东、香港、湖南、湖北、江西、江苏、浙江、福建、台湾也有。也分布于韩国、日本、越南、菲律宾、新几内亚、印度尼西亚、马来亚及缅甸。

木贼科 Equisetaceae

披散问荆*Equisetum diffusum* D. Don

产于云南大部分亚热带及暖温带山地；生于疏荫林缘溪沟边及河边湿地，海拔550~2500m。西藏东南部、四川、贵州、广西、甘肃南部也有。也分布于越南北部、老挝、缅甸北部、印度北部及东北部、不丹及尼泊尔东部。

木贼*Equisetum hyemale* Linn.

产于香格里拉、贡山；生于河滩及疏荫处水沟边，海拔2200~3250m。西藏东南部、四川、贵州、华中、华东、华北、西北、东北也有。北温带广布。

笔管草*Hippochaete debilis* (Roxb. ex Vauch.) Holub

产于云南大部分低海拔、中海拔的河坝及沟谷地带；生于江河边卵石沙地、山谷林缘溪沟边、平坝田沟地埂、路旁湿地灌草丛等多种生境，海拔100~2300m。西南、华南、华中、华东也习见。广布于南亚、东南亚至斐济、东喜马拉雅（印度及尼泊尔东部）。

瓶尔小草科 Ophioglossaceae

柄叶瓶尔小草 *Ophioglossum petiolatum* Hook.

产于绥江、西畴、马关、金平、安宁、新平、景东、景洪、福贡、贡山、香格里拉；生于草坡或路边灌草丛中，海拔600~2700m。四川、贵州、香港、福建、台湾、江西也有。广布于热带、亚热带。

瘤足蕨科 Plagiogyriaceae

大叶瘤足蕨 *Plagiogyria gigantea* Ching

产于巧家、新平、文山、金平、永仁、双柏、景东、西盟、永德、腾冲、福贡、贡山；生于常绿阔叶林、针阔混交林下及亚高山针叶林下，海拔1400~3000m。西藏东南部、四川西南部也有。也分布于越南北部（沙巴）、泰国北部、缅甸北部、尼泊尔东部、印度北部。模式标本采自云南西部腾冲东高黎贡山（怒江与龙川江分水岭）。

里白科 Dicranopteridaceae

大芒萁*Dicranopteris ampla* Ching et Chiu

产于西畴、马关、河口、屏边、金平、绿春、元阳、江城、昆明、澜沧、西盟、福贡、贡山；生于山地疏林中或林缘，海拔150~2250m。广西、海南、广东也有。也分布于越南北部。

芒萁*Dicranopteris pedata* (Houtt.) Nakaike

全省各地热带至暖温带山区广布；生于强酸性土地带林缘、疏林中或灌丛中，常在山地荒坡上形成密不可入的纯灌丛，海拔100~2100m。长江流域及南方各省区广布，向北分布达甘肃南部文县、河南部大别山区及山东崂山，向东达台湾。也分布于越南北部、日本、朝鲜、印度。

海金沙科 Lygodiaceae

曲轴海金沙*Lygodium flexuosum* (L.) Sw.

产于富宁、河口、金平、双柏、新平；生于林缘杂木灌丛中，海拔150~1300m。贵州、广西、广东、海南、福建也有。也分布于越南、泰国、印度、马来亚、菲律宾、澳大利亚东北部。

海金沙 *Lygodium japonicum* Sw.

除西北部，全省均有分布；生于次生灌木丛中，海拔150~1700m。西南、华南、华中、华东、西北南部及华北南部、台湾也有。也分布于越南、泰国、印度、斯里兰卡、尼泊尔、马来西亚、印度尼西亚、菲律宾、日本、新几内亚、澳大利亚等。

桫椤科 Cyatheaceae

桫椤 *Alsophila spinulosa* (Wall. ex Hook.) Tryon

产于威信、广南、峨山、新平、沧源、盈江、福贡、贡山等亚热带地区；生于海拔350~1400m的河谷山地雨林及次生常绿阔叶林缘或疏林中。西藏、贵州、四川、重庆、广西、广东、海南、福建及台湾也有。也分布于缅甸、泰国、不丹、尼泊尔、印度、孟加拉国、菲律宾、日本。

稀子蕨科 Monachosoraceae

稀子蕨 *Monachosorum henryi* Christ

产于云南大部分地区（迪庆州除外）；生于常绿阔叶林林下，海拔1500~2700m。四川、贵州、广西、广东、台湾、江西也有。也分布于越南、印度东北部和尼泊尔。

碗蕨科 Dennstaedtiaceae

热带鳞盖蕨 *Microlepia speluncae* (L.) Moore

产于新平、河口、金平、元阳、勐腊、景洪、耿马、永德、盈江、绿春；生于常绿阔叶林下阴湿处，海拔100~1100m。广西、海南、台湾也有。也分布于越南、柬埔寨、斯里兰卡、印度、菲律宾、马来西亚、波利尼西亚、澳洲（昆士兰）、西印度群岛、巴西南部、日本琉球及热带非洲等泛热带地区。

多毛鳞盖蕨 *Microlepia pilosissima* Ching

产于昆明、宜良、易门、峨山、砚山、西畴、马关、个旧、金平、元阳、景东、江城、保山、瑞丽、潞西、盈江、贡山；生于常绿阔叶林下、林缘、溪边及灌丛阴湿处，海拔900~2100m。贵州也有。模式标本采自砚山。

阔叶鳞盖蕨 *Microlepia platyphylla* (Don) J. Sm.

产于广南、马关、西畴、金平、新平、双柏、禄丰、漾濞、景洪、勐海、耿马、永德、腾冲、瑞丽、福贡、贡山；生于常绿阔叶林下、林缘阴湿处，海拔1100~2100m。贵州、西藏、广西也有。也分布于越南、缅甸、尼泊尔、印度北部、菲律宾、斯里兰卡。

鳞始蕨科 Lindsaeaceae

乌蕨 *Sphenomeris chinensis* (L.) Maxon

产于全省各地（迪庆州除外）；生于酸性土地区的林缘空地上，海拔100~2250m。西藏、四川、贵州、广西、广东、海南、湖南、湖北、江西、浙江、福建、台湾、河南、河北、陕西、甘肃也有。也分布于日本、越南、老挝、泰国、缅甸、印度、斯里兰卡、菲律宾、印度尼西亚等。

姬蕨科 Hypolepidaceae

姬蕨 *Hypolepis punctata* (Thunb.) Mett. ex Kuhn

产于全省各地；生于林缘空地上或荒坡上，海拔1000~2300m。四川、贵州、广西、广东、江西、浙江、安徽、福建、台湾也有。也分布于日本、越南、老挝、柬埔寨、泰国、缅甸、印度、尼泊尔、斯里兰卡、菲律宾。

蕨科 Pteridiaceae

毛蕨菜 *Pteridium revolutum* (Bl.) Nakai

产于全省各地；生于林缘空地上或荒坡上，石灰岩地区阳坡最常见，海拔1000~3250m。西藏、四川、贵州、广西、广东、江西、湖南、湖北、浙江、安徽、福建、陕西、甘肃、台湾也有。也分布于亚洲热带、亚热带各地。

凤尾蕨科 Pteridaceae

紫轴凤尾蕨 *Pteris aspericaulis* Wall. ex Hieron.

产于广南、金平、元阳、昆明、禄丰、双柏、大姚、新平、峨山、景洪、勐海、西盟、永德、盈江、镇源、漾濞、大理、宾川、泸水、福贡、贡山；生于林下，海拔1200~2200m。西藏、四川、贵州也有。也分布于缅甸、泰国、不丹、印度北部、尼泊尔。

狭眼凤尾蕨 *Pteris biaurita* L.

产于全省热带、亚热带地区；生于林下或林缘，海拔600~2000m。广西、广东、海南、台湾也有。也分布于越南、柬埔寨、老挝、印度、斯里兰卡、马来西亚、印度尼西亚、菲律宾、澳大利亚、马达加斯加、牙买加、巴西等泛热带地区。

狭叶凤尾蕨 *Pteris henryi* Christ

产于云南亚热带石灰岩地区；生于林缘灌丛中或石缝中，海拔1000~2100m。四川、贵州、广西、河南、陕西和甘肃等地也有。模式标本采自云南蒙自。

三角眼凤尾蕨 *Pteris linearis* Poir. S

产于河口、金平；生于热带地区常绿阔叶林林缘或疏林下，或形成密不入的纯灌丛，海拔100~1000m。西藏东南部（墨脱）也有。

井拦边草 *Pteris multifida* Poir. ex Lam.

产于绥江、大关、广南、西畴、麻栗坡等；生于林缘灌丛中，海拔350~1600m。四川、贵州、广西、广东、海南、湖南、湖北、河南、陕西、河北、山东、江西、浙江、江苏、安徽、福建、台湾也有。也分布于越南、日本、菲律宾等。

有刺凤尾蕨 *Pteris setuloso-costulata* Hayatas

产于广南、西畴、马关、金平、元阳、弥勒、昆明、新平、景东、澜沧、沧源、永德、双柏；生于林下，海拔1400~2300m。四川、广东、台湾也有。也分布于日本、菲律宾、印度。

蜈蚣草 *Pteris vittata* L.

产于大理；生于海拔2100m的山坡道旁草丛中。分布于贵州、广东、广西、海南。印度、中南半岛各国及菲律宾都有。

西南凤尾蕨 *Pteris wallichiana* Agardh

产于全省亚热带山地；生于林荒地或林缘，海拔1300~2800m。西藏、四川、贵州、广西、广东、海南、台湾也有。也分布于越南、老挝、泰国、缅甸、印度北部、不丹、尼泊尔、日本、马来西亚、印度尼西亚、菲律宾等。

栗蕨 *Histiopteris incisa* (Thunb.) J. Sm.

产于全省亚热带地区；生于林缘荒山，海拔1000~1600m。广西、广东、海南、台湾也有。也分布于日本南部、亚洲热带其他地区至非洲。

中国蕨科 Sinopteridaceae

毛叶粉背蕨 *Aleuritopteris squamosa* (Hope et C. H. Wright) Ching

产于弥勒、元阳、元江、新平、双柏；生于干热河谷及山谷的林下土壁及灌丛疏荫处土壁上，海拔

600~1000m。海南（昌江）也有。模式标本采自云南（元江）。

大理碎米蕨 *Cheilosoria hancockii* (Bak.) Ching et Shing

产于巧家、宣威、会泽、弥勒、蒙自、景东、永德、澄江、通海、易门、嵩明、昆明、禄劝、富民、禄丰、武定、楚雄、永仁、大姚、宾川、鹤庆、丽江、香格里拉、保山、贡山；生于灌丛下及杂木林林缘疏荫处，砌石隙及岩隙，海拔1650~3250m。西藏、四川、甘肃也有。模式标本采自云南（蒙自）。

戟叶黑心蕨 *Doryopteris ludens* (Wall. ex Hook.) J. Sm.

产于新平、绿春、蒙自、澜沧、耿马、沧源；生于常绿阔叶林下坡地及溪边岩石上，海拔650~800m。也分布于印度东南部、孟加拉、缅甸南部、越南、老挝、柬埔寨、马来西亚及菲律宾。

黑足金粉蕨 *Onychium comtiguum* Hope

产于大关、巧家、会泽、东川、禄劝、嵩明、昆明、澄江、新平、武定、双柏、大姚、永仁、景东、漾濞、大理、宾川、剑川、丽江、香格里拉、永德、泸水；常成丛生于山谷、沟边或疏林下，海拔1650~3300m。西藏、四川、贵州、甘肃、台湾也有。也分布于尼泊尔、印度、不丹、老挝、柬埔寨、缅甸北部、泰国、越南。

栗柄金粉蕨 *Onychium lucidum* (Don.) Spreng

产于绥江、大关、永善、宣威、广南、文山、元阳、金平、弥勒、新平、景东、澄江、通海、易门、路南、嵩明、禄劝、昆明、富民、禄丰、楚雄、大姚、永仁、武定、大理、漾濞、剑川、弥渡、保山、腾冲、永德、德宏州、泸水、福贡、贡山、维西、德钦；生于疏林下或灌丛中，海拔700~2500m。西藏、四川、贵州、广西、广东、陕西、甘肃、湖北、江西、福建及台湾也有。也分布于尼泊尔、印度、不丹、缅甸、越南。

金粉蕨 *Onychium siliculosum* (Desv.) C. Chr.

产于西畴、河口、金平、绿春、孟连、勐腊、勐海、沧源、瑞丽、潞西、梁河、盈江；生于干旱河谷斜坡石缝或路边灌丛下，海拔100~1350m。海南、台湾也有。也分布于喜马拉雅山南部、印度尼西亚、巴布亚新几内亚、波利尼西亚、菲律宾、越南、老挝、柬埔寨、缅甸、泰国、印度。

三角羽旱蕨 *Pellaea hastata* (Thunb.) Prantl

产于鲁甸、禄劝、元谋、南涧、德钦；生于热河谷石缝，海拔900~1800m。西藏、四川也有。也分布于印度、埃塞俄比亚、安哥拉、索马里、津巴布韦至南非、马达加斯加。

旱蕨 *Pellaea nitidula* (Wall. ex Hook.) Bak.

产于绥江、永善、大关、巧家、鲁甸、禄劝、昆明、澄江、元谋、永仁、大姚、双柏、弥渡、宾川、大理、南涧、丽江、香格里拉、福贡、泸水；生于山坡灌草丛荫处岩缝或路边石缝，海拔500~2200m。西藏、四川、重庆、贵州、广西、广东、甘肃、湖南、河南、江西、浙江、福建、台湾也有。也分布于印度、尼泊尔、不丹、巴基斯坦、越南北部、日本。

铁线蕨科 Adiantaceae

团羽铁线蕨 *Adiantum capillus-junonis* Rupr.

产于绥江、大关、巧家、师宗、禄劝、富民、昆明、澄江、易门、元谋、永仁、大姚、保山、宾川、漾濞、丽江、永胜、香格里拉；生于海拔700~2100m的灌丛、草坡钙质土上或石缝岩隙中。四川、贵州、广西、广东、台湾、河南、山东、湖南、湖北、河北、北京、甘肃也有。也分布于日本。

铁线蕨 *Adiantum capillus-veneris* L.

广布于全省各地；生于石灰岩地区海拔500~2500m的潮湿处岩隙和滴水岩壁上，也常见于有石灰质的潮湿处砌石隙。我国长江以南各省区广布，北达陕西、甘肃、河北，东至台湾。也广布于亚洲其他温暖地区、欧洲、非洲、大洋洲及美洲。

鞭叶铁线蕨 *Adiantum caudatum* L.

产于富宁、广南、河口、金平、绿春、元阳、建水、新平、景东、澜沧、景洪、勐腊、勐海、双江、龙陵、瑞丽、盈江；生于石灰岩地区海拔230~1150m的常绿阔叶林下、灌丛下石隙或水沟边砌石隙。贵州、广西、广东、海南、福建、台湾也有。也分布于亚洲其他热带、亚热带地区。

普通铁线蕨*Adiantum edgeworthii* Hook.

产于永善、大关、禄劝、嵩明、昆明、富民、呈贡、易门、澄江、广南、元阳、绿春、武定、禄丰、双柏、大姚、永仁、景东、澜沧、临沧、凤庆、永德、镇康、潞西、盈江、漾濞、大理、宾川、鹤庆、丽江、香格里拉；生于海拔850~2500m的林下、灌丛中、路边土坎上、岩隙和砌石缝中。西藏、四川、贵州、台湾、甘肃、陕西、河南、山东、河北、北京也有。也分布于越南、缅甸、尼泊尔、印度西北部、菲律宾、日本南部（九州）。

假鞭叶铁线蕨*Adiantum malesianum* Ghatak

产于绥江、大关、巧家、禄劝、路南、易门、新平、邱北、富民、广南、文山、马关、弥勒、蒙自、河口、普洱、孟连、勐腊、沧源、双江、永德、潞西、泸水；生于海拔400~2000m的林下、路边或岩隙。四川、贵州、广西、广东、海南、台湾、湖南也有。也分布于越南、泰国、缅甸、印度、马来西亚、斯里兰卡、印度尼西亚、菲律宾、南太平洋岛屿。

半月形铁线蕨*Adiantum philippense* L.

产于绥江、禄劝、宜良、新平、富宁、麻栗坡、河口、金平、绿春、武定、禄丰、大姚、漾濞、永胜、景东、普洱、孟连、澜沧、勐腊、景洪、勐海、云县、临沧、双江、保山、潞西、瑞丽、盈江；生于海拔150~1750m的林下疏荫处土壁、石隙及阴湿溪沟边的酸性土上。四川、贵州、广西、广东、海南、台湾也有。也分布于亚洲其他热带及亚热带的越南、缅甸、泰国、印度、马来西亚、印度尼西亚、菲律宾，并达热带非洲及大洋洲。

裸子蕨科 Hemionitidaceae

金毛裸蕨*Gymnopteris vestita* (Wall. ex Presl) Underw.

产于巧家、禄劝、嵩明、昆明、澄江、通海、屏边、蒙自、景东、西盟、永德、大姚、洱源、香格里拉、维西、德钦、泸水；生于林缘灌丛石缝中，海拔2000·-3000m。西藏、四川、北京、河北、山西、台湾也有。也分布于印度和尼泊尔。

普通凤了蕨*Coniogramme intermedia* Hieron.

产于云南的大部分地区；生于常绿阔叶林林下或林缘，海拔1500~2500m。西藏、贵州、四川、甘肃、陕西、河南、河北、吉林、湖北、江西、浙江、福建也有。也分布于越南、朝鲜、日本、印度、俄罗斯远东地区。

蹄盖蕨科 Athyriaceae

禾秆亮毛蕨*Acytopteris tenuisecta* (Bl.) Tagawa

产于广南、文山、西畴、马关、屏边、金平、元阳、易门、双柏、新平、漾濞、景东、西盟、永德、丽江、泸水、贡山；生于常绿阔叶林下阴湿处，湿性常绿阔叶林下尤为常见，海拔1000~2650m。西藏东南部、四川（峨眉山）、广西北部（九万大山）也有。也分布于印度北部及东北部、尼泊尔、缅甸、越南北部、马来群岛、日本南部（屋久岛）。

大叶短肠蕨*Allantodia maxima* (D. Don) Ching

产于罗平、广南、西畴、麻栗坡、马关、金平、元阳、峨山；生于山地沟谷常绿阔叶林下溪边，海拔1200~1850m。贵州、广西、海南、福建、江西也有。也分布于缅甸东北部、不丹、尼泊尔及印度北部喜马拉雅山区。

深绿短肠蕨*Allantodia viridissima* (Christ) Ching

产于石林、邱北、富宁、广南、马关、弥勒、蒙自、元阳、双柏、大姚、漾濞、景东、勐海、耿马、永德、陇川、盈江、泸水、福贡、贡山；生于山地阔绿林下及林缘溪沟边，海拔400~2200m。台湾、广东、广西、四川、贵州、西藏也有。也分布于越南、菲律宾、缅甸东北部、尼泊尔及印度东北部至西北部喜马拉雅山区。 模式标本采自云南（弥勒西山烂泥箐）。

密果短肠蕨*Allantodia spectabilis* (Wall. ex Mett.) Ching

产于金平、昆明、富民、双柏、新平、景东、永德、漾濞、大理、盈江、泸水、福贡、贡山；生于常绿阔叶林下溪沟边，海拔1500~2700m。也分布于东喜马拉雅的不丹、尼泊尔东部、印度东北部。

芽胞蹄盖蕨*Athyrium clarkei* Bedd.

产于文山、屏边、蒙自、元阳、禄劝、玉溪、新平、双柏、禄丰、永仁、大姚、漾濞、景东、永德、镇康、腾冲、盈江、泸水；生于暖温带常绿阔叶林、针阔混交林及灌丛溪沟边，海拔2000~2700m。也分布于缅甸北部、尼泊尔、印度北部及东北部。

疏叶蹄盖蕨*Athyrium dissitifolium* (Bak.) C. Chr.

产于云南大部分暖温带和亚热带山地；生于常绿栎类林及松栎混交林下，海拔1100~2700m。四川西部、贵州西部、广西北部、湖南西部也有。也分布于泰国北部、缅甸北部。模式标本采自云南（蒙自）。

蒙自蹄盖蕨*Athyrium roseum* Christ

产于禄劝、嵩明、昆明、弥勒、蒙自、屏边、元阳、新平、双柏、景东、镇沅、西盟、永德、镇康、漾濞、丽江、腾冲、泸水、福贡、贡山；生于常绿阔叶林下及林缘，湿性常绿阔叶林下较多，海拔1750~3000m。台湾也有。也分布于日本南部（屋九岛）。模式标本采自云南（蒙自北部山地）。

无量山蹄盖蕨*Athyrium wuliangshanense* Ching

产于新平哀牢山及景东无量山；生于竹类与杜鹃混生矮林及附生苔藓林林下，海拔2500~2800m。模式标本采自景东无量山白竹林坡。云南特有种。

介蕨*Dryoathyrium boryanum* (Willd.) Ching

产于昆明、石林、邱北、广南、西畴、马关、绿春、元阳、峨山、新平、景东、镇沅、孟连、西盟、景洪、勐海、沧源、永德、瑞丽、陇川、盈江、漾濞、丽江、维西、泸水、福贡、贡山；多生于山谷常绿阔叶林及热带沟谷雨林下阴湿处，较少见于水渠边灌丛中及无林阴湿峡谷中，海拔650~2350m。西藏东南部、四川、贵州、广西、广东、海南、福建、湖南、浙江、台湾也有。也分布于越南北部、泰国北部、缅甸、尼泊尔、马来半岛、菲律宾、印度尼西亚、斯里兰卡、印度东北部至南部及印度洋的留尼汪岛（模式标本产地）。

峨眉介蕨*Dryoathyrium unifurcatum* (Bak.) Ching

产于绥江、永善、镇雄、大关、彝良、禄劝、富民、西畴、麻栗坡、弥勒、漾濞、大理、宾川、大姚、维西、香格里拉、德钦、福贡、贡山；生于山地阔叶林及灌木林下溪沟边，海拔1100~2500m。四川、重庆、贵州、湖南、湖北西部、陕西南部、浙江、台湾也有。也分布于日本及越南北部。

菜蕨*Callipteris esculenta* (Retz.) J. Sm.

产于东南部、南部至西南部热带、亚热带地区；生于山谷林缘湿地及河沟边，海拔100~1350m。四川、贵州、广西、广东、海南、香港、福建、台湾、浙江、江西、安徽也有。也分布于亚洲热带和亚热带及热带波利尼西亚。

拟鳞毛蕨*Kuniwatsukia cuspidata* (Bedd.) Pic. Ser.

产于罗平、广南、砚山、绿春、新平、双柏、景洪、勐海、孟连、西盟、云县、沧源、耿马、漾濞、潞西、瑞丽、盈江；生于常绿阔叶林林下或林缘灌丛中，海拔700~1550m。西藏东南部、贵州西南部、广西西部也有。也分布于缅甸北部、泰国北部、不丹、尼泊尔、印度东北部、西喜马拉雅、斯里兰卡。

肿足蕨科 Hypodematiaceae

肿足蕨*Hypodematium crenatum* (Forsk.) Kuhn

产于云南的大部分地区；生于石灰岩岩缝中，海拔1000~2650m。四川、贵州、广西、广东、甘肃、河南、江西、安徽、台湾也有。也分布于越南、日本、印度、非洲北部。

金星蕨科 Thelyptieridaceae

干旱毛蕨 *Cyclosorus aridus* (Don) Tagawa

产于广南、文山、河口、金平、绿春、元阳、孟连、沧源、盈江、福贡；生于林缘荒坡，海拔350~1500m。西藏、四川、贵州、广西、广东、海南、湖南、江西、安徽、浙江、福建、台湾等也有。也分布于越南、泰国、缅甸、马来西亚、印度尼西亚、菲律宾、印度、尼泊尔、澳大利亚。

柄鳞毛蕨 *Cyclosorus crinipes* (Hook.) Ching

产大关、永善、漾濞、丽江，贡山；生于林下溪边，海拔500~2000m。分布于台湾、广西、四川、贵州、西藏。印度、尼泊尔、不丹、锡金、缅甸亦有。

齿牙毛蕨 *Cyclosorus dentatus* (Forsk.) Ching

产于大关、禄劝、昆明、武定、马关、河口、绿春、江城、景东、勐腊、景洪、孟连、西盟、沧源、双江、永德、盈江、福贡、大理；生于常绿阔叶林林缘，海拔1000~2000m。广西、广东、福建、台湾也有。也分布于越南、泰国、缅甸、印度、印度尼西亚、阿拉伯、埃及、马达加斯加、热带非洲、热带美洲等。

截裂毛蕨 *Cyclosorus truncatus* (Poir.) Farwell

产于罗平、广南、西畴、河口、绿春、勐腊、沧源、耿马、瑞丽、贡山；生于热带雨林或季风常绿阔叶林林下，海拔550~1550m。贵州、广西、广东、海南、福建、台湾也有。也分布于日本、越南、缅甸、马来西亚、菲律宾、印度、斯里兰卡、澳大利亚北部和中美洲等。

方秆蕨 *Glaphyropteridopsis erubescens* (Hook.) Ching

产于沾益、昆明、元阳、双柏、武定、永仁、漾濞、宾川、丽江、香格里拉、泸水、福贡、贡山；生于常绿阔叶林下水沟边，海拔1500~2500m。西藏、四川、贵州、广西、台湾也有。也分布于越南北部、日本、马来亚、菲律宾、缅甸北部、印度北部、尼泊尔、不丹等。

假毛蕨 *Pseudocyclosorus tylodes* (Kunze) Ching

产于昆明、新平、广南、西畴、麻栗坡、金平、元阳、绿春、江城以及西双版纳州、临沧市、德宏州、怒江州各县；生于常绿阔叶林林下沟边，海拔1000~1950m。西藏、四川、贵州、广西、广东、海南也有。也分布于越南、缅甸、印度、斯里兰卡等。

新月蕨 *Pronephrrium gymnopteridifrons* (Hayata) Holtt.

产于富宁、河口、金平、蒙自、景洪、勐海、沧源、耿马、潞西、盈江、瑞丽；生于热带雨林林缘，海拔100~1300m。贵州、广西、广东、海南、台湾也有。也分布于越南、印度、菲律宾等亚洲热带地区。

披针新月蕨 *Pronephrium penangianum* (Hook.) Holtt.

产于绥江、大关、富民、安宁、易门、双柏、楚雄、广南、西畴、马关、维西、德钦、泸水、福贡、贡山；生于林缘，海拔1500~2500m。四川、贵州、广西、广东、湖南、湖北、河南、江西、浙江也有。也分布于缅甸、印度、尼泊尔。

铁角蕨科 Aspleniaceae

切边铁角蕨 *Asplenium excisum* Presl

产于砚山、马关、河口、金平、绿春、勐腊、景洪、孟连、西盟、沧源、镇康、永德、盈江、福贡、贡山；生于密林下阴湿处或溪边乱石中或附生树干上，海拔300~1700m。西藏东南部（墨脱）、贵州西南部、广西、广东、海南、台湾也有。也分布于越南、缅甸、泰国、马来西亚、菲律宾、印度北部、尼泊尔。

北京铁角蕨 *Asplenium pekinense* Hance

产于绥江、大关、会泽、宣威、禄劝、富民、昆明、路南、澄江、易门、邱北、广南、马关、西畴、弥勒、武定、双柏、楚雄、丽江、香格里拉；生于岩石上或石缝中，海拔380~3900m。四川、重庆、贵州西部及东北部、广西、广东北部（乳源）、福建、台湾、浙江、江苏（苏州）、安徽、山东、湖北、河南、陕西南部、甘肃东南部、宁夏、山西、内蒙古（大青山）、河北也有。也分布于朝鲜及日本。

细裂铁角蕨 *Asplenium tenuifolium* D. Don var. *tenuifolium*

产于砚山、文山、西畴、麻栗坡、马关、屏边、绿春、蒙自、新平、景东、镇康、双柏、永仁、漾濞、丽江；生于杂木林下潮湿岩石上，海拔1200~2400m。西藏南部、四川（攀枝花）、贵州中部、广西（象县）、海南（五指山）、台湾也有。也分布于越南、缅甸、不丹、尼泊尔、印度、斯里兰卡、马来西亚、印度尼西亚（爪哇）、菲律宾。

变异铁角蕨 *Asplenium varians* Wall. ex Hook. et Grev.

产于禄劝、昆明、澄江、砚山、西畴、马关、弥勒、屏边、勐腊、大姚、宾川、洱源、鹤庆、丽江、维西、德钦、贡山；生于杂木林下潮湿岩石上或岩壁上，海拔650~3500m。西藏东南部、四川、陕西也有。也分布于不丹、尼泊尔、印度、斯里兰卡、中南半岛、印度尼西亚、夏威夷群岛、非洲南部。

水鳖蕨 *Sinephropteris delavayi* (Franch.) Mickel

产于大关、昆明、新平、元江、蒙自、屏边、绿春、景东、景谷、澜沧、勐腊、沧源、临沧、双柏、禄丰、漾濞、弥渡、鹤庆、腾冲、泸水、福贡等地；生于林下阴湿岩石上或路边灌丛下，海拔600~1750m。四川、贵州、广西、甘肃南部也有。也分布于越南北部、泰国东北部、缅甸北部、印度东北部。模式标本采自云南。

乌毛蕨科 Blechnaceae

狗脊蕨 *Woodwardia japonica*（L. f）Sm.

除滇西北外，全省广布；生于海拔1100~2200m的亚热带和暖温带酸性土山地，多生于常绿阔叶林林下、林缘及空气湿润地区的次生灌丛中，较少见于云南松林及松栎混交林林下及山坡侵蚀沟中，是较可靠的酸性土指示植物之一。长江流域以南各省区及台湾广布。也分布于朝鲜和日本。

滇南狗脊蕨 *Woodwardia magnifica* Ching et P. S. Chiu

产于西畴、屏边、易门、峨山、新平、双柏、景东、普洱、江城、勐腊、景洪、勐海、孟连、西盟、沧源、临沧、永德；生于热带、亚热带山地常绿阔叶林林下、林缘及空气湿润地区的次生灌丛、人工杉木林、翠柏林林下，海拔650~2050m。也分布于越南北部。模式标本采自云南（普洱）。

鳞毛蕨科 Dryopteridaceae

刺齿贯众 *Cyrtomium caryotideum* (Wall. ex Hook. et Grev.) Presl

产于维西、德钦、昆明、马栗坡、元阳、弥勒、通海、易门、峨山、武定；生于海拔1800~2500m的常绿阔叶林林下。分布于西藏、四川、贵州、广东、湖南、湖北、江西、台湾、甘肃、陕西。越南、印度、尼泊尔、不丹、巴基斯坦和日本亦有。

贯众 *Cyrtomium fortunei* J. Sm.

产于大关、昭通、罗平、师宗、维西、昆明、广南、西畴、麻栗坡、马关、文山、砚山、个旧、孟连、永德等；生于海拔1500~2200m的常绿阔叶林林下。分布于四川、贵州、广西、广东、湖南、湖北、河南、河北、山东、甘肃、陕西、山西、江西、浙江、江苏、安徽、福建、台湾。越南北部、泰国、日本、朝鲜亦有。

二型鳞毛蕨 *Dryopteris cochleata* (Buch.–Ham. Ex D. Don) C. Chr.

产于昆明、楚雄、大姚、禄劝、新平、景东、丘北、广南、河口、元阳、江城、景洪、勐腊、澜沧、临沧、云县、沧源、双江、漾濞、瑞丽、盈江；生于阔叶林林下，海拔1250~2000m。分布于四川、贵州。不丹、锡金、尼泊尔、孟加拉、泰国、缅甸、越南、菲律宾、印度尼西亚（爪哇）亦有。

半育鳞毛蕨 *Dryopteris sublacera* Christ

本种在云南中部、西部以及东北部分布非常普遍；常生于松林或常绿阔叶林林缘，海拔1800~3400m。

分布于陕西、台湾、湖北、四川、西藏。印度、锡金、不丹、尼泊尔亦有。

鸡足山耳蕨*Polystichum jizhushanense* Ching

产于泸水、丽江、漾濞、宾川、昆明、景东、双柏、新平、禄丰、永仁，生于海拔2000~2400m的半湿润常绿阔叶林林下。分布于西藏、四川、贵州。尼泊尔亦有。模式标本采自宾川。

肾蕨科 Nephrolepidaceae

肾蕨*Nephrolepis cordifolia* (L.) Presl

产于泸水、福贡、贡山、昆明、禄劝、广南、麻栗坡、西畴、马关、绿春、蒙自、元阳、景东、镇沅、河口、金平、景洪、勐海、勐腊、临沧、孟连、永德、腾冲、瑞丽等地；生于海拔600~1900m的季雨林或常绿阔叶林下岩石上或灌丛中。分布于贵州、西藏、广西、广东、海南、湖南、浙江、福建、台湾。广布于全世界热带及亚热带地区。

骨碎补科 Davalliaceae

鳞轴小膜盖蕨*Araiostegia perdurans* (Christ) Copel.

产于丽江、香格里拉、德钦、维西、泸水、福贡、贡山、漾濞、鹤庆、宾川、昆明、宜良、禄劝、嵩明、禄丰、双柏、大姚、武定、新平、通海、弥勒、广南、文山、麻栗坡、绿春、景东、腾冲等地；生于海拔1700~2900m的山地混交林或云杉林中，附生于树干上或岩石上。分布于贵州、四川、西藏、广西、浙江、江西、福建、台湾。

膜叶假钻毛蕨*Paradavallodes membranulosum* (Wall. ex Hook.) Ching

产于贡山、宾川、昆明、禄劝、富民、武定、大姚、广南、麻栗坡、西畴、马关、绿春、蒙自、景东、镇沅、景洪、临沧、腾冲、瑞丽等地；生于海拔1500~2000m的常绿阔叶林下岩石上或灌丛中。分布于西藏。越南、缅甸、泰国、印度北部、锡金、尼泊尔亦有。

半圆盖阴石蕨*Humata platylepis* (Bak.) Ching

产于泸水、漾濞、永平、昆明、峨山、新平、广南、西畴、金平、蒙自、元阳、绿春、景东、江城、墨江、双江、景洪、勐海、勐腊等地；生于海拔700~2000m的常绿阔叶林下岩石上。分布于贵州、四川、西藏、广西、广东、浙江、福建、台湾、江西。模式标本采自蒙自。

水龙骨科 Polypodiaceae

节肢蕨*Arthromeris lehmanni* (Mett.) Ching

产于泸水、福贡、贡山、大理、漾濞、富民、双柏、文山、屏边、金平、景东、永德等地；生于海拔2000~2800m的常绿阔叶林下树干上或岩石上。分布于贵州、四川、西藏、广西、广东、海南、湖北、台湾、江西、浙江、陕西。缅甸、泰国、不丹、锡金、尼泊尔、印度、菲律宾亦有。

扭瓦韦*Lepisorus contortus* (Christ) Ching

产于镇雄、丽江、香格里拉、泸水、大理、漾濞、永平、鹤庆、昆明、武定、禄劝、峨山、新平、大姚等地；生于海拔1600~3800m的常绿阔叶林或暗针叶林下树干上或岩石上。分布于贵州、四川、西藏、广西、湖南、湖北、江西、河南、陕西、甘肃和福建。印度亦有。

棕鳞瓦韦*Lepisorus scolopendrium* (Ham. ex Don) Mehra et Bir

产于泸水、福贡、贡山、维西、大理、漾濞、洱源、宾川、云龙、大姚、双柏、玉溪、石屏、马关、文山、蒙自、屏边、金平、元阳、景东、景洪、勐海、临沧、镇康、腾冲、盈江、孟连、西盟等地；生于海拔1400~2800m的常绿阔叶林下岩石上或树干上。分布于四川、西藏、海南、台湾。缅甸、泰国、尼泊尔、印度东北部和北部亦有。

拟鳞瓦韦*Lepisorus suboligolepidus* Ching

产于漾濞、昆明、大姚、双柏、峨山、墨江、鹤庆、西畴、文山、蒙自、弥勒、屏边等地；生于海拔

700~2000m的常绿阔叶林或杂木林下树干上或岩石上。分布于贵州、四川、西藏、湖北、台湾。模式标本采自弥勒。

江南星蕨*Microsorum fortunei* (T. Moore) Ching

产于昭通地区、怒江州、文山州、红河州、双柏、景东、镇源等地；生于海拔950~1600m的常绿阔叶林下或次生林下岩石上。分布于长江流域以及以南各省区。越南、缅甸、泰国、不丹、印度、马来西亚亦有。

友水龙骨*Polypodiodes amoena* (Wall. ex Mett.) Ching

产于绥江、香格里拉、德钦、泸水、福贡、贡山、大理、漾濞、鹤庆、昆明、禄劝、双柏、广南、麻栗坡、西畴、马关、文山、弥勒、元阳、金平、景洪、景东、镇沅、双江、腾冲等地；生于海拔850~3000m的常绿阔叶林下岩石上或树干上。分布于贵州、四川、西藏、广西、广东、湖南、湖北、浙江、安徽、江西、福建、台湾、河南、甘肃、陕西、山西。越南、老挝、缅甸、泰国、印度、不丹、锡金、尼泊尔亦有。

石韦*Pyrrosia lingua* (Thunb.) Farwell

产于怒江州、滇东北地区、大理州、文山州、红河州、普洱地区、西双版纳州等地；生于海拔1000~2000m的常绿阔叶林下岩石上或树干上。分布于长江以南省区。越南、印度、朝鲜和日本亦有。

纸质石韦*Pyrrosia heteractis* (Mett. ex Kuhn) Ching

产于泸水、福贡、贡山、大理、漾濞、兰坪、新平、广南、麻栗坡、西畴、马关、文山、屏边、蒙自、金平、景洪、勐海、腾冲、盈江等地；生于海拔1600~2400m的常绿阔叶林下岩石上或树干上。分布于西藏、四川、广西、海南、甘肃。越南、老挝、缅甸、泰国、印度、不丹、锡金、尼泊尔亦有。

西南石韦*Pyrrosia gralla* (Gies.) Ching

产于丽江、维西、香格里拉、永仁、兰坪、昆明、澄江、禄劝、广南、麻栗坡、西畴、砚山、马关、文山、弥勒等地；生于海拔1700~2400m的常绿阔叶林或灌丛下岩石上。分布于贵州、四川、西藏、湖北、台湾。

槲蕨科 Drynariaceae

槲蕨*Drynaria fortunei*（Kuntze.）J. Sm.

产于绥江、大关、西畴、文山、砚山、丘北、景洪、澜沧等地；生于海拔420~1500m的常绿阔叶林树干上或岩石上。分布于贵州、四川、西藏、广西、广东、海南、湖南、湖北、浙江、安徽、江苏、江西、福建、台湾。越南、缅甸、泰国、印度亦有。

石莲姜蕨*Drynaria propinqua* (Wall. ex Mett.) J. Sm.

产于大理、漾濞、昆明、禄劝、澄江、路南、弥勒、丘北、禄丰、金平、元阳、绿春、景东、景洪、勐海、勐腊、永德、西盟、沧沅、孟连、腾冲、潞西、瑞丽、盈江等地；生于海拔1350~2000m的常绿阔叶林中树干上或岩石上。分布于贵州、四川、西藏、广西。越南、缅甸、泰国、印度、锡金、不丹亦有。

崖姜蕨*Pseudodrynaria coronans* (Wall. ex Mett.) Ching

产于峨山、马关、河口、江城、景洪、勐海、勐腊、澜沧、瑞丽、盈江等地；生于海拔500~1300m的常绿阔叶林中树干上或岩石上。分布于贵州、西藏、广西、广东、海南、福建、台湾。越南、缅甸、泰国、印度、不丹、马来西亚亦有。

萍科 Marsileaceae

田字萍*Marsilea quadrifolia* L.

产于云南各地，分布于我国长江以南各省区。亚洲东南部、欧洲及美洲的温带和亚热带地区。

槐叶萍科 Salviniaceae

槐叶萍*Salvinia nutans* (L.) All.

云南各地均产；生于海拔500~2500m的水田或池塘中。广布于长江以南各省及华北和东北；越南、印度、日本、欧洲亦有。

满江红科 Azoliaceae

满江红*Azolla imbricate* (Roxb.) Nakai

产于云南各地，生于水田或池塘中。

种子植物门 Spermatophyta

（162科679属1101种）

裸子植物亚门 Gymnospermae

（5科8属9种）

苏铁科 Cycadaceae

滇南苏铁*Cycas diannanensis* S. L. Yang ex D. Y. Wang

产于双柏、元江等地；生于海拔800~1200m的热带雨林内或沟底阳处；广西、广东有栽培。缅甸、泰国、越南也有分布。

柏科 Cupressaceae

干香柏*Cupressus duclouxiana* Hickel*

产于德钦、维西、丽江、剑川、凤仪、洱源、宾川、巍山、永仁、东川、禄劝、武定、嵩明、昆明、盈江、凤庆、景东、蒙自、西畴等地，垂直分布在西北部自海拔2000m，可达3400m，蒙自、西畴等地则在海拔1300m左右，散生于干热或干燥山坡，成小片纯林或与栎类、松树混生；四川西南部也有分布。为我国特有树种。模式标本采于昆明。

侧柏*Platycladus orientalis* (L.) Franco*

产于德钦、维西、丽江、大理、凤仪、漾濞、禄劝、嵩明、昆明、易门，海拔1800~3400m地带，往南至峨山、蒙自、金平、砚山、文山、麻栗坡、广南及西双版纳勐海，海拔1000m地带均有分布，在金平可见生于360m处。内蒙古南部、吉林、辽宁、河北、山西、山东、江苏、浙江、福建、安徽、江西、河南、陕西、甘肃、四川、贵州、湖北、湖南至广东、广西北部等省区；西藏堆龙德庆、达孜等地都有栽培；各地庭园及寺庙、墓地常习见，有的树龄达500年以上。

杉科 Taxodiaceae

柳杉*Cryptomeria fortunei* Hooibr. ex Otto etDietr.*

丽江、邓川、武定、昆明、文山、屏边均有栽培，垂直分布在云南中部海拔1600~2400m；为我国特有树种，在浙江天目山、福建南屏三千八百顷及江西庐山等地，海拔1100m以下地带有数百年的大树，现江苏、浙江及安徽南部、河南、湖北、湖南、四川、贵州、广东、广西等地都有栽培。

杉木*Cunninghamia lanceolata* (Lamb.) Hook.*

产于红河、蒙自、金平、屏边、河口、文山、西畴、马关、广南、富宁、腾冲、景东、昆明、禄劝、大理、华坪、会泽、昭通、威信、镇雄等地，在滇东南多分布海拔1000m以下，滇中及以北地区多分布海拔1600~2300m地带，最高可达2900m。

松科 Pinaceae

云南油杉*Keteleeria evelyniana* Mast.

产于西北部、中部至南部海拔1200~1600m的地带，在昆明附近常与云南松（*Pinus yunnanensis*)、华山松（*P. armandi*）、旱冬瓜（*Alnus nephalensis*）、麻栎（*Quercus acutissima*）、栓皮栎（*Q. variabilis*）或壳斗科的一些常绿种类组成混交林，或成小片纯林。为我国特有树种，贵州西部及西南部、四川西南部安宁河流域至西部大渡河流域海拔700~2600m的地带也有。模式标本采自元江。

华山松*Pinus armandii* Franch.

产于德钦、贡山、香格里拉、维西、丽江、碧江、洱源、漾濞、大理、凤庆、景东、禄劝、富民、嵩明、昆明、安宁、路南、文山等地，海拔1600~3300m，而以2100~2800m地带分布比较集中，生长也较好，组成单纯林或与其他针叶树种、栎类树种成混交林；山西南部、河南西南部、陕西秦岭以南、甘肃南部、四川、湖北西部、贵州中部及西北部、西藏雅鲁藏布江下游都有分布。

云南松*Pinus yunnanensis* Franch.

分布甚广，东至富宁、南至蒙自及普洱，西至腾冲，北至香格里拉以北。其中以金沙江中游、南盘江中下游及元江上游最为密集，垂直分布海拔1000~2800（~3000）m，多组成纯林或与华山松、云南油杉、旱冬瓜及栎类树种组成混交林，生长良好。西藏东南部、四川泸定、天全以南，贵州毕节以西，广西凌乐、天峨、南丹、上思等地也都有分布。模式标本采自鹤庆大坪子。

买麻藤科 Gnetaceae

买麻藤*Gnetum montanum* Markgr.

产于双柏、泸西、临沧、耿马、普洱、景东、勐海、景洪、勐腊、金平、文山、屏边、马关、麻栗坡、西畴、富宁等地，海拔500~2200m地带的森林、灌丛中及沟谷潮湿处缠绕于树上，喜阴湿环境。亦分布于广西及广东东南部及海南岛等地。印度、锡金、缅甸、泰国、老挝及越南也有。模式标本采自普洱。

被子植物亚门 Angiospermae

（157科671属1092种）

木兰科 Magnoliaceae

山玉兰*Magnolia delavayi* Franch.

产于贡山、福贡、泸水、维西、丽江、洱源、宾川、云龙、漾濞、保山、施甸、腾冲、龙陵、镇康、永德、景东、牟定、双柏、武定、禄丰、禄劝、昆明、富民、安宁、宜良、石林、峨山、易门、元江、师宗、罗平、蒙自、石屏、建水、绿春、屏边、文山、砚山、麻栗坡等地；喜生于海拔1500~2800m的石灰岩山地阔叶林中或沟边较潮湿的坡地。西藏南部、四川西南部和贵州西南部也有。

云南含笑*Michelia yunnanensis* Franch. ex Finet et Gagnep.

产于贡山、丽江、大理、双柏、昆明、禄劝、寻甸、富民、嵩明、安宁、宜良、玉溪、易门、江川、华宁、峨山、元江、石屏、蒙自、金平、屏边、文山、广南、富宁、普洱、西双版纳、临沧、耿马、镇康、永德、龙陵；生于海拔1100~2300m的山地灌丛或林中。四川、贵州、西藏也有。模式标本采自蒙自。

八角科 Illiciaceae

野八角*Illicium simonsii* Maxim.

产于镇雄、昭通、巧家、会泽、寻甸、马龙、东川、贡山、福贡、碧江、兰坪、泸水、云龙、洱源、永平、漾濞、大理、宾川、禄劝、嵩明、富民、昆明、大姚、武定、楚雄、双柏、新平、玉溪、弥勒、开远、绿春、元阳、金平和腾冲;生于海拔1300~4000m的山地沟谷、溪边湿润常绿阔叶林中。分布于四川和贵州。缅甸北部和印度东北部也有。

五味子科 Schisandraceae

冷饭团Kadsura coccinea (Lem.) A. C. Smith

产于屏边、河口、金平、蒙自、文山、普洱、景东;生于林中,海拔450~2000m。分布于江西、湖南、广东、海南、广西、四川、贵州。越南也有。

异形南五味子Kadsura heteroclita (Roxb.) Craib

产于屏边、文山、蒙自、普洱、勐海、勐腊;生于山谷、溪边、密林中,海拔400~900m。分布于湖北、广东、海南、广西、贵州。锡金、孟加拉国、越南、老挝、缅甸、泰国、印度、斯里兰卡、苏门答腊岛等地也有。

长序南五味子Kadsura longipedunculata Finetet Gagnep.

产于云南;生于山坡、林中,海拔1000m以下(标本未见)。分布于江苏、安徽、浙江、江西、福建、湖北、湖南、广东、广西、四川。云南记录(昆明,云南省,Cavalerie 3336,7112,7113)应为贵州兴义一带,Cavalerie本人未在昆明附近采集过。

华中五味子Schisandra sphenanthera Rehd. et Wils.

产于西部及西南部(大姚、大理、丽江、维西、德钦、贡山);生于海拔(200)2500~3500m的河谷、山坡林中。分布于甘肃南部、湖北、四川、西藏东南部。

番荔枝科 Annonaceae

老人皮Polyalthia cerasoides (Roxb.) Benth. et Hook. f. ex Bedd.

产于景洪、河口、金平、蒙自、元江,生于海拔120~1100m山谷、河旁或疏林中;分布于广东。越南、老挝、泰国、柬埔寨、缅甸、印度也有。

石山紫玉盘Uvaria macclurei Diels

产于滇东南(西畴、文山),生于海拔1350m的石灰岩林或山坡灌丛中;分布于广东、海南、广西、台湾。

樟科 Lauraceae

毛果黄肉楠Actinodaphne trichocarpa C. K. Allen

分布于亚洲热带、亚热带地区。我国有19种,产于西南、南部至东部。

阴香Cinnamomum burmannii (C. G. et Th. Nees) Bl.

产于中南部至东南部;生于疏林、密林或灌丛中,或溪边路旁等处,海拔1250~2100m。分布于广东、广西及福建。印度,经缅甸和越南,至印度尼西亚和菲律宾也有。

云南樟Cinnamomum glanduliferum (Wall.) Nees

产于中部至北部;多生于山地常绿阔叶林中,海拔1500~2500(3000)m。分布于西藏东南部、四川西南部、贵州南部。印度、尼泊尔、缅甸至马来西亚也有。

樟树Cinnamomum camphora (Linn.) Presl*

在昆明至河口铁路沿线广为栽培。广布于南方及西南各省区,野生或栽培。越南、朝鲜、日本也有分布,其他各国亦常有引种栽培。

香面叶Iteadaphne caudata (Nees) H. W. Li

产于南部;生于山坡灌丛、疏林中或路边及林缘等处,海拔700~2300m。广西西部也有。印度、缅甸、泰国、老挝、越南有分布。

香叶树*Lindera communis* Hemsl.

产于中部及南部；常见于干燥砂质土上，散生或混生于常绿阔叶林中，不少地方在村旁由于人工给予抚育而形成纯林。陕西南部、甘肃南部、湖北、湖南、江西、浙江、福建、台湾、广东、广西、贵州、四川等省区也有。中南半岛各国有分布。

绒毛钓樟*Lindera floribunda* (Allen) H. P. Tsui

产于西部及东南部；多生于石山山坡常绿阔叶林中、沟边或灌丛中，海拔1000~1500m。陕西、四川、贵州、广西、广东也有。

团香果*Lindera latifolia* Hook. f.

产于西部、西北部至东南部；生于山坡或沟边常绿阔叶林及灌丛中，或路旁林缘等处，海拔1500~2300（2900）m。西藏东南部也有。印度、孟加拉、越南北方有分布。

黑壳楠*Lindera megaphylla* Hemsl.

产于北部至东南部；生于山坡或谷地的湿润常绿阔叶林或灌丛中，海拔1600~2200m。甘肃南部、陕西、四川、贵州、湖北、湖南、安徽、江西、福建、台湾、广东、广西也有。

绒毛山胡椒*Lindera nacusua* (D. Don) Merr.

产于除云南中部外各地；生于谷地或山坡常绿阔叶林中，海拔700~2500m。广东、广西、福建、江西、四川、西藏东南部也有。尼泊尔、印度、缅甸、越南也有分布。

菱叶钓樟*Lindera supracostata* H. Lec.

产于中部至西北部；多生于谷地或山坡密林中，海拔2400~2800m。四川西部、贵州西部也有。

三股筋香*Lindera thomsonii* Allen

产于西部至东南部；生于山地疏林中，海拔1100~2500（3000）m。广西、贵州西部也有。印度、缅甸、越南北部有分布。

山鸡椒*Litsea cubeba* (Lour.) Pers.

我省除高海拔地区外，大部分地区均有分布，以南部地区为常见；生于向阳丘陵和山地的灌丛或疏林中，海拔100~2900m，对土壤和气候的适应性较强，但在土壤酸度为5~6度的地区生长较为旺盛。我国长江以南各省区西南直至西藏均有分布。东南亚及南亚各国也产。

潺槁木姜子*Litsea glutinosa* (Lour.) C. B. Rob.

产于勐腊、景洪、勐海、普洱、双江、临沧、镇康、云县、凤庆、潞西、龙陵、贡山等地；生于山地林缘、疏林或灌丛中，海拔500~1900m。广东、广西、福建也有。越南、菲律宾、印度有分布。

假柿木姜子*Litsea monopetala* (Roxb.) Pers.

产于南部（富宁、西畴、麻栗坡、屏边、河口、金平、景东、勐养、景洪、勐腊、澜沧、勐海、龙陵、泸水）；生于山坡灌丛或疏林中，海拔200~1500m。广东、广西、贵州西南部也有。东南亚及印度有分布。

红叶木姜子*Litsea rubescens* H. Lec.

我省除高海拔地区外，均有分布；常生于山地阔叶林中空隙处或林缘，海拔1300~3100m。四川、贵州、西藏、陕西南部、湖北、湖南也有。越南有分布。

灌丛润楠*Machilus dumicola* (W. W. Smith) H. W. Li

产于云南省西部；生于山谷灌丛或林中，海拔2400m。

滇润楠*Machilus yunnanensis* Lec.

产于云南省中部、西部至西北部；生于山地的常绿阔叶林中，海拔1650~2000m。四川西南部也有。

滇新樟*Neocinnamomum caudatum* (Nees) Merr.

产于云南省中部至南部；生于山谷、路旁、溪边、疏林或密林中，海拔500~1800m。分布于广西西南部。印度、尼泊尔、锡金、缅甸至越南也有。

团花新木姜子*Neolitsea homilantha* C. K. Allen

产于云南省西部、西北部经中部至东南部；生于山坡或沟边常绿阔叶林中，石灰岩山上也常见，海拔1100~2000（2700）m。广西、贵州、西藏东南部也有。

长毛楠*Phoebe forrestii* W. W. Smith

产于云南省中部、中南部及西部；生于山坡或山谷杂木林中，海拔1700~2500m。西藏东南部也有。

白楠*Phoebe neurantha* (Hemsl.) Gamble

产于中南部至中部；生于常绿阔叶林中，海拔（1000）1500~2400m。甘肃、陕西、四川、湖北、湖南、贵州、广西、江西等省区也有。

莲叶桐科 Hernandiaceae

心叶青藤*Illigera cordata* Dunn

产于云南东南部（广南、蒙自、文山、开远）、南部（西双版纳、墨江、元江）、中部（易门、禄劝）及北部（元谋）等地海拔670~2000m的密林或灌丛中。分布于四川、贵州及广西等省区。模式标本采自云南蒙自。

毛茛科 Ranunculaceae

打破碗花花*Anemone hupehensis* V. Lem.

产于西畴；生于石山山坡田边，海拔1500m。分布于四川、陕西南部、湖北西部、贵州、广西北部、广东北部、江西、浙江。

草玉梅*Anemone rivularis* Buch.–Ham. ex DC.

产于永善、昆明、姚安、大姚、大理、漾濞、丽江、香格里拉、德钦、贡山、维西、福贡、泸水、广南、峨山、景东、凤庆、镇康；生于草坡、沟边或疏林中，海拔1800~3100m。分布于西藏南部、青海东南部、甘肃西南部、四川、湖北西南部、贵州、广西西部。不丹、尼泊尔、印度、斯里兰卡也有。

野棉花*Anemone vitifolia* Buch.–Ham. ex DC.

产于昆明、楚雄、大理、德钦、贡山、泸水、宜良、西畴、文山、屏边；生于山地草坡上、沟边或疏林中，海拔1200~2400m。分布于四川西南部、西藏南部。缅甸北部、不丹、尼泊尔、印度北部也有。

小木通*Clematis armandii* Franch.

产于昭通、沾益、嵩明、路南、昆明、禄丰、易门、双柏、凤仪、漾濞、丽江、泸水、马关、镇康；生于山谷溪边林中或灌丛中，海拔1300~2400m。分布于西藏东部、四川、甘肃、陕西南部、湖北、贵州、湖南、广西、广东、福建、浙江。缅甸北部也有。

金毛铁线莲*Clematis chrysocoma* Franch.

产于沾益、嵩明、昆明、禄劝、普朋、宾川、大理、漾濞、洱源、兰坪、剑川、鹤庆、丽江、香格里拉、广南；生于沟边灌丛中、草坡或干山坡或多石山坡或林边，海拔1000~3000m。分布于贵州西部、四川西南部。模式标本采自洱源。

钝萼铁线莲*Clematis peterae* Hand.–Mazz.

产于昭通、东川、嵩明、宜良、昆明、安宁、富民、禄劝、双柏、宾川、巍山、大理、洱源、鹤庆、丽江、剑川、兰坪、维西、香格里拉、德钦、文山；生于山坡草地、林边或灌丛中，海拔1650~3400m。分布于贵州、四川、湖北西部、甘肃、陕西的南部、河南西部、山西南部、河北西南部。

滇川铁线莲*Clematis kockiana* Schneid.

产于嵩明、禄劝、武定、宾川、大理、泸水、兰坪、剑川、丽江、香格里拉、维西、贡山、德钦、景东、腾冲、镇康；生于山坡、沟边、林边或林中，海拔1600~3100m。分布于西藏东部、四川西南部、广西西部。模式标本采自鹤庆至大理。

粗齿铁线莲*Clematis grandidentata* (Rehd. et Wils.) W. T. Wang

产于绥江、永善、宜良、昆明、丽江；生于山坡或沟边灌丛中，海拔1400~3100m。分布于四川、贵州、湖南、浙江、安徽、湖北、甘肃、陕西南部、河南西部、山西南部、河北西南部。

四喜牡丹*Clematis montana* Buch.–Ham. ex DC.

产于大关、镇雄、昭通、巧家、会泽、嵩明、昆明、禄劝、大姚、大理、漾濞、鹤庆、剑川、丽江、兰坪、碧江、维西、香格里拉、贡山、德钦、蒙自；生于山地林中或灌丛中，海拔1900~4000m。分布于西藏南部、四川、甘肃、陕西的南部、河南西部、湖北西部、贵州、湖南、广西北部、江西、福建西北部、台湾、浙江、安徽南部。不丹、尼泊尔、印度北部也有。

回回蒜*Ranunculus chinensis* Bunge

产于嵩明、富民、宜良、昆明、易门、宾川、洱源、鹤庆、丽江、泸水、凤庆、景东、江川、广南、砚山、蒙自、石屏、墨江、江城；生于山谷湿草地、溪边或田边，海拔1000~2500m。广布于西藏、四川、湖南、浙江、安徽、华北、东北、西北各省区。不丹、印度北部、巴基斯坦北部、哈萨克斯坦、俄罗斯西伯利亚、蒙古、朝鲜、日本也有。

石龙芮*Ranunculus sceleratus* L.

产于昆明、安宁、嵩明、下关、永胜、丽江、维西；生于沟边、湖边、沼泽边，海拔1900~2300m。在我国海南以外的其他省区及北温带地区广布。

西南毛茛*Ranunculus ficariifolius* Lévl. et Van.

产于绥江、奕良、镇雄、嵩明、大理、丽江、贡山、维西、兰坪、金平；生于沟边、林下、河滩、沼泽或水田边，海拔1400~3200m。分布于四川、贵州、湖北西部、湖南（新宁）、江西西部（井冈山）。泰国北部、不丹、尼泊尔也有。

偏翅唐松草*Thalictrum delavayi* Franch.

产于镇康、景东、大理、洱源、剑川、兰坪、鹤庆、丽江、香格里拉、德钦、贡山、楚雄、昆明、禄劝、嵩明、屏边；生于山地林边、沟边、灌丛或疏林中，海拔1400~3400m。分布于贵州西部、四川西部、西藏东南部。模式标本采自大理。

云南翠雀花*Delphinium yunnanense* (Franch.) Franch

产于巧家、峨山、施甸、鲁甸、昆明、嵩明、禄劝、双柏、楚雄、江川、景东、鹤庆、洱源、砚山、文山、元江；生于草坡上或灌丛中，海拔1000~2400m。分布于贵州西部和四川西南部。模式标本采自洱源。

金丝马尾莲*Thalictrum glandulosissimum* (Finet. et Gagnep.) W. T. WangetS. H.

分布于亚洲、欧洲、北美洲、南美洲、非洲。在云南省多数种分布于西南山区。

金鱼藻科 Ceratophyllaceae

金鱼藻*Ceratophyllum demersum* L.

产于云南省，在海拔2700m以下的水塘、水沟及湖泊内常见。能在水深1~3m以内的水域形成密集的水下群落，但对农药、工业废水比较敏感；我国南北各地广布。也广布于全球寒带以外的淡水湖、塘、池、沟。

小檗科 Berberidaceae

粉叶小檗*Berberis pruinosa* Franch.

产于昆明、富民、寻甸、禄劝、镇雄、巧家、洱源、维西、丽江、香格里拉、德钦，生于海拔2200~4200m的山坡、路边灌丛中；四川及西藏东南部也有。

金花小檗*Berberis wilsonae* Hemsl.

产于昆明、富民、寻甸、禄劝、镇雄、巧家、洱源、维西、丽江、香格里拉、德钦，生于海拔2200~4200m的山坡、路边灌丛中；四川及西藏东南部也有。

长柱十大功劳*Mahonia duclouxiana* Gagn.

产于昆明、曲靖、景东、易门、丽江、凤庆，生于海拔约1900~2200m的山坡、山谷、河边或杂木林中。模式标本采自昆明附近。

鸭脚黄连*Mahonia flavida* Schneid.

产于昆明、嵩明、玉溪、禄劝、武定、双柏、路南、蒙自、广南、富宁，生于海拔1000~2700m的山谷路旁或杂木林中；贵州亦有。模式标本采自昆明附近。

木通科 Lardizabalaceae

藏滇猫儿屎*Decaisnea insignis* (Griff.) Hook. f. et Thoms.

云南全省均有分布，海拔1400~3600m的沟谷、阴坡杂木林下常见。我国广西、贵州、四川、陕西南部、湖北西部、湖南、安徽、江西、浙江西南部等省区亦有分布。

五风藤*Holboellia latifolia* Wall.

云南全省大部分地区有分布，生于海拔600~2600（3350）m的密林林缘。我国贵州、四川、西藏东南部亦有，四川尚有一变种。国外延至印度东北部、不丹、尼泊尔。

防己科 Menispermaceae

毛叶木防己*Cocculus orbiculatus* (L.) DC. var. mollis (Wall. ex Hook. f. et Thoms.) Hara

产于云南南部。生境和原变种相似。分布于我国广西西北部和贵州西南部。尼泊尔（模式产地）和印度东北部也有。

越南轮环藤*Cyclea tonkinensis* Gagnep.

分布在亚洲东南部和南部，我国南部、西南部省份有分布。

细圆藤*Pericampylus glaucus* (Lam.) Merr.

云南南部和东南部常见；生于林中或林缘，也见于灌丛中。广布于我国长江流域以南各省区。亚洲东南部也有。

地不容*Stephania delavayi* Diels

云南除东北部、西南部和西双版纳尚未发现外，几乎各地都有；常生于石山，亦常见栽培。分布于四川南部和西部。

发冷藤*Tinospora crispa* (L.) Miers ex Hook. f. et Thoms.

产于云南西双版纳一带；常生于疏林或灌丛。印度、中南半岛至马来群岛也有。

马兜铃科 Aristolochiaceae

滇南马兜铃*Aristolochia petelotii* C. C. Schmidt

产于马关、金平、屏边、元阳、普洱；生于石灰岩次生常绿阔叶林下，海拔1300~1900m。广西（那坡）也有。越南北部（沙巴）也产。

胡椒科 Piperaceae

石蝉草*Peperomia dindygulensis* Miq.

产于西畴、广南、蒙自、河口、绿春、普洱、临沧、双江、孟连、沧源、凤庆、易武、峨山、元江；生于海拔800~1600m的灌丛、岩石表面或树上附生；分布于我国台湾经东南至西南各省区。印度至马来西亚也有。

豆瓣绿*Peperomia tetraphylla* (Forst. f.) Hook. et Arn.

产于蒙自、屏边、麻栗坡、西畴、丘北、师宗、嵩明、安宁、富民、江川、呈贡、易门、路南、峨山、景东、凤庆、大理、邓川、漾濞、泸水、潞西、龙陵、盈江、勐海、贡山；生于海拔800~2900m的苔藓栎林、湿润处岩石表面、树杈上。分布于台湾、福建、广东、广西、贵州、四川、甘肃南部、西藏南部。美洲、大洋洲、非洲、亚洲其他地区也有。

苎叶蒟（蒌）*Piper boehmeriaefolium* (Miq.) C. DC.

产于金平、屏边、镇康、勐腊、普洱、砚山、河口；生于海拔600~1100m的山谷密林潮湿处，林中附生。广西也有。分布于印度东部、缅甸、泰国、越南北部、马来西亚。

石南藤*Piper wallichii* (Miq.) Hand.–Mazz.

产于金平、屏边、镇康、勐腊、普洱、砚山、河口；生于海拔600~1100m的山谷密林潮湿处，林中附生。广西也有。分布于印度东部、缅甸、泰国、越南北部、马来西亚。

黄花胡椒*Piper flaviflorum* C. DC.

产于普洱至西双版纳、沧源、临沧、景东、凤庆、龙陵、陇川、盈江、耿马、双柏；生于沟谷密林、山谷箐沟阴湿处，攀援于大树干上，海拔540~1800m。模式标本采自普洱。

三白草科 Saururaceae

蕺菜*Houttuynia cordata* Thunb.

分布于亚洲东部及东南部。我国见于长江流域以南各省区，为该属在亚洲大陆的北界。

金粟兰科 Chloranthaceae

全缘金粟兰*Chloranthus holostegius* (Hand.–Mazz.) Pei et Shan

产于云南中部及南部，生于海拔700~2100m的林荫下。我国广西及贵州有分布。

紫堇科 Fumariaceae

紫金龙*Dactylicapnos scandens* (D. Don) Hutch

云南省除滇东北和西双版纳地区外均有分布；生于海拔1100~3000m的林下、山坡、石缝或水沟边、低凹草地、沟谷。广西西部和西藏东南部有分布。不丹、锡金、尼泊尔、印度阿萨姆、缅甸中部和中南半岛东部也有。

金钩如意草*Corydalis taliensis* Franch.

产于云南省大部分地区，东北至昭通、巧家，东南至绿春，西南至耿马、沧源、澜沧，西北至腾冲、福贡一线；生于海拔1500~1800m的林下、灌丛下或草丛中，房前屋后、田间地头也常见。模式标本采自大理。

山柑科 Capparaceae

野香橼花*Capparis bodinieri* Levl.

产于全省大部分地区，但海拔2500m以上未见，四川西南部（会理），贵州东部；生于灌丛或次生森林中，石灰岩山坡道旁或平地尤其常见。锡金、不丹、印度东北部、缅甸北部都有。模式标本采自云南（无确切产地）。

小绿刺*Capparis urophylla* Chunet F. Chun

产于云南镇康、临沧、墨江、普洱、景洪、勐海、勐腊、金平、富宁，广西省；生于山坡道旁、河旁溪边、山谷疏林或石山灌丛，海拔可达1500m。老挝北部也有。

黄花草*Cleome viscosa* L.

产我国云南（元江、富宁）、广西、广东、福建、浙江、台湾、江西、湖南、安徽等省区；生态环境差异较大，多见于干燥气候条件下的荒地、路旁及田野间。

十字花科 Brassicaceae

莲花白*Brassica oleraca* var. *capitata* L.*

云南各地广为栽培；我国南北各地均有栽培。原产欧洲。

荠菜*Capsella bursa-pastoris* (L.) Medic.

遍布云南各地，生于山坡、荒地、路边、地埂、宅旁等处，海拔1500~3700m，多为野生，但常见有栽培；我国各地均产。全世界温暖地区广布。

露珠碎米荠*Cardamine circaeoides* Hook. f. et Thoms.

产于绥江、昆明、师宗、景东、蒙自、文山、广南、易武、澜沧、漾濞、凤庆、碧江，生于山坡林下、沟边阴湿处的岩隙或岩石上，海拔1700~2500m；湖南西部、四川也有。亦见于不丹、锡金、越南。

弯曲碎米荠*Cardamine flexuosa* With.

产于昆明等各处，生于田边、路旁及草地，海拔约1900m；辽宁、河北、河南、陕西、甘肃、山东、江苏、安徽、浙江、福建、四川也有。亦见于印度、尼泊尔、锡金、不丹、朝鲜、日本、俄罗斯、欧洲各国以及北美。

碎米荠*Cardamine hirsuta* L.

除滇西北高山地区外几遍布全省各地，生于山坡、路旁、荒地及耕地的草丛中，海拔600~2700m；我国其他各省区也有。亦见于全球温带各地。

臭荠*Coronopus didymus* (L.) J. E. Smith

产于昆明及蒙自，生于路旁及荒地上，海拔约1800m；山东、江苏、安徽、浙江、江西、福建、台湾、湖北、四川、广东也有。亦见于欧洲、北美及亚洲各地。

豆瓣菜*Nasturtium officinale* R. Br.

产于大关、永胜、富宁、昆明、大理、碧江、丽江、维西、贡山、德钦，生于沼泽地、水沟中或水边，喜生冷清水中，海拔700~3400m；华北、陕西、河南、江苏、湖北、四川、西藏也有。亦见于亚洲其他地区、欧洲、北非及美洲，栽培或野生。

萝卜*Raphanus sativus* L.*

云南各地有栽培；全国和世界各地亦有栽培。

遏蓝菜*Thlaspi arvense* L.

产于滇中嵩明、武定、江川至西北丽江、香格里拉、维西、德钦各地，生路旁、沟边或村落附近，海拔2300~3500m；全国各地几遍布。亦见于亚洲、欧洲、非洲北部各地。

董菜科 Violaceae

灰董菜*Viola canescens* Wall.

产于云南；生于林下。分布于湖北、四川、西藏等地。印度、不丹、克什米尔地区也有。

如意草*Viola hamiltoniana* D. Don

产于昆明、屏边、凤庆、普洱等地；生于海拔1600~2800m的林缘、灌丛、溪谷湿地、沼泽地等处。分布于广东、台湾。印度、缅甸、越南、印度尼西亚也有。

紫花地丁*Viola philippica* Cav.

产于昆明、文山、凤庆、镇康、大理、禄劝、洱源、丽江等地；生于海拔1800~2500m的田间荒地、山坡草地、林缘、灌丛中。在庭园中常形成小群落。广布于我国东北、华北、西北、华东、华中及广西、四川和贵州等省区。俄罗斯远东地区、朝鲜、日本也有。

云南董菜*Viola yunnanensis* W. Beck. et H. De Boiss.

产于勐海、景洪、蒙自、屏边、金平、文山等地；生于海拔1300~2400m的山地林下、林缘草地、溪谷及路边岩石缝较湿润处。分布于重庆（南川）。模式标本采自蒙自。

远志科 Polygalaceae

荷包山桂花*Polygala arillata* Buch.-Ham. ex D. Don

全省各地均产之。生于海拔（700~）1000~2800（~3000）m的石山林下。分布于西南各省、陕西、湖北、江西、安徽、福建、广东等省区。尼泊尔、印度、缅甸、越南亦有。

瓜子金*Polygala japonica* Houtt.

产于云南中（安宁）、东南（富宁、广南、屏边）、南（澜沧），海拔800~2100m的山坡或田埂上。分布于西北、华北、华中、华东和西南。印度、菲律宾、日本亦有。

小扁豆*Polygala tatarinowii* Regel

产于云南中（楚雄、绿劝）、东北（巧家、东川）、东南（文山、西畴）、南（蒙自、普洱）及西北（香格里拉、德钦、兰坪、鹤庆、贡山、福贡）等地，海拔（540~）1300~3000（~3900）m的山坡草地、石灰岩及路旁草丛中。分布于东北（辽宁、吉林）、华北（河北、山东）、华中（河南、湖北、江西、广西）、华东（台湾）、西北（陕西）、西南（四川、贵州、西藏）等省区。克什米尔、印度东北部（阿萨姆）、缅甸北部、日本、菲律宾也有。

莎萝莽*Salomonia cantoniensis* Lour.

产于云南南（普洱、勐腊、景洪）和东南（屏边、金平、河口），海拔600~1450m的湿润草地上。分布于西南、中南和华东地区。印度、马来西亚、缅甸、泰国、越南至热带大洋洲亦有。

景天科 Crassulaceae

石莲*Sinocrassula indica* (Decne.) Berger

产于德钦、贡山、福贡、香格里拉、永胜、丽江、剑川、鹤庆、下关、大理、昆明、嵩明、路南和东川；生于海拔1700~3300m的林下、灌丛下或沟边、路旁的岩石缝隙。湖北、湖南、陕西、甘肃、四川、贵州和西藏有分布。不丹、锡金、尼泊尔和印度也有。

虎耳草科 Saxifragaceae

溪畔落新妇*Astilbe rivularis* Buch.–Ham. ex D. Don

除西双版纳外，全省各地广泛分布；生于海拔1300~3000m的林下、林缘、路边、草地或河边。分布于陕西、河南、四川、西藏。泰国北部、印度北部、不丹、尼泊尔、克什米尔地区也有。

茅膏菜科 Droseraceae

茅膏菜*Drosera peltata* Smith

分布于热带和温带地区，尤以澳大利亚为最多。我国产东北至西南部和南部，云南有分布。

石竹科 Caryophyllaceae

狗筋蔓*Cucubalus baccifer* L.

分布于全省各地，生于海拔1000~3600m的林下、灌丛中、草地或路边、河边、田埂边等。

二蕊荷莲豆*Drymaria diandra* Bl.

分布于滇东南、滇西南及滇西北河谷地区，生于海拔400~2200m的林下、林缘、草地或江边、路旁；我国南方诸省区亦有分布。热带亚洲、美洲、非洲均有广泛分布。

漆姑草*Sagina japonica* (Swartz) Ohwi

分布于滇中、滇西北、滇东北和滇东南，生于海拔1300~3800m的山坡草地、路边、田间，在庭院花盆中也常见；我国长江流域和黄河流域各省区及东北、台湾均有分布。喜马拉雅地区（尼泊尔至阿萨姆）及朝鲜、日本也有。

滇白前*Silene viscidula* Franch.

分布于德钦、碧江、福贡、贡山、香格里拉、丽江、维西、鹤庆、兰坪、泸水、大理、漾濞、洱源、腾冲、昆明、禄劝、富民、安宁、宜良、江川、蒙自、文山，生于海拔1250~3200m的林下、灌丛下和草丛中；四川、贵州、西藏也有。模式标本采自鹤庆大坪子。

疏花繁缕*Stellaria vestita* Kurz

全省大部地区都有分布，生于海拔1000~3200m的林下、灌丛下、山坡、草地、田边、路旁；我国除东北以外大多省区都有分布。喜马拉雅地区、印度、中南半岛、马来西亚地区也有。

云南繁缕*Stellaria yunnanensis* Franch.

分布于滇中、滇西北、滇东北，生于海拔1800~3200m的林下、林缘、山坡、草地；四川西南部和西藏也有。模式标本采自大理。

粟米草科 Molluginaceae

星毛粟米草*Glinus lotoides* L.

产于云南南部（勐腊、元江），生于海拔350~650m的荒地干燥山坡；海南、台湾也有。分布于热带非洲、亚洲经马来西亚至澳大利亚北部、南欧及美洲。为干燥地区常见杂草。

粟米草*Mollugo stricta* L.

产于云南南部，生于海拔350~650m的荒地干燥山坡。分布于热带非洲、亚洲及美洲。

马齿苋科 Portulacaceae

马齿苋*Portulaca oleracea* L.

产于勐腊、景洪、勐海、蒙自、河口、泸水、西畴、元江、绿春、丽江、鹤庆、德钦等地；生于海拔210~3000m的荒地上。喜氮植物，常见成片杂草。分布几遍全国和世界上一切暖地，有许多亚种（由于多倍性和自交系）。

土人参*Talinum paniculatum* (Jacq.) Gaertn.

星散分布于全省各地，但西北部较少见。喜生于半阴半阳的墙头、墙脚、寺庙房瓦上及山坡岩石缝中或地边。

蓼科 Polygonaceae

何首乌*Fallopia multiflora* (Thunb.) Harald.

产于巧家、德钦、兰坪、大理、禄劝、武定、富民、昆明、楚雄、澄江、新平、元江、富宁、砚山、蒙自、文山、西畴、屏边、金平、景东、保山、瑞丽、凤庆、临沧、耿马；生于海拔300~3000m的山谷密林下、林缘、石坡、溪边、河谷等处。分布于陕西南部、甘肃南部、华东、华中、华南、四川、贵州。日本也有。

萹蓄*Polygonum aviculare* L.

产于德钦、香格里拉、宁蒗、丽江、永胜、漾濞、禄劝、嵩明、昆明、麻栗坡、屏边、景东、西双版纳；生于海拔200~3400m的山坡、草地、路边等处。全国各地均有分布。北温带广泛分布。

头花蓼*Polygonum capitatum* Buch.–Ham. ex D. Don

产于盐津、威信、彝良、镇雄、富源、罗平、宜良、路南、德钦、香格里拉、贡山、维西、丽江、福贡、碧江、鹤庆、泸水、漾濞、大理、永平、禄劝、昆明、双柏、易门、澄江、玉溪、江川、峨山、元江、元阳、蒙自、文山、西畴、屏边、金平、景东、孟连、景洪、勐海、保山、腾冲、龙陵、凤庆；生于海拔450~4600m的林中、林缘、路边、溪边、石山坡、河边灌丛等处。分布于江西、湖南、湖北、四川、贵州、广东、广西、西藏。印度北部、尼泊尔、锡金、不丹、缅甸、越南也有。

火炭母*Polygonum chinense* L.

产于盐津、彝良、德钦、贡山、丽江、福贡、碧江、兰坪、永胜、泸水、漾濞、大理、宾川、禄劝、昆明、峨山、广南、丘北、砚山、元阳、绿春、蒙自、文山、西畴、麻栗坡、马关、金平、景东、普洱、澜沧、孟连、景洪、勐海、勐腊、腾冲、盈江、陇川、潞西、凤庆、镇康、临沧、耿马、双江、沧源；生于海拔115~3200m的林中、林缘、河滩、灌丛、沼泽地林下等处。分布于陕西南部、甘肃南部、华东、华中、华南和西南。日本、菲律宾、马来西亚、印度、喜马拉雅其他地区也有。

蚕茧草*Polygonum japonicum* Meisn.

产于盐津、贡山、鹤庆、漾濞、大理、禄劝、昆明、安宁、元江、砚山、蒙自、景东、勐海、勐腊；生于海拔550~1820m的草地、沟边、路边、林中、水边等处。分布于山东、河南、陕西、江苏、浙江、安徽、江西、湖南、湖北、四川、贵州、福建、台湾、广东、广西、西藏。朝鲜、日本也有。

尼泊尔蓼*Polygonum nepalense* Meisn.

分布几遍全省，产于镇雄、德钦、香格里拉、贡山、维西、丽江、福贡、兰坪、剑川、鹤庆、泸水、漾濞、大理、南涧、会泽、宜良、禄劝、大姚、富民、昆明、楚雄、双柏、澄江、峨山、砚山、绿春、蒙自、文山、西畴、麻栗坡、马关、屏边、金平、景东、孟连、勐海、腾冲、昌宁、龙陵、潞西、凤庆、临沧、耿马、双江、沧源；生于海拔600~4100m的草坡、林下、灌丛、河边、沼泽地边、山谷、林缘、石边等处。除新疆外的全国各省区均有分布。朝鲜、日本、俄罗斯（远东）、阿富汗、巴基斯坦、印度、尼泊尔、菲律宾、印度尼西亚及非洲也有。

丛枝蓼*Polygonum caespitosum* Bl

产于彝良、巧家、鹤庆、昆明、富宁、建水、元阳、绿春、文山、西畴、麻栗坡、马关、屏边、金平、景东、普洱、孟连、景洪、勐海、勐腊、保山、腾冲、潞西、凤庆、临沧、沧源；生于海拔400~2600m的河边、水边、山谷林中、灌丛中、沼泽地等潮湿处。分布于吉林东南部、辽宁东部、华东、华中、西南及陕西南部、甘肃南部。朝鲜、日本、印度尼西亚、印度也有。

杠板归*Polygonum perfoliatum* L.

产于盐津、彝良、昭通、贡山、福贡、碧江、泸水、大理、元阳、绿春、蒙自、西畴、麻栗坡、马关、屏边、金平、景东、普洱、孟连、勐海、勐腊、腾冲、陇川、沧源；生于海拔500~2100m的草坡、山谷密林、林缘、山坡路边、河滩、山谷灌丛等处。全国广布。朝鲜、日本、印度尼西亚、菲律宾、印度及俄罗斯（西伯利亚）也有。

西伯利亚蓼*Polygonum sibiricum* Laxm.

产于德钦、香格里拉；生于海拔1830~3350m的沼泽草甸、路边草坡、湖边等处。分布于黑龙江、吉林、辽宁、内蒙古、华北、陕西、宁夏、青海、新疆、安徽、湖北、江苏、四川、贵州、西藏。蒙古、俄罗斯（西伯利亚、远东）、哈萨克斯坦、喜马拉雅其他地区也有分布。

齿果酸模*Rumex dentatus* L.

产于嵩明、宜良、贡山、丽江、大理、永仁、昆明、安宁、澄江、华宁、江川、景东；生于海拔1350~2900m的河边草丛、溪边、路边湖边等处。分布于华北、西北、华东、华中、四川、贵州。印度、尼泊尔、阿富汗、哈萨克斯坦及欧洲东南部也有。

戟叶酸模*Rumex hastatus* D. Don

产于昭通、巧家、寻甸、德钦、香格里拉、维西、丽江、剑川、永胜、大理、宾川、永平、弥渡、南涧、永仁、禄劝、大姚、姚安、武定、富民、昆明、双柏、易门、澄江、江川、景东；生于海拔300~2700m的干热河谷、灌丛、林中、溪边、干燥路边、石坡等处；在山边撂荒地或老城墙上极为常见，且成大片生长。分布于四川及西藏东南部。印度、尼泊尔、不丹、巴基斯坦、阿富汗也有。

羊蹄*Rumex japonicus* Houtt.

产于丽江；此种云南本不产；从标本采于县招待所院内来看，估计是由旅游者带入。分布于东北、华北、陕西、华东、台湾、华中、华南、及西南的四川与贵州。日本也有。

商陆科 Phytolaccaceae

商陆*Phytolacca acinosa* Roxb.

产于云南各地；野生于（900~）1500~3400m的山谷缓坡或山箐润湿处，石灰岩山坡、田边、路边有时也见，或栽培于房前屋后及园地，多生长于湿润肥沃地，喜生垃圾堆上。我国自东北、西北至华南、西南均有分布。也分布于日本及印度。

藜科 Chenopodiaceae

藜 *Chenopodium album* L.

分布云南全省。产于昆明、嵩明、江川、彝良、镇雄、丽江、大理、景东、香格里拉、德钦、贡山、文山、砚山、元阳、绿春、西双版纳等地。海拔可达3500m。多为农田杂草。我国各省区均有分布。广布于世界各大洲。

土荆芥 *Chenopodium ambrosioides* L.

产于路南、元江、墨江、碧江；生于海拔320~900m的江边、农田、公路旁向阳山坡，为常见杂草。分布于广西、广东、福建、台湾、江苏、浙江、山东、江西、湖南、四川、贵州、西藏。北方有栽培。原产热带美洲，现作为杂草广布于世界热带至温带地区。

菠菜 *Spinacia oleracea* L.*

云南全省各地普遍栽培作蔬菜。我国南北各地均有栽培。唐代经尼泊尔（尼波罗）传入中国。

苋科 Amaranthaceae

土牛膝 *Achyranthes aspera* L.

产于洱源、马关、文山、屏边、耿马、临沧、普洱、勐腊、勐海、景洪、孟连、丽江、屯冲、贡山、维西、兰坪、福贡、泸水、大理、沧漾濞、双柏、禄劝、嵩明、蒙自、绿春；生于山坡疏林或村庄附近空旷地，海拔800~2300m。分布于湖南、江西、福建、台湾、广东、广西、四川、贵州。印度、不丹、越南、泰国、菲律宾、马来西亚也有。

牛膝 *Achyranthes bidentata* Bl.

产于丽江、香格里拉、德钦、维西、文山、景洪、昆明；生于海拔200~3300m的山坡林下、路边；除东北外，全国有分布。朝鲜、俄罗斯远东、印度、越南、泰国、菲律宾、马来西亚也有。

白花苋 *Aerva sanguinolenta* (L.) Bl.

产于麻栗坡、富宁、西畴、文山、景洪、勐腊、屏边、景东、禄劝、潞西、沧源、耿马、巧家、峨山；生于海拔700~1900m山坡路旁、林缘草坡；分布于四川西南部及贵州、广东、海南。

尾穗苋 *Amaranthus caudatus* L.

昆明及附近县区常零星栽培，时有逸为野生，我国各地常见栽培。原产热带。

刺苋 *Amaranthus spinosus* L.

产于沧源、耿马、勐腊、景洪、金平、元阳、马关、富宁及景东，生于海拔550~1700m的撂荒农田；分布于陕西、河南、安徽、江苏、浙江、江西、湖南、湖北、四川、贵州、广西、广东、福建、台湾。日本、印度、中南半岛、马来西亚、菲律宾均有。热带美洲原产。

皱果苋 *Amaranthus viridus* L.

产于沧源、耿马、绿春、元阳、河口、元江、富宁、勐腊，生于低山林缘、村寨处，海拔600~1200m。分布于东北、华北、陕西、华东、华南。原产热带非洲，广泛见于两半球温带、亚热带和热带地区。

青葙 *Celosia argentea* L.

分布云南全省；产于景洪、勐海、勐腊、普洱、景东、元阳、绿春、沧源、耿马、临沧、金平、河口、蒙自、大关、盐津、绥江。荒地、坡地田野上的杂草，海拔600~1650m。分布于全国各地。朝鲜、日本、俄罗斯、印度、越南、缅甸、泰国、菲律宾、马来西亚及热带非洲都有分布。大部是4~8倍体。

亚麻科 Linaceae

石海椒 *Reinwardtia indica* Dumort.

产于昆明、禄丰、双柏、师宗、大理、丽江、鹤庆、景东、西畴、麻栗坡、孟连、西双版纳、镇康；生于600~2700m的山坡、河边、石山。分布于湖北、福建、广东、广西、四川、贵州。印度、巴基斯坦、尼泊尔、不丹、缅甸、泰国北部、越南及印度尼西亚也有。

蒺藜科 Zygophyllaceae

蒺藜 *Tribulus terrestris* L.

产于巧家、德钦、丽江、大理、宾川、洱源、永胜、元谋、元江、景东、潞西、开远等地；生于海拔1050~2000m的山坡荒地及沙地。全国各地及全球温带地区都有分布。

牻牛儿苗科 Geraniaceae

五叶草 *Geranium nepalense* Sweet

遍布全省，生于海拔1000~3600m的林下、灌丛下、山坡、草地、路边、水沟边、荒地等；西南、西北、华中、华东等地均有。阿富汗、尼白尔、不丹、印度、斯里兰卡、缅甸、越南及日本也有分布。

纤细老鹳草 *Geranium robertianum* L.

产于德钦、香格里拉、维西、昆明、路南、镇雄，生于海拔2000~3300m的林下或石隙中；湖北、四川、贵州、西藏、台湾有分布。美洲、欧洲、中亚、喜马拉雅山脉、西伯利亚及日本也有。

酢浆草科 Oxalidaceae

分枝感应草 *Biophytum esquirolii* Levl.

产于景东、临沧、沧源、孟连、元阳、大关，生于海拔380~1350m的混交林下或灌丛草坡；广西、贵州、广东、湖北也有分布。

酢浆草 *Oxalis corniculata* L.

分布云南全省，生于海拔（350~）1000~3400m的路边、山坡草地或林间空地；我国南北各地均有。世界亚热带北缘及热带地区亦产。

凤仙花科 Balsaminaceae

红纹凤仙花 *Impatiens rubro-striata* Hook. f.

产于昆明、禄劝、富民、武定、嵩明、景东、凤庆、临沧、鹤庆、洱源、楚雄、文山、屏边、麻栗坡、红河、绿春、西双版纳等地；生于海拔（1400~）1800~2600m阴湿林下、灌丛或溪边湿地。模式标本采自昆明长虫山。

黄金凤 *Impatiens siculifer* Hook. f.

产于昆明、嵩明、禄劝、双柏、楚雄、蒙自、屏边、金平、凤庆、景东、腾冲等地；生于海拔1300~2800m常绿阔叶林下或溪边。贵州、四川、广西、湖南、湖北、福建、江西等省区均有分布。模式标本采自蒙自。

滇水金凤 *Impatiens uliginosa* Franch.

产于昆明、东川、会泽、嵩明、禄劝、双柏、大理、洱源、剑川、丽江、兰坪、保山、香格里拉等地；生于海拔（1400~）1750~2600m林下或溪边。模式标本采自洱源摩梭营（Mosoyin）。

千屈菜科 Lythraceae

耳叶水苋 *Ammannia arenaria* H. B. K.

产于砚山。分布于广东（包括海南）、四川、陕西等地。全热带也有。

水苋菜*Ammannia baccifera* L.

产于西双版纳、元江、蒙自、绿春、富宁、凤庆、禄劝等地，生于海拔800~1800m之间的路旁、草地、干田潮湿处及水田中。

节节菜*Rotala indica* (Willd.) Koehne

产于西双版纳、文山、景东、昆明等地，常生于海拔1400~2000m的水田中或湿地上。分布于我国秦岭至江南各省区。苏联（高加索）、阿富汗、印度、斯里兰卡、缅甸、泰国、老挝、越南、印尼、菲律宾至日本也有。

圆叶节节菜*Rotala rotundifolia* (Buch.-Ham. ex Roxb.) Koehne

产于云南中至西、南各地，在海拔800~2500m常见，为水稻田或湿地上一种野草。分布于我国江南各省区。斯里兰卡、印度、缅甸、泰国、老挝、越南至日本也有。

虾子花*Woodfordia fruticosa* (L.) Kurz

产于河口、蒙自、建水、绿春、元江、西双版纳、普洱、易门、双柏、景东、云县、凤庆等地，多生于海拔300~2000m的干热河谷地、山坡草地或向阳灌木丛中。分布于贵州、广东、广西。热带非洲马达加斯加至斯里兰卡、印度、巴基斯坦、缅甸、老挝、越南至印度尼西亚及帝汶岛。

八宝树科 Sonneratiaceae

八宝树*Duabanga grandiflora* (Roxb. ex DC.) Walp.

产于沧源、澜沧、勐海、景洪、勐腊、石屏、金平、河口、马关等地；生于海拔300~1260m的山谷、河边密林中或疏林中。分布于广西那坡、宁明等地。印度阿萨姆、缅甸、泰国、越南、老挝、柬埔寨、马来西亚等亦有。

柳叶菜科 Onagraceae

柳叶菜*Epilobium hirsutum* L.

除南部热带地区外，全省都有分布，海拔500~2850m，生于灌丛、草地、沟边，常为水库、公路旁、沟埂的先锋植物；东北、河北、山西、陕西、甘肃、新疆、河南、湖北、湖南、江西、广东、广西、贵州、四川都有。广布于斯堪的纳维亚、欧洲、亚洲东至西伯利亚、朝鲜、日本、西至小亚细亚，南至印度北部，北非也有。

水龙*Ludwigia adscendens* (L.) Hara

产于孟连、澜沧、勐海、景洪、勐腊等热带地，海拔560~1520m，生于水塘、水田；四川、广西、广东（海南）、江西、浙江也有。也分布于斯里兰卡、印度、中南半岛、马来半岛、印度尼西亚至澳大利亚北部。

丁香蓼*Ludwigia prostrata* Roxb.

产于贡山、永平、勐腊、绿春、屏边、广南、盐津，海拔500~1600m，生于沟边、草地、河谷、田埂、沼泽；四川、广西、广东、湖南、湖北、江西、安徽、陕西、黑龙江也有。也分布于斯里兰卡、印度、安达曼岛、中南半岛、马来半岛、印度尼西亚、菲律宾、朝鲜、日本和澳大利亚（昆士兰）。

瑞香科 Thymelaeaceae

狼毒*Stellera chamaejasme* L.

分布于亚洲北部至我国、印度。我国有分布于东北、西北至西南。云南有分布。

小黄构*Wikstroemia micrantha* Hemsl.

产于西畴、砚山、云县、蒙自；生于海拔250~2000m的山谷、路旁、河边及灌丛中。分布于陕西、甘肃、湖南、广西、四川、贵州。

紫茉莉科 Nyctaginaceae

华黄细心*Commicarpus chinensis* (L.) Heim.

产于德钦；生于海拔1900m的干暖河谷的路边草丛或石缝中。星散分布于四川（得荣）、西藏（芒康）和海南（乐东、崖县）等地；广布于印度、缅甸、泰国、马来西亚、印度尼西亚至澳大利亚。

山龙眼科 Proteaceae

深绿山龙眼*Helicia nilagirica* Bedd.

广布于云南南部及西南部。常见于海拔1100~2100m的山坡阳处或疏林中。也分布于印度。

网脉山龙眼*Helicia reticulata* W. T. Wang

产于西畴、麻栗坡、马关等地，生于海拔1000~2100m的林中湿处或路旁。也分布于贵州、湖南、广西、广东、福建。

马桑科 Coriariaceae

马桑*Coriaria nepalensis* Wall.

产于全省各地；生于海拔400~3200m的灌丛中。四川、贵州、广西、湖北、陕西、甘肃和西藏也有。分布于缅甸北部、印度东北部至尼泊尔东部。属于典型的中国—喜马拉雅成分。

海桐花科 Pittosporaceae

短萼海桐*Pittosporum brevicalyx* (Oliv.) Gagnep.

产于云南东、东南、中、西、西北部；生于海拔700~2300（~2500）m，林中。分布于广东、广西（凌云）、四川（木里、盐边、西昌）、贵州（都匀、八寨）及湖南。

杨翠木*Pittosporum kerrii* Craib

产于景东、蒙自、石屏、峨山、新平、玉溪；生于海拔（750~）1200~2300m，山坡、林下。

大风子科 Kiggelariaceae

长叶柞木*Xylosma longifolium* Clos

产于宜良、易门、云县、新平、镇源、景东、景谷、盈江、沧源、勐连、普洱、勐腊、麻栗坡，生海拔1500m以下的常绿阔叶林中；分布于广西、广东。印度至中南半岛亦产。

西番莲科 Passifloraceae

三开瓢*Adenia parviflora* (Blanco) Cusset

产于西双版纳、临沧、凤庆、景东、龙陵等地，生于海拔500~1800m的山坡密林中。亚洲东南部自锡金、不丹、印度东北部至缅甸、泰国、老挝、柬埔寨、越南、印度尼西亚、菲律宾均有。

西番莲*Passiflora coerulea* Linn.*

栽培于昆明、大理、西双版纳等地，有时逸生于湿润山坡密林中。原产南美。热带、亚热带地区常见栽培。

龙珠果*Passiflora foetida* L.

产于河口、富宁（剥隘）；海拔120~500m。逸生于草坡路边。我国广西（龙津）、广东（雷州半岛、东莞、海南）、台湾亦有。本种现为泛热带杂草，原产安的列斯群岛。

圆叶西番莲*Passiflora henryi* Hemsl.

分布于通海、石屏、建水、开远、元江、禄春、屏边等地。生于海拔450~1600m的山坡、沟谷灌木丛中。模式标本采于蒙自。

葫芦科 Cucurbitaceae

黄瓜 *Cucumis sativus* L.*

　　云南各地普遍栽培；我国南北均普遍栽培，北方许多地区在温室或塑料大棚有栽培。世界温带和热带地区广泛栽培。

南瓜 *Cucurbita moschata* (Duch. ex Lam.) Duch. ex Poir.*

　　云南和全国各地广泛栽培；原产于美洲南部，世界各地普遍栽培。

锥形果（棒瓜）*Gomphogyne cissiformis* Griff.

　　产于滇南及滇西南，生于海拔2110~2800m的山坡杂木林中或沟边。分布于印度东北部、锡金、不丹经越南北方、泰国、马来半岛至印度尼西亚（爪哇）和菲律宾。

毛绞股蓝 *Gynostemma pubescens* (Gagn.) C. Y. Wu

　　产于福贡、贡山、楚雄、屏边、广南、景洪、勐海，生于海拔850~2350m的山坡林下或灌丛中。分布于老挝。

罗锅底 *Hemsleya macrosperma* C. Y. Wu

　　产于嵩明、曲靖、会泽、照通、镇雄，生于海拔1800~3200m的疏林下或灌丛中。四川雷波也有。模式标本采自会泽，移植至中国科学院昆明植物所栽培植株。

丝瓜 *Luffa cylindrica* (L.) Roem.*

　　云南各地均有栽培；西双版纳有野生；我国南北各地普遍栽培。也广泛栽培于世界温带和热带地区。

木鳖 *Momordica cochinchinensis* (Lour.) Spreng.

　　产于中部、南部至东南部，生海拔140~2000m的沟谷林缘或路旁灌丛中；分布于西藏、四川、贵州、广西、广东、海南、湖南、江西、江苏、安徽、福建和台湾。中南半岛、印度半岛亦有。

异叶马㼎儿 *Solena amplexicaulis* (Lam.) K. N. Gandhi

　　产于泸水、鹤庆、腾冲、临沧、凤庆、景东、景洪、勐海、勐腊、双江、河口、屏边、富宁、师宗、江川和昆明等地，生海拔600~2600m的林下或灌丛中；分布于台湾、福建、江西、广东、广西、贵州、四川、西藏。越南、锡金、印度、印度尼西亚（爪哇）亦有。

大苞赤瓟 *Thladiantha cordifolia* (Bl.) Cogn.

　　产于西北部至东南部以南地区，生海拔（180~）1300~2100（~2600）m的山谷常绿阔叶林或山坡疏林荫湿处或灌丛中；分布于西藏东南部、广西和广东。印度尼西亚（爪哇）、印度、越南和老挝亦有。

异叶赤瓟 *Thladiantha hookeri* C. B. Clarke

　　产于云南全省各地，生于海拔950~2900m的山坡林下、林缘及灌丛中；分布于四川（会东）、贵州（威宁）和西藏（察隅）。印度半岛东北部和中南半岛亦有。

红花栝楼 *Trichosanthes* rubriflos Thorelex Cayla

　　产于盈江、瑞丽、潞西、沧源、耿马、双江、临沧、景东、新平、普洱、景洪、勐海、勐腊、红河、金平、屏边、西畴和富宁等地，生海拔（150~）400~1540m的山谷密林、山坡疏林及灌丛中；分布于广东、广西、贵州和西藏。印度东北部、缅甸、泰国、中南半岛、印度尼西亚（爪哇）亦有。

密毛栝楼 *Trichosanthes villosa* Bl.

　　产于景洪、勐腊和屏边等地，生于海拔740~950m的丛林或山坡疏林荫湿处；分布于广西西南部。越南、老挝、马来西亚、印度尼西亚和菲律宾也有。

马㼎儿 *Zehneria indica* (Lour.) Keraudren–Aymonin

　　产于昆明、楚雄、鹤庆、漾濞、保山、沧源、蒙自和西双版纳地区，生于海拔650~2100m的山坡林缘或路边灌丛中。

钮子瓜*Zehneria maysorensis* (Wightet Arn.) Arn.

产于昆明、楚雄、鹤庆、漾濞、保山、沧源、蒙自和西双版纳地区，生于海拔650~2100m的山坡林缘或路边灌丛中；分布于四川、贵州、广西、广东和江西。越南、老挝、缅甸、菲律宾、印度尼西亚和日本亦有。

秋海棠科 Begoniaceae

柔毛秋海棠*Begonia henryi* Hemsl.

产于昆明、东川、禄丰、禄劝、楚雄、大姚、大理、鹤庆、洱源；生于海拔1800~2600m的石灰岩山地密林下、溪边岩石上。分布于湖北西部、四川南部、贵州、广西北部。

全柱秋海棠*Begonia grandis* Dry. subsp. holostyla Irmsch.

产于昆明、东川、禄丰、禄劝、楚雄、大姚、大理、鹤庆、洱源；生于海拔1800~2600m的石灰岩山地密林下、溪边岩石上。

云南秋海棠*Begonia yunnanensis* Levl.

产于普洱、屏边、绿春；生于海拔520m常绿阔叶林下潮湿岩石面上。模式标本采自普洱。

仙人掌科 Cactaceae

仙巴掌（玉英）*Opuntia monacantha* (Willd.) Haw.

云南常见栽培，在元江、腾冲、丽江、个旧、红河、建水、金平、屏边、石屏、元阳、勐海、勐腊等地，海拔300~1350m的山脚开旷地、河谷以及干燥的山坡林缘归化。原产巴西、巴拉圭、乌拉圭及阿根廷，世界温暖地区广泛栽培和逸生。

山茶科 Theaceae

茶梨*Anneslea fragrans* Wall.

产于云南东南部、南部至西南部；生于海拔（700~）1100~2000m的阔叶林中或林缘灌丛。贵州、广西、广东、江西南部也有。分布中南半岛。

普洱茶*Camellia assamica* (Mast.) Chang*

产于河口、金平、元阳、绿春、元江、普洱、勐腊、景洪、勐海、澜沧、耿马、双江、临沧、景东、凤庆、龙陵、潞西；生于海拔100~1500m的常绿阔叶林中。贵州、广西、广东、海南也有。分布越南、老挝、泰国和缅甸北部。

茶*Camellia sinensis* (L.) O. Kuntze*

栽培种，全云南省分布。

猴子木*Camellia yunnanensis* (Pitard ex Diels) Cohen Stuart

产于禄劝、武定、楚雄、南华、姚安、大姚、永胜、宁蒗、丽江、鹤庆、洱源、宾川、大理、巍山、永平、保山、凤庆、永德、镇康等地；生于海拔（1960~）2300~2850m的林下或林缘灌丛中。四川西南部（盐边、米易、攀枝花、会理）也有。模式标本采自鹤庆。

岗柃*Eurya groffii* Merr.

产于贡山、福贡、丽江、大理、泸水、腾冲、梁河、盈江、陇川、潞西、龙陵、临沧、双江、耿马、沧源、孟连、澜沧、勐海、景洪、勐腊、普洱、景东、墨江、元江、新平、峨山、石屏、建水、绿春、元阳、金平、屏边、河口、蒙自、砚山、文山、马关、麻栗坡、富宁；生于海拔600~2100（~2500）m的阔叶林下或林缘灌丛中。福建、广东、海南、广西、贵州、四川和西藏也有。

丽江柃*Eurya handel-mazzettii* H. T. Chang

产于贡山、香格里拉、维西、碧江、丽江、鹤庆、剑川、大理、漾濞、永平、保山、梁河、景东、双柏、易门、大姚、武定、禄劝、东川、寻甸、曲靖、嵩明、富民；生于海拔（1600~）2000~2800（~3400）m的常绿阔叶、混交林或林缘灌丛中。分布于四川西南部。模式标本采自丽江。

滇四角柃*Eurya paratetragonoclada* Hu

产于金平、大理、漾濞、碧江、维西、福贡、贡山、德钦；生于海拔2500~3100m的混交林或铁杉林中或林缘灌丛。西藏（察隅）也有。模式标本采自碧江。

云南山枇花*Gordonia chrysandra* Cowan

产于腾冲、龙陵、保山、漾濞、大理、宾川、南涧、凤庆、云县、景东、临沧、双江、沧源、澜沧、勐海、景洪、普洱、江城、墨江、元江、石屏、新平、峨山、玉溪、昆明、文山、西畴、广南；生于海拔1100~2400m的阔叶林下或常绿灌丛中。缅甸北部也有分布。模式标本采自腾冲。

银木荷*Schima argentea* Pritz.

除东南部外，广布于云南全省各地；生于海拔1600~2800（~3200）m的阔叶林或针阔混交林中。四川西南部也有。

西南木荷*Schima wallichii* (DC.) Korth.

除东南部外，广布于云南全省各地；生于海拔1600~2800（~3200）m的阔叶林或针阔混交林中。四川西南部也有。

厚皮香*Ternstroemia gymnanthera* (Wightet Arn.) Sprague

广布于云南全省各地；生于海拔（760~）1100~2700m的阔叶林、松林下或林缘灌丛中。长江以南各省区均有。

毒药树科 Sladeniaceae

毒药树*Sladenia celastrifolia* Kurz

产于勐腊、景洪、勐海、澜沧、普洱、沧源、临沧、潞西、凤庆、景东、保山、大理、宾川、禄劝、富民、双柏、新平、元江、路南；生于海拔（760~）1100~1900m的沟谷常绿阔叶林中。贵州西部也有。分布于缅甸北部和泰国北部。模式标本采自普洱。

水东哥科 Saurauiaceae

云南水东哥*Saurauia yunnanensis* C. F. Liang et

产于丽江、瑞丽、沧源、勐海、景洪、勐腊；生于海拔650~1800m的山谷潮湿地。分布于贵州赤水。模式标本采自勐腊。

水东哥*Saurauia tristyla* DC.

产于普洱、勐腊、绿春、金平、河口、砚山、西畴、麻栗坡等地；生于海拔300~1200m的河谷林中或山谷湿润处。分布于广东、广西、贵州、海南。印度、马来西亚也有。

桃金娘科 Myrtaceae

狭叶碎米树*Decaspermum paniculatum* (Lindl.) Kurz var. *khasianum* Duthie

分布于亚洲热带、西南太平洋及大洋洲各岛屿。分布于广东、广西、云南、贵州等省区。

五瓣子楝树*Decaspermum parviflorum* (Lam.) A. J. Scott.

产于景洪、勐海、澜沧、双江、耿马、临沧、凤庆、景东、新平，生于海拔1000~2300m的山坡混交林内或河边疏林；分布于贵州、广西、广东、海南。印度、马来西亚亦有。

番石榴*Psidium guajava* L.*

原产于南美洲。滇南常有栽培，间有逸为野生。福建、广东、海南、广西亦有栽培，在金沙江的安宁河河谷可成群落。

短序蒲桃*Syzygium brachthyrsum* Merr. et Perry

产于玉溪、新平、屏边、麻栗坡，生于海拔1800~2000m的山坡常绿阔叶林内。模式标本采自屏边。

滇边蒲桃*Syzygium forrestii* Merr. et Perry

产于泸水、盈江、瑞丽、澜沧、勐海、普洱、景东、双柏，生于海拔800~1800（2100~2400）m的河谷或山坡常绿阔叶林。模式标本采自瑞丽。

四棱蒲桃*Syzygium tetragonum* Wall.

产于麻栗坡、屏边、绿春、普洱、景东、景洪、勐海、凤庆、镇康、耿马、龙陵、腾冲、盈江，生于海拔840~2000m的河边及山坡林下；分布于广东、海南、广西。锡金、不丹及印度亦有。

野牡丹科 Melastomataceae

多花野牡丹*Melastoma affine* D. Don

产于梁河、景东至西双版纳，海拔300~1830m的山坡、山谷林下或疏林下，湿润或干燥的地方，或刺竹林下，路边、溪旁灌木草丛中；我国从云南、贵州至台湾各省区亦有。中南半岛至澳大利亚等地亦有分布。

展毛野牡丹*Melastoma normale* D. Don

产于云南西部至东南部，海拔150~2800m的开朗山坡灌木丛或疏林中；我国西南至台湾各省区亦有。此外，尼泊尔、印度、缅甸、马来亚至菲律宾均有分布。

头序金锦香*Osbeckia capitata* Benth. ex Wall.

产于大理一带，海拔约2500m的山坡矮草地上。不丹、印度东部亦有。

假朝天罐*Osbeckia crinita* Benth.

产于云南中部以南地区，海拔800~2300m的山坡草地、田梗或矮灌木丛中阳处，亦有生于山谷溪边、林缘湿润的地方；四川、贵州亦有。此外，印度、缅甸亦有。

蚂蚁花*Osbeckia nepalensis* Hook. f.

产于滇东南至滇西南，海拔550~1900m的开朗山坡草地、灌木丛边，路旁及田边，亦见于疏林缘、溪边湿润的地方，林中少见。此外，喜马拉雅山脉东部至泰国均有。

尖子木*Oxyspora paniculata* (D. Don) DC.

产于碧江、腾冲、景东、临沧、双江、双柏、普洱、勐海、小勐养、文山、西畴、富宁等地，海拔500~1900m的山谷密林下，阴湿处或溪边，也长于山坡疏林下，灌木丛中湿润的地方；我国四川、贵州、广西、西藏东南部亦产。尼泊尔经缅甸至越南北部亦有。

使君子科 Combretaceae

石风车子*Combretum wallichii* DC.

产于云南西北部（漾濞、大理、怒江）、中部（景东、易门）、东北部（奕良县白龙箐）、东南部（红河、文山两州）、海拔（480~）1000~1800（~2200）m的山坡、路旁、沟边杂木林或灌丛中，多见于石灰岩区灌丛中。分布于我国四川（西南部320~1160m）、贵州（西部，1300m）、广西（西部至北部，800~1000m），以及锡金、尼泊尔、孟加拉国和缅甸北部。为本属中分布较北和较高的种类。

元江风车子*Combretum yuankiangense* C. C. Huang et S. C. Huang

分布于元江、双柏，海拔680~1250m的山谷疏林中。

滇榄仁*Terminalia franchetii* Gagn

产于云南省金沙江河谷地区（自禄劝至丽江、永宁），海拔1400~2600m的干燥灌丛及杂木林中。四川西南部亦产。

千果榄仁*Terminalia myriocarpa* VanHuerck et Muell.–Arg.

分布于云南省西南部（西北至沪水）、南部（北至景东、新平），东南部（至屏边），海拔600~1500（~2500）m地带。为云南南部河谷及湿润土壤上的热带雨林上层习见树种之一。我国广西（龙津）和西藏东南部也有。锡金、印度东北部（阿萨姆）、缅甸北部、马来西亚、泰国、老挝、越南北部亦有分布。

藤黄科 Guttiferae

云南红厚壳*Calophyllum polyanthum* Wall. ex Choisy

分布于海拔60~100（~200）m的丘陵空旷地和海滨沙荒地上，有时也在这些地区栽培。

金丝桃科 Hypericaceae

黄牛木*Cratoxylum cochinchinense* (Lour.) Bl.

产于云南南部，生于海拔1240m以下的丘陵或山地的干燥阳坡上的次生林或灌丛中，以及村寨旁的旷地上，能耐干旱，萌发力强；广东、海南及广西南部也有。缅甸、泰国、越南、马来西亚、印度尼西亚至菲律宾有分布。

红芽木*Cratoxylum formosum* (Jack) Dyer subsp. *Pruniflorum* (Kurz) Gogelin

产于云南南部；生于海拔1400m以下的山地次生疏林或灌丛中；广西南部也有。缅甸、泰国、柬埔寨及越南有分布。

栽秧花*Hypericum beanii* N. Robson

产于昆明、路南、蒙自等地，生于疏林或灌丛中、溪旁以及草坡或石坡上。贵州西南部（贞丰）也有。模式标本采自种植于英国邱园的植株，其种子来源（Henry 179/1898）可能采于蒙自。

遍地金*Hypericum elodeoides* Choisy

产于云南各地，但以中部常见，生于海拔2750m以下的田地或路旁草丛中；贵州、四川及广西西部也有。印度、巴基斯坦、斯里兰卡、缅甸、泰国有分布。

川滇金丝桃*Hypericum forrestii* (Chittenden) N. Robson

产于大理、丽江、贡山及腾冲等地，生于海拔1500~3300（~4000）m的山坡多石地，有时亦在溪边或松林林缘；四川西部也有。缅甸东北部有分布。

地耳草*Hypericum japonicum* Thunb. ex Murray

产于云南南北各地，生于海拔2800m以下的田边、沟边、草地以及撂荒地上；辽宁、山东、江苏、安徽、浙江、江西、福建、台湾、湖北、湖南、广东、广西、四川、贵州也有。日本、朝鲜、尼泊尔、锡金、印度、斯里兰卡、缅甸至印度尼西亚、澳大利亚、新西兰以及美国的夏威夷有分布。

椴树科 Tiliaceae

一担柴*Colona floribunda* (Wall.) Craib

产于新平、元江以南的南部，生海拔340~1800m次生林中。分布于印度北部至中南半岛。

假黄麻*Corchorus aestuans* L.

产于云南省各地，生海拔（110~）500~1200m山地或旷野；分布于长江以南各省区。热带与亚热带地区广泛分布。

长蒴黄麻*Corchorus olitorius* L.

除滇西北高山区外，全省大部分地区有栽培或逸生；我国南方各省区均有。原产南亚次大陆。

苘麻叶扁担杆*Grewia abutilifolia* Vent. ex Juss.

产于滇中部至南部绝大部分地区，生于海拔160~1600m次生林中；贵州、广西、广东、海南及台湾等省区均有分布。印度、中南半岛至爪哇亦产。

扁担杆*Grewia biloba* G. Don

产于永仁，生海拔1000m灌丛中；长江以南各省区均有分布。

朴叶扁担杆*Grewia celtidifolia* Juss.

产于西南至东南部，北达弥勒、双柏、保山、龙陵一线，生于海拔160~1400（~1800）m疏林中；分布

76

于贵州、广西、广东、台湾等省区。印度尼西亚及中南半岛亦有。

椴叶扁担杆*Grewia tiliaefolia* Vahl

产于凤庆、怒江河谷及蒙自、文山等地，生海拔850~1600m疏林中；广西亦有。分布于南亚次大陆、中南半岛、印度尼西亚及热带非洲东部。

毛刺蒴麻*Triumfetta cana* Bl.

产于中部至南部，生于海拔120~1750m疏林灌丛及旷野；贵州、广西、广东、福建、台湾等省区亦产。马来西亚、中南半岛、南亚次大陆及非洲均有分布。

刺蒴麻*Triumfetta rhomboidea* Jacq.

产于云南全省大部分地区，生海拔130~1500m旷野或林缘；广西、广东、海南、福建、台湾等省区亦产。热带广泛分布。

梧桐科 Sterculiaceae

昂天莲*Ambroma augusta* (L.) L. f.

产于云南。广东、广西、贵州亦有，生于海拔200~1200m的山谷沟边或林缘。印度、泰国、越南、马来西亚、印度尼西亚、菲律宾等地均有分布。

南火绳*Eriolaena candollei* Wall.

产于云南南部（勐仑、勐腊）和广西（田西）。生于海拔800~1360m的缓坡地、疏林中或在草坡上散生。印度、缅甸、泰国、老挝、越南北部也有。

火绳树*Eriolaena spectabilis* (DC.) Planchon ex Mast.

产于云南南部和东南部（富宁、金平、河口、普洱、景洪等地）；贵州南部（都匀、开打）和广西（隆林）。生于海拔500~1300m的山坡疏林中或稀树灌丛中。印度西北部、尼泊尔也有分布。

山芝麻*Helicteres angustifolia* L.

产于云南南部、东南部。我国湖南、江西南部、广东、广西、福建南部和台湾也有，为我国南部山地和丘陵地常见的灌木，常生于草坡上。印度、缅甸、泰国、老挝、柬埔寨、越南、马来西亚、印度尼西亚、菲律宾等地均有分布。

长序山芝麻*Helicteres elongata* Wall.

产于云南南部的富宁、金平、屏边、普洱等地和广西（横县、都安、田林），常生于海拔190~160m的路边、村边的荒地上或干旱草坡上。印度、缅甸、泰国也有分布。

火索麻*Helicteres isora* L.

产于云南南部和广东（海南东南部），生于海拔100~580m的荒坡和村边的丘陵地或灌丛中，性耐干旱。印度、斯里兰卡、泰国、老挝、柬埔寨、越南、马来西亚、印度尼西亚和大洋洲北部均有分布。本种为亚洲热带广布种。

梅蓝*Melhania hamiltoniana* Wall.

特产于云南元江，生长在江边海拔400~450m的石山草坡灌丛中。

梭罗树*Reevesia pubescens* Mast.

产于维西、贡山、景东、腾冲、勐海等地。广西、广东（海南）、贵州、四川（峨眉山、金佛山）也有，生于海拔550~250m的山坡或山谷疏林中。锡金、不丹、缅甸、泰国、老挝、越南等地也有分布。

假苹婆*Sterculia lanceolata* Cav.

产于云南东南部、南部至西南部。广东、广西、贵州、四川南部也有。为我国产苹婆属中分布最广的一种，在华南山野间很常见，常生于山谷溪旁。缅甸、泰国、中南半岛也有分布。

大叶苹婆*Sterculia kingtungensis* Hsue

特产于云南景东，生于海拔1600m的河边。

家麻树*Sterculia pexa* Pierre

产于河口、蒙自、景东和西双版纳以及广西，常生于阳光充足的干旱坡地，亦栽培于村落附近和路旁。中南半岛至泰国亦有分布。

蛇婆子*Waltheria indica* L.

产于云南南部。台湾、福建、广东、广西亦有。喜生于山野间向阳草坡上，一般分布在北回归线以南的海边和丘陵地，而且广泛分布在全世界的热带地区。

木棉科 Bombacaceae

木棉*Bombax ceiba* L.

产于云南全省大部地区，生长于海拔1400~1700m以下的干热河谷及稀树草原或沟谷季雨林内，也有栽培作行道树的。分布于四川、贵州、广西、江西、广东、福建、台湾等省区热带地。印度、斯里兰卡、中南半岛、马来半岛、印度尼西亚至菲律宾及澳大利亚北部也有。

锦葵科 Malvaceae

长毛黄葵*Abelmoschus crinitus* Wall.

云南文山、红河、西双版纳、临沧等地州海拔220~1300m的向阳草坡。分布于我国贵州、广西和广东、海南岛。也分布至越南、老挝、缅甸、尼泊尔和印度等地。

黄葵*Abelmoschus moschatus* (L.) Medik.

云南红河、西双版纳、德宏等州栽培或野生，常见于平原、山谷、沟旁或草坡灌丛中。我国广东、广西、台湾、湖南、江西等省区栽培或野生。原产于印度、柬埔寨、泰国、老挝及越南等地，现广植于热带地区。

箭叶秋葵*Abelmoschus sagittifolius* (Kurz) Merr.

云南文山、西双版纳、临沧、怒江、保山等地州，海拔900~1600m的低丘、草坡、旷地、稀疏松林下或干燥的瘠地常见。分布于我国贵州、广西、广东（包括海南岛）等省区。也分布至越南、老挝、柬埔寨、泰国、缅甸、印度、马来西亚及澳大利亚等地。

磨盘草*Abutilon indicum* (L.) Sweet

云南文山、红河、西双版纳、临沧、德宏等地州，生于海拔140~800m的山坡、旷野、路旁等处。分布于我国台湾、福建、广东、广西和贵州等省区。也分布至越南，老挝、柬埔寨、泰国、斯里兰卡、缅甸、印度、印度尼西亚等地。

苘麻*Abutilon theophrasti* Medik.

云南西南部的临沧、保山等地区，常见于路旁、荒地、田野等处。分布于我国黑龙江、吉林、辽宁、河北、山西、山东、河南、陕西、甘肃、新疆、江苏、浙江、安徽、江西、湖南、湖北、福建、台湾、广东、广西、四川、贵州等省区。也分布至印度、越南、日本以及欧洲、北美洲等地区。

蜀葵*Alcea rosea* L.*

全国各地普遍栽培，供园林观赏用。云南各城市如昆明、楚雄、大理、丽江、玉溪、保山、临沧等均有栽培。

野西瓜苗*Hibiscus trionum* L.

云南昆明、曲靖、楚雄、大理、丽江、迪庆、怒江、红河等地州，在平坝、丘陵、山坡、田埂均常见。分布于我国全国各地。原产非洲中部，广布于欧洲至亚洲各国。

翅果麻*Kydia calycina* Roxb.

云南南部热带的红河、西双版纳、普洱、临沧、德宏等地州，在海拔500~1600m的山谷疏林中常见。分布于越南、缅甸和印度。

野葵*Malva verticillata* L.

产于云南昆明、楚雄、大理、丽江、保山、曲靖、玉溪、普洱、临沧等地区。在海拔1600~3000m的山坡、林缘、草地、路旁常见之。分布于我国全国各地，北自吉林、内蒙古，南达云南、西藏，东起沿海，西至新疆、青海，不论平原还是山野，均有野生。分布于印度、缅甸、锡金、朝鲜和欧洲、东非等地区。

赛葵*Malvastrum coromandelianum* (L.) Garcke

云南南部的蒙自、景洪等县，在海拔530~1400m的山坡、路旁疏林下。分布于我国福建、台湾、广东、广西等省区。原产美洲，在我国系归化植物。

黄花稔*Sida acuta* Burm. f.

云南的玉溪、文山、西双版纳、临沧、德宏等地州，海拔200~1400m的山坡灌丛或路旁、荒坡。分布于我国广东、广西、福建和台湾等省区。也分布至印度、越南及老挝。

中华黄花稔*Sida chinensis* Retz.

云南的元江、蒙自、凤庆、景东、勐腊、潞西等县，海拔450~2000m的向阳山坡、溪旁、灌丛边缘或路边草丛中。分布于我国台湾、广东（海南岛）等地。

粘毛黄花稔*Sida mysorensis* Wightet Arn.

云南的文山、蒙自、景洪等县，在海拔1300m的山坡林缘、草坡或路旁草丛间。分布于台湾、广东和广西。也分布至印度、越南、老挝、柬埔寨、印度尼西亚和菲律宾等热带地区。

小叶黄花稔*Sida alnifolia* L. Microphylla

云南的景洪和沪水县，在海拔900~1100m的山坡向阳坡。分布于福建、广东和广西。也分布于印度。

拔毒散*Sida szechuanensis* Matsuda

云南昆明、玉溪、楚雄、大理、丽江、保山、临沧、普洱、红河、文山、曲靖等地州，在海拔300~2700m的山坡、路旁、灌丛或疏林下。分布于四川、贵州和广西。

地桃花*Urena lobata* L.

分布于长江以南各省区。云南全省分布。

金虎尾科 Malpighiaceae

风筝果*Hiptage benghalensis* (L.) Kurz

产于镇康、保山、双江、景谷、元江、墨江、孟连、西双版纳、河口、文山等地；生于海拔530~1500m的沟谷、山坡疏林中、竹林中、林缘或灌丛中。分布于福建、台湾、广东、广西、海南和贵州。印度（东北部）、孟加拉国、尼泊尔、锡金、缅甸、中南半岛、马来西亚、菲律宾、印度尼西亚也有。

大戟科 Euphorbiaceae

短穗铁苋菜*Acalypha brachystachya* Horn.

产于金平、勐海；生于海拔250~500m的石灰岩地区常绿林下或灌丛中。分布于广西西南部。缅甸、泰国和越南北部也产。

毛铁苋木*Acalypha mairei* (Levl.) Schneid.

产于金平、勐海；生于海拔250~500m的石灰岩地区常绿林下或灌丛中。分布于广西西南部。缅甸、泰国和越南北部也产。

山麻杆*Alchornea davidii* Franch.

产于昭通、永善、富宁、普洱、勐海、江川、元江；生于海拔300~1000m的沟谷、溪畔的山坡灌丛。分布于贵州、广西、江西、湖南、湖北、河南、福建和江苏。

红背山麻杆*Alchornea trewioides* (Benth.) Muell.–Arg.

麻栗坡；生于海拔600~1500m的山坡灌丛或疏林或石灰岩山灌丛。分布于广西、广东、海南、湖南、江西、福建。泰国北部、越南北部和日本琉球群岛也产。

银柴*Aporusa dioica* (Roxb.) Muell.–Arg.

产于富宁、金平、绿春、景东、沧源；生于海拔1200m以下的山地疏林中和林缘或山坡灌木丛中。分布于广西、广东、海南。印度、缅甸、越南和马来西亚等也有。

黑面神*Breynia fruticosa* (L.) Hook. f.

产于孟连、澜沧、勐海；生于海拔1150m的山坡。分布于浙江、福建、广东、海南、广西、四川、贵州等省区。越南也有。

小面瓜*Breynia rostrata* Merr.

产于富宁、河口、屏边、绿春、元阳、勐腊、沧源、双柏、元江、峨山；生于海拔150~1500m山地密林或灌丛中。分布于广西、广东、海南和福建。越南也有。

小叶黑面神*Breynia vitis–idaea* (Burm. f.) C. E. Fischer

产于孟连、澜沧、勐腊；生于海拔150~1000m的山地灌木丛中。分布于福建、台湾、广东、贵州等省区。印度、泰国、柬埔寨、越南、马来西亚和菲律宾等也有。

土密藤*Bridelia stipularia* (L.) Blume

产于蒙自、河口、金平、屏边、马关、麻栗坡、西畴、富宁、勐腊、勐海、景东、双江、镇康；生于海拔300~1400m的山地疏林或山谷密林中。分布于四川、贵州、广西、广东、海南、福建、台湾等省区。印度、泰国、越南、印度尼西亚、菲律宾和马来西亚等也有。

土蜜树*Bridelia tomentosa* Blume

产于景洪、勐腊、勐海、瑞丽、新平；生于海拔500~1500m的山地疏林中或灌木林中。分布于广西、广东、海南、福建、台湾。亚洲东南部，经印度尼西亚、马来西亚至澳大利亚也有。

巴豆*Croton tiglium* L.*

产于建水、元阳、砚山、西畴、马关、河口、金平、普洱、景洪、勐腊、勐海、耿马、瑞丽；生于海拔160~1700m的山地疏林或村落旁。分布于四川、贵州、湖南、广东、广西、海南、江西、福建和浙江南部。亚洲南部和东南部各国、菲律宾和日本南部也有。

滇巴豆*Croton yunnanensis* W. W. Smith

产于丽江、香格里拉、大理、洱源、元谋；生于海拔1500~2200m的灌丛中。分布于四川西南部。模式标本采自香格里拉。

飞扬草*Euphorbia hirta* L.

产于云南全省；生于海拔800~2500m的路旁、草丛、灌丛及山坡，多见于砂质土。分布于长江以南；广布于世界热带和亚热带。

土瓜狼毒*Euphorbia prolifera* Buch.–Ham. ex D. Don

产于云南中部至西北部；生于海拔1500~2500m的冲刷沟边、草坡或松林下。分布于四川和贵州。印度北部、泰国北部、巴基斯坦及喜马拉雅地区诸国也有。

毛白饭树*Flueggea acicularis* (Croiz.) Webster

分布于云南、四川、湖北。生于海拔300~400m的山地灌丛中。

梨果白饭树*Flueggea leucopyrus* Willd.

产于禄劝、德钦、香格里拉、丽江、永仁、双柏；生于海拔1000~1450m的山坡灌丛中。分布于四川得荣。印度和斯里兰卡也有。

白饭树*Flueggea virosa* (Roxb. ex Willd.) Voigt.

产于富宁、麻栗坡、河口、红河、景洪、勐腊、勐海、易门、元江、镇康；生于海拔100~2000m的山地灌木丛中。分布于华东、华南及西南各省区。广布于非洲、大洋洲和亚洲的东部及东南部。

革叶算盘子 *Glochidion daltonii* (Muell.–Arg.) Kurz

产于文山、金平、屏边、勐腊、景东、瑞丽、永仁、漾濞、凤庆、云县、镇康、元江、新平、峨山、建水；生于海拔200~2000m的山地疏林中或山坡灌木丛中。分布于四川、贵州、广东、广西、湖南、湖北、江西、安徽、江苏、浙江和山东等省区。印度、缅甸、泰国和越南等地也有。

红果算盘子 *Glochidion eriocarpum* Champ. ex Benth.

产于滇南；生于海拔450~1000m的山地疏林中或山坡、山谷灌木丛中。分布于福建、广东、海南、广西、贵州。印度、缅甸、泰国、老挝、越南和柬埔寨也有。

厚叶算盘子 *Glochidion hirsutum* (Roxb.) Voigt

产于文山、普洱、景东、勐腊、临沧、双柏、梁河、盈江、陇川；生于海拔120~1570m的山地林下或河边、沼地灌木丛中。分布于福建、台湾、广东、海南、广西和西藏等省区。印度、斯里兰卡、泰国也有。

艾胶算盘子 *Glochidion lanceolarium* (Roxb.) Voigt

产于景洪、勐腊、腾冲；生于海拔500~1200m的山地疏林中或溪旁灌木丛中。分布于福建、广东、海南、广西。印度、泰国、老挝、柬埔寨和越南等也有。

白毛算盘子 *Glochidion zeylanicum* var. *arborescens* (Bl.) Chakrab. et M.

产于普洱、景东、双江、泸水、勐海、勐腊、景洪、孟连、龙陵、陇川、双柏、石屏、临沧、凤庆等地；生于海拔800~2200m的山地林中。印度、泰国、马来西亚和印度尼西亚也有。

麻疯树 *Jatropha curcas* L.

原产于热带美洲，现广布于全球热带地区。富宁、马关、麻栗坡、文山、金平、河口、元阳、勐腊、普洱、澜沧、武定、元谋、凤庆、鹤庆、宾川、建水、元江、易门、昆明等地广泛栽培或逸生；生于海拔190~2200m的干燥山坡、路边、村落旁。四川、贵州、广东、广西、海南、福建、台湾等省区有栽培或逸生。

雀儿舌头（黑钩叶） *Leptopus chinensis* (Bunge) Pojark.

产于镇雄、彝良、德钦、维西、丽江、大理、马龙、昆明；生于海拔1400~3400m的山地灌丛、林缘、路旁、岩崖或石缝中。除黑龙江、新疆、福建、海南和广东外，全国各省区均有分布。

中平树 *Macaranga denticulata* (Bl.) Muell.–Arg.

产于马关、麻栗坡、西畴、金平、河口、屏边、绿春、元阳、景洪、勐腊、勐海、景东、瑞丽、陇川、沧源、普洱、盈江、孟连；生于海拔50~1400m的低山次生林或山地常绿阔叶林中。分布于贵州、广西、海南和西藏墨脱。尼泊尔、印度、缅甸、老挝、泰国、越南、马来西亚、印度尼西亚也有。

血桐 *Macaranga henryi* (Paxet Hoffm.) Rehd.

产于贡山、泸水、绿春、景东、双柏、镇康；生于海拔1100~2100m的干热河谷或干燥山坡杂木林中。分布于西藏。印度、尼泊尔也有。

毛桐 *Mallotus barbatus* (Wall.) Muell.–Arg.

产于富宁、马关、文山、麻栗坡、西畴、金平、河口、绿春、屏边、师宗、罗平、元阳、勐腊、勐海、景洪；生于海拔110~1500m的林缘或灌丛中。分布于四川、贵州、湖南、广东、广西。亚洲东部和南部各国也产。

粗糠柴 *Mallotus philippinensis* (Lam.) Muell.–Arg.

产于富宁、砚山、广南、文山、西畴、马关、麻栗坡、鲁甸、师宗、绿春、金平、河口、屏边、建水、蒙自、景洪、勐腊、勐海、永胜、新平、元江、华宁、峨山、玉溪、楚雄、双柏、沧源、耿马、景东、富民、凤庆、弥勒、潞西、孟连、临沧、腾冲、泸水、福贡；生于海拔200~2000m的山地林中或林缘。分布于贵州、广西、广东、海南、江西、湖南、湖北、安徽、福建、江苏、浙江、台湾。亚洲南部和东南部、大洋洲热带地区也有。

木薯 *Manihot esculenta* Crantz*

原产于巴西，现全世界热带地区广泛栽培。河口、金平、勐腊、普洱、盈江、沧源、临沧等地有栽培或逸生；生于海拔120~1300m的湿润疏林和田边路旁。贵州、广西、广东、海南、福建、台湾等有栽培。

云南叶轮木 *Ostodes katharinea* Pax

产于金平、景洪、勐腊、景东、潞西、泸水、大理、漾濞、腾冲、澜沧、普洱、镇康、双江、龙陵、双柏、楚雄；生于海拔700~2050m的阴湿疏密林中。分布于西藏东南部。泰国北部也有。模式标本采自普洱。

珠子木 *Phyllanthodendron anthopotamicum* (Hand.–Mazz.) Croiz.

产于云南东南部；生于海拔800~1300m的山地疏林下或灌木丛中。分布于广东、广西、贵州等省区。越南也有。

小果叶下珠 *Phyllanthus reticulatus* Poir.

产于富宁、河口、麻栗坡、金平、屏边、绿春、景洪、勐腊、耿马、沧源、元江；生于海拔250~1200m山地林下或灌木丛中。分布于四川、贵州、广西、江西、广东、海南、湖南、福建、台湾等省区。热带西非至印度、斯里兰卡、中南半岛、印度尼西亚、菲律宾、马来西亚和澳大利亚也有。

余甘子 *Phyllanthus emblica* L.

产于永善、师宗、巧家、富宁、文山、砚山、西畴、麻栗坡、金平、元阳、河口、屏边、绿春、景东、泸水、景洪、勐海、大理、漾濞、鹤庆、云县、凤庆、临沧、蒙自、双柏、丽江、普洱、腾冲、盈江、新平、峨山、玉溪、华坪、禄劝；生于海拔160~2100m的山地疏林、灌丛、荒地或山沟向阳处。分布于四川、贵州、广西、广东、海南、江西、福建、台湾等省区。印度、斯里兰卡、中南半岛、印度尼西亚、马来西亚和菲律宾等也有，南美有栽培。

珠子草 *Phyllanthus niruri* L.

产于富宁；生于海拔约300m的草坡。分布于广西、广东、海南和台湾。印度、中南半岛、马来西亚、菲律宾至热带美洲也有。

水油甘 *Phyllanthus parvifolius* Buch.–Ham.

产于云南；生于山地疏林中或山坡灌丛中，在云南常生于海拔900~2850m的山地林下。分布于广东、海南。印度和喜马拉雅山区各国也有。

蓖麻 *Ricinus communis* L.

原产地可能在非洲肯尼亚或索马里；现广布于世界热带地区或栽培于热带至温带地区。我国大部分省区有栽培。云南各处海拔2300m以下均有栽培或逸生。

乌桕 *Sapium sebiferum* (L.) Roxb.

产于绥江、巧家、镇雄、永善、彝良、华坪、泸水、福贡、广南、石屏、蒙自、元阳、盈江、临沧、云县、元谋、武定、鹤庆、洱源、昆明、禄劝、通海、易门、新平、元江、普洱；生于海拔320~1750m的疏林。分布于黄河以南各省区，北达陕西、甘肃。日本、越南、印度也有，欧洲、美洲和非洲有栽培。

守宫木 *Sauropus androgynus* (L.) Merr.

河口、金平、马关、勐海有栽培。海南、广东也有栽培。印度、斯里兰卡、老挝、柬埔寨、越南、菲律宾、印度尼西亚、马来西亚等也有。

宿萼木 *Strophioblachia fimbricalyx* Boerl.

产于元阳、河口、屏边、建水、元江、景洪；生于海拔500m以下的密林或灌丛中。分布于海南、广西南部。越南、柬埔寨、泰国、菲律宾至印度尼西亚也有。

油桐 *Vernicia fordii* (Hemsl.) Airy Shaw*

产于禄劝、昆明、易门、禄丰、双柏、蒙自、建水、砚山、西畴、广南、麻栗坡、金平、河口、屏边、勐腊、耿马、瑞丽、镇康、临沧、景东、凤庆、漾濞、泸水、贡山；生于海拔350~2000m的丘陵山地、公路及村寨旁。四川、贵州、广东、广西、海南、湖南、湖北、江西、陕西、河南、安徽、福建、江苏、浙江有栽培。越南也有。

小叶五月茶*Antidesma venosum* E. Mey ex Tul.

产于昭通、盐津、彝良、巧家、罗平、双江、西畴、富宁、河口、金平、元阳、蒙自、元江、景洪、勐腊；生于海拔130~1200m的山坡或谷地疏林中。分布于四川、贵州、广西、广东、海南。越南、老挝、泰国和非洲东部也有。

五月茶*Antidesma bunius* (L.) Spreng.

产于瑞丽、沧源、勐腊、普洱、新平、屏边、马关、麻栗坡、富宁；生于海拔210~1440m的山地疏林、沟谷密林中。分布于西藏、贵州、广西、广东、海南、湖南、江西、福建等省区。广布于亚洲热带地区直至澳大利亚昆士兰。

方叶五月茶*Antidesma ghaesembilla* Gaertn.

产于富宁、景洪、勐腊；生于海拔200~1100m的山地疏林中。分布于广西、广东、海南。印度、孟加拉国、不丹、缅甸、泰国、越南、斯里兰卡、马来西亚、印度尼西亚、巴布亚新几内亚、菲律宾和澳大利亚南部也有。

重阳木*Bischofia javanica* Bl.

产于富宁、麻栗坡、马关、文山、西畴、砚山、河口、金平、屏边、绿春、普洱、景洪、勐腊、勐海、景东、瑞丽、沧源、耿马、陇川、临沧、双江、凤庆、镇康、澜沧、蒙自、双柏、新平、元江、峨山、江川；生于海拔500~1800m的林下山地、潮湿沟谷林中，或栽培于河边堤岸，或路边做行道树。分布于四川、贵州、广西、广东、海南、湖南、湖北、江西、福建、台湾、安徽、江苏、浙江、陕西、河南等省区。印度、缅甸、泰国、老挝、柬埔寨、越南、马来西亚、印度尼西亚、菲律宾、日本、澳大利亚和波利尼西亚也有。

鼠刺科 Iteaceae

老鼠刺*Itea chinensis* Hook. et Arn.

产于滇东南，经凤仪、景东、腾冲至滇西北（福贡）；生于海拔1000~2400m的林内。我国广东、广西也有分布（我国台湾记录实系 It. Oldhamii Schneid. 而非本种）。也产于不丹、老挝。

滇鼠刺*Itea yunnanensis* Franch.

分布于滇西北（远达贡山）、滇中（北达禄劝、宣威）、滇东南；生于海拔（800）1400~2700m的针阔叶林下、杂木林内以及河边、石山等处。广西、贵州、四川（木里）也有分布。模式标本采自宾川。

绣球花科 Hydrangeaceae

马桑溲疏*Deutzia aspera* Rehd.

产于双柏、石屏、元江、景东、漾濞、麻栗坡；生于山坡灌丛及疏林，海拔540~2300m。分布于西藏东南部。

常山*Dichroa febrifuga* Lour.

产于罗平、景东、沧源、麻栗坡、西畴、广南、富宁、金平、屏边、蒙自、元阳、绿春、腾冲、瑞丽、梁河、耿马、临沧、盐津；生于常绿阔叶林内，海拔1000~1800m。分布于陕西、甘肃、江苏、安徽、浙江、江西、福建、台湾、湖北、广东、广西、贵州、四川。印度、越南、缅甸、马来西亚、菲律宾及日本琉球群岛也有。

西南绣球*Hydrangea davidii* Franch.

产于景东、广南、保山、大理、丽江、兰坪、维西、德钦、贡山、福贡、大关、镇雄、彝良、威信、绥江、巧家；生于山坡疏林或林缘，海拔1400~2800m。分布于四川、贵州。

蔷薇科 Rosaceae

龙牙草 *Agrimonia pilosa* Ledeb.

产于德钦、维西、香格里拉、丽江、漾濞、昆明、孟连；生于草地、灌丛、林缘及疏林下，海拔1000~4000m。我国各省区均有。欧洲中部以东地区和亚洲大部分地区也有。

冬海棠（冬樱桃） *Cerasus cerasoides* (D. Don) Sok.

云南各地均有分布；生长于海拔1300~2850m的沟谷密林中。分布于西藏南部。

皱皮木瓜 *Chaenomeles speciosa* (Sweet) Nakai*

丽江、洱源、景东、凤庆、昆明等地有栽培。分布于陕西、甘肃、四川、贵州、广东。缅甸也有。

丽江栒子 *Cotoneaster buxifolius* Lindl.

产于贡山、保山、缅宁、德钦、维西、香格里拉、兰坪、丽江、剑川、鹤庆、洱源、漾濞、宾川、大理、巍山、祥云、双柏、楚雄、姚安、昆明、宜良、石林、武定、江川、峨山、嵩明、禄劝、富民、东川、马龙、麻栗坡、景东；生于海拔1000~3300m的多石砾坡地、灌丛中。分布于四川、贵州、西藏。不丹、印度、缅甸、尼泊尔也有。

西南栒子 *Cotoneaster franchetii* Bois

产于贡山、维西、香格里拉、丽江、鹤庆、大理、昭通、会泽、昆明、文山；生于海拔1700~3050m的多石向阳山坡灌丛中。分布于四川、贵州、西藏。泰国也有。模式标本采自昭通。

小叶栒子 *Cotoneaster microphyllus* Wall. ex Lindl.

除西双版纳和云南东北部外，产于香格里拉、德钦、维西、丽江、大理、兰坪、师宗等全省各地；生于海拔2100~4000m的山坡石缝中或河谷灌丛中。在德钦海拔4000m的高山上，生长在石头上为匍伏的小灌木。分布于四川、西藏。印度、缅甸、不丹、尼泊尔也有。

云南山楂 *Crataegus scabrifolia* (Franch.) Rehd.

产于泸水、丽江、大理、洱源、宾川、砚山、漾濞、昆明、呈贡、安宁、嵩明、易门、双柏、峨山、新平、禄劝、沾益、陆良、临沧、耿马、文山、蒙自、西畴、河口、富宁；生于海拔800~2400m的山坡杂木林中或次生灌丛中或林缘。分布于贵州、四川、广西。

牛筋条 *Dichotomanthes tristaniaecarpa* Kurz

产于贡山、腾冲、潞西、梁河、保山、漾濞、巍山、大理、元谋、双柏、永胜、楚雄、昭通、彝良、大姚、姚安、永仁、元谋、广南、禄劝、嵩明、元江、江川、澄江、玉溪、昆明、安宁、富民、寻甸、武定、砚山、石屏、屏边、西畴、河口、师宗、广南、蒙自、西畴、麻栗坡、个旧、开远、泸西、景东、普洱、勐海；生于海拔900~3000m的山坡开旷地杂木林中、常绿栎林边缘、干燥山坡或路旁。模式标本采自腾冲。

栘依 *Docynia indica* (Wall.) Decne.

分布于云南全省。

蛇莓 *Duchesnea indica* (Andr.) Focke

云南各地均有分布；生于山坡、草地、河岸、林缘、路旁、潮湿的地方，海拔2400m以下。我国各地均有分布。从阿富汗东达日本、南达印度尼西亚，在欧洲及美洲也有。

大叶桂樱 *Laurocerasus zippeliana* (Miq.) Yu et Lu

产于洱源、鹤庆、保山、耿马、凤庆、文山、勐海、勐腊、屏边；生于海拔550~2500m的石灰岩山地阳坡杂木林中或山坡混交林中。我国黄河流域以南均有。日本、越南北部也有。

球花石楠 *Photinia glomerata* Rehd. et Wils.

产于盐津、昭通、香格里拉、丽江、宁蒗、剑川、宾川、沾益、双柏、易门、禄劝、昆明、嵩明、富民、武定、普洱；生于海拔1400~2600m的阔叶林中或疏林、灌丛、路边和山坡开阔地。分布于湖北、四川。模式标本采自普洱。

石楠*Photinia serratifolia* (Desf.) Kalkman

产于德钦、维西、香格里拉、福贡、丽江、鹤庆、洱源、大理、漾濞、永胜、楚雄、峨山、保山、景东、梁河、双江、禄劝、大姚、昆明、武定、砚山、富宁、广南、普洱、勐海；生于海拔950~2600m的常绿栎林边、石灰岩灌丛中或杂木林中。分布于陕西、甘肃、河南、江苏、安徽、浙江、江西、湖北、福建、台湾、广东、广西、四川、贵州。印度南部、日本、印度尼西亚也有。

白背委陵菜*Potentilla hypargyrea* Hand.–Mazz.

产于贡山、维西、德钦；生于海拔3400~4400m的山坡草地及岩石缝中。模式标本采自德钦。

西南委陵菜*Potentilla lineata* Trev.

除西双版纳、滇东南外，全省各地均有分布；生于海拔1100~3600m的山坡草地、灌丛、林缘。分布于湖北、四川、贵州、广西。印度（锡金）、尼泊尔也有。

蛇含*Potentilla sundaica* (Bl.) O. Ktze.

产于贡山、德钦、丽江、泸水、福贡、澜沧、沧源、勐海、双江、砚山、师宗、景东、昆明、文山、西畴；生于海拔1100~2000m的山坡草地。我国南北各省均有分布。

青刺尖*Prinsepia utilis* Royle

产于丽江、盈江、大理、洱源、嵩明、富民、昆明、峨山、武定、蒙自、文山、丘北、师宗、广南、西畴、昭通、巧家、镇雄；生于海拔1000~2800m的山坡、路旁、阳处。

窄叶火棘*Pyracantha angustifolia* (Franch.) Schneid.

产于维西、德钦、贡山、泸水、丽江、剑川、景东、楚雄、双柏、禄劝、武定、昆明；生于海拔1800~3000m的林中或小沟边。分布于湖北、四川、西藏。模式标本采自丽江。

火棘*Pyracantha fortuneana* (Maxim.) H. L. Li

产于香格里拉、德钦、维西、丽江、昆明、玉溪、西畴、砚山、屏边、蒙自；生于海拔500~2800m的松林下或干燥山坡及路旁。云南中部常见。分布于陕西、河南、江苏、浙江、福建、湖北、湖南、广西、贵州、四川、西藏。

木香花*Rosa banksiae* Ait.

产于维西、丽江、昆明、易门、双柏；生于海拔1500~2650m的路边灌丛中。云南各地均有栽培。分布于四川，全国各地栽培。

长尖叶蔷薇*Rosa longicuspis* A. Bertol.

产于云南各地；生于海拔400~2900m的丛林中或路边灌丛中。分布于四川、贵州。印度北部也有。

香水月季（黄茶藦）*Rosa odorata* (Andr.) Sweet

产于云南各地；生于海拔700~3300m的山坡林缘或路边灌丛中。江苏、浙江、四川有栽培。

峨眉蔷薇（山石榴）*Rosa omeiensis* Rolfe

产于云南中部、东北部、西部、西北部；生于海拔2400~4000m的山坡灌丛中或箐沟边林中。分布于四川、湖北、陕西、宁夏、甘肃、青海、西藏。

粉枝莓*Rubus biflorus* Buch.–Ham. ex J. E. Smith

产于香格里拉、维西、丽江、宾川、禄劝、嵩明、易门等地；生于山谷坡地或河边杂木林内，也见于山地灌丛，海拔2000~3500m。分布于西藏东南部、四川、陕西、甘肃。缅甸、不丹、尼泊尔、印度（东北部和锡金）、克什米尔地区也有。

三叶悬钩子*Rubus delavayi* Franch.

产于丽江、鹤庆、永胜、宾川、禄劝、昆明、云龙、凤庆；生于山地杂木林下，海拔2000~3400m。模式标本采自宾川、昆明。

椭圆悬钩子*Rubus ellipticus* Smith

产于嵩明、景东、镇康；生于山谷疏密林内或林缘、干旱坡地灌丛中，海拔1000~2600m。分布于四川和西藏（错那、樟木）。巴基斯坦、尼泊尔、不丹、印度（东北部和锡金）、斯里兰卡、缅甸、泰国、老挝、越南、印度尼西亚、菲律宾也有。

覆盆子*Rubus foliolosus* D. Don

产于丽江、鹤庆、永胜、宾川、禄劝、昆明、云龙、凤庆；生于山地杂木林下，海拔2000~3400m。

大乌泡*Rubus multibracteatus* Levl. et Vant.

产于巍山、凤庆、景东、华宁、砚山、西畴、文山、马关、个旧、蒙自、屏边、河口、金平、绿春、普洱、墨江、普洱、景洪、勐海、澜沧、保山、临沧、双江；生于山坡及沟谷林内或林缘，也见于灌丛中，海拔350~2700m。分布于贵州、广西、广东。越南、老挝、泰国、柬埔寨也有。

毛叶悬钩子*Rubus poliophyllus* Ktze.

产于泸水、双柏、昆明、澜沧、西双版纳、腾冲等地；生于山坡杂木林中，海拔600~1500m。印度（锡金）也有。模式标本采自腾冲。

红泡刺藤*Rubus niveus* Thunb.

产于贡山、香格里拉、宁蒗、丽江、剑川，泸水、大理，嵩明、昆明、双柏，景东、普洱、蒙自、金平、屏边、文山等地；生于山坡，疏、密林中，灌丛或山谷河滩及溪流旁，海拔1000~2000m。分布于西藏东南部到南部、四川西部、贵州、广西至陕西和甘肃。不丹、尼泊尔、印度（锡金）、克什米尔地区、阿富汗、斯里兰卡、缅甸、泰国、老挝、越南、马来西亚、印度尼西亚、菲律宾也有。

地榆*Sanguisorba officinalis* L.

产于香格里拉、丽江、鹤庆、洱源、大理、昆明、嵩明、禄劝、江川、罗平、砚山、巧家；生于海拔1600~3140m的草坡或稀林下、灌丛中。全国大部分省区有分布。广布于欧洲、亚洲北温带。

毛枝绣线菊*Spiraea martinii* Levl.

产于潞西、大理、昆明、嵩明、江川、玉溪、易门、双柏、宜良、石林、师宗、普洱、屏边、广南、西畴、文山、会泽、沾益；生于海拔1300~2350m的山脚灌丛中。分布于四川、广西、贵州。模式标本采自昆明。

苏木科 Caesalpiniaceae

渐尖羊蹄甲*Bauhinia acuminata* L.

产于红河、金平、个旧蔓耗、西双版纳；生于海拔280~800m山坡阳处，或有栽培。广东、广西也有。印度、斯里兰卡、缅甸、越南、老挝、柬埔寨至马来半岛、印度尼西亚、菲律宾、北达日本冲绳岛有分布。

马鞍叶羊蹄甲*Bauhinia brachycarpa* Wall. ex Benth.

云南全省大部分地区有分布；生于海拔（500~）1500~2200m山坡灌丛中、路边，尤以石灰岩山地灌丛中最常见。形态变异极大，尤其叶大小变异极大。四川、甘肃、湖北、贵州、广西等省区也有。分布于泰国、缅甸东北部（阿瓦）、印度北部。

石山羊蹄甲*Bauhinia comosa* Craib.

产于永胜、元谋、元江、开远、蒙自、建水；生于海拔（700~）1400~2100m石灰岩山坡灌丛草地或疏林中。四川西南部（金阳、布拖）也有分布。模式标本采自建水。

白花羊蹄甲*Bauhinia variegata* L.

云南南部、东南及西南部有分布；生于海拔150~1500m疏林或林缘。广东、广西、福建、台湾等省区有分布。印度、孟加拉国、锡金、不丹及中南半岛至印度尼西亚均有分布。

见血飞*Caesalpinia crista* L.

产于蒙自、屏边、普洱、西双版纳、景东、盈江、芒市；生于海拔150~1200m山坡灌丛、林缘或沟边、疏林中。印度、尼泊尔、锡金至中南半岛、马来半岛均有分布。

九羽见血飞*Caesalpinia enneaphylla* Roxb.

产于富宁、西双版纳、耿马、龙陵、云龙等地；生于海拔280~600（~1000）m山坡灌丛、疏林或路旁。广西南部及西南部也有。分布于印度东北部、斯里兰卡、缅甸、泰国、越南南部、马来西亚等地。

苏木*Caesalpinia sappan* L.*

蒙自、开远、河口、金平、元阳、普洱、西双版纳、双江、景东、龙陵、盈江、巧家、元谋等地；海拔120~1100m处常见栽培。四川西南部（米易）、贵州、广东、广西、海南、福建、台湾等省区也有栽培。分布于印度、斯里兰卡、缅甸、泰国、柬埔寨、越南、老挝、马来西亚等地。

大翅老虎刺*Pterolobium macropterum* Kurz

产于富宁、西畴、建水、红河、元江、双柏等地；生于海拔380~1600m山坡灌丛、路旁或林缘。海南也有。缅甸、泰国、老挝、越南、马来西亚和印度尼西亚（爪哇）有分布。

茳芒决明*Senna sophera* (L.) H. S. Irwinet R. C. Barneby

产于巧家、鹤庆、易门、文山、蒙自、开远、红河、石屏、元江、景东、西双版纳、临沧、双江、芒市、瑞丽等地；生于海拔200~1800m荒坡或路旁。我国西南、南部及东南、中部各省区均有分布。原产热带亚洲，现已广布于全球热带、亚热带地区。

含羞草科　Mimosaceae

围涎树（猴耳环）*Abarema clypearia* (Jack) Kosterm.

产于除滇中部分地区外的广大热带、亚热带山地；生于海拔500~1600m的山坡常绿阔叶林、疏林、河边等处。分布于西藏东南部、贵州、广西、广东、海南、湖南、浙江、福建、台湾等地。热带亚洲广布。

蒙自合欢*Albizia bracteata* Dunn

产于泸水、腾冲、保山、双江、景东、普洱、西双版纳、大理、漾濞、绿劝、石林、新平、峨山、蒙自、屏边、河口、富宁等地；生于海拔100~2100m的林中、林缘、山坡、河边。分布于四川南部、广西、贵州。越南北部、老挝等地也有。

楹树*Albizia chinensis* (Osb.) Merr.

产于云南热带、亚热带山地和干热河谷；生于海拔100~2200m的林中、疏林、阳处灌丛。分布于四川、广东、广西、海南、福建、西藏东南部。印度、喜马拉雅热带及亚热带山地至中南半岛一带也有。

山合欢*Albizia kalkora* (Roxb.) Prain

产于凤庆、双江、昆明、开远、元江、绿春、金平、屏边、文山、麻栗坡、绥江等地；生于海拔500~2200m的山坡常绿阔叶林、杂木林内。分布于陕西、山东、河南、安徽、江苏、湖北、湖南、四川、江西、贵州、广西、广东、福建等地。越南、印度、缅甸、日本也有。

毛叶合欢*Albizia mollis* (Wall.) Boiv.

产于云南西北部、西部、中部、东部至东南部亚热带山地及河谷；生于海拔1000~2600m的河谷山坡阳处、疏林。分布于四川、贵州、西藏东南部。喜马拉雅至缅甸一带也有。

香须树*Albizia odoratissima* (L. f.) Benth.

产于瑞丽、盈江、腾冲、龙陵、耿马、临沧、景东、景谷、孟连、西双版纳、普洱、墨江、洱源、师宗等地；生于海拔500~1700m的山地、林中、河谷。分布于四川、广西、广东、海南。印度、喜马拉雅地区至中南半岛也有。

蝶形花科　Papilionaceae

相思子*Abrus precatorius* L.

产于瑞丽、景东、普洱、西双版纳、元谋、元江、元阳等地；生于海拔350~1500m的山地疏林、稀疏草坡中。分布于广西、广东、台湾。广布于热带地区。

链荚豆*Alysicarpus vaginalis* (L.) DC.

产于元江、蒙自、元阳、勐腊等地；生于海拔300~1500m的空旷草坡及河边沙地。分布于福建、广东、海南、广西及台湾等省区。广布于东半球热带地区。

锈毛两型豆*Amphicarpaea ferruginea* Benth.

产于维西、贡山、香格里拉、丽江、大理、兰坪、剑川、洱源、漾濞、宾川、昆明、禄劝、腾冲；常生于海拔2200~3450m的山坡林下。分布于四川。模式标本采自洱源。

虫豆*Atylosia mollis* Benth.

产于景东、金平、河口、景洪、西双版纳、盈江；常攀缘于海拔500~980m的疏林中树木上。分布于广西西南部及南部、海南南部。缅甸、老挝、越南、尼泊尔、印度、泰国、马来西亚、菲律宾、印度尼西亚及巴布亚新几内亚等地也有。

蔓草虫豆*Atylosia scarabaeoides* (L.) Benth.

产于巧家、永胜、蒙自、禄劝、景东、屏边、石屏、金平、景洪、勐腊、河口；生于海拔180~1600m的旷野、路旁或山坡草丛中。分布于四川、贵州、广西、广东、海南、台湾。为本属分布最广的1种，东自太平洋的一些岛屿、日本琉球群岛，经越南、泰国、缅甸、不丹、尼泊尔、孟加拉国、印度、斯里兰卡、巴基斯坦，直至马来西亚、印度尼西亚、大洋洲乃至非洲均有分布。

马尿藤*Campylotropis bonatiana* (Pamp.) A. K. Schindl.

产于昆明、大理、宾川、楚雄、临沧、景东、双柏、玉溪、嵩明、富民及石屏等地；生于海拔1200~2800m的干燥山坡、灌丛或林中。模式标本采自昆明。

元江杭子梢*Campylotropis henryi* (Schindl.) Schindl.

产于云南中部及以南地区；生于海拔1000m以下的向阳地的灌丛、沟边、林边、山坡草地上。分布于甘肃南部、四川、贵州、西藏东部。模式标本采自宾川大坪子。

小雀花*Campylotropis polyantha* (Franch.) A. K. Schindl.

产于云南中部及以北地区；生于海拔1000（400）~3000m的向阳地的灌丛、沟边、林边、山坡草地上。分布于甘肃南部、四川、贵州、西藏东部。模式标本采自宾川大坪子。

草山杭子梢*Campylotropis prainii* (Coll. et Hemsl.) A. K. Schindl.

产于云南；生于海拔900~1300m的干燥山坡及荒坡草地、路边等处。分布于四川（石棉）。

三棱枝杭子梢*Campylotropis trigonoclada* (Franch.) A. K. Schindl.

产于云南；生于海拔900~1800m的干燥山坡及荒坡草地、路边等处。

舞草*Codariocalyx motorius* (Houtt.) Ohashi

产于盐津、师宗、昆明、石屏、绿春、屏边、马关、砚山、西畴、富宁、河口、普洱、景东、西双版纳、鹤庆、香格里拉、泸水、镇康、澜沧、临沧、潞西及双江等地；生于海拔130~2000m的湿润草地、河谷及山地灌丛、疏林或沟谷密林中。分布于福建、江西、广东、广西、四川、贵州及台湾。印度、尼泊尔、不丹、斯里兰卡、泰国、缅甸、老挝、印度尼西亚、马来西亚等也有。

巴豆藤*Craspedolobium schochii* Harms

产于沧源、耿马、双江、孟连、西双版纳、普洱、景东、江城、绿春、昆明、永仁、富民、禄丰、楚雄、祥云、易门、通海、新平、峨山、华宁、元江、屏边、河口、蒙自、个旧、罗平等地；生于海拔2000m以下土壤湿润的常绿阔叶林、疏林下和灌丛中。分布于贵州、四川、广西。缅甸北部、泰国北部、越南北部也有。

针状猪屎豆*Crotalaria acicularis* Buch.-Ham. ex Benth.

产于景东、元阳、西双版纳、梁河、凤庆、云县；生于海拔380~1700m的河谷沙滩、路边、草坡及灌丛中。分布于海南。缅甸、越南、老挝、泰国、印度、孟加拉国、尼泊尔也有。

响铃豆 *Crotalaria albida* Heyneex Roth

产于云南绝大部分地区；生于海拔300~2000m干燥的荒坡草地及灌丛中。分布于四川、贵州、广西、广东、福建、台湾、浙江、安徽、江西、湖南。缅甸、老挝、泰国、印度、斯里兰卡、孟加拉国、巴基斯坦、尼泊尔、印度尼西亚（爪哇）、马来群岛和菲律宾也有。

密叶猪屎豆 *Crotalaria linifolia* L. f.

产于罗平、大理、双柏、蒙自、元江、屏边、砚山、麻栗坡、西畴、文山、景东、普洱、西双版纳、临沧、双江；生于海拔400~2200m湿润的溪流边和干燥开旷的路边草坡及灌丛中。分布于四川、贵州、广西、广东、海南、台湾、湖南。缅甸、越南、老挝、柬埔寨、泰国、印度、斯里兰卡、孟加拉国、印度尼西亚（爪哇）、马来群岛、菲律宾和澳大利亚北部也有。

猪屎豆 *Crotalaria pallida* Ait.

产于元江、蒙自、河口、金平、普洱、西双版纳、潞西、盈江、瑞丽、保山；生于海拔320~1030m湿润的河边及干燥开旷的荒坡草地上。分布于广西、四川、广东、福建、台湾、浙江、山东、湖南。越南、柬埔寨、尼泊尔、非洲中部和南部、马达加斯加也有。

野百合猪屎豆 *Crotalaria sessiliflora* L.

产于师宗、澜沧、孟连、景东、江城、西双版纳、盈江、梁河、瑞丽、陇川、腾冲；生于海拔700~1600m湿润的河边以及干燥开旷的路边草坡、灌丛及栎林下。分布于西藏、四川、贵州、广西、广东、福建、台湾、江西、江苏、安徽、浙江、辽宁、河北、山东、河南、湖北、湖南。缅甸、泰国、印度、孟加拉国、巴基斯坦、尼泊尔、印度尼西亚（爪哇）、马来群岛、日本和朝鲜也有。

四棱猪屎豆 *Crotalaria tetragona* Roxb. ex Andr.

产于元江、新平、金平、元阳、富宁、景东、西双版纳、盈江、潞西、临沧、镇康；生于海拔600~1400m的河边、路旁、草坡及灌丛中。分布于广西、四川和广东；缅甸、老挝、尼泊尔、印度、孟加拉国和印度尼西亚（爪哇）也有。

补骨脂 *Cullen corylifolia* (L.) Medic.

产于宾川、大姚、元谋、禄劝、西双版纳；生于海拔1150~1750m山坡、溪边、田边。分布于四川（金沙江河谷）。广西、贵州、广东、江西、安徽、河北、河南、山西、甘肃有栽培。缅甸、印度、斯里兰卡也有。

紫花黄檀 *Dalbergia assamica* Benth.

产于泸水、广南、麻栗坡、金平、普洱、景东、景洪、勐腊、临沧、镇康、耿马、双江、澜沧、龙陵、瑞丽；生于海拔700~2200m的林中、河边和沟谷。分布于广西。喜马拉雅东部也有。

象鼻藤 *Dalbergia mimosoides* Franch.

产于罗平、丽江、兰坪、德钦、维西、贡山、福贡、泸水、剑川、鹤庆、洱源、漾濞、宾川、永平、昆明、嵩明、富民、禄劝、双柏、江川、峨山、华宁、广南、屏边、蒙自、普洱、景东、双江、保山、腾冲；生于海拔940~2200m的林中、灌丛或河边。分布于西藏、四川、江西、浙江、湖南、湖北、陕西。印度也有。模式标本采自宾川。

牛肋巴（钝叶黄檀） *Dalbergia obtusifolia* Prain

产于元江、普洱、景洪、景东、云县、墨江、西盟、孟连、耿马；生于海拔650~1300m的林中、河边和荒地。模式标本采自普洱。

滇黔黄檀 *Dalbergia yunnanensis* Franch.

产于镇雄、师宗、丽江、永胜、大理、漾濞、洱源、鹤庆、宾川、禄劝、石林、元谋、双柏、易门、大姚、文山、砚山、西畴、麻栗坡、蒙自、金平、勐海、临沧、双江、龙陵、腾冲、梁河；生于海拔

900~2000m的林中或干热河谷。分布于广西、贵州、四川。模式标本采自宾川。

假木豆Dendrolobium triangulare (Retz.) A. K. Schindl.

产于师宗、罗平、石屏、元江、建水、红河、孟连、景洪等地；生于海拔700~1600m的林缘、路边及荒地草丛。印度、斯里兰卡、缅甸、泰国、越南、老挝、柬埔寨、马来西亚和非洲也有。

边荚鱼藤Derris marginata (Roxb.) Benth.

产于云南（标本未见）；生于山地疏林或密林中。分布于广西、广东、福建。印度、中南半岛也有。

单叶拿身草Desmodium zonatum Miq.

产于孟连及西双版纳等地；生于海拔800~1300m的山坡荒地、林缘及疏密林中。分布于海南、广西西南部、贵州（贞丰）和台湾（新竹、花莲）。印度、斯里兰卡、缅甸、泰国、越南、马来西亚、印度尼西亚、菲律宾也有。

饿蚂蝗Dollinera multiflora (DC.) C. Chen et X. J. Cui

产于师宗、嵩明、昆明、江川、宜良、安宁、禄劝、武定、元江、蒙自、砚山、屏边、西畴、景东、西双版纳、孟连、峨山、大理、洱源、漾濞、鹤庆、楚雄、德钦、贡山、福贡、腾冲、双江、耿马、凤庆、龙陵、沧源、镇康、昌宁等地；生于海拔1100~3200m的山坡路边、草地、灌丛、林中或林缘。分布于浙江南部、福建、江西、湖北、广东北部、广西、四川、贵州、西藏、台湾。印度、不丹、尼泊尔、缅甸、泰国、老挝也有。

波叶山蚂蝗Dollinera sequax (Wall.) A. K. Schindl.

产于巧家、盐津、彝良、大关、师宗、昆明、宜良、江川、双柏、峨山、蒙自、石屏、绿春、马关、元阳、西畴、河口、屏边、景东、普洱、西双版纳、双江、陇川、大理、兰坪、鹤庆、永仁、贡山、福贡、泸水、临沧、沧源及镇康等地；生于海拔3200~3400m的山坡草地、灌丛、疏林及林缘。分布于湖北、湖南、广东西北部、广西、四川、贵州、西藏、台湾等省区。印度、尼泊尔、缅甸、印度尼西亚的爪哇、巴布亚新几内亚也有。

心叶山黑豆Dumasia cordifolia Benth. ex Baker

产于巧家、师宗、维西、贡山、香格里拉、德钦、兰坪、丽江、大理、剑川、鹤庆、楚雄、昆明、蒙自、大姚、华宁、景东、绿春、屏边、凤庆、腾冲、瑞丽；常生于海拔700~2100m的山坡阳处灌丛中。分布于西藏、四川南部。印度也有。

刺桐Erythrina arborescens Roxb.*

云南有栽培。分布于广西、广东、福建。原产印度至大洋洲海岸林中，内陆多有栽培。越南、老挝、柬埔寨、马来西亚、印度尼西亚也有。

蚕豆Faba vulgaris Moench*

栽培于云南省大部地区；我国广为栽培。原产地可能为非洲北部至亚洲西南部，世界各国常有栽培。

大叶千斤拔Flemingia macrophylla (Willd.) Merr.

产于云南全省各地；常生于海拔260~1800m的林缘或沟边。分布于四川、广西、贵州、广东、福建、海南、江西、台湾。缅甸、老挝、越南、柬埔寨、印度、孟加拉国、马来西亚、印度尼西亚也有。

长叶千斤拔Flemingia striata Roxb. ex Aiton

产于勐腊、景洪；生于海拔580m的路边、干燥灌丛中。分布于老挝、越南、柬埔寨、印度、孟加拉国、泰国、印度尼西亚、菲律宾也有。

深紫木蓝Indigofera atropurpurea Buch.–Ham. ex Hornem.

产于泸水、腾冲、保山、临沧、沧源、景东、西双版纳、华宁、弥勒、蒙自、金平、屏边、河口、文山、砚山、麻栗坡等地；生于海拔300~1850m的山坡路旁灌丛中、山谷疏林中、路旁草坡和溪沟边。分布于西藏、贵州、四川西南部、广西、广东、湖南、湖北、江西、福建等。越南、缅甸、尼泊尔、印度及克什米尔地区也有。

野蓝枝子 *Indigofera bungeana* Walp.

产于双柏、元江、通海、师宗等地；生于海拔400~2450m的山坡疏林或灌丛中。分布于贵州、广西（隆林、南丹）。模式标本采自贵州望漠。

灰色木蓝 *Indigofera cinerascens* Franch.

产于西双版纳、普洱、元江、建水、双柏、师宗等地；生于海拔300~2000m的山坡灌丛、草地、疏林。分布于广西西部。巴基斯坦、印度、缅甸、越南、泰国也有。

十一叶木蓝 *Indigofera hendecaphylla* Jacq.

产于双柏、元江、通海、师宗等地；生于海拔400~1800m的山坡疏林或灌丛中。分布于贵州、广西。

垂序木蓝 *Indigofera pendula* Franch.

产于大理、丽江、香格里拉、德钦等地；生于海拔2000~3300m的山坡灌丛、沟边及林缘。分布于四川西南部。

马棘 *Indigofera pseudotinctoria* Mats.

产于德钦、兰坪、维西、丽江、昆明、蒙自、西畴等地；生于海拔100~2300m的山坡林缘及灌木丛中。分布于四川、贵州、广西、湖南、湖北、江西、江苏、安徽、浙江、福建。日本也有。

假蓝靛（野青树） *Indigofera suffruticosa* Mill.

产于西双版纳；生于山坡疏林或栽培。广西、广东、江苏、浙江、福建、台湾有栽培或逸生。原产热带美洲，现广布于世界热带地区。

铁扫帚 *Lespedeza juncea* (L. f.) Pers.

产于云南全省；生于海拔2500m以下的山坡路边。分布于陕西、甘肃、山东、台湾、河南、湖北、湖南、广东、四川、西藏等省区。朝鲜、日本、印度、巴基斯坦、阿富汗及澳大利亚也有分布。

铁马鞭 *Lespedeza pilosa* (Thunb.) Sieb. et Zucc.

产于大理、宾川、大姚、昆明、安宁、嵩明；生于海拔1800~2400m的山坡灌丛或林下。模式标本采自大姚。

牛角花 *Lotus corniculatus* L.

产于香格里拉、丽江、宁蒗、维西、鹤庆、剑川、漾濞、洱源、大理、双柏、易门、武定、禄劝、昆明、嵩明、富民、宜良、通海、峨山、东川、华宁、师宗、沧源等地；生于海拔1500~3500m的草坡、田边、沟边、林缘等地。分布于陕西、甘肃、湖北、湖南、广西、四川、贵州。欧洲、亚洲、北美洲、大洋洲、北非也产。

天蓝苜蓿 *Medicago lupulina* L.

产于德钦、维西、香格里拉、丽江、宁蒗、大理、双柏、易门、武定、富民、昆明、宜良、石林、澄江、江川、通海、会泽、师宗、蒙自、砚山；生于海拔1200~3250m的草地、田边、路旁、山坡、荒地中。分布于东北、华北、西北、中南。朝鲜、日本、俄罗斯及其他一些欧洲国家也有。

白花草木樨 *Melilotus albus* Medic. ex Desr.

产于德钦、丽江、禄丰；生于海拔1350~2100m的田边、路旁、荒地。我国大部地区栽培。

昆明鸡血藤 *Millettia dielsiana* Harmsex Diels

产于景洪、沧源、双江、蒙自、砚山、通海、江川、昆明、禄劝、元谋、鹤庆等地；生于海拔1000~2400m的山坡、旷野杂木林中。

闹鱼岩豆树 *Millettia ichthyochtona* Drake

产于金平、元阳、蒙自、河口等地；生于海拔150~750m的河谷砂质地、灌丛中。越南也有。

厚果鸡血藤 *Millettia pachycarpa* Benth.

除滇西北高山以外的云南各地均产；生于海拔2000m以下的山坡常绿阔叶林或杂木林及灌丛中。分布于西藏、贵州、四川、广西、广东、湖南、江西、浙江（南部）、福建、台湾。缅甸、泰国、越南、老挝、孟加拉国、印度、尼泊尔、不丹也有。

南亚岩豆藤*Millettia pulchra* (Benth.) Kurz

产于瑞丽、陇川、普洱、富宁等地；生于海拔700~1400m的山地、旷野或杂木林缘。分布于海南、广西、贵州。印度、缅甸、老挝也有。

美丽崖豆藤*Millettia speciosa* Champ.

产于云南；生于海拔1500m以下的灌丛、疏林和旷野中。分布于福建、湖南、广东、海南、广西、贵州。越南也有。模式标本采自香港。

大叶山绿豆*Nicolsonia gangetica* (L.) C. Chen et X. J. Cui

产于云南；生于海拔1800m以下的灌丛、疏林和旷野中。

假地豆*Nicolsonia heterocarpon* (L.) C. Chen et X. J. Cui

产于彝良、师宗、元江、富宁、屏边、砚山、西畴、红河、金平、元阳、峨山、楚雄、鹤庆、贡山、保山、梁河、凤庆、临沧、盈江、镇康、潞西、景东、普洱、西双版纳及孟连等地；生于海拔230~1900m的山坡草地、水边路旁、灌丛及林下。分布于长江以南各省区。印度、斯里兰卡、缅甸、泰国、越南、柬埔寨、老挝、马来西亚、日本、太平洋群岛及大洋洲也有。

大叶拿身草*Nicolsonia laxiflorum* (DC.) C. Chen et X. J. Cui

产于绿春、马关、双江及西双版纳等地；生于海拔530~1300m的山坡路边、灌丛，次生林缘及疏密林中。分布于湖北、湖南、广东、广西、四川、贵州、台湾等省区。印度、缅甸、泰国、越南、马来西亚、菲律宾也有。

三点金草*Nicolsonia triflora* (L.) Griseb.

产于盐津、彝良、富宁；常生于海拔1000m的山坡路旁草丛。

排钱草*Phyllodium pulchellum* (L.) Desv.

产于盈江、双江、瑞丽、勐腊、景洪等地；生于海拔550~1300m以下的山坡灌丛、草地及阔叶林中。分布于广东西部和广西西部。缅甸及泰国北部也有。

野葛*Pueraria lobata* (Willd.) Ohwi

云南各地分布；常生于海拔120~2400m的各种生境。我国除新疆、青海和西藏外，各省区均有分布。东南亚至澳大利亚也有。

苦葛*Pueraria peduncularia* (Benth.) R. Grah. ex Benth.

产于维西、香格里拉、兰坪、丽江、大理、鹤庆、漾濞、通海、大姚、楚雄、双柏、武定、嵩明、元江、江川、禄劝、峨山、砚山、麻栗坡、文山、西畴、绿春、景东、墨江、西盟、西双版纳、潞西、腾冲；生于海拔1100~3500m的荒地、杂木林中。分布于四川、贵州、广西、西藏。缅甸、尼泊尔、克什米尔、印度也有。

鹿藿*Rhynchosia volubilis* Lour.

产于盐津、彝良、富宁；常生于海拔550~580m的山坡路旁草丛。分布于江南各省。越南、朝鲜、日本也有。

淡红鹿藿*Rhynchosia rufescens* (Willd.) DC.

产于大理、金平、元阳、元江、河口、景洪、龙陵；生于海拔320~2700m的河谷、灌丛、草坡。分布于广西。印度、斯里兰卡、柬埔寨、马来西亚、印度尼西亚也有。

刺田菁*Sesbania bispinosa* (Jacq.) W. F. Wight

产于景东、华坪、元谋、华宁、普洱、蒙自、河口、富宁等地；生于山坡路旁湿润处。分布于四川（西南部）、广西、广东。伊朗、巴基斯坦、印度、斯里兰卡、中南半岛、马来半岛等地也有。

田菁*Sesbania cannabina* (Retz.) Pers.

产于西双版纳，栽培或逸为野生；生于海拔500~700m的水田、水沟等潮湿低地。广西、海南、江西、江苏、浙江、福建有栽培或逸生。伊拉克、印度、中南半岛、马来西亚、巴布亚新几内亚、新喀里多尼亚、澳大利亚、加纳、毛里塔尼亚也有。茎、叶可作绿肥及牲畜饲料。

宿苞豆*Shuteria involucrata* (Wall.) Wight et Arn.

产于丽江、大理、永胜、峨山、昆明、双柏、师宗、石屏、蒙自、绿春、景东、西畴、砚山、普洱、元江、勐海、澜沧、潞西；生于海拔500~2300m的干热河谷、山坡灌丛及常绿阔叶林下。分布于广西。越南、柬埔寨、泰国、印度西北部、尼泊尔和印度尼西亚（爪哇）也有。

苦刺花*Sophora davidii* (Franch.) Skeals

除西双版纳外，全省皆有分布。分布于广西、贵州、四川、西藏、江苏、浙江、湖南、湖北、河南、陕西、甘肃及华北。

葫芦茶*Tadehagi triquetrum* (L.) Ohashi

产于河口、绿春、马关、西畴、金平、屏边、耿马、景东、普洱、西双版纳、临沧及盈江等地；生于海拔200~1400m的河边荒地、山坡草地、灌丛及林中。分布于福建、江西、广东、海南、广西、贵州。印度、斯里兰卡、缅甸、泰国、越南、老挝、柬埔寨、马来西亚、太平洋群岛、新喀里多尼亚、澳大利亚北部也有。

灰毛豆（灰叶）*Tephrosia purpurea* (L.) Pers.

产于耿马、元江、永胜、鹤庆、元谋、元阳等地；生于海拔350~1450m的旷野及干旱山坡灌丛、河滩。分布于广西、广东、福建、台湾。广布于全世界热带地区。

狸尾豆*Uraria lagopodioides* (L.) Desv. ex D. Don

产于蒙自、文山、个旧、富宁、元阳、金平、河口、西畴、景东、保山、洱源、西双版纳、孟连、镇康、耿马、沧源等地；生于海拔330~1500m的山坡荒地及灌丛中。分布于福建、江西、湖南、广东、海南、广西、贵州、台湾。印度、缅甸、越南、马来西亚、菲律宾、澳大利亚也有。

美花狸尾豆*Uraria picta* (Jacq.) Desv. ex DC.

产于鹤庆、巧家、洱源、禄劝、元江、屏边、元阳、西双版纳等地；生于海拔350~1500m的草坡及路边。分布于广西、广东、四川、贵州、台湾（南部）。印度、越南、泰国、马来西亚、菲律宾、非洲也有。

广布野豌豆*Vicia cracca* L.

产于漾濞、会泽、师宗、罗平；生于海拔1500~1900m的山坡、草地、路边。分布于东北、华北、西北。朝鲜、日本、欧洲、北非、北美洲也有。

歪头菜*Vicia unijuga* A. Br.

产于香格里拉、丽江、富民、昆明、砚山；生于海拔1200~2780m的林缘、草地、山坡。分布于东北、华北、华东、中南、西南。朝鲜、日本、蒙古、俄罗斯也有。

黄杨科 Buxaceae

河滩黄杨*Buxus austro-yunnanensis* Hatusima

产于双江、澜沧、西双版纳等地；生于海拔480~890m的江边、疏林下。模式标本采于景洪。

板凳果*Pachysandra axillaris* Franch.

分布于滇西北（贡山）、西南（漾濞至龙陵），金沙江中流（宾川至禄劝）。生于海拔1700~2400（~3000）m的山坡、沟边和林下，有时成片。我国四川亦有分布。模式标本采自宾川大坪子。

清香桂*Sarcococca ruscifolia* Stapf

产于滇中、西北、东南等地区。生于海拔1200~1900m的杂木林下，喜生石灰岩区。我国湖北西部、四川、贵州亦有分布。

杨柳科 Salicaceae

滇杨*Populus yunnanensis* Dode

产于昆明、禄劝、丽江、剑川、维西、大理、宾川，生于海拔2600~3000m的山谷溪旁或杂木林中；在海拔1900m左右的昆明附近，栽培于村旁绿化和做行道树，生长良好；四川、贵州也有。模式标本采自云南。

滇柳*Salix cavaleriei* Levl.

产于维西、贡山、德钦、香格里拉，生于海拔2900~4100m的针阔叶混交林下或灌丛中；陕西、宁夏、甘肃、青海、四川、西藏等省区均有。

丑柳*Salix inamoena* Hand.–Mazz.

产于昆明、嵩明、会泽、曲靖、宜良、石屏，生海拔1800~2600m的山坡灌丛中。模式标本采自昆明西山。

四籽柳*Salix tetrasperma* Roxb.

产于昆明、楚雄、丽江、大理、保山、潞西、临沧、普洱、景洪、个旧、文山等地，生于海拔500~2400m的沟谷、河边及林缘，常栽培于村镇、城郊；分布于四川、贵州、西藏、广东、广西。印度、尼泊尔、锡金、不丹、中南半岛、印度尼西亚也有。

杨梅科 Myricaceae

毛杨梅*Myrica esculenta* Buch.–Ham.

产于滇东南及滇西南（腾冲），生于海拔1000~2500m的杂木林内或干燥的山坡上，四川、贵州、广西、广东亦有。中南半岛、马来西亚、印度、缅甸、尼泊尔、不丹等均有分布。

矮杨梅*Myrica nana* Cheval.

产于滇中、滇西、滇东北，生于海拔1500~3500m的山坡林缘或灌丛中；分布于贵州西部。

桦木科 Betulaceae

旱冬瓜*Alnus nepalensis* D. Don

云南全省各地，生于海拔500~3600m的湿润坡地或沟谷台地林中，有时组成纯林。西藏东南部、四川西南部、贵州亦有分布。尼泊尔、不丹、锡金、印度也有。

西南桦*Betula alnoides* Buch.–Ham. ex D. Don

产于泸水、南涧、保山、龙陵、瑞丽、盈江、凤庆、沧源、镇康、双江、景东、普洱、景洪、佛海、勐腊、石屏、金平、广南、富宁、西畴、屏边等地，生于海拔500~2100m的山坡杂木林中；梅南（尖峰岭）、广西田林亦有。越南、尼泊尔也有分布。

榛科 Corylaceae

短尾鹅耳枥*Carpinus londonniana* H. Winkl. in Engl.

产于景洪、勐海、孟连、普洱、景东、景谷、新平、峨山、腾冲、盈江、麻栗坡等地，生于海拔300~1500m的湿润山坡或山谷的杂木林中；四川西南部、贵州东南部、湖南、广西、广东、福建、江西、浙江、安徽等省区亦有分布。越南、老挝、泰国北部、缅甸东南部也有。模式标本采自普洱。

壳斗科 Fagaceae

小果栲*Castanopsis fleuryi* Hick. et A.

产于潞西、镇康、勐海、澜沧、临沧、凤庆、普洱、景东、元江、新平、绿春等地；常生于海拔1100~1900（~2300）m的阔叶混交林中。越南亦有。

腾冲栲*Castanopsis wattii* (King) A. Camus

产于龙陵、腾冲、勐海、普洱、元江、景东等地，生于海拔1300~2500m处。印度，锡金亦有。

高山栲*Castanopsis delavayi* (Franch.) Schott.

产于云南省大部分地区，滇中常生于海拔1600~2200m，滇南900~1600m，滇西北可达海拔2800m。分布于我国贵州、四川、广西等省区。越南、缅甸、泰国亦有。

刺栲*Castanopsis hystrix* A. DC.

产于滇西龙陵、腾冲，滇南西双版纳，滇东南富宁等地，常生于海拔500~1600m（有时达2000m）湿润山谷疏林或密林中。贵州、广西、广东、湖南、福建、台湾等省区均有分布。印度、老挝、越南亦有。

元江栲*Castanopsis orthacantha* Franch.

产于云南省大部分地区，滇中地区最为普遍，滇西、滇东南亦有；常生于海拔1000~3000m阳坡松栎林中或阴坡沟谷阔叶林中。贵州、四川等均有分布。

黄毛青冈*Cyclobalanopsis delavayi* (Franch.) Schottky

云南省大部分地区都有分布，自富宁海拔700m，至丽江、香格里拉海拔3000m松栎混交林中均有生长。此外分布于我国贵州、广西、四川等省区。

滇青冈*Cyclobalanopsis glaucoides* Schottky

云南省大部分地区均有分布，生于海拔1100~3000m山地森林中，为滇中地区的习见树种。我国贵州、四川有分布。

毛叶青冈*Cyclobalanopsis kerrii* (Craib) Hu

产于滇西南、滇南、滇东南海拔1000~1800m山地疏林中。分布于我国广西海南。泰国、越南亦有。

滇石栎*Lithocarpus dealbatus* (Hook. f. et Thoms.) Rehd.

产于云南省各地，从滇西北丽江、香格里拉、宁蒗经滇中至滇东南西畴、麻栗坡等地；常生于海拔1300~2700m山地湿润森林中。此外贵州、四川等地均有分布。老挝亦有。

截头石栎*Lithocarpus truncatus* Rehd.

产于双江、凤庆、临沧、西双版纳、普洱、镇源、景东、屏边、金平、麻栗坡等地；常生于海拔1200~2500m山地森林中。我国广西、广东等省区也有分布。越南、老挝、泰国、印度亦有。

光叶石栎*Lithocarpus mairei* (Schottky) Rehd.

产于昆明、新平、玉溪、祥云至大理一带；常生于海拔1500~2300m向阳山坡。

硬斗石栎*Lithocarpus hancei* (Benth.) Rehd.

产于贡山、腾冲、临沧、耿马、景东、元江、金平、西畴、富宁、广南等地；常生于海拔1000~2000m杂木林中。我国贵州、四川、广西、广东、江西、湖南、浙江等省区均有分布。

槲栎*Quercus aliena* Bl.

产于昆明、嵩明、景东、寻甸、西畴等地；生于海拔1900~2600m向阳山坡或松林中。我国西南、华南，北至辽宁、河北，东至台湾等省均有分布。朝鲜、日本亦有。

柞栎*Quercus dentata* Thunb.

产于滇西北、滇中、滇东南；生于海拔1200~2700m阳坡或松林中。我国自贵州、四川、广西北部，北至黑龙江，东至台湾省均有分布。蒙古、日本亦有。

锥连栎*Quercus franchetii* Skan

产于开远、昆明、楚雄、大姚、下关、鹤庆、云龙等地，生于海拔1100~2600m山地或松林中。我国四川有分布。

光叶高山栎*Quercus rehderiana* Hand.–Mazz.

产于滇中、滇西北；生于海拔1500~3100m山地杂木林中。我国贵州、四川均有分布。

栓皮栎*Quercus variabilis* Bl.

除滇西北高山及滇西南和西双版纳的普文以南外全省都有分布；常生于海拔700~2300m阳坡或松栎林中。自我国广西、广东北部以北，西至四川、甘肃东南部，北至辽宁，东至台湾均有分布。朝鲜、日本亦有。

榆科 Ulmaceae

糙叶树*Aphananthe aspera* (Thunb.) Planch.

产于富宁、临沧、双江、耿马、沧源；生于海拔900~1100m的山谷、溪边林中。分布于四川、贵州、广西、广东、福建、台湾、江西、浙江、江苏、安徽、山东、山西。越南、朝鲜、日本也有。

紫弹树*Celtis biondii* Pamp.

产于镇雄、大关等地；生于海拔1500~1700m的林中、路旁。分布于四川、贵州、广西、广东、湖北、福建、台湾、江苏、安徽、江西、浙江、河南、陕西、甘肃。日本、朝鲜也有。

四蕊朴*Celtis tetrandra* Roxb.

产于文山、红河、普洱、临沧、大理、保山、德宏等地州；生于海拔200~1600m的阔叶林中。分布于四川、广西。印度、尼泊尔、缅甸、越南也有。

狭叶山黄麻*Trema angustifolia* (Planch.) Bl.

产于新平、西畴、屏边、金平、开远、蒙自、普洱、勐腊、景洪；生于海拔700~1600m的阔叶林或灌丛中。分布于广西、广东。印度、越南、马来半岛、印度尼西亚也有。

银毛叶山黄麻*Trema nitida* C. J. Chen

产于师宗、峨山、砚山、西畴、麻栗坡、马关、金平、屏边、双江；生于海拔1000~1800m的常绿阔叶林及灌木林中，多见于石灰岩地区。分布于四川、贵州、广西。模式标本采自双江。

山黄麻*Trema orientalis* (L.) Bl.

产于泸水、文山、富宁、绿春、河口、金平、屏边、凤庆、双江、耿马、盈江、景洪、勐腊、勐海等地；生于海拔350~2500m河谷及山坡林中。分布于四川、西藏、贵州、广西、广东、海南、台湾、福建。缅甸、不丹、孟加拉国、印度、斯里兰卡、印度、泰国、马来西亚、印度尼西亚、日本、南太平洋诸岛也有。

东京榆*Ulmus tonkinensis* Gagnep.

产于麻栗坡、西畴、广南；生于海拔1150~1700m的山地、山谷及石灰岩山地阔叶林中。分布于广西、广东、海南。越南也有。

桑科 Moraceae

藤构*Broussonetia kaempferi* Sieb. var. *australis* Suzuki

云南全省各地常见，雄株只见于河口，多生于海拔310~1000m的山谷灌丛中或沟边、山坡路旁；浙江、安徽、湖北、湖南、江西、福建、广东、海南、广西、贵州、四川、台湾等地。越南北方也有。原种见于日本、朝鲜。

构树*Broussonetia papyrifera* (L.) L' Hert

云南全省各地均有野生，少有栽培；长江和珠江流域各省区均有分布。越南、印度、日本也有。

柘树*Cudrania tricuspidata* (Carr.) Bur. ex Lavallee

产于昆明附近，有时栽培，常生于光照充足的灌木丛中或宅旁、山坡；我国自中南、华东、西南，北至河北南部均有分布。日本、朝鲜有分布。

钩毛榕 *Ficus asperiuscula* Kunthet Bouch

产于蒙自、河口、屏边、金平、元阳、西双版纳（勐仑），生于海拔200~750（~1500）m的山地或沟谷林中。印度尼西亚（苏门答腊、爪哇）有分布。

大果榕（木瓜榕） *Ficus auriculata* Lour.

产于禄劝、双柏、建水、华坪、漾濞、泸水、瑞丽、福贡、贡山、临沧、沧源、凤庆、镇康、西双版纳、绿春、金平、屏边、河口、西畴等地，生于海拔50~1500（~2000）m的热带、亚热带沟谷林中。喜马拉雅诸国（白巴基斯坦以东）至印度、泰国、马来西亚。

空管榕（水同木） *Ficus fistulosa* Reinw. ex Bl.

产于西双版纳、红河、弥勒、河口、金平、麻栗坡、富宁，生于海拔350~1200m的溪边岩石上或林中；广东、海南、广西、台湾有分布。锡金、印度东北部、孟加拉、缅甸、泰国、越南、马来西亚（西部）、印度尼西亚、菲律宾也有。

绿叶冠毛榕 *Ficus gasparriniana* Miq. Var. *laceratifolia* (Levl. et Vant.) Corner

产于昆明、富民、寻甸、嵩明、禄劝、易门、峨山、建水、凤仪、大理、漾濞、洱源、邓川、贡山、独龙江、龙陵、腾冲、泸水、孟连、凤庆、临沧、双江、景东、普洱、西双版纳、屏边、西畴、马关、麻栗坡、广南、砚山、文山、师宗，生于海拔（600~）1000~2700m的地方；贵州、广西、广东、海南、福建、湖南有分布。越南、泰国北部、老挝、上缅甸、印度东北部也有。

粗叶榕（佛掌榕） *Ficus hirta* Vahl

产于盈江、西双版纳、绿春，生于海拔540~1520m的村寨附近或山坡林边，有时附生他树；贵州、广西、广东、海南、福建、江西有分布。尼泊尔、锡金、不丹、印度东北部、缅甸、泰国、越南、马来西亚、印度尼西亚有分布。

对叶榕 *Ficus hispida* L. f.

产于盈江、莲山、瑞丽、泸水、龙陵、镇康、凤庆、临沧、西双版纳、峨山、元阳、绿春、建水、蒙自、河口、金平、马关、麻栗坡、西畴、富宁，生于海拔120~1600m的山谷潮湿地带；广东、海南、广西、贵州。锡金、不丹、印度、泰国、越南、马来西亚、澳大利亚均有分布。

榕树 *Ficus microcarpa* L. f.

产于富民、禄劝、峨山、石屏、建水、元江、普洱、澜沧、西双版纳、元阳、河口、麻栗坡、富宁、文山、砚山，生海拔174~1240（~1900）m的地方；浙江（东南）、江西（南部）、广东及其沿海岛屿、海南、福建、台湾、广西、贵州等地有分布。斯里兰卡、印度、缅甸、泰国、越南、马来西亚、菲律宾至日本（琉球群岛、九州）、巴布亚新几内亚和澳大利亚北部及东部也有。

琴叶榕 *Ficus pandurata* Hance*

黄葛树 *Ficus virens* Aiton var. *sublanceolata* (Miq.) Corner

产于盐津、彝良、巧家、会泽、元谋、宾川、邓川、鹤庆、大理、漾濞、巍山、景东、凤庆、临沧、泸水、勐海、景洪、屏边、河口，生海拔（450~）800~2200（~2700）m；陕西、湖北、贵州、广西、四川等地有分布。

鸡嗉子榕 *Ficus semicordata* Buch.–Ham. ex J. E. Smith

广布于保山、怒江、德宏、普洱、西双版纳、红河等地区和自治州，生于海拔600~1600（~2800）m的公路两旁或林缘；西藏、广西、贵州有分布。马来西亚（雪兰峨以上）、越南、泰国、缅甸、不丹、锡金、尼泊尔、印度东部也有。

地果 *Ficus tikoua* Bur.

产于昆明、楚雄、鹤庆、丽江、砚山、景东、威信等地，生于海拔500~2650m地的山坡或岩石缝中；西藏（东南）、四川、贵州、广西、湖南、湖北、陕西（南部）有分布。印度东北部、老挝、越南北方也有分布。

鸡桑*Morus australis* Poir.

产于昆明、禄劝、宜良、师宗、大姚、宁蒗、丽江、大理等地，生于海拔1450~2700m的山坡灌丛或悬岩上；陕西、甘肃、河北、山东、河南、安徽、江西、浙江、福建、台湾、广东、广西、四川、贵州有分布。朝鲜、日本、印度、中南半岛也有。

荨麻科 Urticaceae

水苎麻*Boehmeria macrophylla* D. Don

主要分布于热带、亚热带，少数达温带，产于云南、广西、广东、四川和贵州等省区。

苎麻*Boehmeria nivea* (L.) Gaud.

主要分布于热带、亚热带，少数达温带，产于云南、广西、广东、四川和贵州等省区。

长叶水麻*Debregeasia longifolia* (Burm. f.) Wedd.

主要分布于热带、亚热带，少数达温带，产于云南、广西、广东、四川和贵州等省区。

束序苎麻 *Boehmeria siamensis* Craib

主要分布于热带、亚热带，少数达温带，产于云南、广西、广东、四川和贵州等省区。

水麻*Debregeasia orientalis* C. J. Chen

除滇西及西南外全省各地均产，生于海拔600~3600m的溪谷荫湿处；贵州、四川、甘肃南部、陕西南部、湖北、湖南、广西、台湾也有。亦见于日本。

毛叶楼梯草*Elatostema mollifolium* W. T. Wang

产于滇中（双柏），生于海拔1950m的山林中。

蝎子草*Girardinia diversifolia* (Link) Friis

产于滇西北（剑川、香格里拉、贡山）、滇西（大理、漾濞）、滇北（禄劝）、滇中（昆明）、滇东（罗平）、滇中南（景东）、滇南（勐腊、勐海、澜沧）及滇东南（砚山、屏边），生于海拔900~2800m的林下、灌丛中及林缘湿润处；四川、贵州也有分布。模式标本采自贡山。

糯米团*Hyrtanandra hirta* (Bl.) Miq.

产于云南全省南北各地，生于海拔1300~2900m的山地灌丛或沟边；西南、华南至秦岭也有。亦见于亚洲、澳大利亚的热带和亚热带地区。

紫麻*Oreocnide frutescens* (Thunb.) Miq.

产于滇东北（绥江）、滇西北（贡山）、滇北（禄劝）、滇中（富民）、滇东（师宗）及滇东南（建水、屏边、金平、河口、砚山、文山、广南、富宁），生于海拔150~2200m山坡林下或灌丛中阴湿处或箐沟湿润地上；陕西南部、甘肃东南部、四川、贵州、湖北、湖南、安徽南部、浙江、江西、福建、台湾、广东、海南、广西也有。亦见于日本。

倒卵叶紫麻*Oreocnide obovata* (C. H. Wright) Merr.

产于滇东南（蒙自、红河、屏边、河口、砚山、文山、西畴、麻栗坡、富宁），生于海拔160~1600m的山谷或沟边阔叶林下、林缘灌丛或荒地上；广东、广西、湖南也有。亦见于越南。模式标本采自广东。

红紫麻*Oreocnide rubescens* (Bl.) Bl. ex Miq.

产于滇中南（景东）、滇南（普洱、普文、勐养、景洪、勐腊、易武、勐海、澜沧）、滇西南（沧源、耿马）及滇东南（蒙自、建水、红河、元阳、绿春、屏边、金平、河口、西畴、麻栗坡、富宁），生于海拔500~2000m的山谷、沟边、河岸的密林、疏林或灌丛中；广西西部也有分布。亦见于不丹、缅甸、泰国、老挝、越南、印度尼西亚（爪哇）。

点乳冷水花*Pilea glaberrima* (Bl.) Bl.

产于滇西北（贡山）、滇南（普洱）及滇西南（陇川），生于海拔900~1200m的林下荫湿处；我国贵州、广西、广东、海南也有。亦见于尼泊尔、锡金、印度东北部、缅甸、越南、印度尼西亚。

石筋草*Pilea plataniflora* C. H. Wright

全省分布。生于海拔1000~2400m的山地林下石灰岩石上；甘肃、陕西、湖北西部、四川、贵州、广西、台湾也有。亦见于越南北方。模式标本采自蒙自。

粗齿冷水花*Pilea sinofasciata* C. J. Chen et B. Bartholomew

产于滇东北（永善、镇雄）、滇西北（丽江、永胜、维西、贡山、香格里拉）、滇西（大理、洱源、鹤庆、凤庆）、滇中（禄劝、昆明、安宁、富民、嵩明、寻甸、玉溪）、滇中南（景东）、滇南（景洪）、滇西南（泸水、耿马、腾冲）及滇东南（砚山），生于海拔（1250~）1500~2600m的山谷林下荫湿处；河南、陕西南部、四川、贵州、湖北、湖南、广东、广西、浙江、安徽、江西也有。模式标本采自四川宝兴。

石生冷水花*Pilea symmeria* Wedd.

产于云南全省各地，生于海拔1300~3400m的常绿阔叶林下或灌丛中荫湿处；我国陕西、四川、西藏、贵州、湖北、湖南、广西、江西也有。亦见于尼泊尔、不丹、缅甸。模式标本采自贵州平坝。

红雾水葛*Pouzolzia sanguinea* (Blume) Merr.

产于云南全省各地，生于海拔150~2400m的山地林缘或林中；西藏南部和东南部、四川南部和西南部、贵州西部和南部、广西、广东、海南也有。亚洲热带地区广布。

小果荨麻*Urtica atrichocaulis* (Hand.–Mazz.) C. J. Chen

产于滇东北（绥江、会泽）、滇西（大理）、滇西北（洱源、丽江、德钦）、滇中（昆明、富民、大姚）、滇中南（景东、峨山、墨江）、滇南（勐海）、滇西南（腾冲）及滇东南（屏边、金平），生于海拔350~2900m的林缘路旁、灌丛、溪边、田边、住宅旁；贵州西部、四川西南部（西昌、冕宁）也有分布。后选模式采自昆明。

大麻科 Cannabaceae

葎草*Humulus scandens* (Lour.) Merr.

产于滇东南及西双版纳地区，生于海拔500~1200（1800）m的旷地、荒地或沟边灌木丛中。我国除新疆、青海外，各省区均有分布。日本、越南亦有。

冬青科 Aquifoliaceae

多脉冬青*Ilex polyneura* (Hand.–Mazz.) S. Y. Hu

产于西畴、文山、西双版纳、绿春、元江、景东、普洱、昆明、嵩明、富民、禄劝、峨山、双柏、新平、镇康、耿马、沧源、潞西、龙陵、腾冲、维西、贡山、碧江、漾濞、寻甸及会泽等地，生于海拔1260~2600m的林中或灌丛中；亦分布于四川西南部和贵州东北部。模式标本采自贡山。

卫矛科 Celastraceae

独籽藤*Celastrus monospermus* Roxb.

产于文山、屏边、泸西、元江、澜沧、普洱、勐腊、景洪、勐海、临沧等地；生于海拔1000m以上的山地次生杂木林中。福建、贵州、广西、广东也有分布。印度、缅甸、越南也有。

灯油藤*Celastrus paniculatus* Willd.

产于西双版纳等地；生于海拔700~900m林缘或林下。分布于西藏、贵州、广西、广东、台湾等省区。巴基斯坦、印度、不丹、缅甸、菲律宾、马来西亚、印度尼西亚也有。

扶芳藤*Euonymus fortunei* (Turcz.) Hand.–Mazz.

产于云南全省各地；生于海拔150~3400m的高山地林地及灌丛，常见。除极个别省区外，几遍全国。分布于东亚、南亚，并栽培于世界各大洲。

云南翅子藤*Loeseneriella yunnanensis* (Hu) A. C. Smith

产于云南及东南部地区。生于海拔700~1100m的石灰山疏林中。模式标本采自普洱。

贵州美登木*Maytenus esquirolii* (Levl.) C. Y. Cheng

产于蒙自、广南、元江、元阳、易门；生于海拔1550m的石灰山常绿阔叶林中。贵州（罗甸）也有。

昆明山海棠*Tripterygium hypoglaucum* (Levl.) Levl. ex Hutch.

产于云南全省大部分地区；生于海拔1200~3000m的林缘或疏林灌丛中。安徽、浙江、江西、湖南、贵州、广西、广东也有分布。模式标本采自蒙自。

铁青树科 Olacaceae

青皮木*Hoepfia jasminodora* Sieb. et Zucc.

产于大理、巍山、宾川、晋宁、昆明、安宁、武定、绥江等地，生于海拔1600~2500m阔叶林中；陕西、四川、贵州、湖北、河南、湖南、广东、广西、江苏、安徽、江西、浙江、福建等省区均有分布。日本也产。

山柚子科 Opiliaceae

长蕊甜菜树*Champereia longistaminea*（W. Z. Li）D. D. Tao

产于元江、双柏，生海拔1100~1320m的河谷、沟谷密林中。模式标本采自元江。

尾球木*Urobotrya latisquama* (Gagn.) Hiepko

产于河口、金平、勐腊、富宁，生海拔1000m以下山谷、疏林中；广西有分布。缅甸、老挝、越南、泰国也产。模式标本采自老挝。

桑寄生科 Loranthaceae

红花寄生*Scurrula parasitica* L.

产于云南西部、西南部、中部和东南部各县，海拔700~2800m的常绿阔叶林中，常寄生于柚、桔、桃、油茶、普洱茶等多种植物上。分布于四川、贵州、广西、广东、江西、福建、台湾。亚洲东南部也有。

元江寄生*Scurrula sootepensis* (Craib) Danser

产于金平，海拔650~1000m常绿阔叶林中，寄生于铁青树属植物上。分布于泰国。

槲寄生科 Viscaceae

油杉寄生*Arceuthobium chinense* Lecte.

产于鹤庆、大理、宾川、大姚、富民、昆明、元江等地，海拔1500~4100m山地针叶阔叶混交林或油杉林中，寄生于云南油杉或川西云杉等上。分布于四川（西南部）、西藏。模式标本采自鹤庆大坪子。

檀香科 Santalaceae

沙针*Osyris wightiana* Wall. ex Wight

产于云南各地，生于海拔1550~2500m的灌丛及松栎林缘；西藏东南部、四川南部、贵州、广西等地亦有。分布于印度北部、不丹、缅甸至中南半岛，南达斯里兰卡。

鼠李科 Rhamnaceae

多花勾儿茶*Berchemia floribunda* (Wall.) Brongn.

产于巧家、镇雄、德钦、香格里拉、维西、大理、漾鼻、禄劝、武定、楚雄、易门、昆明、嵩明、峨山、文山、景东、勐海、沧源、龙陵、保山；生于海拔750~2700m的山地灌丛或阔叶林中。分布于西藏、四川、贵州、湖南、湖北、广西、广东、福建、江西、浙江、江苏、安徽、河南、陕西、山西、甘肃。印度、尼泊尔、不丹、越南、日本也有。

毛蛇藤*Colubrina pubescens* Kurz

产于开远、元江；生于海拔500~1300m的路边灌丛中。印度、越南、老挝、柬埔寨也有。

苞叶木 *Chaydaia rubrinervis* (Levl.) C. Y. Wu ex Y. L. Chen

产于富宁、西畴、砚山、马关、麻栗坡、屏边、河口、曲靖、新平、元江、景谷、勐腊、景洪；生于海拔400~2700m的疏林中。分布于广西、贵州、海南。越南、泰国、菲律宾等国也有。

毛咀签 *Gouania javanica* Miq.

产于禄春、文山、麻栗坡、普洱、西双版纳、双江、瑞丽等地；生于海拔500~1300m的荒坡或林缘及路边灌丛中。分布于贵州、广西、广东、海南、福建。越南、老挝、柬埔寨、泰国、印度尼西亚、马来西亚、菲律宾也有。

短柄铜钱树 *Paliurus orientalis* (Franch.) Hemsl.

产于泸水、丽江、永仁、鹤庆、大理、禄劝、大姚、蒙自、元江等地；生于海拔900~2200m的山地阔叶林或灌木林中。分布于四川。模式标本采自大理。

多脉猫乳 *Rhamnella martinii* (Levl.) Schneid.

产于昭通、会泽、曲靖、罗平、砚山、昆明、安宁、嵩明、富民、双柏、通海、楚雄等地；生于海拔800~2900m的山地灌丛或阔叶林中。分布于西藏、四川、贵州、湖北、广东。

铁马鞭 *Rhamnus aurea* Heppeler

产于大理、宾川、大姚、昆明、安宁、嵩明；生于海拔1800~2400m的山坡灌丛或林下。模式标本采自大姚。

薄叶鼠李 *Rhamnus leptophylla* Schneid.

云南中部和东南部广泛分布；生于海拔1500~2800m的灌丛或沟边疏林中。分布于四川、贵州、广西、广东、湖南、江西、福建、浙江、湖北、安徽、河南、山东、陕西。

帚枝鼠李 *Rhamnus virgata* Roxb.

产于昭通、威信、会泽、丽江、香格里拉、兰坪、大理、鹤庆、曲靖、嵩明、昆明、富民、楚雄、双柏、峨山、弥勒、蒙自、元江、普洱、双江；生于海拔2000~2800m的山坡灌丛或林下。分布于西藏、四川、贵州。印度、尼泊尔也有。

滇刺枣 *Ziziphus mauritiana* Lam.

产于巧家、元谋、禄劝、河口、元江、江城、普洱、景谷、景洪、勐海、双江、盈江、龙陵等地；生于海拔1800m以下的山坡、丘陵、灌丛或林中。分布于四川、广西、广东；福建、台湾有栽培。斯里兰卡、印度、阿富汗、越南、缅甸、马来西亚、印度尼西亚、澳大利亚及非洲也有。

胡颓子科 Elaeagnaceae

牛奶子 *Elaeagnus umbellata* Thunb.

产于大关、会泽、昭通、嵩明、昆明、禄劝、武定、大姚、漾濞、大理、永平、剑川、云龙、维西、德钦、香格里拉、贡山、丽江、福贡、泸水、腾冲；生于海拔1500~2800m的河边、荒坡灌丛中。我国长江南北大部分省区有分布。日本、朝鲜、印度、尼泊尔、不丹、阿富汗、意大利也有。

鸡柏紫藤 *Elaeagnus loureirii* Champ.

产于广南、蒙自、麻栗坡、西畴、普洱、墨江、景东、元江、新平、双柏、龙陵、云县、凤庆；生于海拔1000~2400m的山地疏林中。分布于江西、广东、香港、广西。

景东羊奶子 *Elaeagnus jingdonensis* C. Y. Chang

产于元江、双柏、景东；生于海拔1500~2300m的疏林和荒坡灌丛中，少见。模式标本采于景东无量山。

火筒树科 Leeaceae

火筒树 *Leea indica* (Burm. f.) Merr.

产于麻栗坡、马关、屏边、河口、景洪、勐海等地；生于海拔100~1300m热带林中；分布于广东、广西、海南、贵州等省区。南亚到大洋洲北部亦有分布。

葡萄科 Vitaceae

蓝果蛇葡萄*Ampelopsis bodinieri* (Levl. et Vant.) Rehd.

产于德钦；生于海拔约2200m的林中。分布于陕西、河南、湖北、湖南、福建、广东、广西、海南、四川、贵州。

三裂蛇葡萄*Ampelopsis delavayana* (Franch.) Planch. ex Franch.

广布云南全省各地；生于海拔300~2200m的山谷林中或山坡灌丛或林中。分布于福建、广东、广西、海南、四川、贵州。模式标本采自鹤庆大坪子。

锈毛白粉藤*Cissus adnata* Roxb.

产于景洪、勐海、勐腊、沧源；生于海拔500~1550m的热带林中、林缘或灌丛。老挝、柬埔寨、泰国、印度也有。

青紫藤*Cissus javana* DC.

产于麻栗坡、金平、河口、屏边、绿春、红河、景东、普洱、景洪、勐海、勐腊、盈江、瑞丽、临沧；生于海拔600~2000m的山坡热带至南亚热带林中、草丛或灌丛中。尼泊尔、锡金、印度、缅甸、越南、泰国、马来西亚也有。

白粉藤*Cissus repens* Lam.

产于西畴、屏边、河口、景东、景洪、孟连、勐腊、绿春、临沧；生于海拔130~1300m的山谷林中或山坡灌丛；分布于台湾、广东、香港、广西、贵州。越南、菲律宾、马来西亚、澳大利亚也有。

崖爬藤*Tetrastigma obtectum* (Wall. ex Laws.) Planch. ex Franch.

产于富民、昆明、西畴、建水、绿春、贡山、香格里拉、维西、大理、景东、腾冲；生于海拔1250~2400m的山坡岩石或林下石壁上。分布于甘肃、湖南、福建、台湾、广西、四川、贵州。

厚叶崖爬藤*Tetrastigma pachyphyllum* (Hemsl.) Chun

产于贡山、临沧、龙陵、景东、勐海、昆明、嵩明、易门、双柏、建水、文山；生于海拔1100~2000m的山坡、山谷林中。分布于四川（冕宁）。模式标本采自昆明。

滇崖藤*Tetrastigma yunnanense* Gagnep.

产于西畴、龙陵、沧源、贡山、香格里拉、丽江、洱源、大理、宾川、鹤庆；生于海拔1200~2500m的溪边林中。分布于西藏。模式标本采自鹤庆。

蘡薁*Vitis adstricta* Hance

产于绥江、马龙、师宗、禄劝、昆明、大姚、大理、漾濞、鹤庆、贡山、丽江、双柏、文山、富宁、腾冲；生于1600~2600m的山坡或山谷林中。北京、河北、山东、江苏、浙江、福建、台湾、江西、湖北、湖南、广东、广西、四川广布。

毛葡萄*Vitis quinquangularis* Rehd.

产于绥江、师宗、大姚、大理、漾濞、鹤庆、贡山、丽江、双柏、文山。生于1000~2300m的山坡、沟谷灌丛草地或林中。尼泊尔、锡金、不丹、印度也有。

芸香科 Rutaceae

石椒草*Boenninghausenia sessilicarpa* Levl.

产于滇西北、滇中、滇东北及红河、泸水等地，生石灰岩灌丛及山沟林缘。

小黄皮*Clausena emarginata* Huang

产于勐腊、金屏、富宁、元江、保山、临沧，生于海拔300~800m的石灰岩灌丛中，广西也有。模式产地富宁。

三桠苦*Melicope pteleifolia* (Champ. ex Benth.) Hartley

产于滇西、滇西南、滇东南、滇南及景东等，生于海拔150~500（~2200）m的低丘、密林及林缘灌丛中；花于干季早春时节开放；台湾、福建、海南、广东、广西也有。分布于马来亚、印度、缅甸、越南、老挝、柬埔寨、菲律宾。

千里香*Murraya paniculata* (L.) Jack

产于富宁、河口、玉溪、金平、红河、建水、蒙自、勐腊、勐海、澜沧、双江、昌宁、腾冲、保山、凤庆、景东，生于沟谷林中、石灰岩丛林，海拔130~1300m；贵州、湖南、广东、广西、海南、福建、台湾也有。分布于亚洲热带地区（菲律宾、印度尼西亚，西至斯里兰卡）。

飞龙掌血*Toddalia asiatica* (L.) Lam.

从滇中高原、金沙江河谷、滇西北峡谷、澜沧江、红河中流，到滇东北、大小凉山均有，生于海拔560~2600m的林下、林缘、荆棘灌丛；我国最西北见于陕西南部、青海、西藏、四川、贵州及华中、东南沿海均有。分布于东喜马拉雅亚洲东南部及岛屿、非洲东部（马达加斯加）也有。

竹叶椒*Zanthoxylum armatum* DC.

除滇东北、滇东外，其余绝大部分地区均有，生于海拔600~3100m的灌丛中；分布于我国东南部至西南部地区，最南至广东南部，最西达秦岭，其中以东南部及中部最为普遍。巴基斯坦、印度、缅甸、泰国、越南及东喜马拉雅、日本亦有。

花椒*Zanthoxylum bungeanum* Maxim.*

产于滇西北、滇西、滇中、滇东北、滇东南及临沧等地，生于海拔1200~3600m的河边、山坡、灌丛林中及房前屋后，常见林中栽培；分布以秦岭以南为中心。

苦木科 Simaroubaceae

毛鸦胆子*Brucea mollis* Wall. ex Kurz

产于西双版纳、新平、西畴、麻栗坡，海拔750~1200（~1850）m疏或密林中湿润地。我国广西（靖西、龙津）也有。分布于锡金、不丹、印度东北部（阿萨姆）、缅甸（下达典那沙冷）、泰国（北部）、柬埔寨、老挝和越南北部，东至菲律宾。

橄榄科 Burseraceae

白头树*Garuga forrestii* W. W. Smith

产于云南、四川之金沙江谷地及云南省之怒江、澜沧江、红河河谷；生于海拔900~2400m的坡地或山谷杂木林中。

楝科 Meliaceae

灰毛浆果楝*Cipadessa baccifera* (Roth) Miq.

云南除西北部外，全省大部地区有产，常见于海拔160~2400m的季雨林、常绿阔叶林及其次生林中，也见于山坡灌丛和灌丛草地。分布于我国四川、贵州、广西。越南也有。

川楝*Melia toosendan* Sieb. et Zucc.

产于云南全省，海拔500~2100m杂木林、疏林内；也常见栽培于庭园、路旁。分布于我国四川、贵州、广西、湖南、湖北、河南、甘肃。日本、越南、老挝、泰国也有。

矮陀陀*Munronia henryi* Harms

产于云南中部、西部、西南、中南、南至东南部，生于海拔1000~1400m的林下湿润处，贵州西南部也有。模式标本采自普洱。

毛红椿*Toona ciliata* Roem. Var. *pubescens* (Franch.) Hand.–Mazz.

产于云南中部（禄劝、新平、宾川）、西部（凤庆）和西北部（丽江金沙江河谷），海拔1400~3500m

的林内或溪旁。我国四川、贵州、广东、江西也有。模式标本采自宾川。

香椿*Toona sinensis* (A. Juss.) M. Roem.

除滇南外，全省大部分地区都有，生于海拔1000~2700m的山谷、溪旁或山坡疏林中；常栽培为行道树或供庭园观赏。分布于我国西藏东南部及西南、华中、华东，经华北而达朝鲜。

鹧鸪花*Trichilia connaroides* (Wight et Arn.) Bentv.

除西北部和东北部外，全省大部分地区有产。多见于海拔400~2100m的不同植物群落中。我国广西、贵州也有。分布于尼泊尔、锡金、不丹、印度（东北部及西高止山）、缅甸、泰国、中南半岛、马来半岛、印度尼西亚（苏门答腊，加里曼丹）及菲律宾。

无患子科 Sapindaceae

倒地铃*Cardiospermum halicacabum* L.

我国四川、贵州、广西、广东、福建、台湾、湖南、湖北、江苏等省均有栽培。广布于全球热带及亚热带。

茶条木*Delavaya toxocarpa* Franch.

产于金沙江、红河及南盘江河谷地区；生于海拔1000~2000m的山坡、沟谷及溪边密林中，有些地区为第二层主要乔木。我国广西西南部亦有。模式标本采于宾川大坪子。

坡柳*Dodonaea angustifolia* L. f.

产于金沙江及其支流河谷地区及景东、巍山；生于海拔800~2000（~2800）m的山坡及河谷沙地或干燥的稀疏灌丛草地。我国四川西南部及桂、粤、台滨海地区也有。广布于全球热带地区。

皮哨子*Sapindus delavayi* (Franch.) Radlk.

产于河口、蒙自、新平、澂江、昆明、禄丰、禄劝、大姚、宾川、大理、永胜、鹤庆、丽江、香格里拉；生于海拔（200~）1200~2600（~3100）m的山坡密林或沟谷疏林中。我国四川西南部亦有。模式标本采自宾川县大坪子。

泡花树科 Meliosmaceae

狭叶泡花树*Meliosma angustifolia* Merr.

产于屏边、西畴、马关，生于海拔1000~1900m的沟谷密林或疏林中；亦分布于广西、广东。越南北方亦有。云南新记录。

南亚泡花树*Meliosma arnottiana* Walp.

产于贡山、漾濞、双柏、宜良、滇西南、滇南至滇东南，生于海拔600~2200m的沟谷常绿阔叶林中或山坡疏林中；亦分布于贵州西南部、广西南部。斯里兰卡、印度、锡金、尼泊尔、越南亦有。

清风藤科 Sabiaceae

长叶清风藤*Sabia dielsii* Levl.

产于贡山、碧江、泸水、楚雄、双柏、滇东南和南部，生于海拔600~2500m的沟边灌丛中及常绿阔叶林中，亦分布于贵州、四川和广西。越南亦有。

四川清风藤*Sabia schumanniana* Diels

产于永善，生于海拔2100m的山坡林中；亦分布于四川和湖北西部。

小花清风藤 *Sabia parviflora* Wall.

产于普洱、勐海、孟连、文山、屏边、绿春、河口、蒙自、澜沧、沧源、凤庆、瑞丽、漾濞、福贡及师宗，生于海拔1300~2800m的山谷林中或山坡灌丛中；贵州、广西亦有。分布于尼泊尔、锡金、不丹、印度、缅甸、越南、老挝、泰国、加里曼丹岛。

漆树科 Anacardiaceae

豆腐果（天王果）*Buchanania latifolia* Roxb.

产于元阳、红河、元江；生于海拔750~900m的沟谷干燥疏林中。我国广东、海南亦有。分布越南、老挝、泰国、缅甸、马来西亚至印度。

南酸枣*Choerospondias axillaris* (Roxb.) Burtt et Hill

产于云南东南至西南部；生于海拔（440~）600~2000m的山坡、沟谷林中。我国贵州、广西、广东、福建、江西、湖南、湖北、浙江均有。分布印度东北部、中南半岛和日本。

厚皮树*Lannea coromandelica* (Houtt.) Merr.

产于建水、峨山、元江、普洱、景洪、澜沧、凤庆；生于海拔480~1800m的山地、溪边、河谷的稀树乔木林中。我国广西（南部）和广东亦有。分布中南半岛、印度和印度尼西亚（爪哇）。

杧果*Mangifera indica* L.*

产于云南东南部至西南部热带、亚热带各地州；生于海拔200~1350m的林中。广西、广东、福建、台湾亦有。分布中南半岛、印度和马来西亚，现已广为栽培。

林生杧果*Mangifera sylvatica* Roxb.

产于勐腊、景洪、澜沧、临沧、景东；生于海拔620~1900m的林中。分布尼泊尔、锡金、印度（卡西山、锡尔赫特、安达曼岛）、缅甸、泰国、柬埔寨。云南（南部）新记录。

藤漆*Pegia nitida* Colebr.

产于富宁、文山、河口、屏边、蒙自、金平、双柏、勐腊、景洪、景东、耿马、芒市、龙陵、泸水；生于海拔（240~）520~1750m的沟谷林中。我国贵州（册亨）新记录。分布尼泊尔、锡金、印度（阿萨姆）、缅甸、泰国。

黄连木*Pistacia chinensis* Bunge

产于云南全省，生于海拔972~2400m的山坡林中。长江以南各省及华北、西北（陕西、甘肃）亦有。分布于菲律宾。

清香木*Pistacia weinmannifolia* J. Poiss. ex Franch.

产于云南全省各地；生于海拔（580~）1000~2700m的山坡、狭谷的疏林或灌丛中，石灰岩地区及干热河谷尤多。

盐肤木*Rhus chinensis* Mill.

产于云南全省；生于海拔170~2700m的向阳山坡、沟谷、溪边的疏林、灌丛和荒地上。我国除东北（吉林、黑龙江）、内蒙古和西北（青海、宁夏和新疆）外，其他各省区均有。分布于印度、中南半岛、印度尼西亚、朝鲜和日本。

三叶漆*Terminthia paniculata* (Wall. ex G. Don) C. Y. WuetT.

产于红河流域中部的石屏、新平、元江和云南西南部；生于海拔400~1500m的向阳干燥的山坡草地、稀树草地、灌丛或疏林中。分布于不丹、印度和缅甸北部。

小漆树*Toxicodendron delavayi* (Franch.) F. A. Barkley

产于文山、蒙自、石屏、通海、昆明、嵩明、东川、宜良、楚雄、武定、双江、凤庆、龙陵、巍山、下关、宾川、大理、漾濞、洱源、鹤庆、丽江、香格里拉，生于海拔1100~2500m的向阳山坡林下或灌丛中。我国四川西南部（会东、盐边、西昌）也有。

野漆*Toxicodendron succedaneum* (L.) O. Kuntze

产于云南全省，以滇东南和滇南较多，生于海拔700~2200m的林内。华北至江南各省均产。分布于越南北部、泰国、缅甸、印度、蒙古、朝鲜、日本，印度尼西亚（爪哇）有栽培。

九子母科 Podoaceae

羊角天麻*Dobinea delavayi* (Baill.) Baill.

产于昆明、安宁、富民、嵩明、寻甸、禄劝、双柏、大姚、下关、鹤庆、丽江、永胜、宁蒗（永宁）、香格里拉，海拔1100~2000m的向阳草坡或灌丛中。我国四川西南部也有。

胡桃科 Juglandaceae

毛叶黄杞*Engelhardtia colebrookiana* Lindl. ex Wall.

产于泸水、漾濞、澄江、易门、双柏、峨山、新平、景东、元江、云县、临沧、沧源、龙陵、陇川、潞西、普洱、景洪、勐海、勐腊、金平、屏边、河口、建水、蒙自、文山、富宁等地；生于海拔280~2000m的山谷林中、山坡疏林或灌丛中。分布于贵州、广西、广东、海南。越南、缅甸、印度、尼泊尔也有。

越南山核桃Carya *tonkinensis* Lecomte

产于福贡、临沧、双柏、景东、双江、蒙自、金平、屏边、河口、建水等地；生于海拔800~1500m的山坡常绿阔叶林中、林缘或疏林中。分布于广西。越南北部（模式产地）也有。

云南黄杞*Engelhardtia spicata* Lesch. ex Bl.

产于镇雄、维西、泸水、丽江、大理、楚雄、武定、保山、腾冲、镇康、耿马、龙陵、瑞丽、潞西、沧源、景东、双江、景洪、勐海、勐腊、金平、屏边等地；生于海拔800~2000m的山坡混交林中。分布于西藏、四川、贵州、广西、广东、海南等省区。越南、缅甸、尼泊尔、印度也有。

圆果化香树*Platycarya longipes* Y. C. Wu

产于西畴、麻栗坡、屏边；生于海拔1400~1850m的山坡疏林中。分布于四川、贵州、湖北、广西、广东。

云南枫杨*Pterocarya delavayi* Franch.

产于维西、德钦、贡山、丽江、漾濞、鹤庆等地；生于海拔2400~2700m的山谷林中。分布于四川、湖北等省。

山茱萸科 Cornaceae

头状四照花*Dendrobenthamia capitata* (Wall.) Hutch.

云南广布，生于海拔1000~3200m的山坡疏林或灌丛中；浙江、湖北、湖南、广西、贵州、四川、西藏亦有。印度、尼泊尔、巴基斯坦均有分布。模式标本采自蒙自。

长圆叶梾木*Sw(v) ida oblonga* (Wall.) Sojak

云南广布，生于海拔1000~3400m的山坡、杂木林中；湖北、湖南、贵州、四川、西藏亦有。尼泊尔、不丹、印度、巴基斯坦、缅甸亦有分布。

小梾木*Sw(v) ida paucinervis* (Hance) Sojak

产于昆明、嵩明、安宁、楚雄、大理、泸水、昭通、盐津、砚山，生于海拔520~2400m的沟边、河边石滩上；甘肃、陕西、江苏、湖北、湖南、福建、广西、贵州、四川均有分布。模式标本采自盐津。

灯台树*Thelycrania controversum* (Hemsl.) Pojark.

产于镇雄、威信、盐津、富宁、西畴、金平、麻栗坡、景东、维西、剑川、漾濞、龙陵、贡山、香格里拉、丽江，生于海拔800~2800m的杂木林中；辽宁、华北、华东、西南亦有。尼泊尔、不丹、印度、朝鲜、日本均有分布。

鞘柄木科 Toricelliaceae

鞘柄木*Toricellia tiliifolia* DC.

产于镇康、景东，生于海拔1500~2300m的山坡、路旁杂木林中。锡金、尼泊尔、不丹、越南均有分布。

八角枫科 Alangiaceae

八角枫*Alangium chinense* (Lour.) Harms

产于盐津、师宗、维西、德钦、贡山、泸水、富宁、西畴、文山、麻栗坡、河口、屏边、绿春、蒙自、盈江、瑞丽、景洪、景东、孟连、元江；生于海拔500~2300m的山地或疏林中。分布于四川、贵州、西藏南部、广东、广西、湖南、湖北、江西、陕西、甘肃、河南、江苏、浙江、安徽、福建。东南亚及非洲东部各国也有。

五加科 Araliaceae

虎刺楤木*Aralia armata* (Wall.) Seem.

产于云南东南部（绿春、屏边、西畴、砚山、富宁）、南部（景洪、勐腊），生于海拔210~1400m常绿阔叶疏林或山坡灌丛中。亦分布于贵州、广西、广东等省区。印度、缅甸、越南及马来半岛也有分布。

常春藤*Hedera nepalensis* K. Koch var. *sinensis* (Tobl.) Rehd.

云南除南部不产外，其他在海拔3500m以下地区均产；亦见于华中、华东、华南、西南、陕西、甘肃及西藏。

幌伞枫*Heteropanax fragrans* (Roxb.) Seem.

产于云南南部（景洪、勐腊、景东）、东南部（西畴、麻栗坡）及耿马等地，生于海拔800~1400m的杂木林、灌丛、山坡沟谷边。亦分布于广东、广西。印度、缅甸、印度尼西亚也有。

五叶参*Pentapanax leschenaultii* (Wightet Arn.) Seem.

产于云南中部（禄劝、大姚）至西北部（宾川、鹤庆、丽江、维西、德钦、贡山、碧江）和镇康，海拔2200~3300m的林缘灌丛、沟谷中常见；亦分布于四川西南部。印度、锡金、缅甸及斯里兰卡也有。

绒毛鸭脚木*Schefflera bodinieri* (Levl.) Rehd.

产于云南中部（嵩明、武定、寻甸、双柏、峨山、玉溪）、西部、西南部（龙陵、临沧）、东南部（文山、砚山、蒙自）、南部（元江）及东北部，生于海拔1200~3000m的沟旁、林缘、山坡疏林中。

穗序鹅掌柴*Schefflera delavayi* (Franch.) Harms ex Diels

产于云南中部（嵩明、武定、寻甸、双柏、峨山、玉溪）、西部（景东、漾濞、邓川、丽江、香格里拉、德钦、贡山、福贡）、西南部（龙陵、临沧）、东南部（文山、砚山、蒙自）、南部（元江）及东北部（镇雄、盐津），生于海拔1200~3000m的沟旁、林缘、山坡疏林中。亦分布于四川、贵州、湖南、湖北、江西、福建、广东、广西。模式标本采自昆明北面的罗汉塘。

鹅掌柴*Schefflera octophylla* (Lour.) Harms

产于云南南部（勐腊、景洪、勐海、普洱、景东）、东南部（富宁），生于海拔210~1250m的森林中。亦分布于浙江、福建、台湾、广东、广西等省区。也分布至中南半岛，日本。

刺通草*Trevesia palmata* (Roxb.) Vis.

产于云南南部（西双版纳、普洱、耿马、澜沧、景东）、西部（凤庆、泸水）、东南部（金平、屏边、河口、马关、文山），生于海拔200~1500m密林或混交林内。亦见于贵州、广西。印度、缅甸、锡金、尼泊尔、柬埔寨、越南、老挝亦有。

天胡荽科 Hydrocotylaceae

积雪草*Centella asiatica* (L.) Urban

云南全省各地均有分布，生于海拔300~1900m的林下阴湿草地上和河沟边；广布于我国长江流域以南地区。印度、巴基斯坦、越南、老挝、泰国、马来西亚、日本、澳大利亚及南美、南非均有分布。

天胡荽*Hydrocotyle sibthorpioides* Lam.

产于丽江、鹤庆、景东、昆明、晋宁、绿春、勐海、景洪、富宁等地,生于海拔475~3000m的湿润草地、沟边及林下;分布于陕西、安徽、江苏、浙江、江西、福建、湖南、湖北、广东、海南、广西、台湾、四川、贵州。朝鲜、日本、东南亚至印度、尼泊尔也有。

伞形科 Umbelliferae

小柴胡*Bupleurum hamiltonii* Balakr.

产于香格里拉、丽江、鹤庆、宾川、大理、大姚、昆明、景东、屏边、西畴、镇雄等地,多生于海拔600~2900m的向阳山坡草丛中或干燥砾石坡地;西藏南部、四川、贵州、广西、湖北等地也有。克什米尔地区、印度北部、尼泊尔至不丹、中南半岛均有分布。

刺芹(刺芫荽)*Eryngium foetidum* L.

产于孟连、澜沧、勐海、景洪、绿春、文山、蒙自、金平、河口等地,生于海拔100~1540m的丘陵、山地林下、路旁、沟边等湿润处;分布于广东、海南、广西、贵州等省区。南美东部、中美、安的列斯群岛以至亚洲(至尼泊尔)的热带地区也有。

普洱独活*Heracleum henryi* Wolff

产于普洱、镇康、保山、永平、泸水、碧江等地,生于海拔(1300~)1500~2300m的山坡草丛中。模式标本采自普洱。

水芹*Oenanthe decumbens* (Thunb.) K.–Pol.

产于昭通、大关、鹤庆、洱源、大理、维西、碧江、贡山、昆明、富民、西双版纳、西畴、文山、麻栗坡等地,生于海拔(880~)1000~2800(~3600)m的沼泽、潮湿低洼处及河沟边;全国大多数省区有分布。印度、克什米尔地区、巴基斯坦、尼泊尔及喜马拉雅山区诸国、缅甸、越南、老挝、马来西亚、印度尼西亚、菲律宾、日本、朝鲜至俄罗斯远东地区也有。

线叶水芹*Oenanthe linearis* Wall. ex DC.

产于维西、丽江、鹤庆、洱源、大理、宾川、邓川、腾冲、景东、瑞丽江河谷、澜沧江河谷等,生于海拔1300~3250m的山坡林下或溪边,西藏东部(易贡)、四川西南部、贵州、台湾有分布。印度、尼泊尔、越南、老挝等也有。

杏叶茴芹*Pimpinella candolleana* Wightet Arn.

产于德钦、香格里拉、丽江、永胜、鹤庆、大理、永平、维西、碧江、泸水、兰坪、贡山、腾冲、临沧、勐海、元江、东川、禄劝、昆明和安宁等地,生于海拔1300~3500m的沟边、路旁或林下;贵州北部、四川(木里至米易、西昌)和广西也有。分布于印度半岛。

川滇变豆菜*Sanicula astrantiifolia* Wolffex Kretsch.

产于德钦、维西、碧江、兰坪、丽江、鹤庆、大理、腾冲、宾川、大姚、寻甸、嵩明、安宁、昭通、会泽等地,生于海拔1930~2800m的杂木林下及山坡草地;分布于我国西南各省。模式标本采自会泽。

小窃衣*Torilis japonica* (Houtt.) DC.

产于德钦、香格里拉、贡山、维西、福贡、丽江、漾濞、大理、腾冲、大关、昭通、会泽、嵩明、昆明、安宁、师宗、西畴等地,生于海拔1000~3230m的杂木林、路旁、荒地及沟边草丛;分布几遍全国。欧洲、北非及亚洲温带(西至尼泊尔)地区也有。

杜鹃花科 Ericaceae

大白杜鹃*Rhododendron decorum* Franch.

产于本省中部、西部至西北部、东南部,海拔(1000~)1800~3600(~3900)m,生于松林、杂木林或灌丛中;四川西南部、贵州西部和西藏东南部也有。

云上杜鹃*Rhododendron pachypodum* Balf. f. et W. W. Smith

产于腾冲、保山、大理、漾濞、云龙、巍山、弥渡、凤庆、景东、双江、临沧、楚雄、双柏、新平、元江、普洱、富民、昆明、江川、蒙自、金平、屏边、砚山、文山、西畴、麻栗坡、广南等地，生于干燥山坡灌丛或山坡杂木林下、石山阳处，海拔1200~2800（~3100）m。模式标本采于大理。

碎米花*Rhododendron spiciferum* Franch.

产于大理、双柏、玉溪、江川、昆明、寻甸、师宗、广南、砚山等地，生于海拔800~2100（~2880）m的山坡灌丛中、松林下或杂木林下；贵州也有。模式标本采于昆明。

假木荷*Craibiodendron stellatum* (Pierreet Lan.) W. W. Smith

产于云南西部至南部，生于海拔420~1800（~2000）m的山坡阳处；广东、广西、贵州亦有。越南、柬埔寨、泰国、缅甸北部亦有分布。

越桔科 Vacciniaceae

地坛香*Gaultheria forrestii* Diels

产于云南全省各地，生于海拔（600~）1500~3000（~3640）m的林中或灌丛中；四川（米易、会东）亦有。

白果白珠（滇白珠）*Gaultheria leucocarpa* Bl.

产于云南省大部分地区，仅西双版纳未见记录，生于海拔（1700~）2700~3500m的干燥山坡、灌丛中。我国长江流域以南均有分布。

南烛*Lyonia ovalifolia* (Wall.) Drude

产于大理、凤庆、景东、镇沅、双柏、峨山、砚山、西畴、蒙自、屏边，生于密林或灌丛中，海拔1100~1700（~2500）m。我国长江流域及其以南各省区均有，南至台湾、广东、海南。分布于朝鲜、日本南部、中南半岛诸国、马来半岛、印度尼西亚。

美丽马碎木*Pieris formosa* (Wall.) D. Don

除滇南外，全省各地均有分布，生于海拔（800~）1500~2800m的干燥山坡、林中常见；广东、广西、四川、贵州亦有。不丹也有分布。

米饭花*Vaccinium bracteatum* Thunb.

广布于云南全省各地，生于山坡疏林灌丛中；亦分布于台湾（台北）、广西、四川、贵州、西藏。尼泊尔、锡金、不丹以及中南半岛均有。

樟叶越桔*Vaccinium dunalianum* Wight

产于贡山、腾冲、大理、巍山、临沧、景东、易门、玉溪、江川、昆明、富民、桑甸、元江、金平、屏边、麻栗坡、西畴、砚山等地，生于山坡灌丛、阔叶林下或石灰山灌丛，稀附生常绿阔叶林中树上，海拔（1100~）2000~2700（~3100）m；我国西藏南部、广西也有。分布于锡金、不丹、印度东北部、缅甸东北部至越南。

乌鸦果*Vaccinium fragile* Franch.

产于西北、东北、中部、东南部，生于海拔1100~3400m的云南松林、次生灌丛或草坡，为酸性土的指示植物；分布于西藏（察隅）、四川、贵州。

江南越桔*Vaccinium mandarinorum* Diels

产于维西、泸水、腾冲、丽江，生于海拔（1800~）2300~2900m的沟边灌丛中、山谷边林中或路边阳处；分布于江苏、浙江、福建、安徽、江西、湖北、湖南、四川、贵州等省。

鹿蹄草科 Pyrolaceae

鹿衔草*Pyrola decorata* H. Andr.

产于昆明、嵩明、禄劝、景东、凤仪、洱源、宾川、丽江、维西、香格里拉等地；生于山地常绿阔叶林下或疏林、草坡中，海拔2100~3100m。陕西、甘肃、西藏、四川、贵州、湖南、湖北、江西、安徽、浙江、台湾也有。不丹、印度（阿萨姆）、缅甸有分布。

柿树科 Ebenaceae

柿*Diospyros kaki* Thunb.*

全省大部分地区有分布或栽培。原产我国，现广植于我国及世界各地。

云南柿*Diospyros yunnanensis* Rehd. et Wils.

产于普洱及西双版纳州，生于沟谷或山坡密林或路边，海拔1000~1500m。模式标本采自普洱。

毛叶柿*Diospyros mollifolia* Rehd. et Wils.

产于滇中部、东南、东北及西北部，生于林内或山坡灌丛或路边。海拔600~2200m。分布于四川。

紫金牛科 Myrsinaceae

伞形紫金牛*Ardisia corymbifera* Mez

产于滇东南至西南及景东等地，海拔700~1500（~1800）m的疏、密林下，潮湿或略干燥的地方；我国广西亦有。越南有分布。模式标本采于普洱。

朱砂根*Ardisia crenata* Sims

产于滇西北（贡山以南）、滇西南及滇东南等地，玉溪亦发现，昆明可以露天栽培，海拔1000~2400m的疏、密林下，荫湿的灌木丛中；我国东从台湾至西藏东南部，北从湖北至广东皆有。日本、印度尼西亚、中南半岛、马来半岛、缅甸至印度均有分布。

酸苔菜*Ardisia solanacea* Roxb.

产于西双版纳、滇东南等地，海拔400~1550m的疏、密林中或林缘灌木丛中；我国广西（隆林）亦有。国外从斯里兰卡至新加坡均有分布。

扭子果*Ardisia virens* Kurz

产于滇东南至滇西南，普洱以南的地区，为密林中常见的灌木，很多地方都可以生长，适于阴湿土壤肥厚的地方，海拔760~2700m；从我国云南、广东至台湾各省均有。从印度至印度尼西亚（苏门答腊）广大地区均有分布。

多花酸藤子*Embelia floribunda* Wall.

产于滇西及滇西北，海拔1500~2800m的林中、或路旁灌木丛中。印度、缅甸、尼泊尔等地亦有。

当归藤*Embelia parviflora* Wall.

产于滇东南、西双版纳、景东及贡山等地，海拔1100~1800m的丛林和灌木丛中；我国浙江、福建、安徽、广东、广西、贵州均有。缅甸、印度（东部）及苏门答腊亦有分布。

包疮叶*Maesa indica* (Roxb.) A. DC.

产于滇东南（富宁、河口、屏边）至西双版纳及普洱、临沧、耿马等地，海拔500~2000m的疏、密林下，山坡或沟底荫湿处，有时亦出现于山坡阳处；广州有栽培。此外，印度、越南亦有。

金珠柳*Maesa montana* A. DC.

产于彝良、会泽、永胜、贡山、福贡、景东、滇西南、西双版纳、蒙自、建水至滇东南等地，昆明可露地栽培，多见于海拔500~2800m的杂木林下，或疏林下；我国从台湾至西南各省亦有。此外，印度东北部、缅甸、老挝、泰国、越南均有分布。

铁仔*Myrsine africana* L.

产于滇西北、滇中及滇东南等地，海拔1100~3600m的石山坡、荒坡、疏林中，干燥阳处；我国台湾、福建、江西、陕西、湖北、湖南、广东、广西、贵州、四川、西藏亦有。从亚速尔群岛经非洲、阿拉伯半岛、印度至我国台湾均有分布。

针齿铁仔*Myrsine semiserrata* Wall.

产于滇西北、滇西、滇西南、滇中及滇东南等地，西双版纳仅勐连发现，海拔1100~1700m的疏、密林内、山坡、路旁、石灰山上或沟边等；我国湖北、湖南、广东、广西、贵州、四川、西藏等亦有。印度至缅甸均有分布。

密花树*Rapanea neriifolia* (Sieb. et Zucc.) Mez nom. illeg.

除滇东北外，产于滇西北至丽江，中部至易门、玉溪，东南部至富宁等我省大部分地区，海拔650~2400m的混交林中或苔藓林中，亦出现于林缘、路旁等的灌木丛中；我国从西南各省、华东至台湾亦有。日本，缅甸，越南均有分布。

山矾科 Symplocaceae

华山矾*Symplocos chinensis* (Lour.) Druce

产于全省各地；生于海拔1000m以下的山坡杂木林中。分布于安徽、浙江、福建、台湾、江西、广东、湖南、广西、贵州、四川等省区。

腺缘山矾*Symplocos glandulifera* Brand

产于蒙自、金平、元阳、屏边、西畴、马关、文山和麻栗坡等地；生于海拔1100~2100m的山地密林中。分布于广西（那坡）。模式标本采于蒙自。

海桐山矾*Symplocos heishanensis* Hayata

产于文山、金屏、屏边等地；生于海拔1800~2000m的山坡常绿阔叶林、湿润密林或灌丛中。分布于湖南、江西、浙江、广西、广东、海南、台湾。

白檀*Symplocos paniculata* (Thunb.) Miq.

产于全省各地；生于海拔500~2600m的密林、疏林及灌丛中。除新疆和内蒙古外，全国各地均有分布。朝鲜、日本、印度也有，北美有栽培。

野茉莉科 Styracaceae

大蕊野茉莉*Styrax macrantha* Perkins

产于文山、元阳、玉溪、双柏、景东、双江、耿马，生于海拔1400~2380m的常绿阔叶林中。模式标本采自云南元阳（逢春岭）。

醉鱼草科 Buddlejaceae

白背枫（驳骨丹）*Buddleja asiatica* Lour.

云南各地广布；海拔30~2800m。分布于我国湖北、湖南、广东、广西、福建、四川、贵州、西藏。巴基斯坦东部、印度、锡金、不丹、中国、缅甸、泰国、老挝、越南、马来西亚、印度尼西亚直到菲律宾也有。

皱叶醉鱼草*Buddleja crispa* Benth.

产于大理、漾濞；生于海拔2550m的山坡杂木林内。模式标本采自大理鸡山。

密蒙花*Buddleja officinalis* Maxim

云南广布；生于海拔700~2800m山坡、河边杂木林中。分布于陕西、甘肃、湖北、广东、广西、四川、贵州。

木犀科 Oleaceae

白枪杆*Fraxinus malacophylla* Hemsl.

产于蒙自、元江、新平、文山、西畴、广南、师宗、罗平、泸西等地，多生于石灰岩山地杂木林，海拔500~1960m；广西（大新，新记录）也有分布。模式标本采自蒙自。

丛林素馨*Jasminum duclouxii* (Levl.) Rehd.

产于易门、玉溪、绿春、元阳、蒙自、金平、屏边、马关、西畴、孟连、凤庆、腾冲、龙陵、泸水、巍山、景东等地，生于山坡及河谷常绿阔叶林及石灰岩灌丛，海拔1200~2400m；广西那坡也有。

探春*Jasminum humile* L.

产于滇中、滇西及滇西北，生于松林下、山坡灌丛或路边，海拔2000~3000m；分布于四川、甘肃、西藏东南部。阿富汗、伊朗、尼泊尔、印度、缅甸也有。

北清香藤*Jasminum lanceolaria* Roxb.

产于富宁、西畴、文山、金平、屏边、元阳、绿春、勐腊、普洱、临沧、双江、潞西、景东、贡山等地，生于灌丛、林下或沟边，海拔1000~2100m；分布于安徽、台湾、福建、江西、湖北、湖南、广东、广西、贵州、四川。越南、印度、缅甸也有。

云南黄素馨*Jasminum mesnyi* Hance

产于滇中、滇东南及西北部，生于山坡林缘、灌丛或路边，海拔1300~2100m；原产贵州，现各地均有栽培。

迎春花*Jasminum nudiflorum* Lindl.

产于香格里拉、德钦等地，生于海拔1500~2700m的山坡灌丛或石缝中；山东、河南、山西、陕西、甘肃、西藏、四川、贵州也有。

长叶女贞*Ligustrum compactum* (Wall. ex G. Don) Hook. f. et Thoms. ex

产于昆明、富民、寻甸、丽江、德钦、维西、贡山、镇雄、禄劝等地，生于林内、林缘或山坡灌丛，海拔1600~3000m；分布于湖北西部、贵州、四川、西藏东南部。喜马拉雅山区也有。

女贞*Ligustrum lucidum* Ait.

除西双版纳及德宏州外，大部分地区都有分布或栽培，生于混交林或林缘，海拔130~3000m；长江流域及以南各省区和甘肃南部均有分布。

木犀*Osmanthus fragrans* (Thunb.) Lour.

产于滇西、滇西北、东北及中部等地，生于高山灌丛或针叶林下，海拔2400~3100m；四川、贵州也有分布。

夹竹桃科 Apocynaceae

羊角棉*Alstonia mairei* Levl.

产于昆明、砚山、腾冲、永胜、禄劝等地；生于海拔700~1500m的山地疏林下。贵州也有。

甜假虎刺*Carissa edulis* Vanl

分布于开远、蒙自、元江等地；生于山地灌木丛中。

假虎刺*Carissa spinarum* L.

分布于峨山、建水、开远、蒙自、元江等地；生于山地灌木丛中。贵州、四川也产。印度、斯里兰卡、缅甸也有分布。

鹿角藤*Chonemorpha* eriostylis Pitard

产于勐腊等地，生于山地疏林中或山谷湿润林中。分布于广东、广西。越南也有。

络石*Trachelospermum jasminoides* (Lindl.) Lem.

产于砚山、嵩明、丽江、德钦、大理、维西、麻栗坡、西双版纳等地；生于山野、溪边、路旁、坑谷灌丛、杂林边缘，缠绕树上或生于岩石上。分布于山东、安徽、江苏、浙江、福建、台湾、江西、河北、河南、湖北、湖南、广东、广西、贵州、四川、陕西和西藏等省区。日本、朝鲜、越南也有。

杠柳科 Periplocaceae

古钩藤*Cryptolepis buchananii* Roem. et Schult.

产于双江、峨山、临沧、巍山、蒙自、普洱、景东、藤冲、丽江、绥江、勐海、耿马、禄劝、云县、澂江、凤庆、镇康、西双版纳等地；生于海拔500~1500m山地疏林中或山谷密林中，常攀援树上。分布于贵州、广西、广东。印度、缅甸、斯里兰卡和越南也有。

翅果藤*Myriopteron extensum* (Wight) K. Schum.

产于普洱、景东、巍山、勐海、景洪、凤庆、河口、临沧、金平、元江、泸西等地；生于海拔600~1600m山地疏林中或山坡路旁、溪边灌木丛中。分布于贵州、广西。印度、缅甸、泰国、越南、老挝、印度尼西亚和马来西亚等也有。

黑龙骨*Periploca forrestii* Schltr.

产于嵩明、昆明、巍山、大理、澂江、凤庆、晋宁、宾川、镇康、永仁、寻甸、蒙自、淮西、永北、剑川、禄劝、下关、易门、西双版纳等地；生于海拔2700m以下山地疏林向阳处或荫湿的杂木林下或灌木丛中。分布于西藏、青海、四川、贵州、广西等地。

萝摩科 Asclepiadaceae

马利筋*Asclepias curassavica* L.

云南南部、东南部栽培，间或逸为野生。台湾、福建、江西、湖南、广东、广西、贵州、四川等省区也有栽培。原产北美洲，现广植于世界各热带地区。

牛角瓜*Calotropis gigantea* (L.) Dryand. ex Ait. f.

产于元江、巧家、建水、南华、昆明、马关、西双版纳等地；生于低海拔向阳山坡、旷野地。分布于四川、广西、广东。印度、斯里兰卡、缅甸、越南、马来西亚等地也有。

长叶吊灯花*Ceropegia longifolia* Wall.

产于大理、师宗、德钦、普洱等地；生于海拔500~1000m山地密林中。分布于四川、贵州、广西。

苦绳*Dregea sinensis* Hemsl.

产于昆明、嵩明、华宁、澂江等地；生于海拔500~3000m山地疏林中或灌木丛中。湖北、广西、贵州、四川、甘肃、陕西也有。

金瓜核*Dischidia esquirolii* (Lévl.) Tsiang

产于勐海、普洱；生于海拔800~1180m山地杂木林中。贵州、广西也有。

醉魂藤*Heterostemma alatum* (Wall.) Wight

产于屏边、景洪、普洱、勐腊、普洱、勐海、富宁、巍山、金平等地；生于海拔800~2000m山地林中或山谷水旁林中荫湿处。分布于四川、贵州、广西、广东。印度、尼泊尔也有。

球兰*Hoya carnosa* (L. f.) R. Br.

产于沧源、勐海、西双版纳等地；生于海拔1200m山地林中，附生于树上或生于岩石上。

通光散*Marsdenia* tenacissima (Roxb.) Moon

产于云南南部、东南部、中南部及西部；生于海拔600~1400m（稀达2200m）的向阳山坡疏林中，或攀援于岩壁上。分布于贵州。斯里兰卡、印度、缅甸、越南、老挝、柬埔寨、印度尼西亚等地也有。

生藤（须药藤）*Stelmacrypton khasianum* (Kurz) Baill.

产于云南南部；常生于林中。分布于广西西北部和贵州西南部。亚洲各热带地区（尼泊尔为模式产地）广布。

云南娃儿藤*Tylophora yunnanensis* Schltr.

产于昆明、大理、保山、红河、丽江、曲靖、腾冲、文山、永胜、禄丰、盐津、徵江、邓川等地；生于海拔1500~3200m山地疏林下、山坡或向阳野灌木丛中。贵州、四川也有。

大理白前*Cynanchum forrestii* Schltr.

产于除南部外全省各地；生于海拔1500~3000m山地灌木丛中或路旁草地，也有生于林下沟谷草地。分布于西藏、甘肃、四川、贵州等省区。

茜草科 Rubiaceae

毛脉水团花*Adina pilulifera* (Lam.) Franch. ex Drake

产于文山、屏边；生于海拔200~1300m处的山谷溪边林中。贵州、广西、广东、香港、海南、湖南、江西、福建等省区也有。分布于越南、日本。

灌木钩藤*Uncaria sessilifructus* Roxb.

产于元江、麻栗坡、西畴、富宁、广南、河口、金平、绿春、景东、普洱、勐腊、景洪、勐海、沧源、耿马、龙陵、瑞丽；生于海拔260~1600m处的山谷溪边林中。广西、广东也有。分布于越南、老挝、缅甸、不丹、锡金、尼泊尔、孟加拉国、印度。

华钩藤*Uncaria sinensis* (Oliv.) Havil.

产于贡山、福贡；生于海拔1900~2900m处的山地林中。四川、贵州、广西、湖南、湖北、陕西、甘肃也有。

小叶鱼骨木*Canthium parvifolium* Roxb.

产于贡山、福贡；生于海拔1900~2900m处的山地林中。四川、贵州、广西、湖南、湖北、陕西、甘肃也有。

拉拉藤（猪殃殃）*Galium aparine* L.

产于镇雄、师宗、东川、丽江、德钦、维西、香格里拉、贡山、福贡、兰坪、鹤庆、大理、昆明、江川、景东、镇康；生于海拔1600~3200m处的山谷林下、山坡、草地、荒地。除海南及南海诸岛外，全国均有。分布于锡金、尼泊尔、巴基斯坦、印度、朝鲜、日本、俄罗斯、欧洲、非洲、美洲北部等地区。

六叶葎*Galium asperuloides* Edgew. var. *hoffmeisteri* (Klotz.) Hand.–Mazz.

产于镇雄、大关、巧家、宜良、澄江、丽江、永胜、德钦、维西、香格里拉、贡山、福贡、鹤庆、大理、漾濞、大姚、文山、蒙自、景东、凤庆、腾冲；生于海拔1900~3600m处的溪边山谷林下、草坡、河滩或灌丛中。四川、西藏、贵州、湖南、湖北、江西、浙江、江苏、安徽、河南、河北、山西、陕西、甘肃、黑龙江等省区也有。分布于缅甸、不丹、锡金、尼泊尔、巴基斯坦、印度、朝鲜、日本、俄罗斯等地。

小红参*Galium elegans* Wall. ex Roxb.

产于富源、澄江、罗平、东川、丽江、永胜、德钦、维西、香格里拉、贡山、福贡、兰坪、泸水、鹤庆、洱源、大理、宾川、富民、安宁、昆明、大姚、麻栗坡、西畴、蒙自、屏边、石屏、景东、勐海、腾冲、潞西；生于海拔1250~3300m处的山谷溪边林中、草坡、田野或岩石上。四川、西藏、贵州、湖南、浙江、安徽、台湾、甘肃等省区也有。分布于泰国、缅甸、不丹、尼泊尔、孟加拉国、巴基斯坦、印度、印度尼西亚。

栀子*Gardenia jasminoides* Ellis *

产于昆明、文山、富宁、河口、勐腊；生于海拔750~2000m处的山坡、山谷、丘陵的林中或灌丛。四川、贵州、广西、广东、香港、海南、湖南、湖北、江西、浙江、福建、江苏、安徽、山东、台湾、河北、陕西、甘肃也有，野生或栽培。分布于越南、老挝、柬埔寨、尼泊尔、巴基斯坦、印度、朝鲜、日本、太平洋岛屿和美洲北部，野生或栽培。

心叶木*Haldina cordifolia* (Roxb.) Ridsd.

分布于越南、泰国、尼泊尔、印度、斯里兰卡和我国云南。

长节耳草*Hedyotis uncinella* Hook. et Arn.

产于寻甸、嵩明、安宁、昆明、大姚、楚雄、禄劝、砚山、文山、屏边、景东、景谷、普洱、澜沧、景洪、勐海、凤庆、镇康、保山；生于海拔840~3000m处的山地林中、林缘、旷坡、溪边、草坡。贵州、广东、香港、海南、湖南、台湾也有。分布于印度。

粗叶耳草_Hedyotis verticillata_ (L.) Lam.

产于盐津、富宁、河口、金平、绿春、勐腊、景洪、勐海、沧源；生于海拔600~1540m处的河边、草丛、路旁、林下。贵州、广西、广东、香港、海南、浙江、台湾也有。分布于越南、老挝、泰国、柬埔寨、孟加拉国、锡金、尼泊尔、印度、马来西亚、印度尼西亚、日本、密克罗尼西亚。

须弥茜树_Himalrandia lichiangensis_ (W. W. Smith) Tirveng.

产于寻甸、丽江、永胜、德钦、香格里拉、鹤庆、宾川、富民、大姚、易门、禄劝、元谋、峨山、蒙自；生于海拔1400~2500m处的山坡、山谷沟边的林中或灌丛。分布于四川。模式标本采于丽江。

薄皮木_Leptodermis oblonga_ Bunge

产于贡山；生于海拔约2000m处的怒江边草丛。河南、河北、陕西等省区也有。

玉叶金花_Mussaenda pubescens_ Ait.

产于绥江、大关、师宗、新平、元江、峨山、文山、金平、绿春、普洱、勐腊、景洪、勐海、盈江、潞西、瑞丽；生于海拔1200~1500m处的沟谷或旷野灌丛。分布于贵州、广西、广东、香港、海南、湖南、江西、福建、浙江、台湾。

双花耳草_Oldenlandia biflora_ L.

产于河口、景东、景洪；生于海拔1900~2200m的林缘。广西、海南、香港、广东、福建、江苏、台湾也有。分布于越南、老挝、泰国、柬埔寨、尼泊尔、印度、斯里兰卡、马来西亚、印度尼西亚、菲律宾、日本、波利尼西亚。

日本蛇根草_Ophiorrhiza japonica_ Bl.

产于绥江、镇雄、彝良、昆明、大姚；生于海拔约2000m的常绿阔叶林下的沟谷沃土上。四川、贵州、广西、广东、香港、湖南、湖北、安徽、浙江、江西、福建、台湾、陕西也有。分布于越南、日本。

鸡屎藤_Paederia scandens_ (Lour.) Merr.

产于永善、盐津、威信、镇雄、大关、昭通、富源、嵩明、澄江、石林、师宗、罗平、东川、丽江、永胜、德钦、维西、香格里拉、贡山、福贡、碧江、兰坪、鹤庆、洱源、大理、漾濞、巍山、宾川、富民、安宁、昆明、永仁、大姚、易门、禄丰、禄劝、峨山、江川、砚山、马关、麻栗坡、西畴、蒙自、屏边、河口、元阳、石屏、绿春、景东、普洱、澜沧、孟连、西盟、勐腊、景洪、勐海、凤庆、临沧、双江、沧源、腾冲、龙陵、盈江、潞西、陇川；生于海拔400~3700m处的山地、丘陵、旷野、河边、村边的林中或灌丛。

滇鸡屎藤_Paederia yunnanensis_ (Levl.) Rehd.

产于昭通、寻甸、嵩明、丽江、福贡、鹤庆、巍山、楚雄、砚山、文山、蒙自、景东、临沧；生于海拔400~3000m处的山谷的林缘、疏林或灌丛中。四川、贵州、广西也有。模式标本采于昭通盆河。

云南九节_Psychotria yunnanensis_ Hutch.

产于澄江、贡山、剑川、巍山、昆明、新平、元江、文山、马关、麻栗坡、西畴、富宁、泸西、蒙自、屏边、河口、金平、元阳、绿春、景东、景谷、普洱、澜沧、孟连、勐腊、景洪、勐海、凤庆、临沧、双江、沧源、耿马、镇康、龙陵、盈江、梁河、潞西、瑞丽；生于海拔800~2300m处的山谷溪边林中或林缘。西藏、广西也有。分布于越南。模式标本采于普洱。

茜草_Rubia cordifolia_ L.

产于鹤庆；生于海拔约2100m处的草坡上。四川（米易）、广西（隆林）也有。分布于印度。

破帽草_Spermacoce pusilla_ Wall.

产于双江、临沧、文山、麻栗坡，生于海拔1600~2500m阳坡疏林中；分布于我国西藏南部。

岭罗麦*Tarennoidea wallichii* (Hook. f.)

产于澄江、丽江、贡山、泸水、鹤庆、巍山、新平、元江、砚山、马关、麻栗坡、西畴、富宁、广南、屏边、河口、石屏、红河、景东、景谷、墨江、普洱、澜沧、孟连、勐腊、景洪、勐海、凤庆、临沧、双江、沧源、镇康、龙陵、盈江、潞西、瑞丽；生于海拔600~2200m处的丘陵、山坡、山谷溪边的林中或灌丛。贵州、广西、广东、海南也有。分布于越南、泰国、柬埔寨、缅甸、不丹、尼泊尔、孟加拉国、印度、马来西亚、印度尼西亚、菲律宾。

红皮水锦树*Wendlandia tinctoria* (Roxb.) DC.

云南特有，产于屏边、金平、石屏、景东、普洱、普洱、勐腊、景洪、凤庆、龙陵；生于海拔1000~1550m处的山坡或山谷溪边的林中或灌丛。模式标本采于龙陵。

水锦树*Wendlandia uvariifolia* Hance

产于砚山、马关、麻栗坡、西畴、富宁、蒙自、屏边、河口、普洱、勐腊；生于海拔100~1500m处的山坡或山谷溪边林中、林缘或灌丛。贵州、广西、广东、海南、台湾也有。分布于越南。

忍冬科 Caprifoliaceae

秦氏荚蒾*Viburnum chingii* P. S. Hsu

产于滇西、滇中、滇东，滇西南至镇康和凤庆、滇东南至文山、滇西北至贡山，生于海拔2000~2900m的山谷、山坡疏或密林内或灌丛中。模式标本采自漾濞。

密花荚蒾*Viburnum congestum* Rehd.

产于滇西北、北和东南部，生于海拔（1100~）1600~2200（~2800）m的山坡林内或灌丛中；分布于四川西部、贵州。模式标本采自蒙自。

水红木*Viburnum cylindricum* Buch.–Ham. ex D. Don

除滇南热带区以外全省各地均产，生于海拔1120~3200m的阳坡常绿阔叶林或灌丛中；分布于中南至西南各省区、西藏东南部、甘肃南部、湖北西部及湖南西部。巴基斯坦、印度、尼泊尔、不丹、缅甸北部、泰国北部、越南中部至北部以及印度尼西亚（爪哇）也有。模式标本采自蒙自。

臭荚蒾*Viburnum foetidum* Wall.

产于双江、临沧、文山、麻栗坡，生于海拔1600~2500m阳坡疏林中；分布于我国西藏南部。印度东北部、孟加拉、缅甸、老挝也有。

血满草*Sambucus adnata* Wall. ex DC.

产于滇西、滇西北、滇中至滇东北部，生于海拔1600~3200（4000）m的林下、沟边或山坡草丛中；分布于贵州、四川、陕西、甘肃、青海及西藏东南部。印度、尼泊尔、锡金也有。

接骨木*Sambucus williamsii* Hance

产于滇东南、滇中至滇西北部，生于海拔1100~2400m的林下、灌丛或路旁，常作绿篱栽培于边角隙地和荒坡；除新疆、西藏、青海以外，全国各地有分布。欧洲、朝鲜、日本也有。

风吹箫*Leycesteria formosa* Wall.

产于除云南南部以外的全省各地，生于海拔1400~3300m的山坡、山谷溪沟边、河边、林下或林缘灌丛中；分布于贵州西部和西南部、西藏南部至东南部。印度、尼泊尔、锡金和缅甸也有。

长距忍冬*Lonicera calcarata* Hemsl.

产于漾濞、富民、昆明、嵩明、屏边、文山、西畴，生于山坡或沟边密林或灌丛中或林缘，海拔1350~2500m；分布于四川西南部、贵州西南部。

蕊帽忍冬*Lonicera pileata* Oliv.

产于麻栗坡，生于常绿阔叶林内，海拔1600~1800m；分布于湖北西部、陕西南部、四川、贵州、广西西北部、广东北部、湖南。

西南忍冬*Lonicera bournei* Hemsl.

产于峨山、双柏、建水、普洱、勐腊（易武），生于路旁疏林中或林缘阳处，海拔（780～）1430～2000m。缅甸、老挝也有。

败酱科 Valerianaceae

黄花龙牙*Patrinia scabiosaefolia* Fisch. ex Trev.

产于昆明、嵩明、宜良、罗平、大理、德钦、蒙自、屏边、砚山、文山、西畴及元江；生于海拔2600～4000m的山坡林缘、灌丛、路边。分布甚广，除宁夏、青海、新疆外，全国各地。俄罗斯、蒙古、朝鲜和日本也有。

岩参（长序缬草）*Valeriana hardwickii* Wall.

产于金平、屏边、景洪、沧源；生于沟谷密林及混交疏林，攀附于石壁、树干上，海拔800～1100m。越南北部也有。

蜘蛛香*Valeriana jatamansi* Jones

产于会泽、东川、昆明、鹤庆、富民、嵩明、元谋、大姚、师宗、大理、永胜、维西、贡山、漾濞、巧家、昭通、广南、富宁、文山、镇康、凤庆、蒙自、盈江、马龙、景东、耿马、普洱，生山坡、路旁草丛，海拔2000～2800m。分布于河南、陕西、湖北、四川、贵州、西藏。印度、巴基斯坦和喜马拉雅山区诸国也有。

川续断科 Dipsacaceae

川续断*Dipsacus asperoides* C. Y. Cheng et T. M. Ai

产于昆明、安宁、嵩明、楚雄、江川、会泽、东川、盐津、大理、漾濞、禄劝、景东、蒙自、屏边、砚山、麻栗坡、双柏、邓川、泸水、维西、鹤庆、凤庆、丽江、香格里拉、德钦、贡山等地；生于海拔2000～3600m的林边、灌丛、草地。陕西、甘肃、河南、湖北、江西、湖南、广东、广西、贵州、四川和西藏皆有分布。

菊科 Compositae

刺苞果*Acanthospermum australe* (L.) O. Kuntze

产于勐腊、景洪、勐海、孟连、元江、景东、潞西、漾濞、大理、祥云；生于海拔450～1900m的路边、荒地或河边沙地。原产南美洲，我国西南为逸生。

下田菊*Adenostemma lavenia* (L.) O. Kuntze

云南全省大部分地区有分布；生于海拔380～3000m的林下、林缘、灌丛中、山坡草地或沟边、路旁。我国华东、华南、华中和西南广泛分布。斯里兰卡、印度、澳大利亚、菲律宾、中南半岛、日本、朝鲜也有。

紫茎泽兰*Ageratina adenophora* (Spreng.) Spach

原产墨西哥。云南省许多地州在海拔950～2200m的各种生境下常见。广西、贵州也有。美洲、太平洋岛屿、菲律宾、中南半岛、印尼、澳大利亚等地广泛生长。

藿香蓟*Ageratum conyzoides* L.

云南省除滇东北外大部分地区有；生于海拔100～1800m的林下、林缘、灌丛中、山坡草地、河边、路旁或田边荒地。江西、福建、广东、广西、陕西、甘肃、四川、贵州、西藏等地均有，栽培或大多地区已归化。原产中南美洲，现已为广布的杂草，在越南、老挝、柬埔寨、印度尼西亚、印度及非洲也常见。

叶下花*Ainsliaea pertyoides* Franch.

产于丽江、永平、洱源、大理、禄丰（一平浪）、武定、富民、昆明、嵩明、寻甸、泸西、砚山、广南、景东、普洱等地；生于海拔1200～2700m的林下、灌丛下或山谷溪边。四川西南部和贵州有分布。印度也有。模式标本采自洱源。

云南兔儿风*Ainsliaea yunnanensis* Franch.

产于香格里拉、丽江、鹤庆、剑川、洱源、云龙、大理、保山、景东、姚安、武定、禄劝、富民、嵩明、寻甸、昆明、宜良、澄江、江川、峨山、元江、玉溪、石屏、蒙自、砚山；生于海拔1200~2800m的林下、灌丛下和山坡草地。四川西南部和贵州西部有分布。合模式标本采自鹤庆和蒙自。

旋叶香青*Anaphalis contorta* (D. Don) Hook. f.

产于德钦、福贡、丽江、大理、楚雄、景东、梁河；生于海拔1700~3400m的山坡草地或沟边杂木林中。贵州西部和西藏有分布。

珠光香青*Anaphalis margaritacea* (L.) Benth. et Hook. f.

产于德钦、福贡、丽江、大理、楚雄、景东、梁河；生于海拔1700~3400m的山坡草地或沟边杂木林中。贵州西部和西藏有分布。

黄花蒿*Artemisia annua* L.

产于昆明、东川、玉溪、楚雄、大理、文山、个旧、潞西、德钦、盐津；见于路旁、荒地、林缘、河谷、草原等地，海拔2000~3000（~3650）m地区。全国各地皆有。适应性强，北半球及非洲北部广布种。

牡蒿*Artemisia japonica* Thunb.

云南全省都有；在湿润、半湿润或半干旱的环境里生长，常见于林缘、林中空地、疏林中、旷野、灌丛、丘陵、山坡、路旁等，分布于3300m以下中海拔、低海拔地区。除新疆、青海及内蒙古等干旱地区外，遍及全国。亚洲东部至南部各国都有。

魁蒿*Artemisia princeps* Pamp.

产于昆明、东川、玉溪；生于路旁、山坡、灌丛及林缘，中海拔、低海拔地区。秦岭及内蒙古南部以南各省区都有。日本及朝鲜也有。

灰苞蒿*Artemisia roxburghiana* Bess.

产于丽江、鹤庆、香格里拉、会泽、潞西、临沧、保山；生于荒地、干河谷、路旁、草地，从低海拔至3900m处。西南其他省区及陕西（南部）、甘肃（南部）和湖北（西部）都有。印度（北部）、尼泊尔、克什米尔地区、阿富汗及泰国（北部）也有。

三脉紫菀*Aster ageratoides* Turcz.

产于大理、鹤庆、丽江、香格里拉；生于海拔2800~3800m的林下、灌丛下或山坡草地。河北、山西、内蒙古、黑龙江、吉林、辽宁、河南、陕西、甘肃、青海、四川等地有分布。朝鲜和西伯利亚东部也有。

鬼针草*Bidens bipinnata* L.

产于文山、马关、金平、西双版纳、昆明、富民、镇康、潞西、丽江、德钦等地；生于海拔（350~）820~2800m的山坡、草地、路边、沟旁和村边荒地。我国大部省区有分布。广布于亚洲和美洲的热带、亚热带地区。

金盏银盘*Bidens biternata* (Lour.) Merr. et Sherff.

产于昆明、蒙自、屏边、绿春、元江、景洪、勐海、勐腊；生于海拔500~1300m的山坡、灌丛中或路边。我国华北、华东、华南、华中和西南均有分布。朝鲜、日本、东南亚诸国及大洋洲、非洲也有。

狼把草*Bidens tripartita* L.

产于德钦、维西、香格里拉、永胜、大关、西畴、屏边、砚山、绿春、昆明、富民、寻甸和元江、景东；生于海拔1200~3400m的沟谷密林下、山坡草地、水边或湿地。我国东北、华北、华东、华中、西南和西北有分布。广布于亚洲、欧洲和非洲北部，大洋洲东南部也有。

艾纳香*Blumea balsamifera* (L.) DC.

产于富宁、文山、河口、金平、个旧（曼耗）、绿春、新平、双柏、普洱、西双版纳、沧源、临沧、景东、保山等地；生于海拔190~1800m的林下、林缘、灌丛下、山坡草地、河谷或路边。福建、台湾、广东、海南、广西、贵州有分布。缅甸、印度、巴基斯坦、泰国、中南半岛、马来西亚、菲律宾和印度尼西亚也有。

拟艾纳香*Blumea flava* (DC.) Gagn.

产于路南、师宗、砚山、墨江、普洱、西双版纳、澜沧、沧源、瑞丽、陇川、盈江；生于海拔850~2000m的密林下、林缘、灌丛下、草地、荒地或路边。广东南部、海南、广西西部和贵州西南部有分布。中南半岛和印度也有。

见霜黄*Blumea lacera* (Burm. f.) DC.

产于蒙自、屏边、金平；生于海拔220~360m的路边、田边或荒地。江西、福建、台湾、广东、海南、广西和贵州有分布。亚洲东南部、澳大利亚北部和非洲东南部也有。

六耳铃*Blumea laciniata* (Roxb.) DC.

产于屏边、蒙自、红河、勐腊、西盟等；生于海拔300~360（~1300）m的林下、山坡、草地或田边、荒地。福建、台湾、广东、广西和贵州有分布。印度、不丹、锡金、巴基斯坦、斯里兰卡、缅甸、中南半岛、马来西亚、菲律宾、印度尼西亚、巴布亚新几内亚、所罗门群岛和夏威夷也有。

纤枝艾纳香*Blumea veronicifolia* Franch.

产于鹤庆、丽江；生于海拔1200~2500m的荒地潮湿处。四川西南部有分布。模式标本采自鹤庆。

天名精*Carpesium abrotanoides* L.

云南全省大部分地区有分布；生于海拔1500~3400m的林下、林缘、灌丛中、山坡草地或路边、水沟边。我国除东北部和西北部外，大部分地区有分布。朝鲜、日本、越南、缅甸、锡金、伊朗和高加索地区也有。

烟管头草*Carpesium cernuum* L.

产于德钦、贡山、福贡、丽江、大理、漾濞、景东、昆明、安宁、江川、蒙自、罗平、曲靖、盐津等；生于海拔（540~）1200~2500m的林下、灌丛下、山坡、路边、沟边或荒地。我国东北、华北、华中、华东、华南、西南各地及陕西、甘肃有分布。欧洲至朝鲜、日本也有。

飞机草*Chromolaena odoratum* (L.) DC.

云南省许多地州在海拔1000m的热带生境下常见。

灰蓟*Cirsium griseum* Levl.

产于丽江、永胜、鹤庆、宾川、大理、漾濞、腾冲、易门、新平、文山、东川；生于海拔1300~2800m的林下、山坡草地或沟边、路旁。四川南部和贵州西部有分布。模式标本采自东川。

蓟（大蓟）*Cirsium japonicum* Fisch. ex DC.

产于屏边、蒙自、嵩明、罗平、富源、威信等；生于海拔1450~2250m的山坡草地、路边、田边及溪边。我国东北、华北、华东、华中、华南和西南广泛分布。日本和朝鲜也有。

熊胆草*Conyza blinii* Levl.

产于大理、漾濞、弥渡、昆明、安宁、东川、江川、蒙自、普洱等地；生于海拔1800~3600m的灌丛中、山坡草地、荒地或路边。四川西部和贵州有分布。

香丝草*Conyza bonariensis* (L.) Cronq.

产于昆明、禄丰、元谋、镇雄、永胜、丽江和峨山、玉溪；生于海拔800~3000m的田边、地旁或荒地。我国中部、东部、南部和西南部各省区均有分布。原产南美洲，现全球热带和亚热带地区广泛分布。

小蓬草*Conyza canadensis* (L.) Cronq.

产于昆明、大理、鹤庆、丽江、香格里拉、兰坪、福贡、维西、贡山、德钦和双江、屏边等地；生于海拔1500~3400m的林下、灌丛下、草坡、路边和荒地。我国各省区均有分布。原产北美洲，现世界各地广泛分布。

苏门白酒草*Conyza sumatrensis* (Retz.) Walk.

云南省大部分地区有分布；生于海拔100~2450m的林下、灌丛下、草地、路边、溪旁或荒地，是一种常见的杂草。江西、福建、台湾、广东、海南、广西和贵州有分布。原产南美洲，现全球热带和亚热带地区广泛分布。

革命菜*Crassocephalum crepidioides* (Benth.) S. Moore

产于师宗、德钦、贡山、福贡、维西、泸水、香格里拉、丽江、漾濞、昆明、楚雄、峨山、华宁、江川、蒙自、元阳、麻栗坡、马关、绿春、屏边、金平、河口、景东、景洪、勐海、勐腊、保山、腾冲、凤庆、潞西、沧源；生于海拔330~4000m的山坡、水边、沟谷林缘、山顶石缝中。分布于西藏、四川、贵州、湖北、湖南、江西、福建、广西、广东。热带亚洲和非洲也有。

芜菁还阳参*Crepis napifera* (Franch.) Babc.

产于滇西北、滇西、滇中至滇东南；生于海拔1000~3000m的林下、灌丛下、山坡草地或沟边、路旁。四川和贵州有分布。模式标本采自鹤庆。

万丈深*Crepis phoenix* Dunn

产于楚雄、昆明、曲靖、玉溪、蒙自、文山等地；生于海拔1500~2000m的山坡或路边草地。模式标本采自蒙自。

还阳参*Crepis rigescens* Diels

产于贡山、香格里拉、宁蒗、维西、丽江、永仁、大理、富民、嵩明、昆明；生于海拔1900~3200m的松林下、灌丛中、山坡或路边。四川西南部有分布。模式标本采自丽江。

菊叶鱼眼草*Dichrocephala chrysanthemifolia* (Bl.) DC.

产于滇东南。西藏有分布。印度、不丹、尼泊尔和非洲热带地区也有。

鱼眼草*Dichrocephala integrifolia* (L. f.) O. Kuntze

云南省广泛分布；生于海拔（200~）600~3880m的林下、林缘、灌丛下、草坡、路边、田边、水沟边或荒地。浙江、福建、台湾、湖北、湖南、广东、广西、陕西、四川、贵州和西藏有分布。亚洲与非洲的热带和亚热带地区广泛分布。

鳢肠*Eclipta prostrata* L.

云南全省大部分地区有分布；生于海拔250~1500（~2200）米的疏林缘、灌丛中、山坡草地、水边、路旁、田边或荒地。我国各省区均有分布。世界热带和亚热带地区广泛分布。

一点红*Emilia sonchifolia* (L.) DC. ex Wight

产于盐津、巧家、泸水、大姚、武定、大理、禄丰、昆明、楚雄、澄江、峨山、易门、玉溪、元江、广南、石屏、开远、蒙自、金平、景洪、孟连、保山、临沧；生于海拔330~2000m的山坡、田边、路旁。分布于四川、湖北、湖南、江苏、浙江、安徽、广东、海南、福建、台湾。亚洲热带、亚热带以及非洲也有。

短葶飞蓬*Erigeron breviscapus* (Vaniot) Hand.–Mazz.

云南省除西南部外，其他地区广泛分布；生于海拔1100~3500m的松林下、林缘、灌丛下、草坡或路旁、田边。湖南、广西、四川、贵州和西藏有分布。

辣子草*Galinsoga parviflora* Cav.

云南省大部分地区有分布；生于海拔（850~）1500~2800m的林下、山坡草地、路边、沟边、田边或荒地。原产南美洲，在我国归化。

钝苞大丁草*Gerbera tanantii* Franch.

产于彝良、镇雄、广南、昆明、禄劝、大理、丽江、维西、德钦等地；生于海拔1550~2680m的多种生境中。黑龙江、吉林、辽宁、内蒙古、河北、山西、陕西、甘肃、青海、山东、江苏、安徽、上海、浙江、江西、福建、台湾、河南、湖北、湖南、广东、广西、贵州、重庆、四川等省区也有。俄罗斯远东地区、日本有分布。

宽叶鼠麴草 *Gnaphalium adnatum* (Wall. ex DC.) Kitam.

产于德钦、贡山、兰坪、武定、禄劝、楚雄、昆明、玉溪、通海、新平、蒙自、砚山、景东、澜沧；生于海拔650~2500m的林下、林缘、山坡灌丛、草坡或路边、溪旁。我国华东、华中、华南、西南和陕西南部、甘肃南部有分布。印度、缅甸、中南半岛和菲律宾也有。

鼠麴草 *Gnaphalium affine* D. Don

云南省大部分地区均产；生于海拔（330~）1500~2700（~3600）m的各种生境中，以山坡、荒地、路边、田边最常见。我国西北、西南、华北、华中、华东、华南各省区均有分布。印度、中南半岛、印度尼西亚、菲律宾及朝鲜、日本也有。

菊三七（土三七）*Gynura japonica* (L. f.) Juel

产于福贡、维西、泸水、香格里拉、丽江、洱源、大理、漾濞、禄劝、昆明、东川、寻甸、罗平、峨山、华宁、楚雄、江川、西畴、蒙自、麻栗坡；生于海拔1100~3000m的山谷、山坡草地、林缘。分布于四川、贵州、湖北、湖南、陕西、安徽、浙江、江西、福建、广西、台湾。尼泊尔、泰国、日本也有。

狗头七 *Gynura pseudochina* (L.) DC.

产于丽江、洱源、永胜、大姚、禄劝、富民、昆明、安宁、江川、开远、富宁、建水、西畴、文山、蒙自、屏边、金平、元江、景洪、勐海；生于海拔700~2500m的山坡沙地、林缘或路边。分布于贵州、广西、海南、广东。印度、斯里兰卡、缅甸、泰国也有。

泥胡菜 *Hemisteptia lyrata* (Bunge) Bunge

云南省大部分地区有分布；生于海拔130~3200m的林下、林缘、灌丛中、草地、地边、路旁、田中或荒地，是一种常见的杂草。我国除新疆和西藏外，各地广泛分布。朝鲜、日本、中南半岛、南亚和澳大利亚均有。

羊耳菊 *Inula cappa* (Buch.–Ham. ex D. Don) DC.

除滇东北外大部分地区有分布；生于海拔（180~）800~2800m的林下、林缘、灌丛下、草地、荒地或路边。浙江、江西、福建、湖南、广东、海南、广西、四川和贵州有分布。越南、泰国、缅甸、印度和马来西亚也有。

苦荬菜 *Ixeris dissecta* (Makino) Shih

产于大理、景东、嵩明、昆明、麻栗坡；生于海拔1000~2400m的荒坡、路边或田中、水中。江苏、安徽、浙江、江西、福建、台湾、湖南、广东、广西、陕西、四川、贵州有分布。喜马拉雅地区各国、中南半岛和日本也有。

六棱菊 *Laggera alata* (D. Don) Sch.–Bip. ex Oliv.

云南省大部分地区有分布；生于海拔330~2800m的林下、林缘、灌丛下、草坡或田边路旁。我国东部、东南部至西南部有分布。印度、斯里兰卡、中南半岛、印度尼西亚、菲律宾和非洲东部也有。

臭灵丹 *Laggera pterodonta* (DC.) Benth. et Hook. f.

云南省大部分地区有分布；生于海拔250~2400m的山坡草地、荒地、村边、路旁和田头地角。湖北、广西、四川、贵州和西藏有分布。印度、缅甸、泰国、中南半岛及非洲也有。

大丁草 *Leibnitzia anandria* (L.) Turcz.

产于彝良、镇雄、广南、昆明、禄劝、大理、丽江、维西、德钦等地；生于海拔1550~2680m的多种生境中。黑龙江、吉林、辽宁、内蒙古、河北、山西、陕西、甘肃、青海、山东、江苏、安徽、上海、浙江、江西、福建、台湾、河南、湖北、湖南、广东、广西、贵州、重庆、四川等省区也有。俄罗斯远东地区、日本有分布。

松毛火绒草_Leontopodium andersonii_ C. B. Clarke

产于滇西北、滇中、滇东北至滇东南；生于海拔1000~3000m的林下、林缘、灌丛下、山坡草地或村边、路旁。四川和贵州有分布。缅甸和老挝也有。

戟叶火绒草_Leontopodium dedekensii_ (Bur. et Franch.) Beauv.

产于德钦、贡山、维西、香格里拉、丽江、鹤庆、剑川、洱源、永平、大理、禄劝、昆明、景东、沧源、澜沧等；生于海拔1400~3500m的松林下、灌丛下或山坡草地。湖南西部、陕西西南部、甘肃南部和西部、青海、四川北部、西部至西南部、贵州和西藏东部有分布。缅甸北部也有。模式标本采自滇西北。

小舌菊_Microglossa pyrifolia_ (Lam.) O. Kuntze

产于盈江、龙陵、潞西、景东、临沧、耿马、沧源、勐海、景洪、勐腊、易门、新平、建水、蒙自、屏边、河口、马关、麻栗坡、西畴、富宁、广南等地；生于海拔300~1800m的林下、林缘或灌丛中。台湾、广东、广西和贵州有分布。印度、中南半岛和西马来西亚也有。

尼泊尔粘冠草_Myriactis nepalensis_ Less.

云南省大部分地区均有分布；生于海拔1000~3000（~4100）米的林下、林缘、灌丛中、山坡草地或水沟边、路边、荒地。江西、广东、广西、湖北、湖南、四川、贵州和西藏有分布。越南、印度、尼泊尔、锡金也有。

粘冠草_Myriactis wightii_ DC.

云南省除西双版纳外有广泛分布；生于海拔1600~3600m的林下、灌丛下、山坡草地和路边、溪旁。四川、贵州、西藏有分布。印度、斯里兰卡和尼泊尔也有。

昆明帚菊_Pertya bodinieri_ Van.

产于大理、富民、昆明、易门、玉溪；生于海拔1900m附近的山谷溪边。模式标本采自昆明。

毛莲菜_Picris hieracioides_ Thunb.

产于德钦、贡山、香格里拉、维西、丽江、兰坪、洱源、泸水、大理、漾濞、景东、镇康、昆明、峨山、建水、蒙自、富宁、会泽、巧家、彝良等地；生于海拔1400~3800m的林下、林缘、灌丛中、草坡或田边、沟边、荒地。我国东北、华北、华中、西北和西南均有分布。欧洲、中亚至日本也有。

秋分草_Rhynchospermum verticillatum_ Reinw. ex Bl.

产于云南省大部分地区；生于海拔500~2900m的林下、灌丛中、山坡草地或路边、水沟边。江西、福建、台湾、湖北、湖南、广东、广西、陕西、甘肃、四川、贵州和西藏有分布。印度、锡金、不丹、越南、缅甸、印度尼西亚、马来西亚和日本也有。

菊状千里光_Senecio laetus_ Edgew.

产于东川、曲靖、罗平、贡山、维西、福贡、丽江、香格里拉、宁蒗、洱源、漾濞、鹤庆、大理、禄劝、武定、富民、昆明、安宁、易门、峨山、楚雄、砚山、蒙自、元阳、麻栗坡、马关、屏边、金平、景东、普洱、澜沧、腾冲、凤庆、潞西、耿马；生于海拔1400~3750m的林下、林缘、草坡、田边、路边。分布于西藏、贵州、重庆、湖北、湖南。巴基斯坦、印度、尼泊尔、不丹也有。

千里光_Senecio scandens_ Buch.–Ham. ex D. Don

产于大关、昭通、彝良、巧家、镇雄、师宗、嵩明、德钦、贡山、福贡、泸水、维西、兰坪、丽江、漾濞、大理、禄劝、武定、昆明、易门、玉溪、华宁、元江、西畴、文山、屏边、麻栗坡、景东、勐腊、腾冲、凤庆、潞西、瑞丽、沧源；生于海拔1151~3200m的林缘、灌丛、岩石边、溪边。分布于西藏、四川、贵州、陕西、湖北、湖南、安徽、浙江、江西、福建、广西、广东、台湾。印度、尼泊尔、不丹、缅甸、泰国、菲律宾、日本也有。

欧洲千里光_Senecio vulgaris_ L.

产于昆明、会泽、师宗、大理、宁蒗、永胜；生于海拔2000m的山坡、草地、路边。分布西藏、贵州、四川、内蒙古、辽宁、吉林。欧亚及北非洲也有。

苦荬菜 *Sonchus oleraceus* L.

产于大理、景东、嵩明、昆明、麻栗坡；生于海拔1000~2400m的荒坡、路边或田中、水中。江苏、安徽、浙江、江西、福建、台湾、湖南、广东、广西、陕西、四川、贵州有分布。喜马拉雅地区各国、中南半岛和日本也有。

金腰箭 *Synedrella nodiflora* (L.) Gaertn.

产于潞西、耿马、勐海、景洪、勐腊、绿春、河口、景东；生于海拔110~1000m的山谷灌丛、路边草地、旷野或耕地。我国南部各省有分布。原产美洲，现世界热带和亚洲热带地区广泛分布。

锯叶合耳菊 *Synotis nagensium* (C. B. Clarke) C. Jeffrey et Y. L. Chen

产于昭通、贡山、泸水、维西、漾濞、大理、富民、昆明、玉溪、弥勒、西畴、屏边、勐腊、普洱、保山、腾冲；生于海拔650~3900m的林下、灌丛及山坡草地。分布西藏、四川、贵州、湖北、湖南。印度、缅甸也有。

万寿菊 *Tagetes erecta* L.*

云南全省许多地区栽培并归化。我国各地有栽培。原产墨西哥。

孔雀草 *Tagetes patula* L.

云南中部、西部和西北部有栽培，常成片逸生。我国各地均有栽培，在四川和贵州已归化。原产墨西哥。

蒲公英 *Taraxacum mongolicum* Hand.

分布于东部及北部地区；广泛生于山坡草地、路边、田野、河滩，从低海拔至中高海拔地区都有。除华南及西藏外，几遍及全国。朝鲜、蒙古、俄罗斯也有分布。

肿柄菊 *Tithonia diversifolia* (Hemsl.) A. Gray

原产墨西哥。我国南部有引种栽培。昆明、勐海、勐腊、沧源、耿马、潞西、瑞丽、陇川、景东等地有栽培作绿篱。

柳叶斑鸠菊 *Vernonia clivorum* Hance

产于西双版纳、普洱、澜沧、沧源、潞西、瑞丽、陇川、盈江、龙陵、凤庆、漾濞、景东、元江、石屏、蒙自、绿春、金平、屏边、砚山、弥勒、师宗等；生于海拔（120~）720~1700（~2100）m的疏林下、山坡灌丛、草地、路边和溪旁。广东、广西、贵州有分布。越南、缅甸、泰国、孟加拉国、印度、尼泊尔也有。

斑鸠菊 *Vernonia esculenta* Hemsl.

云南省除滇东北外广泛分布；生于海拔920~2300m的林下、林缘、灌丛中或山坡路旁。广西西部、四川西部和西南部、贵州西南部有分布。

苍耳 *Xanthium sibiricum* Patrinex Widd.

云南大部分地区有分布；生于海拔（140~）1000~2800（~3800）米的林下、灌丛中、山坡草地、荒地、田边、溪边或路旁。我国东北、华北、华东、华南、西南及西北各省区广泛分布。

黄鹌菜 *Youngia japonica* (L.) DC.

产于贡山、维西、丽江、大理、漾濞、大姚、腾冲、凤庆、景东、普洱、景洪、勐腊、富民、昆明、澄江、峨山；生于海拔800~3100m的林下、林缘、山坡草地、溪边、路边和荒地。我国华北、华东、华南、华中、西南和陕西、甘肃有分布。朝鲜、日本、菲律宾、马来半岛、中南半岛和印度也有。

百日菊 *Zinnia elegans* Jacq.

原产墨西哥。我国各地广泛栽培。西双版纳、蒙自、昆明、漾濞、丽江等地有栽培并逸为野生。

龙胆科 Gentianaceae

红花龙胆*Gentiana rhodantha* Franch. ex Hemsl.

产于滇中部、滇西北部、滇东北部；生于山坡草地及灌丛中，海拔1300~2600m。分布于四川、贵州、甘肃、陕西、河南、湖北、广西。

滇龙胆（草）*Gentiana rigescens* Franch. ex Hemsl.

产于滇中部、滇西部各县；生于山坡草地、林下、灌丛中，海拔1000~2800m。分布于四川、贵州、湖南、广西。模式标本采自大理。

獐牙菜*Swertia bimaculata* (Sieb. et Zucc.) Hook. f. et Thoms.

产于彝良、澜沧、南涧、大理、漾濞、洱源、碧江、邓川、潞西、腾冲、广南、文山；生于灌丛草地、林缘、林下，海拔1200~1400m（2700m）。分布于西藏、贵州、四川、甘肃、陕西、山西、河南、河北、湖北、湖南、江西、安徽、江苏、浙江、福建、广东、广西。印度、尼泊尔、锡金、不丹、缅甸、越南、马来西亚、日本也有。

云南獐牙菜*Swertia yunnanensis* Burk.

产于蒙自、师宗、丽江、香格里拉等地；生于山坡草地，海拔1400~3000m。分布于四川、贵州西部。模式标本采自蒙自。

报春花科 Primulaceae

过路黄*Lysimachia cristinae* Hance

产于蒙自、马关、威信、永善、绥江、昆明、嵩明、安宁、富民、峨山、禄劝、景东、大理、漾濞、丽江、泸水、福贡、维西；生于海拔（850~）1300~2500m的山箐边、杂木林下、松林边或草地，通常见于湿润、背荫处。陕西南部、江苏、安徽、浙江、江西、福建、河南、湖北、湖南、广东、广西、四川、贵州也有。

长蕊珍珠菜*Lysimachia lobelioides* Wall.

产于西畴、马关、文山、砚山、屏边、金平、蒙自、建水、普洱（普文）、勐腊（易武）、勐海、澜沧、镇康、凤庆、景东、峨山、昆明、禄丰、禄劝、楚雄、大理、丽江、香格里拉、维西；生于海拔800~2800m的林下、草坡或路边。广西、四川、贵州也有。分布于克什米尔地区、尼泊尔、锡金、不丹、缅甸、泰国、老挝、越南。

报春花*Primula malacoides* Franch.

产于文山、景洪、沧源、龙陵、腾冲、泸西、通海、昆明、景东、大理、丽江、宁蒗（永宁）、维西；生于海拔（750~）1600~2500m的林内、灌丛中或箐沟边。广西、贵州也有。分布于缅甸北部。模式标本采于云南大理。

小报春*Primula forbesii* Franch.

产于昆明、宜良、易门、澄江、蒙自、镇康、鹤庆、洱源、丽江；生于海拔1500~2000（~2800）m的田边、水沟边湿草地或路边草坡。四川会理也有。模式标本采于鹤庆大坪子。

蓝雪科 Plumbaginaceae

紫金标*Ceratostigma willmottianum* Stapf

产于昆明、玉溪区、曲靖区、楚雄州、红河州、永平、保山等地；生长于路边灌丛、荒地、砾石堆上。我国四川、贵州、西藏亦有分布。

白花丹*Plumbago zeylanica* L.

分布于我省东南部、南部、中南部、西部及西南部；多生于海拔150~1600m的村寨附近、破烂砖瓦堆或垃圾堆积的地方，也见于路旁灌丛和杂木林中，或栽培于庭园。我国广西、广东、福建、台湾各省区的南部均有。越南、老挝、柬埔寨等东南亚国家以及印度热带地区广泛分布。

车前科 Plantaginaceae

车前*Plantago asiatica* L.

产于昆明、姚安、禄劝、罗平、镇雄、屏边、西畴、砚山、丽江、维西、香格里拉、贡山；生于山坡草地、路边、沟边或灌丛下，海拔900~2800m。我国大部分地区有分布。俄罗斯、日本、印度尼西亚也有分布。

平车前*Plantago depressa* Willd.

产于大理、漾濞、香格里拉、德钦、景东、盈江；生于山坡草地或灌丛中，海拔750~2900m。全国各地均有分布。俄罗斯、蒙古、日本、印度也有分布。

桔梗科 Campanulaceae

西南风铃草*Campanula pallida* Wall.

产于昆明、禄劝、大理、丽江、邓川、鹤庆、香格里拉、德钦、贡山、泸水、碧江、镇康、景东、屏边、会泽，生于海拔1000~4000m山坡草地或林缘；西藏、四川、贵州也有。亦分布于老挝、尼泊尔、阿富汗等地。

长叶轮钟草*Campanumoea lancifolia* (Roxb.) Merr.

产于普洱、勐腊、富宁、西畴、麻栗坡、屏边、临沧，生于海拔400~1600m草坡、沟边或林中；四川、贵州、湖北西部和南部、广西、广东、福建南部及台湾也有。

鸡蛋参*Codonopsis convolvulacea* Kurz

云南全省广布。

蓝花参*Wahlenbergia marginata* (Thunb.) A. DC.

云南全省各地均有，生于海拔2800m以下的丘陵、山坡草地或疏林下；长江以南各省至陕西南部均有分布。朝鲜、日本、越南、老挝也有。

半边莲科 Lobeliaceae

密毛山梗菜*Lobelia clavata* E. Wimm.

分布于云南西南部至南部（景东、云县、耿马、镇康、临沧、澜沧、普洱、西双版纳）。生于海拔540~2000m的山坡湿润草地、路边。贵州也有。国外产于缅甸。

野烟*Lobelia seguinii* Levl. et Van.

云南全省均有分布，生于海拔1100~3000m，山坡疏林、或林缘、路边灌丛中、溪沟旁。四川，贵州，湖北，广西，台湾等省也有分布。

铜锤玉带草*Pratia nummularia* (Lam.) A. Brown et Aschers.

云南全省均有分布，生于海拔500~2300m的湿草地、溪沟边、田边地、脚草地。我国长江以南各省区及西藏、台湾等省均有。印度、马来西亚、越南、老挝、泰国、缅甸及澳大利亚、南美洲亦有分布。

破布木科 Cordiaceae

西南粗糠树*Ehretia corylifolia* C. H. Wright

产于滇西北、滇中、滇西，生于海拔（800~）1300~2600（~3000）m的林下、灌丛下、林缘、路旁；分布于四川、贵州。模式标本采自蒙自。

紫草科 Boraginaceae

长蕊斑种草*Antiotrema dunnianum* (Diels) Hand.-Mazz.

产于昆明、嵩明、富民、安宁、江川、双柏、石屏、丽江、大理、永宁、鹤庆、泸水、漾濞、师宗；生于海拔1800~2700m的山坡、草地、路边或松栎林内、灌丛下；广西西部、贵州西部、四川西南部亦有。

倒提壶*Cynoglossum amabile* Stapfet T. R. Drumm.

产于滇东、滇中和滇西北，生于海拔1100~3600m的林下、灌丛下、草地、路旁等地；分布于四川西部、贵州西部、甘肃南部、西藏东南部。不丹也有。

小花倒提壶*Cynoglossum lanceolatum* Forssk.

产于滇西北、滇西、滇中和滇南，生于海拔120~2600m的林下、灌丛下、山坡草地和路边；分布于广西、广东、福建、台湾、浙江、湖南、湖北、四川、贵州、陕西、甘肃。亚洲南部和非洲也有。

天芥菜*Heliotropium indicum* L.

产于西双版纳，生于海拔500~1000m的田边、路旁、草地、荒地；广西、广东、福建、台湾亦有。广布于热带和亚热带地区。

易门滇紫草*Onosma decastichum* Y. L. Liu

产于易门，海拔1250m左右。模式标本采自易门。

滇紫草*Onosma paniculatum* Bur. et Franch.

产于大理、丽江、香格里拉、洱源、鹤庆、永宁、永胜、昆明、蒙自，生于海拔2000~3300m的草坡、灌丛下或松栎林下，分布于四川西部、贵州西部、西藏。不丹也有。

毛束草*Trichodesma calycosum* Coll. et Hemsl.

产于西双版纳、澜沧、景东、双柏、泸水、屏边等地，生于海拔1100~2200m的草地、灌丛中或林中；贵州亦有。从缅甸北部到泰国北部、老挝北部、越南北部以及锡金均有分布。

西南附地菜*Trigonotis cavaleriei* (Levl.) Hand.-Mazz.

产于永善、大关等地，生于海拔1800~2300m的潮湿地；贵州、四川也有。

附地菜*Trigonotis peduncularis* (Trev.) Benth. ex BakeretS. Moore

产于丽江、兰坪、漾濞、寻甸、昆明、易门、景东、砚山、广南等地，生于海拔1200~2300m的林下、草坡、田边或水沟边；四川、贵州、广西、广东、福建、江西、江苏、安徽、陕西、山西、河北、东北、新疆、西藏亦有。欧洲东部、亚洲温带地区也有分布。

茄科 Solanaceae

辣椒*Capsicum annuum* L.

原产于南美洲，现各国已普遍栽培，我国于明万历以后引入，各省栽培历史悠久，因此品种颇多，均为重要蔬菜及日用调味品，其中最普遍的有下列数变种。

曼陀罗*Datura stramonium* L.

云南各地均有，常见于海拔1100~3300m的村边、路旁、草地。我国各省、区均有分布。世界各大洲广布。

红丝线*Lycianthes biflora* (Lour.) Bitt.

产于云南西部、南部及东南部海拔150~2000m的荒野荫地、林下、路旁、水边及山谷中。我国四川南部、广西、广东、江西、福建、台湾也有。分布于锡金、印度、马来西亚、印度尼西亚的爪哇、日本的琉球。

番茄*Lycopersicon esculentum* Mill.

原产于南美洲，清末始传入我国，现各地广为栽培。在热带地区常沦为野生。云南也有栽培。

假酸浆*Nicandra physaloides* (L.) Gaertn.

见于云南丽江、香格里拉、鹤庆、腾冲、昆明、西双版纳（勐混）等地区，生于海拔1200~2400m的村边路旁。全国均有栽培，也有逸为野生。原产秘鲁。

烟草*Nicotiana tabacum* L.

云南及全国各地均有栽培。原产于南美洲。

灯笼果*Physalis peruviana* L.

见于云南西南部（腾冲、龙陵、瑞丽）海拔900~2000m的路旁、河谷或山坡草丛中；我国广东有栽培或逸为野生。巴西，大、小安的列斯岛，菲律宾，印度尼西亚的爪哇，澳大利亚均有分布。

刺天茄*Solanum anguivi* Lamarck

除滇东北外几全省均有分布，常见于海拔180~1700（~2800）m的林下、路边、田边荒地、在干燥灌木丛中有时成片生长。四川、贵州、广东、广西、福建、台湾也有。广泛分布在热带印度、缅甸、中南半岛南至马来半岛，东至菲律宾。

假烟叶树*Solanum erianthum* D. Don

几全省均有分布，常见于海拔300~2100m的荒山荒地及沟边林缘。西藏（察隅）、四川、贵州、广西、广东、海南、福建、台湾亦有。广泛分布于热带亚洲、澳洲、美三洲。

白英*Solanum lyratum* Thunb.

云南见于昆明、禄劝、昭通、丽江、兰坪、维西、屏边、西畴、麻栗坡、砚山、贡山、德钦等地海拔（1600）~1100~2800m的山谷草地或路旁、田边。甘肃、陕西、河南、山东至江南各省也有。日本、朝鲜、琉球、中南半岛也有分布。

珊瑚樱*Solanum pseudocapsicum* L.

栽培于安徽、江西、广东、广西诸省，云南未见栽培。

旋花茄*Solanum spirale* Roxb.

云南省除滇东北及滇西北外几各地均有分布，生于海拔500~1900m的溪边灌丛中或林下，稀生于荒地。广西、湖南也有。分布于印度、孟加拉国、缅甸、越南。

野茄*Solanum undatum* Lamarck

产于云南西双版纳（勐海、景洪、勐腊）、河口、耿马等地区海拔180~1100m的灌丛中或缓坡地带。我国广西、广东及台湾也有。广布于阿拉伯地区至印度西北部以及越南而至新加坡。

黄果茄*Solanum virginianum* L.

见于云南省河口、蒙自、元江、元谋、禄劝、巧家海拔125~880m地区，个别也上达到海拔1100m，喜生于干热河谷沙滩上。我国湖北、四川、广东及台湾也有。广泛分布于热带亚洲（阿拉伯地区、印度、斯里兰卡、马六甲、越南、泰国）、澳洲及波里尼西亚而到日本南部，在东部非洲成为杂草。

旋花科 Convolvulaceae

头花银背藤*Argyreia capitata* (Vahl) Arn. ex Choisy

云南广布于南部，海拔125~155（~2200）m的沟谷密林、疏林或灌丛中。广东及沿海岛屿、广西、贵州有分布。广布于印度、缅甸、泰国、老挝、越南、柬埔寨、南至马来半岛及印度尼西亚（苏门答腊、爪哇）。

叶苞银叶藤*Argyreia mastersii* (Prain) Raizada

云南南部、中南及西南部，海拔750~1460m混交林及灌丛中。四川西南部亦有。分布于印度、锡金及缅甸、泰国北部。

聚花白鹤藤*Argyreia osyrensis* (Roth) Choisy

云南南部普遍分布（景洪、勐腊、普洱、金平、绿春、元江、元阳、屏边、河口、双江、镇康、盈江、遮放至峨山等地）。海拔220~1600m疏林及灌丛中，广西西南部亦有。模式标本采自元江。

马蹄金*Dichondra micrantha* Urban

云南全省均有分布。生于海拔1300~1980m的山坡草地、路旁或沟边。我国长江以南各省均有分布。广布于热带、亚热带地区。

猪菜藤*Hewittia malabarica* (L.) Suresh

产于金平、河口，海拔40~550m的平地沙土或灌丛阳处。广东、海南（包括）西沙永兴岛等沿海岛屿、广西西南部、台湾亦产。分布于热带非洲（南至纳塔耳），热带亚洲（印度、斯里兰卡、越南经马来西亚、菲律宾至波利尼西亚岛）。

番薯*Ipomoea batatas* (L.) Lam.

云南全省大部分地区有栽培。

牵牛*Ipomoea nil* (L.) Roth.

云南全省大部分地区均有，栽培或逸生，见于海拔720~1100m的村边路旁、田边或山坡路旁。我国除西北和东北的一些省外大部分省区均有。本种原产于热带美洲，现已广植于全世界热带和亚热带地区。

鱼黄草*Merremia hederaceus* (Burm. f.) Hall. f.

产于勐腊、元江、红河、元阳、河口、富宁等地，海拔130~760m的灌丛或路旁草丛较潮湿处。我国台湾、广东、广西、江西也有。分布于热带非洲、马斯克林群岛、热带亚洲自印度、斯里兰卡、东经缅甸、泰国、越南、经整个马来西亚、加罗林群岛至大洋洲的昆士兰，也见于太平洋中部的圣诞岛。

白藤*Porana decora* W. W. Smith

西双版纳引种栽培；产于广西东南部至南部、广东（南部及南部岛屿、珠海）、香港、海南及福建。越南、老挝也有分布。

搭棚藤*Porana discifera* Schneid.

产于云南中部及南部（峨山、临沧、景东、澜沧、保山、泸水、元江、金平及西双版纳），生于海拔380~1800m山坡灌丛、路边及疏林。模式标本来自普洱。

白花叶*Porana henryi* Verdc.

产于滇中及滇南（禄劝、蒙自、绿春），海拔380~1000（2000）m的河谷灌丛及干燥山坡、石缝中。泰国北部也有。模式标本来自昆明北部。

飞蛾藤*Porana racemosa* Roxb.

云南全省均有分布，多生于海拔（850）1500~2000（3200）m灌丛、石灰岩山地。我国长江以南各省区至陕西、甘肃均有分布。印度尼西亚（爪哇、巴厘、龙目、松巴哇、苏拉威西以北）、印度西北山区、锡金、尼泊尔、越南、泰国亦有分布。

菟丝子科 Cuscutaceae

金灯藤*Cuscuta japonica* Choisy

分布于云南大部分地区（丽江、德钦、禄劝、文山、西畴、广南、昆明等地），寄生于草本或灌木上。我国南北各省区均产。越南、朝鲜、日本、苏联也有分布。

玄参科 Scrophulariaceae

球花毛麝香*Adenosma indianum* (Lour.) Merr.

产于勐腊、耿马；生于海拔200~1200m的湿润沟边、稻田杂草、路旁草地、开阔落叶林、空旷草地。分布于广西、广东、海南。锡兰、印度、缅甸、老挝、柬埔寨、越南、马来半岛、爪哇、波利维亚及菲律宾亦有分布。

红花来江藤 *Brandisia rosea* W. W. Smith

产于贡山、福贡；生于海拔2000~3000m的阳坡林缘、灌丛、江边石砾处。分布于四川西南部及西藏。

印度、不丹也有分布。

来江藤_Brandisia hancei_ Hook. f.

产于昆明、嵩明、武定、禄劝、玉溪、澄江、峨山、双柏、易门、大理、宾川、永平、保山、丽江、德钦、贡山、西畴、广南、麻栗坡、屏边；生于海拔1900~3300m的石灰岩灌丛山坡、林缘、田边、公路旁。分布于我国西南、华中、华南。

鞭打绣球_Hemiphragma heterophyllum_ Wall.

产于云南全省（除河谷地区外）各县；生于海拔1800~3500（~4100）m的高山草坡灌丛、林缘、竹林、裸露岩石、沼泽草地、湿润山坡。

母草_Lindernia crustacea_ (L.) F. Muell.

产于彝良、富宁、屏边、河口、禄春、景洪、勐腊、大姚、大理；生于海拔110~1759m的草地、荒坡等低湿疏林中。分布于浙江、江苏、安徽、江西、福建、台湾、广东、海南、广西、西藏东南部、四川、贵州、湖南、湖北、河南等省。热带和亚热带广布。

宽叶母草_Lindernia nummularifolia_ (D. Don) Wettst.

产于广南、文山、砚山、禄春、普洱、孟连、临沧、勐腊、江川、昆明、景东、峨山、大理、漾濞、贡山及兰坪；生于海拔1200~2200m的山坡草地、路旁、沟边灌丛及湿润处。分布于甘肃、陕西南部、湖北、湖南、广西、贵州、西藏、四川、浙江等省。尼泊尔、锡金也有分布。

陌上菜_Lindernia procumbens_ (Krock.) Philcox

产于金平、勐腊、景洪、昆明、江川、剑川；生于海拔350~1100m的山坡、草地、田边潮湿处。分布于四川、贵州、广西、广东、湖南、湖北、江西、浙江、江苏、安徽、河南、河北、吉林及黑龙江等省区。日本、越南、老挝、泰国、巴基斯坦、印度、尼泊尔、阿富汗、克什米尔、印度尼西亚（爪哇）、哈萨克、塔吉克、俄罗斯及欧洲南部也有分布。

钟萼草_Lindenbergia philippensis_ (Cham.) Benth.

产于昆明、元江、玉溪、澄江、巧家、潞西、屏边、元阳、大理、蒙自、金平、泸水、景东、勐腊及金沙江河谷；生于海拔1200~2600m的山坡、岩缝、墙脚边。分布于贵州、广西、广东、湖南、湖北。印度、菲律宾、柬埔寨、老挝、缅甸、泰国、越南也有分布。

通泉草_Mazus pumilus_ (Burm. f.) van Steenis

产于绥江、镇雄、罗平、文山、麻栗坡、屏边、元阳、勐腊、勐海、昆明、安宁、玉溪、景东、凤庆、沧源、禄劝、宾川、大理、丽江；生于海拔330~2600m的草地湿处及松栎林下。除内蒙古、宁夏、青海及新疆未见标本外，遍及全国。越南、俄罗斯、朝鲜、日本（琉球）、菲律宾也有分布。

沟酸浆_Mimulus tenellus_ Bunge

产于彝良、镇雄、丽江、鹤庆、维西、贡山、香格里拉；生于海拔1800~3500m的林下沟边及杂木林中。分布于四川。尼泊尔、锡金也有分布。

翅茎草_Pterygiella nigrescens_ Oliv.

产于富宁、蒙自（模式标本产地）、昆明、元江、峨山、洱源、宾川、永仁、丽江、香格里拉；生于海拔300~2600m的山坡、林缘灌丛中。云南特有种。

野甘草_Scoparia dulcis_ L.

产于金平、河口、景洪、勐海、勐腊、孟连、沧源、耿马、临沧、潞西及大理；生于海拔122~1700m的荒地、路旁及山坡灌丛中。分布于广东、广西、福建；原产美洲热带。现已广布于全球热带。

光叶蝴蝶草_Torenia asiatica_ L.

产于威信、彝良、罗平、富宁、西畴、屏边、河口、麻栗坡、文山、马关、勐腊、普洱、景东、临沧、元阳、峨山、龙陵、福贡、贡山、泸水；生于580~2100m的山坡林缘及灌丛中。分布于福建、浙江、江西、广东、海南、广西、湖南、湖北、贵州、四川和西藏。日本和越南也有分布。

北水苦荬 *Veronica anagallis-aquatica* L.

产于会泽、广南、文山、蒙自、景洪（勐养）、勐腊、嵩明、昆明、富民、漾濞、洱源、景东、福贡、丽江、香格里拉、德钦；生于海拔1200~3100m的水边、沟谷及沼泽地。分布于黑龙江、吉林、辽宁、内蒙古、山西、陕西、甘肃、青海、新疆、西藏、四川、贵州、湖北、河南、河北、江苏、山东和安徽。尼泊尔、巴基斯坦、土库曼、塔吉克、吉尔吉斯、哈萨克及欧洲广布，原产北美。

水苦荬 *Veronica undulata* Wall.

产于大关、会泽、昆明、安宁、澄江、江川、石屏、元江、双柏、景东、大理、漾濞、鹤庆、永胜、丽江、香格里拉、德钦；生于海拔480~2900m的路旁、田边、河滩及高山松栎林下。在我国除内蒙古、宁夏、青海和西藏外，其他各省区均有分布。朝鲜、日本、越南、老挝、泰国、尼泊尔、印度北部、巴基斯坦及阿富汗东部也有。

苦苣苔科 Gesneriaceae

芒毛苣苔 *Aeschynanthus acuminatus* Wall. ex A. DC.

产于宁江、西双版纳、红河、金平、麻栗坡，生于林内树干上，海拔120~1600m；分布于广东、广西及四川。锡金、不丹、印度东北部、缅甸北部、泰国、老挝、越南也有。

石胆草 *Corallodiscus flabellatus* (Craib) Burtt

产于昆明、寻甸、大姚、鹤庆、洱源、大理、丽江、维西、香格里拉、德钦，生于山地岩石上，海拔1700~2800（~3000）m；分布于四川西南部。模式标本采自大理。

云南长蒴苣苔 *Didymocarpus yunnanensis* (Franch.) W. W. Smith

产于楚雄、景东、宾川、邓川、大理、漾濞、龙陵、腾冲，生于山地林下岩石上，海拔1300~2600m；分布于四川西部。

盾座苣苔 *Epithema carnosum* (G. Don) Benth.

产于临沧、景东、普洱、易武、勐腊、文山，生于山坡湿草地或沟边或林下岩石上，海拔700~1500m；分布于广西西部、贵州西南部。尼泊尔、不丹、印度东北部也有。

厚叶蛛毛苣苔 *Paraboea crassifolia* (Hemsl.) Burtt

产于巧家、禄劝、元谋、路南、昆明、楚雄、元阳、邱北、蒙自、文山、砚山、西畴、广南、富宁、勐腊、沧源、耿马，生于石灰山常绿林或灌丛下的岩石上或岩隙中，海拔650~1600（2000）m；分布于广西西部及贵州。越南也有。

长冠苣苔 *Rhabdothamnopsis sinensis* Hemsl.

产于昆明、广通、禄劝、会泽，生于山地林内，海拔（1600~）2000（~2550）m；分布于四川西部（康定、九龙、会东、冕宁）及贵州（独山）。模式标本采自昆明。

紫葳科 Bignoniaceae

两头毛 *Incarvillea arguta* (Royle) Royle

产于滇东北、滇东，滇中至滇西，滇西北，生长于海拔1400~2700（~3400）m地区，澜沧江、金沙江流域的干热河谷地带、路边、灌丛中。分布四川东南部、贵州西部及西北部、甘肃、西藏。印度及喜马拉雅山区各国也有。

火烧花 *Mayodendron igneum* (Kurz) Kurz

产于云南（普洱、西双版纳、景东、屏边、富宁、元江、双柏）。生于海拔（200~）700~1520m干热河谷、比较润湿的河谷低地。我国广西、广东及台湾省亦产。分布越南，老挝，缅甸。

千张纸（木蝴蝶）*Oroxylum indicum* (L.) Benth. ex Kurz

　　产于西双版纳、凤庆、新平、河口、西畴等地和金沙江、澜沧江流域的干热河谷地区、阳坡、疏林中，生长于海拔100~1420（~1800）m区域。分布于我国广西、贵州（镇宁至黄草坝）、四川（会理）、广东（海南）、福建、台湾。亦产越南、老挝、泰国、缅甸、印度、马来西亚、斯里兰卡。

菜豆树*Radermachera sinica* (Hance) Hemsl.

　　产于云南（盐丰、富宁、河口），生于海拔340~750m的山谷、疏林中。分布广东、广西、台湾。

羽叶楸*Stereospermum colais* (Buch.–Ham. ex Dillwyn) Mabberley

　　产于滇西南部至滇南部，滇东南部（西双版纳、普洱、临沧、镇康、双江、耿马、瑞丽、屏边、金平、河口、富宁、双柏），生于海拔150~1500（~1800）m的干热河谷、疏林中。我国广西、贵州（新记录）亦产。分布越南、柬埔寨、泰国、缅甸、马来西亚、印度尼西亚（爪哇）、斯里兰卡。

爵床科 Acanthaceae

尖药花*Aechmanthera tomentosa* Nees

　　产于蒙自、西畴、屏边、元江、普洱、盈江、潞西、耿马；生于山坡草地或疏林边。分布于贵州（兴仁、兴义）、广西（隆林）。印度西北部、尼泊尔也有。

板蓝（马蓝）*Baphicacanthus cusia* (Nees) Bremek.

　　产于金平、屏边、麻栗坡、西畴、禄春、景东、景洪、勐海、盈江、潞西；常生于潮湿地方。分布于广东、海南、香港、广西、贵州、四川、福建、台湾和浙江。孟加拉、印度东北部、缅甸、喜马拉雅等地至中南半岛均有分布。

假杜鹃*Barleria cristata* L.

　　产于禄劝、元江、蒙自、景东、丽江、宾川、鹤庆；生于海拔700~1100m的山坡、路旁或疏林下阴处，也可生于干燥草坡或岩石中。分布于福建、台湾、广东、海南、广西、四川、贵州和西藏等省区。中南半岛、印度也有。

鳔冠花*Cystacanthus paniculatus* T. Anders.

　　产于德宏、澜沧、勐海、马关、元江；生于海拔300~2100m的灌丛中。分布于缅甸。

印度狗肝菜*Dicliptera bupleuroides* Nees

　　产于屏边、绿春、澜沧；生于海拔800~1200m。分布于贵州（罗甸）。阿富汗、喜马拉雅、印度、孟加拉国、泰国、中南半岛等地区也有分布。

滇中狗肝菜*Dicliptera riparia* Nees var. *yunnanensis* Hand.–Mazz.

　　产于开远、昆明、楚雄、祥云。模式标本采自楚雄（广通）。

可爱花（喜花草）*Eranthemum pulchellum* Andrews

　　产于勐腊；生于海拔560~600m的林下或灌木丛中。分布于热带喜马拉雅地区。

山一笼鸡*Gutzlaffia aprica* Hance

　　产于昆明、宜良、澄江、砚山、石林（路南）、蒙自、大理、鹤庆、香格里拉、德钦；生于海拔2200m以下的干旱疏林下或山坡灌丛。分布于香港、广东、广西、贵州、四川和江西。中南半岛、泰国也有。

蒙自金足草*Goldfussia austinii* (C. B. Clarke ex W. W. Smith) Bremek.

　　产于弥勒、蒙自、元江、砚山、文山、寻甸；生于海拔400~2100m的林下。分布于四川。模式标本采自蒙自。

聚花金足草*Goldfussia glomerata* Nees

　　产于景东、临沧、耿马、双江、新平、普洱、勐腊；生于海拔700~1800m的林下。印度喀西山区、缅甸也有。

三花枪刀药*Hypoestes triflora* (Forssk.) Roem. et Schult.

产于昆明、嵩明、富民、鹤庆、丽江、漾濞、腾冲、福贡、景东、勐海、勐连、蒙自；生于海拔350~2100m的路边或林下。喜马拉雅（尼泊尔、锡金、不丹）也有分布。

异蕊一笼鸡*Paragutzlaffia lyi* (Levl.) Tsui

产于昭通、富源、蒙自、洱源、丽江；生于海拔2800m以下的路边、山坡及杂木林下等处。分布于广西、湖南、四川、贵州。

地皮消*Pararuellia delavayana* (Baill.) E. Hossain

产于香格里拉、漾濞、宾川、鹤庆；生于海拔750~3000m的山地草坡、疏林下。分布于贵州西部、四川南部（木里）。我国特有。模式标本采自宾川大坪子。

异色红毛蓝*Pyrrothrix heterochroa* (Hand.–Mazz.) C. Y. Wu et C. C. Hu

产于元江（模式标本产地）；生于山坡海拔1370m。

九头狮子草*Peristrophe japonica* (Thunb.) Bremek.

产于红河、文山；生于海拔1200~1700m的路边、草地或林下。广布于河南、安徽、江苏、浙江、江西、福建、湖南、湖北、广东、广西、四川、贵州等省区。日本也有。

爵床*Rostellularia procumbens* (L.) Nees

产于大理、昆明、凤庆、西畴、屏边、蒙自、楚雄、景东、景洪、勐腊、勐海、砚山、罗平；生于海拔2200~2400m的山坡林间草丛中，为习见野草。我国秦岭以南，东至江苏、台湾，南至广东，西南至云南、西藏（吉隆）广泛分布。

合页草*Sympagis monodelpha* (Nees) Bremek.

产于福贡；分布于印度东北部、喜马拉雅、泰国北部和印度尼西亚（爪哇）。

老鸦嘴*Thunbergia fragrans* Roxb.

产于昆明、鹤庆、洱源、香格里拉、大理、凤庆、双江；生于海拔1100~2300m的山坡灌丛中。分布于四川、贵州、广东及广西等省。印度、斯里兰卡、印度支那半岛、印尼、菲律宾等也有分布。

长黄毛山牵牛*Thunbergia lacei* Gamble

产于金平、元江、景东、勐腊、景洪、临沧等地；生于海拔390~1500m的灌丛或林下。缅甸也有分布。

马鞭草科 Verbenaceae

马缨丹*Lantana camara* L.

德宏州、保山区、西双版纳，海拔1500m左右逸生，昆明有栽培。我国广东、广西、福建亦有逸生，常在村寨边荒山荒地上形成大片群落。

马鞭草*Verbena officinalis* L.

广布于云南全省各地，海拔（350~）500~2500（~2900）m的荒地上。我国黄河以南各省均产之。广布于全球的温带至热带地区。

木紫珠*Callicarpa arborea* Roxb.

产于云南西南部、南部和东南部，海拔150~1000（~1800）m的山坡疏林向阳处，次生林内常见。我国广西亦有。分布于尼泊尔、锡金、印度、孟加拉国、安达曼群岛、缅甸、泰国、越南、柬埔寨、马来半岛至印度尼西亚（东至伊里安岛）。

老鸦胡*Callicarpa giraldii* Hesse ex Rehd.

产于云南西部至西北部、西南部、南部（包括西双版纳），海拔1300~3400m的疏林和灌丛中。我国甘肃（东南部）、陕西（南部）、河南（南部）至江南各省广布。

大叶紫珠*Callicarpa macrophylla* Vahl

产于云南西南部、南部至东南部，海拔100~2000m的疏林下和灌丛中。我国贵州、广西、广东亦有。分布于马斯克林群岛、留尼汪岛、印度、中南半岛、马来西亚至印度尼西亚。

红紫珠 *Callicarpa rubella* Lindl.

产于云南东南部（包括红河州和文山州）、中部（峨山）及东北部（盐津、绥江），海拔800~1900m的疏林或灌丛中。我国四川、贵州、广西、广东、福建、台湾、湖南、江西均产。分布于印度北部、泰国、越南、马来群岛。

灰毛莸 *Caryopteris forrestii* Diels

产于云南西北部、西部及东北部。常见于金沙江各支流干热河谷海拔1700~2700（~3000）m的阳性灌丛、草坡、路旁、荒地。四川木里一带亦有分布。

臭牡丹 *Clerodendrum bungei* Steud.

产于维西、香格里拉、丽江、腾冲、漾濞、大理、禄丰、昆明、屏边、麻栗坡、文山、砚山、盐津等地，海拔（520~）1300~2600m的山坡杂木林缘或路边。分布于我国华北、陕西至江南各省。

腺茉莉 *Clerodendrum colebrookianum* Walp.

产于贡山、福贡、盈江、腾冲、龙陵、凤庆、云县、景东、耿马、双江、澜沧、普洱、勐腊、蒙自、河口、西畴、富宁，海拔（280~）500~1500（~2100）m的山坡疏林、灌丛或路旁，通常生于比较向阳而润湿的地方。分布于尼泊尔、锡金、印度东北部（阿萨姆、喀西山）、孟加拉国、缅甸、泰国、老挝、越南（北部至中部）、马来半岛（新加坡）、印度尼西亚（苏门答腊）、帝汶岛等地。

三对节 *Clerodendrum serratum* (L.) Moon

产于瑞丽、潞西、龙陵、腾冲、沧源、耿马、孟连、澜沧、双江、临沧、麻栗坡、西畴、富宁等地；生于海拔210~1900m的山坡疏林下或林缘向阳处；我国贵州、广西也有。分布于印度、斯里兰卡、孟加拉国、缅甸、中南半岛、马来半岛至印度尼西亚等地，在非洲南部及毛里求斯归化。

黄毛豆腐柴 *Premna fulva* Craib

产于普洱、西双版纳、河口、富宁等地，海拔500~1200m的阴处常绿阔叶林或路边疏林中。我国贵州南部、广西西南部以及泰国北部、老挝、越南（北部至中部）亦有分布。

千解草 *Premna herbacea* Roxb.

产于瑞丽（莲山）、潞西、耿马、双江、昌宁、凤庆、景谷、元江、富宁、丽江等地，海拔750~1670m，为经常火烧地的特有种。分布于我国海南岛以及亚热带喜马拉雅山脉、印度德干高原、不丹、缅甸、泰国、老挝、越南、柬埔寨、菲律宾、印度尼西亚。

黄荆 *Vitex negundo* L.

产于滇东南至滇西北同，海拔100~2200m的次混交林中或高山灌丛中；我国长江以南各省北达秦岭淮河均产。从热带非洲经马加什、叙利亚、巴基斯坦、印度、斯里兰卡、印度支那至太平洋西部群岛。

山牡荆 *Vitex quinata* (Lour.) F. N. Will.

我国广西、广东、湖南（南部）、江西、福建、浙江均产。

蔓荆 *Vitex trifolia* L.

云南省西南经南部至东南部均有。常生于海拔1100~1700m的路边或疏林下。我国广东海南也有。分布于缅甸（掸邦）、泰国、印度尼西亚、菲律宾、日本琉球及太平洋内诸岛（所罗门、社会群岛、波利尼西亚）等。

唇形科 Labiatae

痢止蒿 *Ajuga forrestii* Diels

产于滇西北至滇中部，滇东至嵩明等地，海拔1700~3200m，有时达4000m的开阔路旁、溪边等潮湿草地，有时成片生长。我国四川西部、西藏东南部也有。模式标本采自丽江。

紫背金盘*Ajuga nipponensis* Makino

本种分布甚广，云南省海拔100~2300m的大部分地区均产，但以2000m以下为常见，习见于田边矮草地湿润处、林内或阳坡肥土上，适应性强；我国东部、南部及西南各省，西北至秦岭南坡均有；此外，日本、朝鲜亦有分布。

广防风*Anisomeles indica* (L.) O. Ktze.

产于云南全省海拔220~1600m热带及亚热带地区的林缘、路旁或荒地。我国西南部、南岭附近及以南各地常见。印度、东南亚至马来群岛、菲律宾、帝汶岛广泛分布。

齿唇铃子香*Chelonopsis odontochila* Diels

产于泸水、丽江、香格里拉、富民，海拔1400~1950m的河谷地区或石灰岩山。我国四川西南部也有。

干生铃子香*Chelonopsis siccanea* W. W. Smith

产于云南西北部，海拔约2000m谷地旱生灌丛中。模式标本（Forrest 13082）采自永宁及金沙江分水岭之间。我国四川西南部（木里）也有。

寸金草*Clinopodium megalanthum* (Diels) C. Y. Wu et HsuanexH. W.

产于云南中部、南部、西北部及东北部。海拔1300~3500m山坡草地、路边、疏林下。我国四川南部及西南部、湖北西南部、贵州北部有分布。模式标本采自丽江。

匍匐风轮草*Clinopodium repens* (D. Don) Wall. ex Benth.

产于云南全省各地，海拔高达3400m，生于山坡草地、林下、路边、沟边。我国陕甘及长江以南、南岭以北各省均有。

深红火把花*Colquhounia coccinea* Wall.

产于喜马拉雅山区，自印度东北部至不丹、锡金、尼泊尔。我国仅见于西藏中部和尼泊尔边境。

羽萼*Colebrookea oppositifolia* Smith

产于云南南部干热地区的稀树乔木林或灌丛中，海拔200~2200m。主要分布于亚热带喜马拉雅山区，南达印度、尼泊尔、锡金、缅甸、泰国。

四方蒿*Elsholtzia blanda* Benth.

见于云南西南至东南部海拔800~2500m的温热地区，多生于路边草地、沟旁或林中。我国广西西部及贵州东南部均产。分布于尼泊尔、锡金、不丹、印度东北部、缅甸、泰国、老挝、越南至印度尼西亚（苏门答腊）。

香薷*Elsholtzia ciliata* (Thunb.) Hyland.

云南各地均有分布，常见于海拔1250~3450m的路旁、河谷两岸、山坡荒地及林中。我国除新疆、青海外，全国均有分布。从西伯利亚、朝鲜、日本、我国而至印度，中南半岛及缅甸有分布。欧洲及北美也有引入。

野草香*Elsholtzia cypriani* (Pavol.) C. Y. Wu et S. ChowexHsu

自云南西北部经中部而至中越边境地区以北均有，常见于海拔400~2900m的路边、林中或河谷两岸。我国广西、贵州、四川、湖南、湖北、安徽、河南、陕西等省区均有分布。

鸡骨柴*Elsholtzia fruticosa* (D. Don) Rehd.

云南全省均有分布，常见于海拔1450~3200m的沟边、箐底潮湿地及路边或开旷的山坡草地中。我国甘肃南部、湖北西部、四川、西藏、贵州、广西也产。克什米尔地区、印度、尼泊尔、锡金、不丹有分布。

光香薷*Elsholtzia glabra* C. Y. Wu et S. C. Huang

产于滇西大理、洱源、鹤庆、宾川及武定等地海拔1900~2400m的疏林中或沟谷潮湿地。我国四川也有分布。模式标本采自云南宾川。

水香薷 *Elsholtzia kachinensis* Prain

云南除东北至东南部尚未发现外，全省均有分布。常见于海拔1200~2800m的河边、林下、路旁阴湿地、沟谷中或水中。我国四川、广西、广东、湖南、江西诸省均有。缅甸也有分布。

野拔子 *Elsholtzia rugulosa* Hemsl.

常见于云南各地海拔1300~2800m的荒坡、草地、路旁及乔灌木丛中，尤其在砍伐后的松林中生长良好。我国四川、贵州、广西均产。模式标本采自普洱。

白香薷 *Elsholtzia winitiana* Craib

产于云南南部及西南部，经澜沧、红河地区而至东南部海拔800~2200m的林中或草坡灌丛中。我国广西西部也有。越南、泰国有分布。

长毛锥花 *Gomphostemma crinitum* Wall.

产于西双版纳（景洪、橄榄坝），海拔860m的林内。印度、缅甸、马来西亚也有分布。

小齿锥花 *Gomphostemma microdon* Dunn

产于云南南部（普洱、西双版纳），海拔640~1300m，沟谷成平地的热带雨林下。模式标本采自澜沧。

腺花香茶菜 *Isodon adenanthus* (Diels) Kudo

产于云南大部分地区（除极西北外），（1150~）1600~2300（~3400）m的松林、松栎林及竹林下或林缘草地上。我国四川西南部和贵州西南部亦有分布。模式标本采自大理。

狭叶香茶菜 *Isodon angustifolius* (Dunn) Kudo

产于滇东南（蒙自、砚山）、滇中（昆明、大姚、盐丰）、滇西北（鹤庆、丽江），海拔1200~2600m的草堆上或松林下。合模式标本采自蒙自、昆明。

毛萼香茶菜 *Isodon eriocalyx* (Dunn) Kudo

产于滇东南、滇中至滇东北、滇西北，海拔750~2600m，常生于山坡阳处，灌丛中。我国四川西部、贵州南部、广西西部亦有分布。合模式采自四川峨眉及云南金沙江河谷。

淡黄香茶菜 *Isodon flavidus* (Hand.–Mazz.) Hara

产于滇中至滇西（景东、巍山、大理、漾濞、宾川、双柏、楚雄、昆明及嵩明）、滇东南（砚山），海拔1500~2600m的杂木林或林缘潮湿处。我国贵州西北部亦有分布。模式标本采自凤仪。

线纹香茶菜 *Isodon lophanthoides* (Buch.–Ham. ex D. Don) Hara

产于云南全省（除最西北外），海拔500~2700m的沼泽地上或林下潮湿处。我国西藏、四川、贵州、广西、广东、福建、江西、湖南、湖北、浙江也产。克什米尔地区、印度、不丹也有分布。有1变种产中南半岛。

独一味 *Lamiophlomis rotata* (Benth.) Kudo

产于云南西北部（德钦），海拔2700~4100m的高山、高原强度风化的碎石滩中或石质高山草地中。我国西藏、四川、青海、甘肃也有。在喜马拉雅山区，4000~4800m间广泛分布。

宝盖草 *Lamium amplexicaule* L.

云南全省各地都有。杂草植物，生长于海拔4000m以下的路旁、林缘、沼泽草地、宅旁及园圃中。我国华北、西北、青海、西藏以及江南各省均有分布。欧洲、亚洲广泛分布。

益母草 *Leonurus japonicus* Houtt.

产于云南全省及我国全国各地。为一杂草，在海拔3400m以下的多种生境均有生长，但以荒地为多。俄罗斯、朝鲜、日本、热带亚洲、非洲以及美洲均有分布。

绣球防风 *Leucas ciliata* Benth.

产于云南全省大部分地区。见于海拔（500~）1000~2700m的地段。本种适性强，生于多种生境，如路旁、溪边、灌丛、草坡等。分布于我国四川西南部、贵州西南部、广西西部。尼泊尔、锡金、不丹、印度东北部（阿萨姆）、缅甸、老挝、越南北部也有。

米团花*Leucosceptrum canum* Smith

产于滇中至滇南，海拔1000~1900m，有达2600m的撩荒地、路边及谷地溪边，或亦见于石灰岩的林缘小乔木或灌木丛中；我国西藏南部、东南部，四川西南部（木里）亦有。此外，印度、不丹、尼泊尔、缅甸、越南、老挝等均有分布。

蜜蜂花*Melissa axillaris* (Benth.) Bakh. f.

产于云南大部分地区，海拔600~2800m的林中、路旁、山坡、谷地。我国陕西南部、湖北西部、湖南西部、广东北部、广西北部、四川、贵州、台湾等省区均有。分布于尼泊尔、锡金、不丹、印度东北部、印度尼西亚（苏门答腊、爪哇）。

薄荷*Mentha canadensis* L.

产于云南大部分地区，海拔可达3500m，喜生于水旁潮湿地。我国南北各地均有。分布于苏联的远东部分、西伯利亚、朝鲜、日本等地。

姜味草*Micromeria biflora* (Buch.-Ham. ex D. Don) Benth.

产于云南中部至东北部和东南部，喜生于石灰岩、开旷草地等干旱生境，海拔2000~2550m。我国贵州亦有。分布于热带及温带喜马拉雅山地以及印度、阿富汗、也门、埃塞俄比亚及非洲南部。

牛至*Origanum vulgare* L.

产于云南全省，海拔500~3600m，生于路边、干坡、林下、草地。我国自江苏、河南、陕西、甘肃、新疆以南各省均产。欧洲、亚洲、非洲北部均有分布，北美亦有引种。

鸡脚参*Orthosiphon wulfenioides* (Diels) Hand.-Mazz.

产于云南西北部、中部及东南部，海拔1200~2900m的松林下或草坡上。我国四川西部和西南部、贵州西南部有分布。模式标本采自鹤庆和丽江间。

假糙苏*Paraphlomis javanica* (Bl.) Prain

产于云南西南部、中南部、南部及东南部，海拔（320~）850~1350（~2400）m的热带林荫下。亦产于我国台湾、广东、海南岛、广西南部。印度、孟加拉国、缅甸、泰国、老挝、越南、马米西亚、印度尼西业及菲律宾也有。

夏枯草*Prunella vulgaris* L.

云南除南部外，大部分地区有分布。生长于海拔1400~2800（~3000）m的荒坡、草地、田埂、溪旁及路边等潮湿地上。分布于我国江南各省以至河南、陕西、甘肃、新疆。欧洲、非洲北部、西亚、中亚、苏联西伯利亚、阿富汗、巴基斯坦、印度、尼泊尔、不丹广泛分布，大洋洲及北美亦偶见。

云南鼠尾草*Salvia yunnanensis* C. H. Wright

产于丽江、永胜、鹤庆、洱源、大理、云龙、弥渡、临沧、禄劝、昆明、嵩明、澄江、蒙自、罗平、马龙、昭通等地，海拔1800~2900m的山坡杂木林、山坡草地、路边灌丛，通常见于比较干燥的地方。我国四川西南的会东、盐源及贵州省西部也有分布。模式标本采自蒙自。

滇黄芩*Scutellaria amoena* C. H. Wright

云南除南部和西南部外，全省大部分地区有产。生长于1300~3200m左右的云南松林下和灌丛草地中。我国四川南部及贵州西北部也有。模式标本采自蒙自。

退色黄芩*Scutellaria discolor* Wall.

产于云南西部、西南部、南部至东南部，见于海拔（20~）610~1800m的山地林下、草坡、路边或溪旁，我国贵州南部、广西西部也有。印度、尼泊尔、缅甸、中南半岛、马来半岛、印度尼西亚（爪哇东至摩鹿加）等地均有分布。

西南水苏*Stachys kouyangensis* (Vaniot) Dunn

产于云南西部、西北部、中部、东南部。海拔900~2100（~2800）m的山坡草地、荒地及潮湿沟边。我国四川、贵州、湖北也有。

甘露子*Stachys sieboldi* Miq.

　　昆明和丽江栽培，东川野生（？），原产我国，野生于华北及西北各省，生于湿润地及积水处，海拔可达3200m。现我国华北至江南各省，以及欧洲、日本、北美等地均广为栽培。

血见愁*Teucrium viscidum* Bl.

　　产于滇东南、滇南、滇西南，海拔120~1530m的灌丛、草坡或林下的湿地，在沟边溪旁较为常见。我国江南各省均有生长。分布于日本、朝鲜、缅甸、印度、菲律宾至印度尼西亚。

鸭跖草科 Commelinaceae

饭包草*Commelina benghalensis* L.

　　产于勐海、勐仑、蒙自、元阳、鹤庆、丽江、碧江、贡山等地；生于海拔（350）1500~1700（2300）m间的溪旁或林中阴湿处。分布于河北、陕西、贵州、广西和广东、海南。亚洲和非洲热带地区也有。

鸭跖草*Commelina communis* L.

　　产于盐津、大关等地；生于海拔1200m的田边、山坡阴湿处。四川、甘肃以东的南北各省均有分布。越南、朝鲜、日本、俄罗斯（远东地区）及北美也有。

竹节草*Commelina diffusa* Burm. f.

　　产于勐腊、勐海、勐仑、景洪、澜沧、普文、景东、凤庆、漾鼻、大理、丽江、泸水、河口、马关、屏边、绿春、蒙自、建水、元江、楚雄等地；生于海拔200~2300m的溪旁、山坡草地阴湿处及林下。我国贵州、广西、广东、海南均有分布。广布于热带和亚热带地区。

四孔草*Cyanotis cristata* (L.) D. Don

　　产于勐纳、勐仑、易武、富宁、砚山、蒙自、元阳、临沧、碧江、福贡等地；生于海拔300~2750m的山坡、荒地、岩石向阳处或混交林下。分布于贵州、广东。印度至马来西亚也有。

蓝耳草（露水草）*Cyanotis vaga* (Lour.) J. A. et J. H. Schult.

　　产于绿春、屏边、双柏、安宁、昆明、富民、嵩民、东川、腾冲、大理、鹤庆、兰苹、丽江、泸水等地；生于海拔1510~2700m间的山坡、草地及疏林下。分布于西藏南部、四川、贵州和广东。北非、中亚至印度、缅甸、中南半岛、马来西亚也有。

紫背鹿衔草*Murdannia divergens* (C. B. Clarke) Bruckn.

　　除云南东外，几遍布全省；生于海拔1100~2900m的山坡草地、沟谷及林下。分布于四川西南和贵州。也分布于锡金、印度东北部（喀西山）、缅甸北部、老挝和越南北部也有。

裸花水竹叶*Murdannia nudiflora* (L.) Brenan

　　产于勐海、易武、景洪、澜沧、镇康、景东、福贡、砚山、绿春、元阳、盐津等地；生于海拔510~1600m溪旁、水边和林下。分布于四川、贵州、广东、海南、广西、湖南、湖北、江苏、浙江、安徽、江西、福建。印度、缅甸、中南半岛至菲律宾和日

水竹叶*Murdannia triquetra* (Wall.) Bruckn.

　　产于勐海、凤庆；生于海拔1540~1600m的溪边、水中或草地潮湿处。分布于我国四川、贵州、湖南、湖北、广东、海南至江苏、浙江。印度也有。

竹叶吉祥草*Spatholirion longifolium* (Gagnep.) Dunn

　　云南全省广布，从东南、中南、西南、西北、中部至东北部；生于海拔1200~2500m山坡草地、溪旁及山谷林下。分布于四川、贵州、广西、广东、湖南、湖北、江西、福建及浙江。越南北部也有。模式标本产自昆明。

竹叶子*Streptolirion volubile* Edgew.

　　产于勐腊、勐海、勐连、普洱、元江、峨山、临沧、漾濞、鹤庆、泸水、兰苹、贡山、福贡、麻栗坡、

文山、江川、安宁、寻甸、会泽等地；生于海拔1100~3000m的山谷、杂林或密林下。分布于我国西南、中南、湖北、浙江、甘肃、陕西、山西、河北及辽宁。不丹、老挝、越南、朝鲜和日本也有。

芭蕉科 Musaceae

芭蕉*Musa basjoo* Sieb. et Zucc.*

云南见有栽培。原产日本琉球群岛，我国台湾可能有野生，秦岭、淮河以南可以露地栽培，多栽培于庭园及农舍附近。

香蕉*Musa nana* Lour.*

云南全省热带地区栽培。

地涌金莲*Musella lasiocarpa* (Franch.) C. Y. Wu ex H. W. Li

产于云南中部至西部；多生于山间坡地，或栽于庭园内，海拔1500~2500m。

姜科 Zingiberaceae

华山姜*Alpinia chinensis* (Retz.) Rosc.

产于东南部至西南部；生于海拔800~1500m的混交林与稀疏常绿阔叶林下。我国东南部至西南部各省区均有分布。越南、老挝也有。

距药姜*Cautleya gracilis* (Smith) Dandy

产于云南省东南部至西南部（漾濞、泸水、碧江、洱源、丽江、福贡、贡山）；生于海拔950~3100m的湿谷中，稀附生于树上。四川西南部（冕宁）、贵州（盘县）与西藏（察隅）有分布。克什米尔、印度西北部、尼泊尔、锡金、不丹也有。

草果药*Hedychium spicatum* Buch.-Ham. ex Smith

广布种，产于云南省中部至西北部；生于海拔1900~2800m的山坡林下。四川（木里）、贵州、西藏有分布。尼泊尔、印度也有。

姜*Zingiber officinale* Rosc.*

全省各地均有栽培。亚热带地区也常见栽培。

闭鞘姜科 Costaceae

闭鞘姜*Costus speciosus* (Koenig) Smith

产于云南省东南部至西南部；生于海拔300~1400m的山坡林下、沟边与荒坡等地。广东、广西、江西与湖南等省区有分布；热带亚洲广布。

美人蕉科 Cannaceae

蕉芋*Canna edulis* Ker.-Gawl.

贡山、景洪、勐腊、屏边、河口、西畴、富宁等地海拔2000m以下地区引种栽培。原产南美洲，我国南部、西南部引种栽培。

黄花美人蕉*Canna flaccida* Salisb.*

景洪、勐腊等地栽培，庭园观赏。我国各地均有栽培。

百合科 Liliaceae

万寿竹*Disporum cantoniense* (Lour.) Merr.

广布于云南全省大部分地区（自滇西北至滇南、滇东南、滇东北），生于海拔640~3100m的原始或次生常绿阔叶林、松林、灌丛、草地、石灰岩山灌丛及火烧迹地；西藏、四川、贵州、陕西、广西、广东、海南、湖南、湖北、安徽、福建、台湾均有。锡金、不丹、尼泊尔、印度北部、缅甸北部、泰国北部和越南北部也有分布。

沿阶草_Ophiopogon bodinieri_ Levl.

产于贡山、福贡、德钦、香格里拉、维西、丽江、鹤庆、漾濞、洱源、大理、景东、镇康、凤庆、姚安、禄劝、大关、巧家、镇雄、东川、会泽、昆明、宜良、江川、石屏等地，生于海拔1000~4000m的山坡、山谷潮湿处、沟边、灌木丛下和密林下；我国南部和西南部各省区，以及甘肃、陕西、河南的南部地区均有分布。

间型沿阶草_Ophiopogon intermedius_ D. Don

产于贡山、福贡、泸水、香格里拉、维西、永胜、丽江、鹤庆、大理、漾濞、景东、大姚、昆明、安宁、嵩明、禄劝、寻甸、东川、昭通、巧家、个旧、砚山、文山等地，生于海拔800~3000m的山坡、沟谷、溪边阴湿处；我国秦岭以南各省区有分布。锡金、不丹、尼泊尔、印度西北部（克什米尔地区以东）、孟加拉、泰国、越南和斯里兰卡也有。

西南沿阶草_Ophiopogon mairei_ Levl.

产于巧家、大关，生于海拔1600~1860m的林下阴湿处；贵州、四川、湖北也分布。模式标本采自滇东北（可能东川、会泽一带）。

滇黄精_Polygonatum kingianum_ Coll. et Hemsl.

产于勐腊、景洪、普洱、绿春、金平、麻栗坡、蒙自、文山、西畴、双江、临沧、凤庆、景东、双柏、楚雄、师宗、昆明、嵩明、大理、漾濞、云龙、福贡、香格里拉、盐津，生于海拔620~3650m的常绿阔叶林下、竹林下、林缘、山坡阴湿处、水沟边或岩石上；四川、贵州也有。分布于缅甸、越南。

吉祥草_Reineckea carnea_ (Andr.) Kunth

除北回归线以南的热带地区外，全省大部分地区都有分布；生于海拔1000~3200m的密林下、灌丛中或草地。

天门冬_Asparagus cochinchinensis_ (Lour.) Merr.

产于文山、大理，生海拔1500~2000m的山谷林下或竹丛中；分布于西藏、四川、广西、广东、海南、香港、福建、江西、江苏、甘肃、陕西、山西、河北。朝鲜、日本、老挝、越南也有。

羊齿天门冬_Asparagus filicinus_ Buch.–Ham. ex D. Don

产于盐津、巧家、宣威、禄劝、嵩明、昆明、大姚、大理、宁蒗、丽江、维西、鹤庆、德钦、香格里拉、贡山等地，生海拔（700~）1200~3500m的云南松林、栎林、灌丛或草坡；分布于西藏、四川、青海、甘肃、陕西、山西、河南、湖北、贵州、湖南、浙江。缅甸、印度、不丹亦有。

山菅兰_Dianella ensifolia_ (L.) DC. ex Redoute

产于云南西部（北至泸水）、南部至东南部，生于海拔240~2200m（景东）的林下、灌丛或草地；广东、广西、贵州、江西、福建、台湾、浙江也有。分布于尼泊尔、印度东北部、缅甸、斯里兰卡、马斯卡林群岛、马达加斯加、中南半岛诸国、马来半岛、苏门答腊至澳大利亚。

芦荟_Aloe vera_ (L.) Burm. f. var. _chinensis_ (Haw.) Berg.*

产于元江、元阳，生于海拔330~400m的干热河谷灌丛及路旁，各地常见栽培。江南各省区都有栽培。印度有分布。

鹭鸶兰_Diuranthera major_ (C. H. Wright) Hemsl.

产于滇西北至滇东南：丽江、洱源、昆明、绿春、蒙自、西畴等地，生于海拔530~2700m的林下、灌丛或草坡、或干旱河谷灌丛；四川盐源、木里、冕宁、布拖、乡城、稻城、得荣，贵州也有。

野百合_Lilium brownii_ F. E. Br. ex Miellez

产于碧江、泸水、福贡、凤庆、景东、江川、昆明、镇雄、大关、屏边、马关、西畴、富宁、砚山，生于海拔700~2500m的草坡、常绿阔叶林内，石灰岩山灌丛；分布于青海、甘肃、陕西、河南、四川、贵州、广西、广东、湖南、湖北、江西、安徽、浙江、福建，生长可下降到海拔100m。

开口箭*Tupistra chinensis* Baker

产于贡山、景东、普洱、双柏，生于海拔1100~2600m的竹林、混交林、山谷疏林中；分布于四川（泸定），广西、广东、湖南、湖北、江西、福建、台湾、浙江、安徽、河南、陕西。

长梗开口箭*Tupistra longipedunculata* Wang et Liang

产于澜沧、耿马、沧源、西双版纳，生于海拔600~1700m的沟谷林下。

雨久花科 Pontederiaceae

凤眼蓝*Eichhornia crassipes* (Mart.) Solms-Laub.

云南大部分地区栽培或逸生；生长于池塘、沟渠、沼泽内，在肥沃的水体中，繁殖非常迅速；陕西南部、河北至华南、西南各省区都有种植。原产巴西，现广植于各大洲热带、亚热带地区，也有归化。

菝葜科 Smilacaceae

土茯苓*Smilax glabra* Roxb.

产于全省大部分地区（除怒江州、迪庆州外）均有；生于海拔800~2200m的路旁、林内、林缘。甘肃南部和长江流域以南各省区，直到台湾、海南有分布。越南、泰国和印度也有。

铁叶菝葜*Smilax lunglingensis* Wanget Tang

产于昆明至龙陵一带。生于海拔1800~2700m的林下、灌丛中或河谷、山坡阴湿地。模式标本采自龙陵。

大花菝葜*Smilax megalantha* C. H. Wright

产于广南、麻栗坡；生于海拔1200~2000m的林下或山坡上。广西有分布。模式标本采自广南。

菖蒲科 Acoraceae

菖蒲*Acorus calamus* L.

产于云南西北部、中部、东南部，海拔600~2650m。常见于水边或沼泽湿地，也有栽培的。全国各省区都有，也见于南北两半球的亚热带、温带。

天南星科 Araceae

海芋*Alocasia macrorrhiza* (L.) Schott

产于滇中以南、西部至东南部，海拔200~1100m热带雨林及野芭蕉林中。四川、贵州、湖南、江西、广西、广东及沿海岛屿、福建、台湾也有。分布于孟加拉国、印度东北部（喀西山）、老挝、柬埔寨、越南、泰国至菲律宾。野生或栽培。

磨芋*Amorphophallus rivieri* Durieu*

云南全省各地栽培或野生于疏林下、林缘或溪谷两旁湿润地。陕西、甘肃、宁夏至江南各省都有。分布于东喜马拉雅山区至泰国、越南、菲律宾、日本。

一把伞南星*Arisaema erubescens* (Wall.) Schott

产于云南全省大部分地区。海拔1100~3200m，生长于林下、灌丛、草坡或荒地。除东北、内蒙古、新疆、江苏外，全国各省都有。分布于印度、尼泊尔、锡金、缅甸、泰国。

象头花*Arisaema franchetianum* Engl.

产于云南大部分地区（除滇南、西南），四川西南部、西部，贵州西部（赫章、安龙、兴仁、兴义、毕节），广西西部（凌乐、田林、靖西）。海拔960~3000m，生长于林下、灌丛、草坡。缅甸掸邦也有。模式标本（David）采自四川木坪。

天南星*Arisaema heterophyllum* Bl.

产于云南东北部鲁甸。广布于我国东北、华东、华南、西南各省。海拔可达2700m（马尔康）。生长于林下、灌丛或草地。分布于日本、朝鲜。首先发现于日本。

山珠半夏*Arisaema yunnanense* Buchet

产于云南各地。常见于阔叶林、松林或草坡灌丛中。贵州及四川也有。海拔1500~2200m。模式标本采自云南。

刺芋*Lasia spinosa* (L.) Thwait.

产于元江、新平、普文、西双版纳、华宁、永德、梁河，海拔650~1530m，生长于田边、沟边、箐沟、阴湿草丛、竹丛中。我国广东、广西、台湾也有。分布于锡金、孟加拉国、缅甸、泰国、中南半岛、马来半岛至印度尼西亚。

野芋*Colocasia antiquorum* Schott

云南全省各地栽培，或野生于林下潮湿处。

石柑*Pothos chinensis* (Raf.) Merr.

除云南中部、北部外，大部分地区都有，海拔200~2400m，常附生于阴湿密林或疏林的树干或石上。四川、湖北、贵州、广西、台湾、广东其沿海岛屿也有。分布于越南、老挝、泰国、模式林本采自普洱。

石蒜科 Amaryllidaceae

滇韭*Allium mairei* Levl.

产于贡山、碧江、兰坪、德钦、香格里拉、宁蒗、丽江、鹤庆、大理、楚雄、广通、双柏、嵩明、禄劝、昆明、寻甸、东川、昭通、巧家；生于海拔1200~4200m的松林、杂木林、草坡、石坝、石炭岩山石缝、草地。分布于四川木里、西藏波密至察隅、贵州（威宁）。

忽地笑*Lycoris aurea* (L' Herit.) Herb.

产于贡山、福贡、耿马、龙陵、勐海、勐腊、漾濞、洱源、剑川、安宁，昆明、彝良、宜良、路南、丘北、广南；生于海拔400~2000m的箐沟杂木林、河边灌丛、草坡、石灰岩山石缝中。分布于陕西（秦岭南坡）、河南、湖北、湖南、四川、贵州、广西、广东、福建、台湾。缅甸、日本也有。

薯蓣科 Dioscoreaceae

黄独*Dioscorea bulbifera* L.

产于云南大部分地区，海拔2300m以下，生长于林内或灌丛中。我国陕西、西藏、西南、华南、华中、华东（至台湾）各省区都有。分布于日本、印度、喜马拉雅西北部至尼泊尔、锡金、孟加拉、缅甸、老挝、越南、泰国、印度尼西亚、菲律宾、大洋洲至社会群岛。

多毛叶薯蓣*Dioscorea decipiens* Hook. f.

产于西北部（泸水）、西部（盈江、瑞丽至莲山、景东）、西南部（临沧、镇康）、南部（西双版纳）至东南部（河口），海拔2000m以下，生于疏林及灌丛中。缅甸北部、老挝、泰国也有。

粘山药*Dioscorea hemsleyi* Prainet Burk.

产于云南大部分地区（除西双版纳），海拔1000~3100m，生长于山坡或沟谷的松林、松栎林、灌丛及草地，攀于灌木或草丛上。四川西部至南部、贵州、广西也有。越南老街有分布。

高山薯蓣*Dioscorea* henryi (Prainet Burk.) C. T. Ting

产于云南大部分地区，海拔500~3000m，生于林缘、灌丛或草坡。四川、贵州、陕西、广西、湖北也有。分布于印度、尼泊尔、缅甸、老挝、泰国、越南。

白薯莨*Dioscorea hispida* Dennst.

产于云南西部（耿马、镇康）、南部（西双版纳）至东南部（金平、屏边），生于海拔500~1300m的江边林下或灌丛中。广东、广西、福建、台湾也有。分布于印度西部至东北部、尼泊尔、不丹、锡金、缅甸、泰国、老挝、越南、印度尼西亚至菲律宾、新几内亚；也见于新爱尔兰（可能人为传布），有的地区栽培。

粘黏黏*Dioscorea melanophylla* Prainet Burk.

产于腾冲、景东、普洱、丽江、姚安、宾川、双柏、江川、昆明、富民至蒙自、屏边、文山，海拔1300~2100m，生于山谷或山坡林缘、灌丛中。分布于喜马拉雅西部（克什米尔、印度北部：昌巴、西姆拉）至东部（尼泊尔、不丹、印度喀西山）。

黑珠芽薯蓣*Dioscorea melanophyma* Prainet Burk.

产于丽江、永胜、鹤庆、保山、宾川、洱源、元江、双柏、禄丰、嵩明、昆明、个旧、蒙自、文山等地，海拔700~2600m，生于疏林、林缘和灌丛中。四川、贵州、广西、湖南也有。

龙舌兰科 Agavaceae

龙舌兰*Agave americana* L.

原产于美洲热带；我国华南及西南各省区常引种栽培，在云南已逸生多年，且目前在红河、怒江、金沙江等的干热河谷地区以至昆明均能正常开花、结实。

仙茅科 Hypoxidaceae

大叶仙茅*Curculigo capitulata* (Lour.) O. Kuntze

产于贡山、泸水、腾冲、孟连、澜沧、沧源、双江、凤庆、景东、临沧、楚雄、西双版纳、绿春、元阳、金平、河口、西畴、文山、马关、富宁，生于海拔2480m以下的常绿阔叶林、栎林、季雨林、雨林及灌丛、草坡中；广西、广东、海南、贵州南部、四川峨眉山、西藏（察隅）、福建南部、台湾也有。分布于印度、尼泊尔、孟加拉、斯里兰卡、缅甸、越南、老挝、马来半岛、爪哇。

小金梅草*Hypoxis aurea* Lour.

产于云南全省各地，生于海拔2800m以下的云南松林、松栎林、针阔叶混交林间的灌丛、草坡或荒地；四川、西藏、贵州、广西、广东、湖南、湖北、台湾、福建、江西、浙江、安徽、江苏也有。广布于东南亚及日本。

箭根薯科 Taccaceae

箭根薯*Tacca chantrieri* Andre

产于盈江、沧源、勐连、临沧、普洱、西双版纳、江城、绿春、金平、屏边、河口、麻栗坡、富宁，生海拔1300m以下的沟谷季雨林或雨林下；西藏、贵州南部、广西、广东、海南也有。分布于印度东北部、孟加拉国、缅甸、泰国、老挝、柬埔寨、越南至马来半岛。

兰科 Orchidaceae

脆花兰*Acampe rigida* (Buch.–Ham. ex J. E. Smith) P. F. Hunt

产于泸水、丽江、普洱、景东、勐腊、景洪、勐海、罗平、屏边；生于海拔320~1800m的林中树干上或林下岩石上。分布于贵州、广西、广东、海南、香港。热带喜马拉雅、印度（东北部地区和德干高原）、斯里兰卡、缅甸、泰国、老挝、越南、柬埔寨、马来西亚和热带非洲均有分布。

竹叶兰*Arundina graminifolia* (D. Don) Hochr.

产于贡山、福贡、腾冲、梁河、洱源、凤庆、镇康、临沧、双江、澜沧、景东、孟连、景洪、勐腊、禄劝、玉溪、绿春、屏边、河口、蒙自、文山、西畴、麻栗坡、马关、富宁；生于海拔500~2400m的林下灌丛中及草坡。分布于西藏（墨脱）、贵州、四川、广西、广东、海南、湖南、江西、台湾、福建、浙江。尼泊尔、锡金、不丹、印度、斯里兰卡、缅甸、越南、老挝、柬埔寨、泰国、马来西亚、印度尼西亚、日本琉球群岛和塔希提岛。

小白芨*Bletilla sinensis* (Rolfe) Schltr.

产于蒙自（模式标本产地）；生于山坡林下。分布于泰国。

短距叉柱兰*Cheirostylis calcarata* X. H. Jin & S. C. Chen

产于景洪、蒙自；生于海拔1800m以下的山坡或沟谷常绿阔叶林下石缝中。分布于贵州、四川、广西、湖南、广东、海南。越南也有。

长距玉凤花*Habenaria davidii* Franch.

产于贡山、兰坪、维西、香格里拉、凤庆、丽江、洱源、昆明、江川、罗平；生于海拔2100~3200m的山坡林下、有刺灌丛、草坡或溪旁草地中。分布于西藏、贵州、四川、湖南、湖北。

指叶毛兰*Eria pannea* Lindl.

产于福贡、丽江、楚雄、普洱、镇康、景洪、勐海、勐腊、双江、金平、文山；附生于海拔1300~2200m的林中或沟谷旁树干或树枝上。海南、广西、贵州、西藏有分布。不丹、锡金、印度、缅甸、越南、老挝、柬埔寨、泰国、马来西亚、印度尼西亚也有。

扇唇舌喙兰*Hemipilia flabellata* Bur. et Franch.

产于贡山、兰坪、维西、香格里拉、丽江、鹤庆、宁蒗、漾濞、昆明、嵩明、路南；生于海拔1600~3200m的山坡或沟谷林下、灌丛中、石灰岩岩缝中。分布于贵州西北部、四川西南部。

角盘兰*Herminium monorchis* (L.) R. Br.

产于香格里拉、丽江、宁蒗；生于海拔2300~4300m的山坡林下、林缘灌丛中、山坡草地上和河漫滩草地上。分布于西藏、四川、青海、甘肃、陕西、山西、河南、山东、河北、内蒙古、宁夏、辽宁、吉林、黑龙江。西亚、中亚地区、克什米尔地区、尼泊尔、锡金、不丹、蒙古、俄罗斯西伯利亚、朝鲜半岛和日本均有分布。

云南角盘兰*Herminium yunnanense* Rolfe

产于漾濞、大理、楚雄；生于海拔2700~3000m的山坡草地上。

羊耳蒜*Liparis japonica* (Miq.) Maxim.

产于贡山、漾濞、临沧、景东、嵩明、镇雄；生于海拔1900~2400m的灌丛、草地、石灰岩中。分布于西藏、四川、贵州、甘肃、陕西、河南、山西、河北、山东、内蒙古、辽宁、吉林、黑龙江。俄罗斯远东地区、朝鲜半岛和日本均有分布。

广布芋兰*Nervilia aragoana* Gaud.

产于贡山、德钦、禄劝；生于海拔1500~2300m的山坡灌丛中。分布于西藏、四川、湖北、台湾。广布于尼泊尔、锡金、印度、孟加拉国、缅甸、越南、老挝、泰国、马来西亚、日本（琉球）、菲律宾、印度尼西亚、新几内亚岛、澳大利亚、太平洋岛屿。

钻柱兰*Pelatantheria rivesii* (Guillaum.) T. Tang et F. T. Wang

产于勐腊、勐海、墨江、景东、景洪；附生于海拔700~1100m的常绿阔叶林中树干上或林下岩石上。分布于广西。老挝、越南也有分布。

滇独蒜兰*Pleione yunnanensis* (Rolfe) Rolfe

产于贡山、维西、宁蒗、丽江、大理、漾濞、临沧、双柏、东川、昆明、嵩明、新平、峨山、富源、红河、绿春、蒙自（模式标本产地）、文山、广南等；生于海拔1200~2800m的林下、林缘、草坡。分布于西藏（察隅）、四川、贵州。缅甸北部也有。

绶草*Spiranthes sinensis* (Pers.) Ames

产于云南大部分地区；生于海拔3400m以下的山坡、田边、草地、灌丛中、沼泽、路边或沟边草丛中。分布于全国各省区。俄罗斯西伯利亚、蒙古、朝鲜半岛、日本、阿富汗、克什米尔地区至不丹、印度、缅甸、泰国、马来西亚、菲律宾、澳大利亚均有分布。

笋兰*Thunia alba* (Lindl.) Rchb. f.

产于腾冲、漾濞、大理、永平、凤庆、镇康、景东、景洪、勐海、勐腊、蒙自、西畴；附生于海拔1300~2280m的林下石上或树权上。分布于西藏东部和四川西南部。广布于尼泊尔、锡金、印度、缅甸、泰国、越南、马来西亚和印度尼西亚。

小蓝万代兰*Vanda coerulescens* Griff.

产于澜沧、镇康、普洱、勐海、勐腊、景洪、墨江、元江、元阳；附生于海拔300~1130m的疏林中树干上。分布于印度东北部、缅甸、泰国。

琴唇万代兰*Vanda concolor* Bl.

产于澜沧、勐海、蒙自、建水、西畴、麻栗坡、富宁、文山；附生于海拔700~1550m的山地林缘树干上或岩壁上。分布于四川、贵州、广西、广东。

莎草科 Cyperaceae

双柏薹草*Carex shuangbaiensis* L.

产于双柏（模式标本产地）；生于海拔2000m左右林下。

十字薹草*Carex cruciata* Wahl

产于师宗、罗平、维西、贡山、福贡、大理、漾濞、巍山、昆明、禄劝、易门、西畴、屏边、金平、河口、景东、景洪、勐腊、凤庆、临沧、保山；生于林边或沟边草地、路旁、火烧迹地，海拔330~2500m。浙江、江西、福建、台湾、湖北、湖南、广东、广西、海南、四川、贵州、西藏也有。分布于喜马拉雅山地区（锡金至克什米尔地区）、印度、马达加斯加、印度尼西亚、中南半岛和日本南部。

蕨状薹草*Carex filicina* Nees

产于大关、镇雄、寻甸、丽江、华坪、宁蒗、维西、贡山、福贡、大理、洱源、昆明、禄劝、西畴、麻栗坡、蒙自、屏边、景东；生于林间或林边湿润草地海拔1200~2800m。浙江、江西、福建、台湾、湖北、湖南、广东、广西、海南、四川、贵州、西藏也有。分布于印度、尼泊尔、斯里兰卡、缅甸、越南、马来西亚、印度尼西亚、菲律宾。

溪生薹草*Carex fluviatlis* Boott

产于丽江、维西、大理、昆明、嵩明、金平、屏边、镇康、景洪、勐海；生于海拔1300~3200m的山谷溪旁和林下湿地。贵州、四川、西藏也有。分布于印度和缅甸北部（模式标本产地）。

云雾薹草*Carex nubigena* D. Don

产于德钦、贡山、香格里拉、维西、福贡、丽江、鹤庆、洱源、大理、兰坪、云龙、永平、宁蒗、永胜、景东、勐海；生于海拔2400~3000m的林下、河边湿草地或高山灌丛草甸。贵州、四川、甘肃、陕西、西藏也有。分布于阿富汗、印度、斯里兰卡、印度尼西亚。

异花莎草*Cyperus difformis* L.

产于蒙自、勐海、勐腊、临沧、凤庆、大理、鹤庆、安宁、昆明、寻甸等地；生于海拔850~2000m稻田或水边潮湿处。分布全国各省区。分布于日本、朝鲜、印度、喜马拉雅山区、俄罗斯、非洲和中美洲。

碎米莎草*Cyperus iria* L.

产于金平、蒙自、勐海、临沧、凤庆、大理、鹤庆、福贡、昆明、东川等地；生于海拔1450~2500m田间、山坡、路旁等阴湿处。分布于全国。分布于越南、印度、伊朗、俄罗斯远东地区和东西伯利亚、朝鲜、日本、大洋洲北部、非洲北部和美洲。

南莎草*Cyperus niveus* Retz.

产于昆明、元谋、鹤庆、丽江、蒙自、景洪、西双版纳；生于海拔960~2250m的河岸沙地。四川也有。分布于喜马拉雅山区、尼泊尔、印度。

丛毛羊胡子草*Eriophorum comosum* (Wall.) Wall. ex Nees

产于贡山、德钦、香格里拉、丽江、泸水、宁蒗、永胜、华坪、大理、祥云、昆明、禄劝；喜生于海拔1100~3000m的岩壁上、干热河谷山坡草丛中。西藏、四川、贵州、广西、湖北、甘肃等省区也有。分布于印度北部、喜马拉雅山、阿富汗、缅甸北部、越南。

两歧飘拂草*Fimbristylis dichotoma* (L.) Vahl

产于福贡、丽江、宁蒗、永胜、漾濞、大理、昆明、蒙自、屏边、河口、普洱地区、西双版纳（勐海、易武）和昌宁；生于海拔1420~2600m的溪边、山谷疏林缘湿润处及草坡。四川、贵州、广西、广东、福建、台湾、浙江、江西、江苏、山东、河北、山西、辽宁、吉林、黑龙江也有。分布于印度、中南半岛、大洋洲和非洲。

水蜈蚣*Kyllinga brevifolia* Rottb.

产于勐海、勐腊、景洪、金平、屏边、蒙自、西畴、河口、镇康、澜沧、凤庆、景东、洱源、剑川、丽江、福贡、宾川、昆明、大关、镇雄、盐津；生于海拔1500~3000m山坡荒地，路旁田边草丛中、溪边。西南、华南、华中和华东各省也有。分布于印度、缅甸、越南、马来西亚、印度尼西亚、菲律宾、日本、澳大利亚、非洲和美洲的热带与亚热带地区。

砖子苗*Mariscus sumatrensis* (Retz.) Raynal

产于勐海、屏边、马关、蒙自、临沧、楚雄、昆明、漾濞、鹤庆、华坪、丽江、永胜、维西、宁蒗、贡山、保山；生于海拔200~3200m山坡阳处、路旁草地、松林下或溪边。除东北、华北、西北和西藏未见分布外，广泛分布于其他各省区。也分布于尼泊尔、锡金、印度、缅甸、越南、马来西亚、印度尼西亚、菲律宾、美国夏威夷、朝鲜、日本、澳大利亚和南美洲。

禾本科 Gramineae

川滇剪股颖*Agrostis limprichtii* Pilger

产于昆明；生于海拔2000m的草坡。模式标本采自昆明黑龙潭附近。

锡金黄花茅*Anthoxanthum hookeri* (Griseb.) Rendle

产于昆明、澄江；生于海拔2000~2500m的山坡草地及灌丛中。分布于锡金、尼泊尔。

水蔗草*Apluda mutica* L.

全省海拔2200m以下的山坡草地、丘陵灌丛、道旁田野、河谷岸边的常见植物。分布于我国西南、华南、海南及台湾。亚洲热带与亚热带、澳大利亚及新喀里多尼亚均有。

三芒草*Aristida adscensionis* L.

产于东川、永胜、华坪、元谋、易门、石屏；生于海拔400~1800m的山坡灌丛、道旁或田野间。分布于四川、河南、山东、华北、西北、东北。广布全球热带至温带。

华三芒草*Aristida chinensis* Munro

产于东川、永胜、华坪、元谋、易门、石屏；生于海拔400~1800m的山坡灌丛、道旁或田野间。分布于四川、河南、山东、华北、西北、东北。广布全球热带至温带。

小叶荩草*Arthraxon lancifolius* (Trin.) Hochst.

产于东川、昆明、禄丰、临沧、镇康、沧源、龙陵；常见于海拔2800m以下的多种生境，开旷地带或潮湿疏荫处、陡峭山坡或裸露岩石、肥沃土壤或贫瘠沙地等环境中均能见到。分布于佛得角群岛、东非、阿曼、也门（索科特拉岛）、印度、斯里兰卡、东南亚直达巴布亚新几内亚。

茅叶荩草*Arthraxon prionodes* (Steud.) Dandy

分布于云南全省各地；常见于阳光充足的旷野或丘陵灌丛中，也常见于荫湿之处。分布于西南、华南、华中、华东及华北。东非、沙特阿拉伯西南部、巴基斯坦、印度、尼泊尔、缅甸及中南半岛各国、印度尼西亚均有分布。

西南菵草*Arthraxon xinanensis* S. L. Chen et Y. X. Jin

产于昭通、东川、罗平、福贡；常生于海拔1350~2100m的山坡草地、路边草丛中。四川、贵州、陕西、甘肃等省也有。

丈野古草*Arundinella decempedalis* (O. Kuntze) Janowsky

产于临沧、保山、腾冲；常生于1500~1800m的山坡草地或灌丛中。分布于尼泊尔、印度东北部。

西南野古草*Arundinella hookeri* Munroex Keng

云南全省海拔1800~3200m的山坡草地及疏林中常见。西藏东南部、四川西部及西南部、贵州西部都有。尼泊尔、锡金、不丹、印度东北部、缅甸北部也有。

刺芒野古草*Arundinella setosa* Trin.

云南全省海拔2500m以下的山坡草地、灌丛、松林或松栎林下常见。西南、华南、华中及华东也常见。亚洲热带及亚热带都有。

芦竹*Arundo donax* L.

产于云南全省2300m以下河岸、沟边、沼泽边缘。我国长江以南都常见。亚洲热带与亚热带及地中海地区。已传入世界许多地区。

野燕麦*Avena fatua* L.

产于玉溪、易门、建水、临沧、永德、镇康等地；生长于耕地或荒芜田野。很难防除而危害最大的田间杂草。广布于旧大陆温带地区，美洲也有输入。

大薄竹（淡竹）*Bambusa pallida* Munro

产于盈江、陇川、潞西等地；生于海拔100~2000m的山坡林缘处、或在平坝栽培。孟加拉国、印度、缅甸和泰国有分布。

孔颖草*Bothriochloa pertusa* (L.) A. Camus

产于东川、永胜、元谋、易门、建水、元阳；常见于海拔200~1800m的干热河谷、阳坡草地、路旁及乱石间。分布于四川南部、贵州、广东。阿拉伯、印度及东南亚也有。

云南孔颖草*Bothriochloa yunnanensis* W. Z. Fang

产于勐腊（模式标本产地）；生于海拔900m的向阳山坡。

硬秆子草*Capillipedium assimile* (Steud.) A. Camus

云南全省广布；常生于海拔300~3500m的山坡草地、丘陵灌丛、道旁河岸、旷野或林中。分布于西南、华南、华中、华东及台湾。自喜马拉雅山区、印度、缅甸、中南半岛至日本均有。

细柄草（吊丝草）*Capillipedium parviflorum* (R. Br.) Stapf

云南全省广布；常生于海拔300~3000m的山坡草地、丘陵灌丛、沟边河谷、田野道旁。广布于西南及长江流域以南各省区。旧大陆热带至温暖地区都有。

香糯竹*Cephalostachyum pergracile* Munro

产于德宏、临沧、普洱和西双版纳等地区；生于海拔500~1200m的山地。西双版纳有成片纯林，栽培也较广。缅甸、老挝和泰国有分布。

虎尾草*Chloris virgata* Swartz.

产于云南全省500~3700m的房顶及墙头、路旁荒野、河岸沙滩。我国南北各省区均有分布。两半球热带至温带广布。

香茅*Cymbopogon citratus* (DC.) Stapf*

红河州、西双版纳、临沧及德宏有栽培。世界热带与亚热带地区广泛栽培。

芸香草*Cymbopogon distans* (Neesex Steud.) W. Watson

产于丽江、香格里拉、德钦、元谋；常生于河谷山坡草地。分布于四川、西藏、陕西及甘肃南部。巴基斯坦西北部、西喜马拉雅直达我国西南部均有。

橘草 *Cymbopogon goeringii* (Steud.) A. Camus

　　产于会泽、丽江、南涧、晋宁、双柏、澄江、丘北、石屏；生于海拔1200~2200m的山坡草地。分布于河南、湖南、湖北、山东、江苏、安徽、浙江、江西、福建、台湾、河北。日本、朝鲜也有。

扭鞘香茅 *Cymbopogon tortilis* (Presl) A. Camus

　　产于罗平、东川、永胜、大理、元谋、易门、个旧、潞西；多生于干燥山坡草地及丘陵灌丛。分布于西南、华南及台湾。越南、菲律宾也有。

狗牙根 *Cynodon dactylon* (L.) Pers.

　　产于云南省2300m以下的道旁荒野、田野间或撂荒地、河岸沙滩、荒坡草地，常为果树林园及旱作地中难除杂草。分布于我国黄河以南各省区。全球热带至温带都有。

龙竹 *Dendrocalamus giganteus* Munro

　　在云南东南部至西南部各地均有分布。台湾也有栽培。在亚洲热带和亚热带各国家大多有栽培。

野青茅 *Deyeuxia arundinacea* (L.) Beauv.

　　产于永善、昭通、东川、德钦、香格里拉、贡山、丽江、剑川、大理、昆明、江川、保山等地；生于海拔1700~3600m之山坡草地、林缘、灌丛、溪边路旁。广泛分布于我国东北、华北、西北、西南及华中地区。欧亚大陆温带及亚热带高山均有分布。

毛马唐 *Digitaria chrysoblephara* Fig. et De Not.

　　产于鹤庆、元谋；生于海拔900~1500m的田野或路旁。分布于台湾。

十字马唐 *Digitaria cruciata* (Nees) A. Camus

　　云南全省海拔1000~3200m的大部分山坡草地。分布于西藏、四川、贵州、湖北。尼泊尔、印度东北部、缅甸、中南半岛北部均有分布。

止血马唐 *Digitaria ischaemum* (Schreb.) Schreb. ex Muehl.

　　产于德钦、兰坪；生于海拔2500~3100m的路旁多石沙地上。我国黄河以北的省区都有。是北温带的广布种。云南分布新记录。

马唐 *Digitaria sanguinalis* (L.) Scop.

　　产于东川、香格里拉、洱源、鹤庆、大姚；生于海拔2100~2800m的山坡草地或疏林下。模式标本采自东川（Maire 704）。

光头稗 *Echinochloa colonum* (L.) Link

　　产于云南全省大部分地区；生于海拔600~2400m的田野、园圃及道旁常见。分布于我国西南、华南及华东。全世界温暖地区都有。

稗 *Echinochloa crusgalli* (L.) P. Beauv.

　　产于云南全省大部分地区；生于海拔2500m以下的沼泽地上、沟边湿地及稻田中常见杂草。我国大部分省区及全球温暖地带都有。

旱稗 *Echinochloa hispidula* (Retz.) Nees

　　产于永胜、宾川、大理、陆良、昆明、景洪、临沧、瑞丽；常生于海拔800~2000m的河岸沙滩、沟边路旁及田野湿地上。我国大部分省区都有。印度、日本及朝鲜也有。

云南知风草 *Eragrostis ferruginea* (Thunb.) Beauv.

　　分布于云南全省；生于海拔1100~3500m山坡草地、林下、田地及路边；我国大部分地区有分布。锡金至朝鲜及日本都有。

小画眉草 *Eragrostis minor* Host

　　产于陆良、永胜、贡山、福贡、宾川、元谋、石屏等地；生于海拔400~1900m的坝区、山坡草丛、地中、田边及河滩。全国各地有分布。广布于全世界温暖地区。

画眉草 *Eragrostis pilosa* (L.) P. Beauv.

产于昭通、陆良、永胜、香格里拉、兰坪、福贡、贡山、泸水、宾川、剑川、昆明、石屏等地；生于海拔1200~3000m的坝区或山坡草地、田边地中、宅旁路边、墙头及干涸河床或流水旁。全国各地均产。分布于全世界温暖地区。

蜈蚣草 *Eremochloa ciliaris* (L.) Merr.

产于全省各地；生于林缘或路边石缝中，海拔3100m以下。秦岭以南各省区及台湾也有。也分布于旧大陆热带、亚热带。

马陆草 *Eremochloa zeylanica* Hack.

产于丘北、广南、富宁；生于海拔800~1500m的山坡草丛中。分布于广西。斯里兰卡也有。

滇蔗茅 *Erianthus longisetosus* Anderss.

产于泸水、昆明、禄丰、元谋、易门、马关、丘北、河口、屏边、景东、景洪、勐海、临沧、镇康、耿马、龙陵、腾冲、潞西、陇川、盈江；常生于海拔2300m以下的山坡草地、河谷盆地、丘陵边缘的灌丛林缘或疏林中。分布于四川南部（屏山）、贵州西南（兴义、安龙）、湖南（冷水江市）。尼泊尔、锡金、印度东北部。缅甸、泰国及越南北部都有。

蔗茅 *Erianthus rufipilus* (Steud.) Griseb.

产于云南全省海拔1200~2700m的山坡、路旁、荒山、荒地、灌丛、林缘或疏林中。分布于贵州、四川、西藏东南部、湖北西北部及陕西南部。巴基斯坦北部、印度北部及东北部、尼泊尔、缅甸北部均有。

白健秆 *Eulalia pallens* (Hack.) O. Kuntze

产于罗平、师宗、路南、大理、昆明、呈贡、禄劝、禄丰、澄江、广南、砚山、丘北、建水、石屏、沧源；生于海拔1000~2300m之山坡草丛、林下及河滩。贵州西部及西南部、广西西北部可能也有。也见于印度东北部。

棕茅 *Eulalia phaeothrix* (Hack.) O. Kuntze

产于昆明、元谋、永仁、澄江、广南、丘北、个旧、景洪、沧源等地；生于海拔1000~2200m之山坡草地、灌丛、河边、林下。分布于四川西南部、贵州、广西、广东及海南等省区。斯里兰卡、印度、缅甸及中南半岛有分布。

拟金茅 *Eulaliopsis binata* (Retz.) C. E. Hubb.

产于昭通、嵩明、陆良、东川、永胜、华坪、香格里拉、剑川、昆明、晋宁、澄江、文山、砚山、开远、建水；生于海拔1500~2500m较干燥的山坡草地、疏林或灌丛中。分布于四川、贵州、广西、湖南、湖北、台湾、陕西等省。阿富汗、巴基斯坦、印度东北部、缅甸及菲律宾也有。

黄茅 *Heteropogon contortus* (L.) P. Beauv. ex Roem. et Schult.

产于云南全省大部分地区；为海拔100~2300m地段的干热河谷及干燥的山坡草地常见植物。分布于我国长江以南各省区。全世界的温热地区都有。

水禾 *Hygroryza aristata* (Retz.) Nees ex Wightet Arn.

产于耿马、盈江；生于海拔400~800m之水田及池沼中。分布于福建、广东、海南。印度（除西北地区以外）、斯里兰卡、缅甸及东南亚也有。

苞茅 *Hyparrhenia bracteata* (Humb. et Bonpl.) Stapf

产于镇康、腾冲；是热带稀树草原群落常见种。但喜生于潮湿场所，矮化类型也常见于路边或开旷地带。分布于热带非洲及美洲，但已引入许多热带国家。云南分布新记录。

白茅 *Imperata cylindrica* (L.) P. Beauv.

云南全省各地常见，分布几遍全国。多生于平原、荒地、山坡道旁、溪边或山谷湿地生长更佳。旧世界热带及亚热带，常延伸至温带。

毛穗鸭嘴草 *Ischaemum barbatum* Retz.

产于普洱、景洪；生于海拔700~800m的荒野及山边草丛。分布于贵州、广东、广西、海南、湖南、湖北、江苏、浙江、台湾。热带亚洲及热带西非有分布。

淡竹叶 *Lophatherum gracile* Brongn.

产于河口、景洪、沧源；生于海拔90~1300m的疏林及灌丛中。分布于长江流域以南各省区。斯里兰卡、印度、缅甸、东南亚、日本南部及澳大利亚东北部。

小草 *Microchloa indica* (L. f.) Beauv.

产于香格里拉、丽江、剑川、鹤庆、永胜、禄劝、昆明；常生于海拔1800~2500m的干燥山坡草地。广布全球热带及亚热带。

刚莠竹 *Microstegium ciliatum* (Trin.) A. Camus

产于罗平、大理、昆明、禄丰、丘北、绿春、建水、河口、景东、景洪、镇康、耿马、腾冲、潞西、瑞丽；生于海拔2300m以下温热地区的疏林、林缘、灌丛、草坡、沟边常见。分布于我国西南、华南及台湾。尼泊尔、缅甸、印度、中南半岛各国、印度尼西亚、菲律宾都有。

五节芒 *Miscanthus floridulus* (Labill.) Warb. ex Schum. et Laut.

产于昭通、盐津、罗平、马关、广南、富宁、建水、河口、蒙自、开远、江城、西双版纳；生于海拔1700m以下的山坡、草地、河岸两旁或丘陵边缘。分布于西南、华南、海南、华中、河南、安徽、台湾、山西、陕西。日本、菲律宾、印度尼西亚及南太平洋诸岛均有。

芒 *Miscanthus sinensis* Anderss.

产于罗平、河口、蒙自；生于海拔1900m以下的山坡、草地、荒地、田野或岸边湿地。除西北部以外几遍全国。日本、越南北部也有。

日本乱子草 *Muhlenbergia japonica* Steud.

产于东川、永胜、丽江、剑川、大理、宾川、昆明、禄劝、武定、禄丰、寻甸、永德、镇康、建水；生于海拔1800~3000m的山坡草丛或田野间。分布于华北、华东、华中、西南。

慈竹 *Neosinocalamus affinis* (Rendle) Keng f.

产于滇西、滇中和滇东北，以及普洱、红河和文山地区北部。在我国西南、广西、湖南和陕西等各省有栽培。

类芦 *Neyraudia reynaudiana* (Kunth) Keng ex A. S. Hitchc.

产于云南全省2300m以下的河湖岸边、山坡灌丛。分布于我国西南及长江以南各省区及台湾省。尼泊尔、印度、缅甸、泰国及马来西亚也有。

竹叶草 *Oplismenus compositus* (L.) P. Beauv.

产于云南全省大部分地区；生于海拔100~2500m的灌丛、疏林和阴湿处。分布于西南、华南及台湾。东非、南亚、东南亚至大洋洲、墨西哥、委内瑞拉、厄瓜多尔均有。

瘤粒野生稻 *Oryza granulata* Nees et Arn. ex Watt

产于景洪、耿马、盈江、芒市，向东至绿春、元江等18个县，澜沧江、怒江、红河、李仙江、南汀河等河流下游地段是主要分布区；生于海拔425~1000m之山坡、疏林、灌丛、竹林及湿地。广东也有。锡金、印度、斯里兰卡、缅甸、中南半岛、印度尼西亚（苏门答腊、爪哇）等均有分布。

稻 *Oryza sativa* L.*

广泛栽培于全世界热带至地中海地区。生于水田或旱田中。

云南雀稗 *Paspalum delavayi* Henr.

产于师宗、永胜、屏边、绿春、永德、腾冲；生于海拔700~1900m山坡草地、路旁田野、水沟边。

长叶雀稗*Paspalum longifolium* Roxb.

产于镇雄、大关、路南、陆良、永胜、香格里拉、贡山、福贡、泸水、洱源、昆明、呈贡、砚山、麻栗坡、富宁、广南、屏边、金屏、建水、普洱、景洪、镇康、耿马、潞西、瑞丽；生于海拔100~2000m的田野荒地、河岸、沟边、灌丛草地、湿润的山坡疏林。分布于广东、广西、海南、台湾。亚洲热带至澳大利亚也有。

狼尾草*Pennisetum centrasiaticum* Tzvel.

产于罗平、陆良、剑川、大理、昆明、禄丰、易门、广南、丘北、文山、建水、景洪、临沧、耿马、镇康、昌宁、潞西；生于海拔1400~2100m的田野、道旁、撂荒地、河湖岸边及沼泽边缘。分布于西南、华中、华北及华东。亚洲温暖地带至澳大利亚均有。

白草*Pennisetum flaccidum* Griseb.

产于德钦、香格里拉、兰坪、大理、昆明、腾冲；常生于海拔1600~3100m较干燥的山坡草地或灌丛边缘，有时也见于道旁及田野。分布于西藏（沿雅鲁藏布江流域）、四川西部及贵州西部。尼泊尔、印度西北部、巴基斯坦北部、向西到达阿富汗及伊朗均有。

显子草*Phaenosperma globosa* Munroex Benth.

产于泸水、文山；生于海拔1800~2000m的山沟密林下溪边。分布于西藏、甘肃、陕西、华北、华东、中南、四川、贵州、广西。日本、朝鲜也有。

芦苇*Phragmites australis* (Cav.) Trin. ex Steud.

产于东川；生于海拔1150m的山谷中河岸边。遍及全国；全世界温暖地区均有分布。

早熟禾*Poa annua* L.

产于云南全省各地；生于海拔500~3600m的田野道旁湿地及林缘。我国南北各省都有。全球除沙漠及高温干燥的环境之外均有分布。

金发草*Pogonatherum paniceum* (Lam.) Hack.

产于漾濞、易门、玉溪、富宁、建水、屏边、河口、临沧、龙陵、潞西；生于海拔100~2000m山坡草地、路旁阳处、溪边草地。分布于四川、贵州、广东、广西、湖南、湖北、台湾等省区。阿富汗、巴基斯坦、斯里兰卡、印度、尼泊尔、缅甸、东南亚各国，向南到澳大利亚均有。

棒头草*Polypogon fugax* Neesex Steud.

产于云南全省海拔1300~3900m的田野、道旁、河岸沙滩及湿地沼泽，通常是田间杂草。全国除东北及内蒙古之外，大部分地区都有。俄罗斯、朝鲜、日本、印度东北部、缅甸北部、尼泊尔均有。

斑茅*Saccharum arundinaceum* Retz.

产于云南西部及南部；常见于海拔1500m以下的河岸、湖边、谷底或丘陵边缘。分布于我国长江以南各省区及台湾。尼泊尔、印度、斯里兰卡、缅甸及中南半岛及印度尼西亚均有。

甘蔗*Saccharum sinense* Roxb.*

我国主要经济作物之一，云南省和我国亚热带地区广泛栽培。

甜根子草*Saccharum spontaneum* L.

产于永胜、香格里拉、剑川、昆明、禄丰、武定、元谋、澄江、富宁、河口、景洪、镇康等县；生于海拔2000m以下阳光充足，水分条件好的河岸、沟边、谷底，常形成以它为优势的高草群落。分布于我国西南、华南、华中及台湾。旧大陆的温暖地带也有。

裂稃草*Schizachyrium brevifolium* (Swartz) Nees ex Buse

产于广南、蒙自、河口、景洪、镇康、龙陵、梁河；常生于山坡草地及阴湿地上；我国自东北南部到海南有分布。广布两半球温热地带。

金色狗尾草*Setaria glauca* (L.) P. Beauv.

全省3200m以下的河岸、沟边、路旁、田野、撂荒地上、果园及灌丛中常见。分布于全国大部分地区。旧大陆热带、亚热带至暖温带均有，已传入新大陆。

皱叶狗尾草*Setaria plicata* (Lam.) T. Cooke

云南全省2400m以下的田野、沟边、道旁、灌丛、林缘及各种较湿润的生境都常见。省外分布待查。分布于尼泊尔、印度、缅甸北部。

狗尾草*Setaria viridis* (L.) P. Beauv.

云南全省海拔3500m以下的荒地、田野、道旁常见。原产亚欧大陆温带和暖温带，现已几乎传遍全球，常为旱地杂草。

苞子草*Themeda caudata* (Nees) A. Camus

产于罗平、永胜、鹤庆、昆明、禄丰、富宁、砚山、丘北、西畴、马关、广南、建水、河口、景洪、耿马、沧源、腾冲、保山、潞西；常生于海拔300~2300m的山坡草地、路边及田野间。分布于我国西南、华南及台湾。印度、缅甸及东南亚各国都有。

阿拉伯黄背草*Themeda triandra* Forssk.

产于罗平、陆良、东川、永胜、香格里拉、大理、剑川、昆明、南涧、大姚、永仁、禄丰、武定、元谋、易门、澄江、广南、砚山、建水、石屏、元阳、镇康、腾冲、保山、龙陵等地；常生于海拔800~2200m的山坡草地、丘陵灌丛、道旁田野、河谷荒地上。广布旧大陆的热带至温带。

棕叶芦*Thysanolaena maxima* (Roxb.) O. Kuntze

产于文山州、红河州、西双版纳、临沧地区、德宏州等；生于1600m以下的山坡、山谷、溪边、灌丛及林缘。分布于贵州、广西、广东、海南及台湾。印度至东南亚也有。

第5章 兽 类

摘要：根据调查并综合前人研究成果，保护区的哺乳纲动物共录有9目25科42属54种，分别占云南哺乳动物11目41科142属307种的81.82%、60.98%、29.58%和17.59%。各目当中，种类最丰富的是啮齿目RODENTIA，含5科12属18种，占本纲物种数的33.33%；其次为食肉目CARNIVORA，含5科10属12种，占本纲物种数的22.22%，两目合计占55.56%，构成了保护区兽类的主要类群。保护区兽类的区系成分除了食肉目、偶蹄目以外，各目的种类均以东洋种为主，并超过其他两类成分。综合全部兽类种类，东洋种比例达到43.60%，古北种只占7.41%，广布种占43.60%。保护区兽类中，有18种珍稀保护物种，其中：有12种国内保护物种，14种CITES附录物种，12种IUCN红色物种名录受威胁物种。国家Ⅰ级保护动物6种，蜂猴 *Nycticebus bengalensis*、穿山甲 *Manis pentadactyla*、大灵猫 *Viverra zibetha*、小灵猫 *Viverricula indica*、金猫 *Catopuma temminckii*、林麝 *Moschus berezovskii*；国家Ⅱ级保护动物6种，即猕猴 *Macaca mulatta*、赤狐 *Vulpes vulpes*、黑熊 *Selenarctos thibetanus*、豹猫 *Prionailurus bengalensis*、毛冠鹿 *Elaphodus cephalophus*、中华斑羚 *Naemorhedus griseus*；另有1种云南省级保护动物，即毛冠鹿 *Elaphodus cephalophus*。CITES附录Ⅰ物种为4种，即蜂猴 *Nycticebus bengalensis*、穿山甲 *Manis pentadactyla*、黑熊 *Selenarctos thibetanus*、金猫 *Catopuma temminckii*、中华斑羚 *Naemorhedus griseus*；CITES附录Ⅱ物种为4种，即树鼩 *Tupaia belangeri*、猕猴 *Macaca mulatta*、林麝 *Moschus berezovskii*、豹猫 *Prionailurus bengalensis*；CITES附录Ⅲ物种为3种，即黄喉貂 *Martes flavigula*、黄腹鼬 *Mustela kathiah*、黄鼬 *Mustela sibirica*、大灵猫 *Viverra-zibetha*、小灵猫 *Viverricula indica*。濒危等级达受胁等级的有3种IUCN红色物种名录中列为"CR"的物种，即穿山甲 *Manis pentadactyla*、金猫 *Catopuma temminckii*、林麝 *Moschus berezovskii*；1种IUCN红色物种名录中列为"EN"的物种，即蜂猴 *Nycticebus bengalensis*；8种IUCN红色物种名录中列为"VU"的物种，即白尾鼹 *Parascaptor leucurus*、喜马拉雅水麝鼩 *Chimarrogale himalayica*、黑熊 *Selenarctos thibetanus*、大灵猫 *Viverra zibetha*、小灵猫 *Viverricula indica*、豹猫 *Prionailurus bengalensis*、毛冠鹿 *Elaphodus cephalophus*、中华斑羚 *Naemorhedus griseus*。保护区分布的哺乳纲物种中，有2种中国特有物种，即中华姬鼠 *Apodemus draco* 和西南兔 *Lepus comus*，另有1种云南省特有物种，即蜂猴 *Nycticebus bengalensis*。国内和国际的保护动物合计达到18种，占所有兽类种类的33.33%，保护区仅为州级自然保护区，但具有较大的保护价值。

5.1 调查方法

课题组于2019年3月下旬，到楚雄州双柏县保护区境内进行实地调查，调查范围为整个保护区的各个片区；调查采用的方法主要为样线法和社区访谈法。

（1）样线调查法

实地调查中，对每一个片区进行了实地考察，对于其中面积较大者，根据地形设置长短不一的样线，样线合计长度约为15km。在野外调查中，调查内容为样线上所遇到的哺乳动物实体，并对样线内野生动物留下的各种痕迹，如：动物足迹、动物粪便、卧迹、体毛、动物的擦痕、抓痕以及残留在树干上的体毛、动物的洞穴及残留在周围的体毛等遗留物进行了观察和记录。此外，还着重观察调查区内影响哺乳动物分布的自然要素，如栖息地植被类型、坡度坡向、水源位置、人为干扰情况。

（2）访谈法

调查期间，调查组采用非诱导访谈法，对当地村民以及保护区管理人员等进行走访调查。通过彩色图谱的辨认，确认当地野生动物的各种相关信息，以确定当地和周边地区野生动物的分布情况。

哺乳动物分布名录，以楚雄州林业调查规划设计院2018年11月编制的《双柏县恐龙河州级自然保护区本底资源调查报告》等资料中的相关记载为参考，根据野外样线调查和实地访问调查结果，结合现地生境状况以及保护区红外相机监测的结果，确定保护区哺乳动物分布。

5.2 调查结果

5.2.1 目科属构成

通过野外考察、社区访谈调查和文献查阅，保护区共记录到哺乳动物9目25科42属54种。

哺乳动物9目为食虫目INSECTIVORA、攀鼩目SCANDENTIA、翼手目CHIROPTERA、灵长目PRIMATES、鳞甲目PHOLIDOTA、食肉目CARNIVORA、偶蹄目ARTIODACTYLA、啮齿目RODENTIA、兔形目LAGOMORPHA。

哺乳动物各目共包含25个科，即鼹科（Talpidae）、鼩鼱科（Soricidae）、树鼩科（Tupaiidae）、狐蝠科（Pteropodidae）、菊头蝠科（Rhinolophidae）、蹄蝠科（Hipposideridae）、蝙蝠科（Vespertilionidae）、懒猴科（Lorisidae）、猴科（Cercopithecidae）、鲮鲤科（Mannidae）、犬科（Canidae）、熊科（Ursidae）、鼬科（Mustelidae）、灵猫科（Viverridae）、猫科（Felidae）、猪科（Suidae）、麝科（Cervidae）、鹿科（Cervidae）、牛科（Bovidae）、松鼠科（Sciuridae）、鼯鼠科（Petauristidae）、鼠科（Muridae）、竹鼠科（Phizomyidae）、豪猪科（Hystricidae）、兔科（Leporidae）。

以属级阶元的多样性而论，哺乳动物各科中，鼩鼱科（Soricidae）、鼬科（Mustelidae）、鼠科（Muridae）3个科所含属最多，各含4个属；灵猫科（Viverridae）、松鼠科（Sciuridae）、鼯鼠科（Petauristidae），各含3个属；蝙蝠科（Vespertilionidae）和鹿科

（Cervidae）各含2个属；其余各科均只含1个属。

　　属的数量为42个，分别为白尾鼹属（*Parascaptor*）、微尾鼩属（*Anourosorex*）、水鼩属（*Chimarrogale*）、臭鼩属（*Suncus*）、麝鼩属（*Crocidura*）、树鼩属（*Tupaia*）、果蝠属（*Rousettus*）、菊头蝠属（*Rhinolophus*）、蹄蝠属（*Hipposideros*）、棕蝠属（*Eptesicus*）、伏翼属（*Pipistrellus*）、蜂猴属（*Nycticebus*）、猕猴属（*Macaca*）、鲮鲤属（*Manis*）、赤狐属（*Vulpes*）、黑熊属（*Selenarctos*）、貂属（*Martes*）、鼬属（*Mustela*）、鼬獾属（*Melogale*）、猪獾属（*Arctonyx*）、大灵猫属（*Viverra*）、小灵猫属（*Viverricula*）、花面狸属（*Paguma*）、金猫属（*Catopuma*）、豹猫属（*Prionailurus*）、野猪属（*Sus*）、麝属（*Moschus*）、麂属（*Muntiacus*）、毛冠鹿属（*Elaphodus*）、斑羚属（*Naemorhedus*）、丽松鼠属（*Callosciurus*）、花松鼠属（*Tamiops*）、长吻松鼠属（*Dremomys*）、毛耳飞鼠属（*Belomys*）、鼯鼠属（*Petaurista*）、箭尾飞鼠属（*Hylopetes*）、姬鼠属（*Apodemus*）、家鼠属（*Rattus*）、白腹鼠属（*Niviventer*）、小鼠属（*Mus*）、竹鼠属（*Rhizomys*）、豪猪属（*Hystrix*）、兔属（*Lepus*）。

5.2.2　多样性分析

　　保护区内哺乳动物共记录54个种。其中种类最多的是啮齿目 RODENTIA 含5科12属18种；第二位为食肉目 CARNIVORA 含5科10属12种；第三位为翼手目 CHIROPTERA 含4科5属9种，第四位为偶蹄目 ARTIODACTYLA 含4科5属5种；第五位为食虫目 INSECTIVORA 含2科5属5种；第六位为灵长目 PRIMATES 含2科2属2种；其余各目，均只有1种，见附录2和表5-1。

表5-1　保护区哺乳动物多样性

目	科	属种数
食虫目 INSECTIVORA	鼹科 Talpidae	1属1种
	鼩鼱科 Soricidae	4属4种
攀鼩目 SCANDENTIA	树鼩科 Tupaiidae	1属1种
翼手目 CHIROPTERA	狐蝠科 Pteropodidae	1属1种
	菊头蝠科 Rhinolophidae	1属4种
	蹄蝠科 Hipposideridae	1属1种
	蝙蝠科 Vespertilionidae	2属3种
灵长目 PRIMATES	懒猴科 Lorisidae	1属1种
	猴科 Cercopithecidae	1属1种
鳞甲目 PHOLIDOTA	鲮鲤科 Manidae	1属1种
食肉目 CARNIVORA	犬科 Canidae	1属1种
	熊科 Ursidae	1属1种
	鼬科 Mustelidae	4属5种
	灵猫科 Viverridae	3属3种
	猫科 Felidae	1属2种

续表5-1

目	科	属种数
偶蹄目 ARTIODACTYLA	猪科 Suidae	1属1种
	麝科 Moschidae	1属1种
	鹿科 Cervidae	2属2种
	牛科 Bovidae	1属1种
啮齿目 RODENTIA	松鼠科 Sciuridae	3属4种
	鼯鼠科 Petauristidae	3属3种
	鼠科 Muridae	4属9种
	竹鼠科 Rhizomyidae	1属1种
	豪猪科 Hystricidae	1属1种
兔形目 LAGOMORPHA	兔科 Leporidae	1属1种
合计	25	42属54种

5.2.3　区系分析

保护区哺乳动物区系成分，划分为东洋种、古北种和广布种三种主要成分。从表5-2可以看出，各目的种类均以东洋种或广布种为主。综合54种哺乳动物，从区系成分上看，以东洋种占优势。东洋种为25种，占46.30%；广布种为25种，占46.30%；古北种为4种，占7.41%。

表5-2　保护区哺乳动物区系组成

目	东洋种	古北种	广布种	小计
食虫目 INSECTIVORA	4	—	1	5
攀鼩目 SCANDENTIA	1	—	—	1
翼手目 CHIROPTERA	5	2	2	9
灵长目 PRIMATES	1	—	1	2
鳞甲目 PHOLIDOTA	1	—	—	1
食肉目 CARNIVORA	3	2	7	12
偶蹄目 ARTIODACTYLA	1	—	4	5
啮齿目 RODENTIA	8	—	10	18
兔形目 LAGOMORPHA	1	—	—	1
合计	25	4	25	54

5.2.4　物种分布特征

据张荣祖、马世来等学者，我国哺乳动物分布型有19大类，即北方型（寒温带寒带型）、东北型（寒温带草原森林型）、中亚型（温带干旱草原荒漠型）、高地型（寒温带高山森林草原型）、旧大陆热带亚热带型（旧大陆热带至我国中亚热带和温带地区）、东洋型（东南亚热带至我国亚热带到温带地区）、喜马拉雅—横断山区型（我国东喜马拉雅地区的特有分布种）、南中国型（大江流域以南）、岛屿型（海南岛和台湾岛）、中国季风区型（我国季风区所特有）、云贵高原型等。保护区哺乳动物分别属于其中的6种分布型，见表5-3，其中东洋型物种占最大的优势，体现了保护区物种的主体性质，与本区域自然地理和植被条件相符合。

表5-3　保护区哺乳动物的地理分布型

目	东洋型	南中国型	古北型	喜马拉雅—横断山区型	云贵高原型	季风区型	总计
食虫目 INSECTIVORA	2	3	—	—	—	—	5
攀鼩目 SCANDENTIA	1	—	—	—	—	—	1
翼手目 CHIROPTERA	4	2	2	—	—	1	9
灵长目 PRIMATES	2	—	—	—	—	—	2
鳞甲目 PHOLIDOTA	1	—	—	—	—	—	1
食肉目 CARNIVORA	8	1	2	—	—	1	12
偶蹄目 ARTIODACTYLA	1	2	1	—	—	1	5
啮齿目 RODENTIA	10	4	2	1	1	—	18
兔形目 LAGOMORPHA	—	—	—	—	1	—	1
合计	29	12	7	1	2	3	54
所占比例（%）	53.70	22.22	12.96	1.85	3.70	5.57	100

（1）东洋型

分布范围为东南亚热带至我国亚热带到温带地区，包括白尾鼹（*Parascaptor leucurus*）、臭鼩（*Suncus murinus*）、树鼩（*Tupaia belangeri*）、棕果蝠（*Rousettus leschenaulti*）、短翼菊头蝠（*Rhinolophus lepidus*）、小菊头蝠（*Rhinolophus pusillus*）、大蹄蝠（*Hipposideros armig*）、蜂猴（*Nycticebus bengalensi*）、猕猴（*Macaca mulatta*）、穿山甲（*Manis pentadactyla*）、黄喉貂（*Martes flavigula*）、鼬獾（*Melogale moschata*）、猪獾（*Arctonyx collaris*）、大灵猫（*Viverra zibetha*）、小灵猫（*Viverricula indica*）、果子狸（*Paguma larvata*）、金猫（*Catopuma temminckii*）、豹猫（*Prionailurus bengalensis*）、赤麂（*Muntiacus muntjak*）、赤腹松鼠（*Callosciurus erythraeus*）、明纹花松鼠（*Tamiops macclellandi*）、红颊长吻松鼠（*Dremomys rufigenis*）、黑白飞鼠（*Hylopetes alboniger*）、北社鼠（*Niviventer confucianus*）、黑家鼠（*Rattus rattus*）、黄胸鼠（*Rattus flavipectus*）、大足鼠（*Rattus nitidus*）、花白竹鼠（*Rhizomys pruinosus*）、豪猪（*Hystrix hodgsoni*）共29种，占保护区哺乳动物种数的53.70%。

（2）南中国型

本型包括中国热带至南亚热带至北亚热带为分布中心的种类，包括微尾鼩（*Anourosorex squamipes*）、喜马拉雅水麝鼩（*Chimarrogale himalayica*）、长尾大麝鼩（*Crocidura dracula*）、鲁氏菊头蝠（*Rhinolophus rouxi*）、小菊头蝠（*Rhinolophus blythi*）、黄腹鼬（*Mustela kathiah*）、林麝（*Moschus berezovskii*）、毛冠鹿（*Elaphodus cephalophus*）、珀

氏长吻松鼠（*Dremomys pernyi*）、毛耳飞鼠（*Belomys pearsoni*）、中华姬鼠（*Apodemus draco*）、齐氏姬鼠（*Apodemus chevrieri*）共12种，占保护区哺乳动物种数的22.22%。

（3）古北型

指喜马拉雅及喜马拉雅—横断山交汇地区及雅鲁藏布江流域为主要分布中心的种类，包括大棕蝠（*Eptesicus serotinus*）、普通伏翼（*Pipistrellus pipistrellus*）、赤狐（*Vulpes vulpes*）、黄鼬（*Mustela sibirica*）、野猪（*Sus scrofa*）、褐家鼠（*Rattus norvegicus*）、小家鼠（*Mus musculus*）共7种，占保护区哺乳动物种数的12.96%。

（4）喜马拉雅—横断山区型

以我国东部湿润地区为主，包括周边的部分地区如朝鲜及俄罗斯远东等地，包括灰腹鼠（*Niviventer eha*），共1种，占保护区哺乳动物种数的1.85%。

（5）云贵高原型

以云贵高原为分布中心，包括云南鼯鼠（*Petaurista yunanensis*）和西南兔（*Lepus comus*），共2种，占保护区哺乳动物种数的3.70%。

（6）季风区型

由于受夏季季风的影响显著，空气湿润程度高，自然植被以森林为主，适于本型动物林栖，包括东亚伏翼（*Pipistrellus abramus*）、黑熊（*Selenarctos thibetanus*）、中华斑羚（*Naemorhedus griseus*），共3种，占保护区哺乳动物种数的5.57%。

5.2.5　珍稀、濒危保护哺乳动物

生物物种及其基因资源，是人类赖以生存和发展的重要基础。哺乳动物的保护、开发和利用，对于提供人类生存和发展所需要的基本资源至关重要。同时，保护野生动植物，就是保护人类赖以生存的生态环境和保护经济社会可持续发展的战略资源。保护区的哺乳动物物种中，也有相当一部分是国内外受到关注的珍稀、濒危种类，这也是保护区重要性和保护意义的重要体现。保护区分布的哺乳动物中，有18种珍稀保护物种，其中国家Ⅰ级重点保护物种6种，即蜂猴（*Nycticebus bengalensis*）、穿山甲（*Manis pentadactyla*）、大灵猫（*Viverra zibetha*）、小灵猫（*Viverricula indica*）、金猫（*Catopuma temminckii*）、林麝（*Moschus berezovskii*）；国家Ⅱ级重点保护物种6种，即猕猴（*Macaca mulatta*）、赤狐（*Vulpes vulpes*）、黑熊（*Selenarctos thibetanus*）、豹猫（*Prionailurus bengalensis*）、毛冠鹿（*Elaphodus cephalophus*）、中华斑羚（*Naemorhedus griseus*）；列入CITES附录物种有14种，即树鼩（*Tupaia belangeri*）、蜂猴（*Nycticebus bengalensis*）、猕猴（*Macaca mulatta*）、穿山甲（*Manis pentadactyla*）、黑熊（*Selenarctos thibetanus*）、黄喉貂（*Martes flavigula*）、黄腹鼬（*Mustela kathiah*）、黄鼬（*Mustela sibirica*）、大灵猫（*Viverra zibetha*）、小灵猫（*Viverricula indica*）、金猫（*Catopuma temminckii*）、豹猫（*Prionailurus bengalensis*）、林麝（*Moschus berezovskii*）、中华斑羚（*Naemorhedus griseus*）；列入IUCN红色物种名录受威胁物种有12种，即白尾鼹（*Parascaptor leucurus*）、喜马拉雅水麝鼩（*Chimarrogale himalayica*）、蜂猴（*Nycticebus bengalensis*）、穿山甲（*Manis pentadactyla*）、黑熊（*Selenarctos thibetanus*）、大灵猫（*Viverra zibetha*）、小灵猫（*Viverricula indica*）、金猫（*Catopuma temminckii*）、豹猫（*Prionailurus bengalensis*）、林麝（*Moschus berezovskii*）、毛冠鹿（*Elaphodus cephalophus*）、中华斑羚（*Naemorhedus griseus*），见表5-4。

表5-4 拟调整区珍稀濒危保护哺乳动物名录

序号	物种	国内保护	CITES	IUCN
1	白尾鼹 *Parascaptor leucurus*	—	—	VU
2	喜马拉雅水麝鼩 *Chimarrogale himalayica*	—	—	VU
3	树鼩 *Tupaia belangeri*	—	Ⅱ	—
4	蜂猴 *Nycticebus bengalensis*	Ⅰ	Ⅰ	EN
5	猕猴 *Macaca mulatta*	Ⅱ	Ⅱ	—
6	穿山甲 *Manis pentadactyla*	Ⅰ	Ⅰ	CR
7	赤狐 *Vulpes vulpes*	Ⅱ	—	—
8	黑熊 *Selenarctos thibetanus*	Ⅱ	Ⅰ	VU
9	黄喉貂 *Martes flavigula*	—	Ⅲ	—
10	黄腹鼬 *Mustela kathiah*	—	Ⅲ	—
11	黄鼬 *Mustela sibirica*	—	Ⅲ	—
12	大灵猫 *Viverra zibetha*	Ⅰ	Ⅲ	VU
13	小灵猫 *Viverricula indica*	Ⅰ	Ⅲ	VU
14	金猫 *Catopuma temminckii*	Ⅰ	Ⅰ	CR
15	豹猫 *Prionailurus bengalensis*	Ⅱ	Ⅱ	VU
16	林麝 *Moschus berezovskii*	Ⅰ	Ⅱ	CR
17	毛冠鹿 *Elaphodus cephalophus*	Ⅱ	—	VU
18	中华斑羚 *Naemorhedus griseus*	Ⅱ	Ⅰ	VU
合计		12种	14种	12种

5.2.6 特有物种

保护区哺乳动物物种中，有2种中国特有物种，即中华姬鼠（*Apodemus draco*）和西南兔（*Lepus comus*）；有1种云南省级保护动物，即毛冠鹿（*Elaphodus cephalophus*）；有1种云南省特有物种，即蜂猴（*Nycticebus bengalensis*）。

5.3 保护建议

尽管保护区最突出的珍稀、濒危动物资源为鸟类中的绿孔雀，保护区因绿孔雀而闻名，由于绿孔雀而备受关注，但是哺乳动物的保护价值也不容低估，应当尽量改善哺乳动物的栖息地。保护区周边若开展旅游等开发活动，也应当依法依规进行，事先做严格的生物多样性影响评估，从而为保护区的野生动物整体保护作出贡献。

虽然保护区近年来进行了一些野生动物考察，但是从调查的深度和范围来看显然不足。另外，在本次考察中也发现，保护区周边人为开发活动较多，人为干扰较大，对保护野生动物造成了不利的影响。建议从以下几个方面增加对野生哺乳动物资源的保护：

（1）加强哺乳动物的资源监测，继续采用红外相机等近年来发展较快的先进技术进行哺乳动物调查与持续监测，进一步摸清资源家底，并持续监控哺乳动物的种群动态。

（2）加强对周边社区的宣传教育，提高群众保护野生哺乳动物的自觉性。

（3）加强巡护队伍建设与管理，增强管护人员积极性，在提高待遇的同时提高工作要求，健全管理制度，做到巡护范围全覆盖，巡护频率显著提高，对于野生动物的保护效果将会有明显的提高。

附录2 恐龙河州级自然保护区哺乳动物分布名录

序号	中文名	拉丁名	区系从属			保护等级			特有性	数据来源	分布型					
			东洋种	古北种	广布种	国内	CITES	IUCN			东洋型	南中国型	古北型	喜马拉雅—横断山区型	云贵高原型	季风区型
C4	哺乳纲	MAMMALIA														
O1	食虫目	INSECTIVORA														
F1	鼹科	Talpidae														
1	白尾鼹	Parascaptor leucurus	●					VU		R	W					
F2	鼩鼱科	Soricidae														
2	微尾鼩	Anourosorex squamipes	●					LC		R		S				
3	喜马拉雅水麝鼩	Chimarrogale himalayica			●			VU		R		S				
4	臭鼩	Suncus murinus	●					LC		R	W					
5	长尾大麝鼩	Crocidura dracula	●							R		S				
O2	攀鼩目	SCANDENTIA														
F3	树鼩科	Tupaiidae														
6	树鼩	Tupaia belangeri	●				II	LC		S	W					
O3	翼手目	CHIROPTERA														
F4	狐蝠科	Pteropodidae														
7	棕果蝠	Rousettus leschenaulti			●			LC		R	W					
F5	菊头蝠科	Rhinolophidae														
8	鲁氏菊头蝠	Rhinolophus rouxi	●							R		S				
9	小菊头蝠	Rhinolophus blythi	●							R		S				
10	短翼菊头蝠	Rhinolophus lepidus	●					NT		R	W					

续附表2

序号	中文名	拉丁名	区系从属			保护等级			特有性	数据来源	分布型					
			东洋种	古北种	广布种	国内	CITES	IUCN			东洋型	南中国型	古北型	喜马拉雅—横断山区型	云贵高原型	季风区型
11	小菊头蝠	*Rhinolophus pusillus*	●					LC		R	W					
F6	蹄蝠科	Hipposideridae														
12	大蹄蝠	*Hipposideros armiger*	●					LC		R	W					
F7	蝙蝠科	Vespertilionidae														
13	大棕蝠	*Eptesicus serotinus*		●				LC		R			U			
14	普通伏翼	*Pipistrellus pipistrellus*		●				LC		R			U			
15	东亚伏翼	*Pipistrellus abramus*			●			LC		R						E
O4	灵长目	PRIMATES														
F8	懒猴科	Lorisidae														
16	蜂猴	*Nycticebus bengalensis*	●			I	I	EN	●	R	W					
F9	猴科	Cercopithecidae														
17	猕猴	*Macaca mulatta*			●	II	II	LC		S	W					
O5	鳞甲目	PHOLIDOTA														
F10	鲮鲤科	Manidae														
18	穿山甲	*Manis pentadactyla*	●			I	I	CR		V	W					
O6	食肉目	CARNIVORA														
F11	犬科	Canidae														
19	赤狐	*Vulpes vulpes*		●		II		NT		R			U			
F12	熊科	Ursidae														

续附录2

序号	中文名	拉丁名	区系从属			保护等级			特有性	数据来源	分布型					
			东洋种	古北种	广布种	国内	CITES	IUCN			东洋型	南中国型	古北型	喜马拉雅—横断山区型	云贵高原型	季风区型
20	黑熊	*Selenarctos thibetanus*			●	II	I	VU		R						E
F13	鼬科	Mustelidae														
21	黄喉貂	*Martes flavigula*			●	II	III	NT		S	W					
22	黄腹鼬	*Mustela kathiah*			●		III	NT		R		S				
23	黄鼬	*Mustela sibirica*		●			III	LC		V			U			
24	鼬獾	*Melogale moschata*	●					NT		V	W					
25	猪獾	*Arctonyx collaris*			●			NT		V	W					
F14	灵猫科	Viverridae														
26	大灵猫	*Viverra zibetha*	●			I	III	VU		R	W					
27	小灵猫	*Viverricula indica*	●			I	III	VU		S	W					
28	果子狸	*Paguma larvata*			●			NT		V	W					
F15	猫科	Felidae														
29	金猫	*Catopuma temminckii*			●	I	I	CR		R	W					
30	豹猫	*Felis bengalensis*			●	II	II	VU		S	W					
O7	偶蹄目	ARTIODACTYLA														
F16	猪科	Suidae														
31	野猪	*Sus scrofa*			●			LC		S			U			
F17	麝科	Moschidae														
32	林麝	*Moschus berezovskii*			●	I	II	CR	☆	R		S				

续附录2

序号	中文名	拉丁名	区系从属			保护等级			特有性	数据来源	分布型					
			东洋种	古北种	广布种	国内	CITES	IUCN			东洋型	南中国型	古北型	喜马拉雅—横断山区型	云贵高原型	季风区型
F18	鹿科	Cervidae														
33	赤麂	*Muntiacus muntjak*	●					NT		S	W					
34	毛冠鹿	*Elaphodus cephalophus*			●	II、YN		VU	☆	R		S				
F19	牛科	Bovidae														
35	中华斑羚	*Naemorhedus griseus*			●	II	I	VU		R						E
O8	啮齿目	RODENTIA														
F20	松鼠科	Sciuridae														
36	赤腹松鼠	*Callosciurus erythraeus*	●					LC		S	W					
37	明纹花松鼠	*Tamiops maclellandi*	●					LC		R	W					
38	珀氏长吻松鼠	*Dremomys pernyi*			●			LC		S		S				
39	红颊长吻松鼠	*Dremomys rufigenis*	●					LC		S	W					
F21	鼯鼠科	Petauristidae														
40	毛耳飞鼠	*Belomys pearsoni*	●					LC		R		S				
41	云南鼯鼠	*Petaurista yunanensis*	●							V					Y	
42	黑白飞鼠	*Hylopetes alboniger*	●					NT		V	W					
F22	鼠科	Muridae														
43	中华姬鼠	*Apodemus draco*			●			LC	★	R		S				
44	齐氏姬鼠	*Apodemus chevrieri*	●					LC		R		S				

续附录2

序号	中文名	拉丁名	东洋种	古北种	广布种	国内	CITES	IUCN	特有性	数据来源	东洋型	南中国型	古北型	喜马拉雅—横断山区型	云贵高原型	季风区型
45	黑家鼠	*Rattus rattus*			●					R	W					
46	黄胸鼠	*Rattus flavipectus*			●			LC		R	W					
47	大足鼠	*Rattus nitidus*			●			LC		R	W					
48	褐家鼠	*Rattus norvegicus*			●			LC	F	R			U			
49	灰腹鼠	*Niviventer eha*			●			LC		R				H		
50	北社鼠	*Niviventer confucianus*			◐			LC		R	W					
51	小家鼠	*Mus musculus*			●			LC	F	R			U			
F23	竹鼠科	Rhizomyidae														
52	花白竹鼠	*Rhizomys pruinosus*	●							R	W					
F24	豪猪科	Hystricidae														
53	豪猪	*Hystrix hodgsoni*			●			LC		S	W					
O9	兔形目	LAGOMORPHA														
F25	兔科	Leporidae														
54	西南兔	*Lepus comus*	●					NT	★	S					Y	

注：

资源现状：1-罕见种；2-稀有种；3-常见种；4-优势种。

保护等级：I-国家 I 级保护动物；II-国家 II 级保护动物；YN-云南省级保护动物；CITES：I-CITES附录 I 物种；II-CITES附录 II 物种；III-CITES附录 III 物种；CR-IUCN极危；EN-IUCN濒危；VU-IUCN易危；NT-IUCN近危；LC-IUCN无危；F-外来种。

特有性：★-中国特有；●-南中国型-S；古北型-U；喜马拉雅—横断山区型-H；云贵高原型-Y；云贵高原型极少关注。

分布型：东洋型-W；中国型-S；●-分布于云南，南中国型-S；古北型-U；喜马拉雅—横断山区型-H；云贵高原型-Y；季风区型-E。

数据来源：S-实地调查；V-访问调查；R-文献资料；P-以往调查资料。

163

第❻章　鸟　类

　　摘要： 根据调查结果，双柏恐龙河州级自然保护区共记录到鸟类14目44科251种，保护区繁殖鸟类共计226种，其中属于东洋区的种类共有177种，占繁殖鸟类种数226种的78.3%；保护区鸟类区系组成以东洋种占绝对优势。其中：国家Ⅰ级重点保护种类有绿孔雀（*Pavo muticus*）和黑颈长尾雉（*Syrmaticus humiae*）2种，Ⅱ级重点保护鸟类24种。保护区为中国绿孔雀分布最为集中的区域。

6.1　鸟类调查方法

　　调查组于2019年3月29日—4月4日对恐龙河州级自然保护区进行了现场实地调查。调查采用样点法、样线法、网捕法和访问调查。同时，调查汇总了2012—2018年间中国科学院昆明动物研究所对恐龙河保护区布设样点和红外照相机所采集的调查数据。

　　（1）样点法

　　采用样点法中的不固定半径样点法对恐龙河州级自然保护区范围内鸟类进行调查。日出到日出后的4h被认为是鸟类的活动高峰期，调查全部在此时间段进行。由于地形以及森林植被的限制，所有的样点均沿着已有的小路或很少有汽车经过的林间公路布设。样点间的距离保持至少200m，以保证样本的独立性。用GPS接收机记录每个样点的经纬度以及海拔信息，并记录每个样点开始调查的准确时间。用双筒望远镜观察视野范围内的鸟类。每个样点停留10min，记录10min期间观察到的鸟类的物种及数量。下雨、大风及大雾天气不进行样点调查。2012年以来在保护区范围内共计完成了669个样点的鸟类调查。

　　（2）样线法

　　采用样线法中的不固定半径样线法对恐龙河保护区范围内鸟类进行调查。日出到日出后的4h被认为是鸟类的活动高峰期，调查也全部在此时间段进行。由于地形以及森林植被的限制，所有的样线均沿着已有的小路或很少有汽车经过的林间公路布设。用GPS接收机记录每条样线的轨迹，并记录每条样线开始和结束调查的准确时间。用双筒望远镜观察视野范围内的鸟类，记录期间观察到的鸟类物种及数量。下雨、大风及大雾天气不进行样线调查。共计调查样线3条，样线长共计10.9 km。

　　（3）网捕法

　　在进行样点法和样线法调查鸟类的同时，也采用网捕法调查保护区范围内的林下层鸟类。使用同一规格的雾网（12m×2.5m，36mm网眼）对林下层鸟类进行取样调查。所有鸟类个体从鸟网上解下来后，鉴定完后并释放。

　　（4）访问调查

　　在野外调查过程中，访问保护区护林员和当地在山上放牧牛羊的群众，对比较容易识别的鸟类特别是鸡形目鸟类在保护区内的分布进行确认。

（5）红外照相机

2014年11月以来，中国科学院昆明动物研究所在恐龙河保护区的莫家湾、龙树山、小竹箐等片区的144个位点布设红外相机（Ltl ACORN 5210、Ltl–6511、Bestguarder），获得了大量视频和照片资料，鉴定出的鸟类物种记录一并汇入保护区的名录。

6.2 调查结果及区系分析

6.2.1 鸟类调查结果

根据本次调查结果，结合自2005年、2012年以及2014年至2018年以来中国科学院昆明动物研究所在恐龙河保护区实地调查数据以及韩联宪等（2009）对双柏恐龙河保护区的鸟类多样性调查数据，保护区共记录鸟类14目44科251种。见附录3。

6.2.2 鸟类多样性及区系分析

6.2.2.1 保护鸟类与珍稀鸟类

（1）保护鸟类

依据目前鸟类调查结果，双柏恐龙河保护区及周边地区共记录到保护鸟类26种。其中属《中国野生动物保护法》规定的国家Ⅰ级重点保护种类有绿孔雀*Pavo muticus*和黑颈长尾雉*Syrmaticus humiae* 2种。Ⅱ级重点保护鸟类有凤头蜂鹰*Pernis ptilorhynchus*、褐耳鹰*Accipiter badius*、凤头鹰*Accipiter trivirgatus*、松雀鹰*Accipiter virgatus*、普通鵟*Buteo buteo*、棕腹隼雕*Aquila kienerii*、蛇雕*Spilornis cheela*、红隼*Falco tinnunculus*、白鹇 *Lophura nycthemera*、原鸡*Gallus gallus*、白腹锦鸡*Chrysolophus amherstiae*、楔尾绿鸠 *Treron sphenura*、灰头鹦鹉*Psittacula himalayana*、褐翅鸦鹃*Centropus sinensis*、红角鸮 *Otus scops*、领角鸮*Otus bakkamoena*、黄嘴角鸮*Otus spilocephalus*、雕鸮*Bubo bubo*、领鸺鹠*Glaucidium brodiei*、斑头鸺鹠*Glaucidium cuculoides*、褐林鸮*Strix leptogrammica*、灰林鸮*Strix aluco*、绿喉蜂虎*Merops orientalis*、长尾阔嘴鸟*Psarisomus dalhousiae*等24种。国家Ⅰ级和Ⅱ级重点保护鸟类占双柏恐龙河保护区已知鸟类种数10.4%。由此可见，国家重点保护鸟类在双柏恐龙河保护区鸟类中所占比例较高。

根据近年来对云南省绿孔雀的调查结果，云南野外绿孔雀种群以元江中上游流域的河谷地区分布最集中、种群数量最大。而在元江中上游区域，双柏恐龙河自然保护区又是种群数量最大、分布最为集中的区域，保护区绿孔雀种群数量近百只，且近年来有较为明显的向外扩张的趋势。黑颈长尾雉在双柏恐龙河州级自然保护区海拔1000m以上如龙湾庙一带的松林中分布较为集中，种群密度也较大，几乎在每次调查中均可记录到。另外，原鸡、白腹锦鸡、褐翅鸦鹃、红角鸮、领角鸮、领鸺鹠等在保护区也较为常见。绿喉蜂虎则为河谷地带的夏候鸟。

（2）特有珍稀鸟类

根据雷富民等人（2006）所著《中国鸟类特有种》对特有种的定义，双柏恐龙河自然保护区内记录到中国特有鸟种有白腹锦鸡、领雀嘴鹎*Spizixos semitorques*、栗背短脚鹎*Hypsipetes castanonotus*、宝兴歌鸫*Turdus mupinensis*、画眉*Garrulax canorus*、棕头雀鹛*Alcippe ruficapilla*、棕腹大仙鹟*Niltava davidi*、黄腹山雀*Parus venustulus*和滇䴓*Sitta yunnanensis*等9种。其中领雀嘴鹎、栗背短脚鹎、宝兴歌鸫、棕腹大仙鹟、黄腹山雀5种均较为罕见，棕头雀鹛和滇䴓主要分布于较高海拔处的龙湾庙等处，白腹锦鸡和画眉在保护区中低海拔有较为稳定的记录。

6.2.2.2 居留类型与区系特点分析

（1）居留类型

在双柏恐龙河自然保护区内所记录的251种鸟类中，留鸟203种，占记录鸟类种数的80.9%；夏候鸟23种，占记录鸟类种数的9.2%；冬候鸟16种，占记录鸟类种数的6.4%；旅鸟7种，占记录鸟类种数的2.8%，偶见种2种，占记录鸟类种数的0.8%。记录到的鸟类以留鸟为主，占到记录鸟类种数的80.9%，而且这一比例明显要比哀牢山的高海拔区域要高。另外，尽管哀牢山东侧是鸟类的迁徙通道，但旅鸟的数量较少，这可能与以往的调查主要集中在非迁徙季节，迁徙季节调查较少有关，如果增加调查强度，保护区鸟类多样性可能会更高。

（2）鸟类区系特点

根据郑作新（1976）《中国鸟类分布名录》中按鸟类主要繁殖地区划分鸟类的区系成分的标准，依据繁殖鸟对双柏恐龙河自然保护区鸟类进行区系分析，保护区的繁殖鸟包括留鸟和夏候鸟，共计226种，其中属于东洋区的种类共有177种，占繁殖鸟类种数226种的78.3%；跨东洋区和古北区两动物界的广布种有40种，占当地繁殖鸟类种数的17.7%；属于古北区的种类共有9种，占当地繁殖鸟类种数的4.0%。所以，保护区鸟类区系组成以东洋种占绝对优势。

6.2.2.3 鸟类多样性特点

双柏恐龙河自然保护区共记录到鸟类251种，隶属14目44科。双柏恐龙河保护区位于哀牢山东坡中段的中低海拔区域，尽管面积不大，但鸟类多样性较高，其记录到的251种鸟类占哀牢山鸟类462种（Wu et al., 2015）的54.3%，占云南省鸟类记录总种数945种（杨晓君等，2016）的26.6%；分别占中国鸟类记录总种数1445种（郑光美，2018）的17.4%。

保护区范围内山高坡陡、谷深高差大，因而其气候、植被等自然景观具有明显的垂直性变化，由于各种鸟类都依附于它的生活习性相适应的生境条件而生存，所以在不同的自然垂直带和不同的生境中鸟类的种类也不尽相同，因而形成了鸟类生境分布和垂直分布的变化。在海拔低于1000m的低海拔带，由于双柏恐龙河保护区位于红河上游河谷地区，常年气温较高，在低海拔区域保存有完好的季雨林，为很多热带成分的鸟类提供栖息环境，如绿孔雀、原鸡、绿背金鸠、绿嘴地鹃、多种蜂虎、长尾阔嘴鸟、褐背鹟鵙、白喉冠鹎、红嘴钩嘴鹛、绒额䴓、纹背捕蛛鸟等。而其较高海拔区域分布有常绿阔叶林和云南松林，为黑颈长尾雉、白鹇、纹喉凤鹛、绿背山雀等鸟类提供了栖息环境，故保护区鸟类多样性具有从热带到亚热带交汇过渡的特点。

双柏恐龙河自然保护区是国际鸟盟的重点鸟区，绿孔雀是保护区成为国际鸟盟重要鸟区的主要原因，根据调查以及历史记录（韩联宪等，2009），保护区是中国绿孔雀分布最为集中的区域（Kong et al., 2018），除绿孔雀外，保护区还分布有国家Ⅰ级重点保护鸟类黑颈长尾雉，国家Ⅱ级重点保护鸟类凤头鹰、褐耳鹰、凤头蜂鹰、松雀鹰、雀鹰、普通鵟、蛇雕、棕腹隼鹛、红隼、白鹇、原鸡、白腹锦鸡、褐翅鸦鹃、黄嘴角鸮、红角鸮、领角鸮、褐渔鸮、领鸺鹠、斑头鸺鹠、褐林鸮、灰林鸮、鹏鸮、绿喉蜂虎、长尾阔嘴鸟等24种。

6.3 评价与建议

　　山区通常被认为是生物多样性的热点地区，哀牢山位于中国云南省中部，是中缅生物多样性热点地区的一部分，也是中国西南地区最重要的迁徙通道，双柏恐龙河自然保护区位于哀牢山东坡中段的中低海拔区域。此前，通过对哀牢山中部的鸟类空间分布规律的研究发现包括双柏恐龙河自然保护区在内的哀牢山鸟类组成的空间异质性极高，鸟类组成沿海拔梯度的变化最快，且低海拔地区鸟类组成的空间异质性要比高海拔地区高，这表明设立保护区时，不能仅仅保护位于山顶部的成熟林，还要考虑到保护不同海拔带、不同坡向的植被。双柏恐龙河自然保护区中低海拔的次生林、薪材林和人工松林的存在，部分缓解了中低海拔带原始林消失的影响，同时也增加了景观异质性，所以在山区鸟类保护中同样扮演了非常重要的角色（Wu et al., 2017）。

　　哀牢山包含的2个国际鸟盟的重要鸟区，即哀牢山国家级自然保护区和恐龙河州级自然保护区。绿孔雀是这两个保护区成为国际鸟盟重要鸟区的主要原因，但由于哀牢山国家级保护区主要位于哀牢山的中高海拔区域，绿孔雀主要分布于河谷地带，近年来哀牢山国家级保护区已经记录不到绿孔雀的踪迹。与此对应，根据调查以及历史记录（韩联宪等，2009），恐龙河州级保护区则是中国绿孔雀分布最为集中的区域，除绿孔雀外，国家Ⅱ级重点保护鸟类棕腹隼鵰、褐林鸮、绿喉蜂虎等目前仅见于河谷地带。显然，位于河谷地带的恐龙河州级自然保护区保护效果无法与更高海拔的哀牢山国家级保护区相提并论。在中国西南山地，由于原始林通常在中低海拔带被破坏，保护区核心区主要设立于高海拔带，因此，研究认为现有保护区体系尚不能完全保护山区的鸟类多样性，对于中国西南山地中低海拔非原始林的保护力度应该加大。考虑到还有很多鸟类物种，特别是以绿孔雀为代表的国家重点保护物种还没有纳入哀牢山国家级保护区的管护范围，为了保护哀牢山鸟类多样性的完整性，在此我们建议将恐龙河自然保护区以及周边植被较好的区域提升保护级别。

附录3　恐龙河州级保护区鸟类名录

目	目	科	科	种	种	居留①	区系②	国家保护级别	CITES附录	特有种	IUCN等级③	保护区实录	文献④
鹳形目	CICONIIFORMES	鹭科	Ardeidae	池鹭	Ardeola bacchus	R	东				LC	√	
隼形目	FALCONIFORMES	鹰科	Accipitridae	凤头蜂鹰	Pernis ptilorhynchus	R	广	II	II		LC		√
隼形目	FALCONIFORMES	鹰科	Accipitridae	褐耳鹰	Accipiter badius	R	东	II	II		LC	√	
隼形目	FALCONIFORMES	鹰科	Accipitridae	凤头鹰	Accipiter trivirgatus	R	东	II	II		LC	√	
隼形目	FALCONIFORMES	鹰科	Accipitridae	松雀鹰	Accipiter virgatus	R	广	II	II		LC	√	√
隼形目	FALCONIFORMES	鹰科	Accipitridae	普通鵟	Buteo buteo	W		II	II		LC	√	√
隼形目	FALCONIFORMES	鹰科	Accipitridae	棕腹隼雕	Hieraaetus kienerii	R	东	II	II		LC		
隼形目	FALCONIFORMES	鹰科	Accipitridae	蛇雕	Spilornis cheela	R	东	II	II		LC	√	√
隼形目	FALCONIFORMES	隼科	Falconidae	红隼	Falco tinnunculus	R	广	II	II		LC	√	√
鸡形目	GALLIFORMES	雉科	Phasianidae	鹧鸪	Francolinus pintadeanus	R	东				LC	√	√
鸡形目	GALLIFORMES	雉科	Phasianidae	棕胸竹鸡	Bambusicola fytchii	R	东				LC	√	√
鸡形目	GALLIFORMES	雉科	Phasianidae	白鹇	Lophura nycthemera	R	东	II			LC	√	√
鸡形目	GALLIFORMES	雉科	Phasianidae	原鸡	Gallus gallus	R	东	II			LC	√	√
鸡形目	GALLIFORMES	雉科	Phasianidae	雉鸡	Phasianus colchicus	R	广				LC	√	√
鸡形目	GALLIFORMES	雉科	Phasianidae	黑颈长尾雉	Syrmaticus humiae	R	东	I	I		NT	√	√
鸡形目	GALLIFORMES	雉科	Phasianidae	白腹锦鸡	Chrysolophus amherstiae	R	东	II		√	LC	√	√
鸡形目	GALLIFORMES	雉科	Phasianidae	绿孔雀	Pavo muticus	R	东	I	II		EN	√	√
鹤形目	GRUIFORMES	三趾鹑科	Turnicidae	黄脚三趾鹑	Turnix tanki	W					LC	√	
鹤形目	GRUIFORMES	三趾鹑科	Turnicidae	棕三趾鹑	Turnix suscitator	R	东				LC	√	
鹤形目	GRUIFORMES	秧鸡科	Rallidae	白胸苦恶鸟	Amaurornis phoenicurus	R	东				LC	√	
鸻形目	CHARADRIIFORMES	鸻科	Charadriidae	灰头麦鸡	Vanellus cinereus	W					LC		

续附录3

目		科		种		居留①	区系②	国家保护级别	CITES附录	特有种	IUCN等级③	保护区实录	文献④
鸻形目	CHARADRIIFORMES	鸻科	Charadriidae	金眶鸻	*Charadrius dubius*	R	广				LC		
鸽形目	COLUMBIFORMES	鸠鸽科	Columbidae	楔尾绿鸠	*Treron sphenura*	R	东	II			LC		
鸽形目	COLUMBIFORMES	鸠鸽科	Columbidae	山斑鸠	*Streptopelia orientalis*	R	广				LC	✓	✓
鸽形目	COLUMBIFORMES	鸠鸽科	Columbidae	珠颈斑鸠	*Streptopelia chinensis*	R	东				LC	✓	✓
鸽形目	COLUMBIFORMES	鸠鸽科	Columbidae	绿背金鸠	*Chalcophaps indica*	R	东				LC	✓	
鹦形目	PSITTACIFORMES	鹦鹉科	Psittacidae	灰头鹦鹉	*Psittacula finschii*	R	东	II	II		NT	✓	
鹃形目	CUCULIFORMES	杜鹃科	Cuculidae	红翅凤头鹃	*Clamator coromandus*	S	东				LC	✓	
鹃形目	CUCULIFORMES	杜鹃科	Cuculidae	鹰鹃	*Cuculus sparverioides*	S	东				LC	✓	✓
鹃形目	CUCULIFORMES	杜鹃科	Cuculidae	棕腹杜鹃	*Cuculus nisicolor*	S	广				LC	✓	
鹃形目	CUCULIFORMES	杜鹃科	Cuculidae	四声杜鹃	*Cuculus micropterus*	S	广				LC	✓	✓
鹃形目	CUCULIFORMES	杜鹃科	Cuculidae	大杜鹃	*Cuculus canorus*	S	广				LC	✓	✓
鹃形目	CUCULIFORMES	杜鹃科	Cuculidae	栗斑杜鹃	*Cuculus sonneratii*	S	东				LC	✓	
鹃形目	CUCULIFORMES	杜鹃科	Cuculidae	八声杜鹃	*Cuculus merulinus*	S,R	东				LC		✓
鹃形目	CUCULIFORMES	杜鹃科	Cuculidae	乌鹃	*Surniculus dicruroides*	S	东				LC	✓	
鹃形目	CUCULIFORMES	杜鹃科	Cuculidae	噪鹃	*Eudynamys scolopacea*	S	东				LC	✓	✓
鹃形目	CUCULIFORMES	杜鹃科	Cuculidae	绿嘴地鹃	*Phaenicophaeus tristis*	R	东				LC	✓	✓
鹃形目	CUCULIFORMES	杜鹃科	Cuculidae	褐翅鸦鹃	*Centropus sinensis*	R	东	II			LC	✓	
鸮形目	STRIGIFORMES	鸱鸮科	Strigidae	红角鸮	*Otus scops*	R	广	II	II		II	✓	
鸮形目	STRIGIFORMES	鸱鸮科	Strigidae	领角鸮	*Otus bakkamoena*	R	东	II	II		II	✓	
鸮形目	STRIGIFORMES	鸱鸮科	Strigidae	黄嘴角鸮	*Otus spilocephalus*	R	广	II	II		II	✓	
鸮形目	STRIGIFORMES	鸱鸮科	Strigidae	雕鸮	*Bubo bubo*	R	广	II	II		LC		✓

续附录3

目	科	种	居留①	区系②	国家保护级别	CITES附录	特有种	IUCN等级③	保护区实录	文献④
鸮形目 STRIGIFORMES	鸱鸮科 Strigidae	领鸺鹠 *Glaucidium brodiei*	R	东	II	II		LC	√	√
鸮形目 STRIGIFORMES	鸱鸮科 Strigidae	斑头鸺鹠 *Glaucidium cuculoides*	R	东	II	II		LC	√	
鸮形目 STRIGIFORMES	鸱鸮科 Strigidae	褐林鸮 *Strix leptogrammica*	R	东	II	II		LC	√	
鸮形目 STRIGIFORMES	鸱鸮科 Strigidae	灰林鸮 *Strix aluco*	R	广	II	II		LC		√
夜鹰目 CAPRIMULGIFORMES	夜鹰科 Caprimulgidae	普通夜鹰 *Caprimulgus indicus*	R	广				LC	√	√
雨燕目 APODIFORMES	雨燕科 Apodidae	小白腰雨燕 *Apus nipalensis*	R,S	东				LC	√	
佛法僧目 CORACIIFORMES	翠鸟科 Alcedinidae	普通翠鸟 *Alcedo atthis*	R	广				LC	√	
佛法僧目 CORACIIFORMES	蜂虎科 Meropidae	绿喉蜂虎 *Merops orientalis*	R	东	II			LC	√	
佛法僧目 CORACIIFORMES	蜂虎科 Meropidae	蓝喉蜂虎 *Merops viridis*	R	东				LC	√	
佛法僧目 CORACIIFORMES	蜂虎科 Meropidae	蓝须夜蜂虎 *Nyctyornis athertoni*	R	东				LC	√	
佛法僧目 CORACIIFORMES	戴胜科 Upupidae	戴胜 *Upupa epops*	R	广				LC	√	√
裂形目 PICIFORMES	须䴕科 Capitonidae	大拟啄木鸟 *Megalaima virens*	R	东				LC	√	√
裂形目 PICIFORMES	须䴕科 Capitonidae	蓝喉拟啄木鸟 *Megalaima asiatica*	R	东				LC	√	√
裂形目 PICIFORMES	啄木鸟科 Picidae	斑姬啄木鸟 *Picumnus innominatus*	R	东				LC	√	√
裂形目 PICIFORMES	啄木鸟科 Picidae	灰头绿啄木鸟 *Picus canus*	R	广				LC	√	
裂形目 PICIFORMES	啄木鸟科 Picidae	黄冠绿啄木鸟 *Picus chlorolophus*	R	东				LC	√	
裂形目 PICIFORMES	啄木鸟科 Picidae	大斑啄木鸟 *Dendrocopos major*	R	广				LC	√	
裂形目 PICIFORMES	啄木鸟科 Picidae	赤胸啄木鸟 *Dendrocopos cathpharius*	R	东				LC		
裂形目 PICIFORMES	啄木鸟科 Picidae	纹胸啄木鸟 *Dendrocopos atratus*	R	东				LC		
裂形目 PICIFORMES	啄木鸟科 Picidae	星头啄木鸟 *Dendrocopos canicapillus*	R	广				LC	√	√
雀形目 PASSERIFORMES	阔嘴鸟科 Eurylaimidae	长尾阔嘴鸟 *Psarisomus dalhousiae*	R	东	II			LC		√

续附录3

目	科	科	种	种	居留①	区系②	国家保护级别	CITES附录	特有种	IUCN等级③	保护区实录	文献④
雀形目	燕科	Hirundinidae	褐喉沙燕	Riparia paludicola	R	东				LC	√	
雀形目	燕科	Hirundinidae	家燕	Hirundo rustica	R,S	广				LC	√	√
雀形目	燕科	Hirundinidae	金腰燕	Cecropis daurica	S,M	广				LC		√
雀形目	燕科	Hirundinidae	烟腹毛脚燕	Delichon dasypus	S	东				LC	√	√
雀形目	鹡鸰科	Motacillidae	山鹡鸰	Dendronanthus indicus	S,M	古				LC	√	
雀形目	鹡鸰科	Motacillidae	黄鹡鸰	Motacilla flava	M,W					LC	√	
雀形目	鹡鸰科	Motacillidae	灰鹡鸰	Motacilla cinerea	R,M,W	古				LC	√	√
雀形目	鹡鸰科	Motacillidae	白鹡鸰	Motacilla alba	R	古				LC	√	√
雀形目	鹡鸰科	Motacillidae	田鹨	Anthus richardi	R	广				LC	√	
雀形目	鹡鸰科	Motacillidae	树鹨	Anthus hodgsoni	R	广				LC	√	√
雀形目	鹡鸰科	Motacillidae	红喉鹨	Anthus cervinus	W					LC	√	√
雀形目	鹡鸰科	Motacillidae	山鹨	Anthus sylvanus	R	东				LC	√	
雀形目	山椒鸟科	Campephagidae	大鹃鵙	Coracina macei	R	东				LC	√	√
雀形目	山椒鸟科	Campephagidae	暗灰鹃鵙	Coracina melaschistos	R	东				LC	√	
雀形目	山椒鸟科	Campephagidae	粉红山椒鸟	Pericrocotus roseus	B	东				LC	√	
雀形目	山椒鸟科	Campephagidae	小灰山椒鸟	Pericrocotus cantonensis	M					LC	√	
雀形目	山椒鸟科	Campephagidae	灰喉山椒鸟	Pericrocotus solaris	R	东				LC	√	
雀形目	山椒鸟科	Campephagidae	长尾山椒鸟	Pericrocotus ethologus	R	东				LC	√	
雀形目	山椒鸟科	Campephagidae	短嘴山椒鸟	Pericrocotus brevirostris	S	东				LC	√	√
雀形目	山椒鸟科	Campephagidae	赤红山椒鸟	Pericrocotus flammeus	R	东				LC	√	√
雀形目	山椒鸟科	Campephagidae	褐背鹟鵙	Hemipus picatus	R	东				LC	√	

续附录3

目		科		种		居留①	区系②	国家保护级别	CITES附录	特有种	IUCN等级③	保护区实录	文献④
雀形目	PASSERIFORMES	山椒鸟科	Campephagidae	钩嘴林鵙	*Tephrodornis gularis*	R	东				LC	√	
雀形目	PASSERIFORMES	鹎科	Pycnonotidae	凤头雀嘴鹎	*Spizixos canifrons*	R	东				LC		√
雀形目	PASSERIFORMES	鹎科	Pycnonotidae	领雀嘴鹎	*Spizixos semitorques*	R	东			√	LC		√
雀形目	PASSERIFORMES	鹎科	Pycnonotidae	黑冠黄鹎	*Pycnonotus melanicterus*	R	东				LC	√	√
雀形目	PASSERIFORMES	鹎科	Pycnonotidae	红耳鹎	*Pycnonotus jocosus*	R	东				LC	√	√
雀形目	PASSERIFORMES	鹎科	Pycnonotidae	黄臀鹎	*Pycnonotus xanthorrhous*	R	东				LC	√	√
雀形目	PASSERIFORMES	鹎科	Pycnonotidae	白喉红臀鹎	*Pycnonotus aurigaster*	R	东				LC	√	√
雀形目	PASSERIFORMES	鹎科	Pycnonotidae	白喉冠鹎	*Alophoixus pallidus*	R	东				LC	√	
雀形目	PASSERIFORMES	鹎科	Pycnonotidae	栗背短脚鹎	*Hemixos castanonotus*	R	东			√	LC		√
雀形目	PASSERIFORMES	鹎科	Pycnonotidae	绿翅短脚鹎	*Hypsipetes mcclellandii*	R	东				LC	√	√
雀形目	PASSERIFORMES	鹎科	Pycnonotidae	黑短脚鹎	*Hypsipetes leucocephalus*	R	东				LC	√	√
雀形目	PASSERIFORMES	和平鸟科	Irenidae	橙腹叶鹎	*Chloropsis hardwickii*	R	东				LC	√	
雀形目	PASSERIFORMES	伯劳科	Laniidae	红尾伯劳	*Lanius cristatus*	M					LC	√	√
雀形目	PASSERIFORMES	伯劳科	Laniidae	棕背伯劳	*Lanius schach*	R	东				LC	√	√
雀形目	PASSERIFORMES	黄鹂科	Oriolidae	黑枕黄鹂	*Oriolus chinensis*	R	广				LC	√	√
雀形目	PASSERIFORMES	黄鹂科	Oriolidae	朱鹂	*Oriolus traillii*	R	东				LC	√	√
雀形目	PASSERIFORMES	卷尾科	Dicruridae	黑卷尾	*Dicrurus macrocercus*	R,S,M	东				LC	√	
雀形目	PASSERIFORMES	卷尾科	Dicruridae	灰卷尾	*Dicrurus leucophaeus*	R	广				LC	√	
雀形目	PASSERIFORMES	卷尾科	Dicruridae	发冠卷尾	*Dicrurus hottentottus*	R,S	东				LC		
雀形目	PASSERIFORMES	椋鸟科	Sturnidae	灰头椋鸟	*Sturnus malabaricus*	R	东				LC	√	√
雀形目	PASSERIFORMES	鸦科	Corvidae	灰头松鸦	*Garrulus glandarius*	R	广				LC	√	√

续附录3

目	科	种	居留①	区系②	国家保护级别	CITES附录	特有种	IUCN等级③	保护区实录	文献④
雀形目 PASSERIFORMES	鸦科 Corvidae	红嘴蓝鹊 *Urocissa erythrorhyncha*	R	广				LC	√	√
雀形目 PASSERIFORMES	鸦科 Corvidae	喜鹊 *Pica pica*	R	广				LC		√
雀形目 PASSERIFORMES	鸦科 Corvidae	灰树鹊 *Dendrocitta formosae*	R	东				LC	√	√
雀形目 PASSERIFORMES	河乌科 Cinclidae	褐河乌 *Cinclus pallasii*	R	广				LC	√	
雀形目 PASSERIFORMES	鸫科 Turdidae	红喉歌鸲 *Luscinia calliope*	W,M					LC	√	
雀形目 PASSERIFORMES	鸫科 Turdidae	蓝歌鸲 *Luscinia cyane*	W,M					LC	√	
雀形目 PASSERIFORMES	鸫科 Turdidae	红胁蓝尾鸲 *Tarsiger cyanurus*	W					LC	√	√
雀形目 PASSERIFORMES	鸫科 Turdidae	金色林鸲 *Tarsiger chrysaeus*	B	东				LC		
雀形目 PASSERIFORMES	鸫科 Turdidae	鹊鸲 *Copsychus saularis*	R	东				LC	√	√
雀形目 PASSERIFORMES	鸫科 Turdidae	白腰鹊鸲 *Copsychus malabaricus*	R	东				LC	√	
雀形目 PASSERIFORMES	鸫科 Turdidae	蓝额红尾鸲 *Phoenicurus frontalis*	R	东				LC		√
雀形目 PASSERIFORMES	鸫科 Turdidae	北红尾鸲 *Phoenicurus auroreus*	W					LC	√	√
雀形目 PASSERIFORMES	鸫科 Turdidae	红尾水鸲 *Rhyacornis fuliginosus*	R	广				LC	√	
雀形目 PASSERIFORMES	鸫科 Turdidae	白腹短翅鸲 *Hodgsonius phoenicuroides*	R	东				LC		
雀形目 PASSERIFORMES	鸫科 Turdidae	白尾蓝地鸲 *Cinclidium leucurum*	R	东				LC	√	√
雀形目 PASSERIFORMES	鸫科 Turdidae	灰背燕尾 *Enicurus schistaceus*	R	东				LC	√	√
雀形目 PASSERIFORMES	鸫科 Turdidae	白冠燕尾 *Enicurus leschenaulti*	R	东				LC	√	√
雀形目 PASSERIFORMES	鸫科 Turdidae	黑喉石䳭 *Saxicola torquata*	R	广				LC	√	√
雀形目 PASSERIFORMES	鸫科 Turdidae	白斑黑石䳭 *Saxicola caprata*	R	东				LC	√	√
雀形目 PASSERIFORMES	鸫科 Turdidae	灰林䳭 *Saxicola ferrea*	R	东				LC	√	√
雀形目 PASSERIFORMES	鸫科 Turdidae	白顶溪鸲 *Chaimarrornis leucocephalus*	B,W	东				LC	√	

续附录3

目	科	科	种	种	居留①	区系②	国家保护级别	CITES附录	特有种	IUCN等级③	保护区实录	文献④
雀形目 PASSERIFORMES	鸫科	Turdidae	栗腹矶鸫	*Monticola rufiventris*	R	东				LC	✓	✓
雀形目 PASSERIFORMES	鸫科	Turdidae	蓝矶鸫	*Monticola solitarius*	R	广				LC	✓	✓
雀形目 PASSERIFORMES	鸫科	Turdidae	紫啸鸫	*Myiophoneus caeruleus*	R	东				LC	✓	✓
雀形目 PASSERIFORMES	鸫科	Turdidae	橙头地鸫	*Zoothera citrina*	R	东				LC	✓	
雀形目 PASSERIFORMES	鸫科	Turdidae	长尾地鸫	*Zoothera dixoni*	R,B	东				LC	✓	
雀形目 PASSERIFORMES	鸫科	Turdidae	虎斑地鸫	*Zoothera dauma*	M,W					LC	✓	
雀形目 PASSERIFORMES	鸫科	Turdidae	长嘴地鸫	*Zoothera marginata*	R	东				LC	✓	
雀形目 PASSERIFORMES	鸫科	Turdidae	黑胸鸫	*Turdus dissimilis*	R	东				LC	✓	✓
雀形目 PASSERIFORMES	鸫科	Turdidae	灰翅鸫	*Turdus boulboul*	O					LC	✓	
雀形目 PASSERIFORMES	鸫科	Turdidae	乌鸫	*Turdus merula*	R	广				LC	✓	
雀形目 PASSERIFORMES	鸫科	Turdidae	灰头鸫	*Turdus rubrocanus*	R,M	东				LC		✓
雀形目 PASSERIFORMES	鸫科	Turdidae	宝兴歌鸫	*Turdus mupinensis*	R	广			✓	LC		✓
雀形目 PASSERIFORMES	画眉科	Timaliidae	斑胸钩嘴鹛	*Erythrogenys erythrocnemis*	R	东				LC	✓	
雀形目 PASSERIFORMES	画眉科	Timaliidae	棕颈钩嘴鹛	*Pomatorhinus ruficollis*	R	东				LC	✓	✓
雀形目 PASSERIFORMES	画眉科	Timaliidae	红嘴钩嘴鹛	*Pomatorhinus ferruginosus*	R	东				LC	✓	
雀形目 PASSERIFORMES	画眉科	Timaliidae	红头穗鹛	*Stachyris ruficeps*	R	东				LC	✓	✓
雀形目 PASSERIFORMES	画眉科	Timaliidae	黑头穗鹛	*Stachyris nigriceps*	R	东				LC	✓	
雀形目 PASSERIFORMES	画眉科	Timaliidae	金眼鹛雀	*Chrysomma sinense*	R	东				LC	✓	
雀形目 PASSERIFORMES	画眉科	Timaliidae	矛纹草鹛	*Babax lanceolatus*	R	东				LC	✓	
雀形目 PASSERIFORMES	画眉科	Timaliidae	小黑领噪鹛	*Garrulax monileger*	R	东				LC	✓	
雀形目 PASSERIFORMES	画眉科	Timaliidae	黑领噪鹛	*Garrulax pectoralis*	R	东				LC	✓	✓

续附录3

目	科		种	居留①	区系②	国家保护级别	CITES附录	特有种	IUCN等级③	保护区实录	文献④
雀形目 PASSERIFORMES	画眉科	Timaliidae	灰翅噪鹛 *Garrulax cineraceus*	R	东				LC	√	√
雀形目 PASSERIFORMES	画眉科	Timaliidae	画眉 *Garrulax canorus*	R	东		II	√	LC	√	√
雀形目 PASSERIFORMES	画眉科	Timaliidae	白颊噪鹛 *Garrulax sannio*	R	东				LC	√	√
雀形目 PASSERIFORMES	画眉科	Timaliidae	银耳相思鸟 *Leiothrix argentauris*	R	东		II		LC	√	√
雀形目 PASSERIFORMES	画眉科	Timaliidae	红翅鸣鹛 *Pteruthius flaviscapis*	R	东				LC	√	√
雀形目 PASSERIFORMES	画眉科	Timaliidae	栗喉鸥鹛 *Pteruthius melanotis*	R	东				LC	√	
雀形目 PASSERIFORMES	画眉科	Timaliidae	栗额鸥鹛 *Pteruthius aenobarbus*	R	东				LC		
雀形目 PASSERIFORMES	画眉科	Timaliidae	蓝翅希鹛 *Minla cyanouroptera*	R	东				LC	√	√
雀形目 PASSERIFORMES	画眉科	Timaliidae	火尾希鹛 *Minla ignotincta*	R	东				LC		√
雀形目 PASSERIFORMES	画眉科	Timaliidae	棕头雀鹛 *Alcippe ruficapilla*	R	东			√	LC	√	√
雀形目 PASSERIFORMES	画眉科	Timaliidae	褐胁雀鹛 *Alcippe dubia*	R	东				LC	√	√
雀形目 PASSERIFORMES	画眉科	Timaliidae	灰眶雀鹛 *Alcippe morrisonia*	R	东				LC	√	√
雀形目 PASSERIFORMES	画眉科	Timaliidae	黑头奇鹛 *Heterophasia melanoleuca*	R	东				LC	√	√
雀形目 PASSERIFORMES	画眉科	Timaliidae	栗耳凤鹛 *Yuhina castaniceps*	R	东				LC	√	√
雀形目 PASSERIFORMES	画眉科	Timaliidae	黄颈凤鹛 *Yuhina flavicollis*	R	东				LC	√	√
雀形目 PASSERIFORMES	画眉科	Timaliidae	纹喉凤鹛 *Yuhina gularis*	R	东				LC	√	√
雀形目 PASSERIFORMES	画眉科	Timaliidae	棕肛凤鹛 *Yuhina occipitalis*	R	东				LC	√	√
雀形目 PASSERIFORMES	画眉科	Timaliidae	黑颏凤鹛 *Yuhina nigrimenta*	R	东				LC	√	
雀形目 PASSERIFORMES	画眉科	Timaliidae	白腹凤鹛 *Erpornis zantholeuca*	R	东				LC		√
雀形目 PASSERIFORMES	鸦雀科	Paradoxornithidae	点胸鸦雀 *Paradoxornis guttaticollis*	R	东				LC		√
雀形目 PASSERIFORMES	鸦雀科	Paradoxornithidae	灰头鸦雀 *Paradoxornis gularis*	R	东				LC	√	√

续附录3

目		科		种	居留[1]	区系[2]	国家保护级别	CITES附录	特有种	IUCN等级[3]	保护区实录	文献[4]
雀形目	PASSERIFORMES	莺科	Sylviidae	栗头地莺	*Tesia castaneocoronata*	R	东				LC	√	
雀形目	PASSERIFORMES	莺科	Sylviidae	鳞头树莺	*Cettia squameiceps*	M					LC	√	
雀形目	PASSERIFORMES	莺科	Sylviidae	强脚树莺	*Cettia fortipes*	R	东				LC	√	
雀形目	PASSERIFORMES	莺科	Sylviidae	黄腹树莺	*Cettia robustipes*	R	东				LC	√	
雀形目	PASSERIFORMES	莺科	Sylviidae	棕顶树莺	*Cettia brunnifrons*	R	东				LC	√	
雀形目	PASSERIFORMES	莺科	Sylviidae	棕褐短翅莺	*Bradypterus luteoventris*	R	东				LC	√	
雀形目	PASSERIFORMES	莺科	Sylviidae	黄腹柳莺	*Phylloscopus affinis*	B,W,M	东				LC	√	√
雀形目	PASSERIFORMES	莺科	Sylviidae	棕腹柳莺	*Phylloscopus subaffinis*	B,W	东				LC	√	
雀形目	PASSERIFORMES	莺科	Sylviidae	褐柳莺	*Phylloscopus fuscatus*	B	古				LC	√	√
雀形目	PASSERIFORMES	莺科	Sylviidae	棕眉柳莺	*Phylloscopus armandii*	R,B	古				LC	√	
雀形目	PASSERIFORMES	莺科	Sylviidae	橙斑翅柳莺	*Phylloscopus pulcher*	R	东				LC	√	
雀形目	PASSERIFORMES	莺科	Sylviidae	黄眉柳莺	*Phylloscopus inornatus*	R	古				LC	√	√
雀形目	PASSERIFORMES	莺科	Sylviidae	黄腰柳莺	*Phylloscopus proregulus*	B	古				LC	√	√
雀形目	PASSERIFORMES	莺科	Sylviidae	灰喉柳莺	*Phylloscopus maculipennis*	B,W	东				LC		√
雀形目	PASSERIFORMES	莺科	Sylviidae	乌嘴柳莺	*Phylloscopus magnirostris*	R	东				LC		
雀形目	PASSERIFORMES	莺科	Sylviidae	双斑绿柳莺	*Phylloscopus plumbeitarsus*	W,M					—	√	
雀形目	PASSERIFORMES	莺科	Sylviidae	冕柳莺	*Phylloscopus coronatus*	M					LC	√	√
雀形目	PASSERIFORMES	莺科	Sylviidae	冠纹柳莺	*Phylloscopus reguloides*	R	东				LC	√	√
雀形目	PASSERIFORMES	莺科	Sylviidae	白斑尾柳莺	*Phylloscopus davisoni*	R	东				LC	√	√
雀形目	PASSERIFORMES	莺科	Sylviidae	金眶鹟莺	*Seicercus burkii*	R	东				LC	√	√
雀形目	PASSERIFORMES	莺科	Sylviidae	灰脸鹟莺	*Seicercus poliogenys*	R	东				LC		

续附录3

目	科	科	种	种	居留①	区系②	国家保护级别	CITES附录	特有种	IUCN等级③	保护区实录	文献④
雀形目	莺科	Sylviidae	金头缝叶莺	*Orthotomus cucullatus*	R	东				LC	✓	
雀形目	莺科	Sylviidae	长尾缝叶莺	*Orthotomus sutorius*	R	东				LC	✓	✓
雀形目	莺科	Sylviidae	灰胸鹪莺	*Prinia hodgsonii*	R	东				LC	✓	
雀形目	莺科	Sylviidae	暗冕鹪莺	*Prinia rufescens*	R	东				LC	✓	
雀形目	莺科	Sylviidae	纯色鹪莺	*Prinia inornata*	R	东				LC	✓	
雀形目	莺科	Sylviidae	山鹪莺	*Prinia criniger*	R	东				LC	✓	
雀形目	莺科	Sylviidae	黑喉山鹪莺	*Prinia atrogularis*	R	东				LC	✓	✓
雀形目	鹟科	Muscicapidae	白眉姬鹟	*Ficedula zanthopygia*	M					LC		✓
雀形目	鹟科	Muscicapidae	红喉姬鹟	*Ficedula albicilla*	W,M					LC	✓	✓
雀形目	鹟科	Muscicapidae	橙胸姬鹟	*Ficedula strophiata*	B	东				LC	✓	✓
雀形目	鹟科	Muscicapidae	棕胸蓝姬鹟	*Ficedula hyperythra*	R	东				LC	✓	
雀形目	鹟科	Muscicapidae	锈胸蓝姬鹟	*Ficedula hodgsonii*	R	东				LC	✓	
雀形目	鹟科	Muscicapidae	小斑姬鹟	*Ficedula westermanni*	R,S	东				LC	✓	✓
雀形目	鹟科	Muscicapidae	大仙鹟	*Niltava grandis*	R	东				LC	✓	
雀形目	鹟科	Muscicapidae	小仙鹟	*Niltava macgrigoriae*	R	东				LC	✓	
雀形目	鹟科	Muscicapidae	棕腹大仙鹟	*Niltava davidi*	R	东			✓	LC	✓	
雀形目	鹟科	Muscicapidae	棕腹仙鹟	*Niltava sundara*	R	东				LC	✓	✓
雀形目	鹟科	Muscicapidae	山蓝仙鹟	*Cyornis banyumas*	R	东				LC	✓	
雀形目	鹟科	Muscicapidae	北灰鹟	*Muscicapa dauurica*	W,M					LC	✓	
雀形目	鹟科	Muscicapidae	棕尾褐鹟	*Muscicapa ferruginea*	B,M	东				LC	✓	
雀形目	鹟科	Muscicapidae	铜蓝鹟	*Eumyias thalassina*	R	东				LC	✓	✓

续附录3

目	科	种	居留①	区系②	国家保护级别	CITES附录	特有种	IUCN等级③	保护区实录	文献④
雀形目 PASSERIFORMES	鹟科 Muscicapidae	方尾鹟 *Culicicapa ceylonensis*	R	东				LC	√	√
雀形目 PASSERIFORMES	鹟科 Muscicapidae	黑枕王鹟 *Hypothymis azurea*	R	东				LC	√	
雀形目 PASSERIFORMES	鹟科 Muscicapidae	寿带鸟 *Terpsiphone paradisi*	S	广				LC	√	
雀形目 PASSERIFORMES	鹟科 Muscicapidae	白喉扇尾鹟 *Rhipidura albicollis*	R	东				LC	√	√
雀形目 PASSERIFORMES	鹟科 Muscicapidae	黄腹扇尾鹟 *Rhipidura hypoxantha*	R	东				LC	√	
雀形目 PASSERIFORMES	山雀科 Paridae	大山雀 *Parus major*	R	广				LC	√	√
雀形目 PASSERIFORMES	山雀科 Paridae	绿背山雀 *Parus monticolus*	R	东				LC	√	√
雀形目 PASSERIFORMES	山雀科 Paridae	黄颊山雀 *Parus spilonotus*	R	东				LC	√	√
雀形目 PASSERIFORMES	山雀科 Paridae	黄腹山雀 *Parus venustulus*	O				√	LC		√
雀形目 PASSERIFORMES	山雀科 Paridae	红头长尾山雀 *Aegithalos concinnus*	R	东				LC	√	√
雀形目 PASSERIFORMES	䴓科 Sittidae	绒额䴓 *Sitta frontalis*	R	东				LC	√	√
雀形目 PASSERIFORMES	䴓科 Sittidae	巨䴓 *Sitta magna*	R	东				EN	√	√
雀形目 PASSERIFORMES	䴓科 Sittidae	滇䴓 *Sitta yunnanensis*	R	东			√	NT	√	√
雀形目 PASSERIFORMES	䴓科 Sittidae	栗臀䴓 *Sitta nagaensis*	R	广				LC	√	√
雀形目 PASSERIFORMES	旋木雀科 Certhiidae	旋木雀 *Certhia familiaris*	R	古				LC		
雀形目 PASSERIFORMES	旋木雀科 Certhiidae	高山旋木雀 *Certhia himalayana*	R	东				LC	√	
雀形目 PASSERIFORMES	旋木雀科 Certhiidae	褐喉旋木雀 *Certhia discolor*	R	东				LC		√
雀形目 PASSERIFORMES	攀雀科 Remizidae	火冠雀 *Cephalopyrus flammiceps*	R	东				LC		
雀形目 PASSERIFORMES	啄花鸟科 Dicaeidae	黄腹啄花鸟 *Dicaeum melanozanthum*	R,S	东				LC		
雀形目 PASSERIFORMES	啄花鸟科 Dicaeidae	纯色啄花鸟 *Dicaeum concolor*	R	东				LC	√	
雀形目 PASSERIFORMES	啄花鸟科 Dicaeidae	红胸啄花鸟 *Dicaeum ignipectus*	R	东				LC	√	√
雀形目 PASSERIFORMES	太阳鸟科 Nectariniidae	黑胸太阳鸟 *Aethopyga saturata*	R	东				LC	√	√

续附表3

目	科	种	居留①	区系②	国家保护级别	CITES附录	特有种	IUCN等级③	保护区实录	文献④
雀形目 PASSERIFORMES	太阳鸟科 Nectariniidae	黄腰太阳鸟 *Aethopyga siparaja*	R	东				LC	√	√
雀形目 PASSERIFORMES	太阳鸟科 Nectariniidae	蓝喉太阳鸟 *Aethopyga gouldiae*	R	东				LC	√	√
雀形目 PASSERIFORMES	太阳鸟科 Nectariniidae	纹背捕蛛鸟 *Arachnothera magna*	R	东				LC	√	
雀形目 PASSERIFORMES	绣眼鸟科 Zosteropidae	暗绿绣眼鸟 *Zosterops japonica*	R	东				LC	√	√
雀形目 PASSERIFORMES	绣眼鸟科 Zosteropidae	红胁绣眼鸟 *Zosterops erythropleura*	W,M					LC	√	
雀形目 PASSERIFORMES	绣眼鸟科 Zosteropidae	灰腹绣眼鸟 *Zosterops palpebrosa*	R	东				LC	√	√
雀形目 PASSERIFORMES	文鸟科 Ploceidae	树麻雀 *Passer montanus*	R	广				LC	√	
雀形目 PASSERIFORMES	文鸟科 Ploceidae	山麻雀 *Passer rutilans*	R	广				LC	√	√
雀形目 PASSERIFORMES	文鸟科 Ploceidae	白腰文鸟 *Lonchura striata*	R	东				LC	√	√
雀形目 PASSERIFORMES	文鸟科 Ploceidae	斑文鸟 *Lonchura punctulata*	R	东				LC	√	
雀形目 PASSERIFORMES	雀科 Fringillidae	燕雀 *Fringilla montifringilla*	W					LC		
雀形目 PASSERIFORMES	雀科 Fringillidae	黑头金翅雀 *Carduelis ambigua*	R	东				LC	√	√
雀形目 PASSERIFORMES	雀科 Fringillidae	褐灰雀 *Pyrrhula nipalensis*	R	东				LC		√
雀形目 PASSERIFORMES	雀科 Fringillidae	栗鹀 *Emberiza rutila*	W,M					LC	√	
雀形目 PASSERIFORMES	雀科 Fringillidae	灰头鹀 *Emberiza spodocephala*	R	广				LC	√	√
雀形目 PASSERIFORMES	雀科 Fringillidae	灰眉岩鹀 *Emberiza godlewskii*	R	古				LC		√
雀形目 PASSERIFORMES	雀科 Fringillidae	小鹀 *Emberiza pusilla*	W,M					LC	√	√
雀形目 PASSERIFORMES	雀科 Fringillidae	白眉鹀 *Emberiza tristrami*	W					LC	√	
雀形目 PASSERIFORMES	雀科 Fringillidae	凤头鹀 *Melophus lathami*	R	东				LC	√	√

居留情况：R-留鸟；S-夏候鸟；W-冬候鸟；M-旅鸟；B-繁殖鸟；O-迷鸟。
①区系从属：广-广布种；东-东洋种；古-古北种。
②IUCN等级：LC：无危；NT：近危；EN：濒危。
③资料来源：恐龙河保护区的鸟类调查（韩联宪等，2009）。

第7章 两栖爬行类

摘要：通过数据整理和资料分析，保护区有两栖爬行动物55种，其中：爬行类2目9科31种，两栖类2目8科24种。经对保护区两栖爬行类动物调查结果进行生物多样性分析，其中：爬行动物生物多样性指数香农指数、均匀度、辛普森指数分别为3.647、0.768、0.969；两栖动物生物多样性指数香农指数、均匀度、辛普森指数分别为3.256、0.704、0.957。结合保护区调查结果及生物多样性分析，保护区具有珍稀、濒危及特有物种比例较低、区域的过渡性特征明显、物种区系组成典型性良好、物种组成自然性高等特点。随着各种人为活动规模的逐步扩大，保护区的动物栖息生境遭到破坏，使野生动物生境受到一定影响。因此，加强两栖爬行类动物监测和栖息地保护刻不容缓，通过合理性区划保护区功能区、加强栖息地管理、开展物种监测指标工作、提升森林生态系统多样性和加大宣传教育力度等具体保护措施建议。

7.1 调查方法与数据统计

保护区两栖爬行类动物调查时间为2019年4月中下旬，调查区域包括整个保护区及其周边区域。为保证保护区两栖爬行类动物调查的科学性和全面性，汇总了2014—2016年西南林业大学受楚雄州林业局委托，于双柏县实施野生动物资源专项调查中所获两栖爬行类调查数据。累计开展两栖爬行类调查5次，投入主要技术人员9人，详见表7-1。

表7-1 保护区两栖爬行动物多样性调查工作时间

序号	时间	领队	主要工作人员
1	2014年12月	罗旭（副教授）	高歌（硕士研究生）
2	2015年4月	李旭（副教授）	任玲（硕士研究生）
3	2015年7月	李奇生（实验师）	李万德（硕士研究生） 王官胜（硕士研究生）
4	2016年4月	李旭（副教授） 罗旭（副教授）	王羽丰（硕士研究生） 高歌（硕士研究生） 任玲（硕士研究生）
5	2019年4月	李旭（副教授）	刘小龙（硕士研究生）

调查方法以样线法为主，辅以访问调查及资料查询相结合的方法，以期了解调查区内两栖爬行动物物种分布情况。野外调查发现某种野生动物实体或活动痕迹的，认为该物种在该调查区内有分布。如果近5年内有人见到某种动物或者存在某种动物出现的确切证据，即可认为该物种在该调查区内有分布。根据保护区中步行道路设置调查样线，调查区覆盖样线两侧

50~100m的区域，开展实体及活动痕迹调查。

7.1.1 调查方法

（1）样线法及样点法

以调查区内的公路和小路作为调查线路。白天，调查人员一般分为两组，前后相差约100~200m，以2~3km/h的速度沿途进行观察，遇见两栖爬行动物则记录下来，后一组主要观察因前一组走动而惊动后活动的动物。选择的线路尽量涵盖保护区的不同地区和环境，包括周边农田区。爬行动物和有尾两栖类的调查主要采取这种方法。线路长度平均约4（3~5）km。发现动物实体或其痕迹时，尽可能记录动物名称、数量、痕迹种类、痕迹数量及距离样线中线的垂直距离、地理位置、生境及影像等信息。

无尾两栖类的调查则主要是在夜间听其鸣叫初步判断种类。然而，有些蛙类如臭蛙、湍蛙等鸣叫声很小或有时不鸣叫（非繁殖季节），雌性蛙类也不鸣叫，故夜间不仅需要听其声，还要观其形，需要用手电筒或头灯照明寻找和观测。爬行动物中部分夜间活动的种类和有尾两栖动物的调查也采用这一方法。另外，有些蛙类不是在调查期间繁殖和活动，需要对其幼体（即蝌蚪）进行调查，所以，白天还需在溪流和池塘中注重蝌蚪的调查和记录。

对于绝大部分在调查期间鸣叫的蛙类物种，可以通过其雄性的鸣叫声判断其种类，但爬行动物、有尾两栖动物和部分蛙类，必须看到其实体才能确定种类，故需适当采集标本。

调查过程中，请当地工作人员或向导随同，以便对一些只观察到而未进行采集的物种进行俗名和学名间的对应确认；而对采集到的物种则可指对实物标本。

鉴于两栖爬行动物的行为特征，累计在核心区、实验区和新增区设置调查样线14条，为不定宽样线，累计长度52.6km，核心区设置样点（表7-2）。

表7-2 保护区两栖爬行动物调查样线布设

样线编号	起点地标	终点地标	样线长度（km）
1	24.559266°N 101.168213°E	24.562530°N 101.189133°E	2.8
2	24.559960°N 101.198775°E	24.549136°N 101.209609°E	3.9
3	24.537726°N 101.212163°E	24.522329°N 101.198572°E	2.7
4	24.526901°N 101.227618°E	24.505207°N 101.220073°E	3.4
5	24.497898°N 101.267608°E	24.476318°N 101.252876°E	4.3
6	24.491960°N 101.277542°E	24.474773°N 101.277332°E	4.3
7	24.505441°N 101.290632°E	24.500620°N 101.310824°E	4.0
8	24.513501°N 101.318252°E	24.526512°N 101.323287°E	4.3
9	24.489613°N 101.381728°E	24.475439°N 101.386186°E	3.5
10	24.463376°N 101.403448°E	24.454522°N 101.398977°E	3.8
11	24.435247°N 101.408867°E	24.414406°N 101.404029°E	4.6
12	24.431765°N 101.395802°E	24.416248°N 101.367379°E	3.9
13	24.423024°N 101.361913°E	24.410402°N 101.346491°E	3.7
14	24.442206°N 101.367080°E	24.450859°N 101.355992°E	3.4
总计			52.6

（2）访谈调查法

主要针对数量稀少、活动隐秘、野外不易察觉、容易描述或具有独特的识别特征的物种，采用访问调查法进行调查。通过向鄂嘉镇当地人民及保护区管理站管理人员、护林员、社区居民等群体描述物种的外貌特征、个体大小等，了解两栖爬行动物在调查区域的分布状况（遇见季节、遇见频率、数量等），以及该种动物活动的生境特征。

（3）文献资料整理

收集整理楚雄州双柏县鄂嘉镇恐龙河自然保护区相关的两栖爬行动物调查报告和学术专著，参照《中国脊椎动物红色名录》（蒋志刚等，2016)、《云南两栖类志》（杨大同，1991)、《云南两栖爬行动物》（杨大同和饶定齐，2008)、《中国两栖动物图鉴》（费梁，1999) 等资料整理工作区域的两栖爬行动物调查和分布记录。

7.1.2　数据统计

鉴于本次两栖爬行动物多样性调查结果将作为保护区生物多样性评价基础，因此，选择物种丰富度指数、香农威纳指数、均匀度指数、辛普森指数分析各调查类群的生物多样性。

物种丰富度指数S：即群落中的物种数

香农威纳指数：

$$H=-\sum_{i=1}^{s}(P_i)\times L_n(P_i)$$

均匀度指数：

$$J=H\div L_n(S)$$

辛普森指数：

$$D=1-\sum_{i}^{s}P_i^2$$

式中：S——调查区域内各类群的总物种数；

P_i——各类群中第i个物种在相应类群中的百分比。

物种的β多样性主要是指沿环境梯度不同生境群落之间物种组成的相异性或物种沿环境梯度的更替速度。根据调查数据的属性不同，β多样性的测度方法可以分为二元属性测度法和数量数据测度法（马克平等，1995）。其中二元属性测度法又称0、1数据，或有、无数据。为了更好地反映3个区之间的两栖爬行多样性差异情况，文中将采用二元属性测度法从种的层次来计算不同生境之间的β多样性指数（周伟等，1999）。通过二元属性数据测度结果，可以反映出群落中的物种沿着某一个环境梯度的更替速度，测度的结果越小，则说明群落组成的相似性越大，也就是其差异性越小，反之亦然（王丹，2013）。

（1）采用Routledge指数来反映不同生境或群落间物种的分化和隔离程度，公式如下：

$$\beta_R=[S^2/(2r+S)]-1$$

式中：S为所研究系统中的物种总数（或科属的总数），r为分布重叠的物种对数（或科属的对数）；

（2）采用Jaccard指数和Sorenson指数两个相似性系数作为测度不同生境或群落之间的相似程度的指标（wolda，1981），公式如下：

$$C_J=j/(a+b-j)$$

$$C_S=2j/(a+b)$$

式中：j为两个群落共有的物种数（或科属数）；a为群落A的物种数（或科属数），b为群落B的物种数（或科属数）。

7.2　调查结果

经数据整理和资料分析，调查区共记录两栖爬行动物55种，见附录4。其中爬行类2目9科31种；两栖类2目8科24种。

由于当地开发历史悠久，人口密度大、人类活动频繁和活动强度持续增大，且地域面积有限，地表环境变化幅度也不像云南其他自然保护区那样巨大。因此，保护区的两栖爬行动物多样性虽然比较丰富，但特有性并不十分突出，而是反映出区系呈分交叉汇集和过度的特点。另一个导致特有性不甚显著的原因则是由于整个自然保护区距离桂、越南古特有中心地带较远，且地区面积狭小，不利于形成狭域分布的特有动物种类。

7.2.1　爬行类

7.2.1.1　物种多样性及组成特点

经综合调查，调查区共记录到爬行动物31种，隶属于2目9科。爬行类以游蛇科（Colubridae）为主，共16种，见表7-3。

表7-3　云南双柏恐龙河州级自然保护区爬行类动物组成

分类阶元	属数及其所占类群比例		物种数及其所占类群比例	
	N	%	N	%
泽龟科（Emydidae）	1	4.35	1	3.23
壁虎科（Gekkonidae）	1	4.35	1	3.23
石龙子科（Scincidae）	2	8.70	3	13.04
蛇蜥科（Anguidae）	1	4.35	1	3.23
鬣蜥科（Agamidae）	1	4.35	1	3.23
蚺科（Pythonidae）	1	4.35	1	3.23
蝰科（Viperidae）	3	13.04	4	17.39
眼镜蛇科（Elapidae）	3	13.04	3	13.04
游蛇科（Colubridae）	10	43.48	16	51.61
合　计	23	100	31	100

7.2.1.2　区系组成及地理区划

根据调查结果，保护区记录的31种爬行类中，东洋型有24种，巴西红耳龟（*Trachemysscripta elegans*）、云南半叶趾虎（*Hemiphyllodactylus yunnanensis*）、细脆蛇蜥（*Ophisaurus gracilis*）、昆明攀蜥（*Japalura varcoae*）、丽纹蛇（*Calliophis macclellandi*）、眼镜王蛇（*Ophiophagus hannah*）、银环蛇（*Bungarus multicinctus*）、颈斑蛇（*Plagiopholis blakewayi*）等；古北种有1种，水游蛇（*Natrix modesta*）；广布种有6种，铜蜓蜥（*Sphenomorphus indicus*）、竹叶青（*Trimeresurus stejnegeri*）、黑眉锦蛇（*Elaphe taeniurus*）、王锦蛇（*Elaphe carinata*）、颈棱蛇（*Macropisthodon rudis*）、红脖颈槽蛇（*Rhabdophis subminiatus*）。由此

可见，保护区的爬行类主要以东洋界物种为主。

根据张荣祖（2011）对我国陆生脊椎动物地理分布类型的划分，对调查区31种爬行类的区系从属进行统计分析，结果如下：

（1）古北型

分布贯穿于欧亚大陆寒温带，分布区的南部通过我国最北部（新疆北部及东北北部），属古北界古北型。它们之中的一些种类还可以不同程度的向南延伸，有些林栖或适应于湿润气候的种类的分布沿我国季风区向南渗透，如水游蛇（*Natrix modesta*）。

（2）南中国型

分布或主要分布在我国亚热带以南地区，为我国东洋界所特有或主要分布于我国东洋界的种，是"华中区"的代表成分，不少种类向南可伸入我国热带或再分布至中南半岛北部，向北可分布至华北。如昆明滑蜥（*Scincella schmidti*）、云南烙铁头（*Trimeresurus yunanensis*）、银环蛇（*Bungarus multicinctus*）、横纹翠青蛇（*Cyclophiops multicinctus*）、王锦蛇（*Elaphe carinata*）、颈棱蛇（*Macropisthodon rudis*）。

（3）东洋型

旧大陆热带—亚热带型主要分布于欧亚非大陆的低纬度或低纬至中纬度地区，东南亚热带—亚热带型主要分布于印度半岛、中南半岛或附近岛屿，分布区北缘伸入我国南部热带和亚热带，有些种类可不同程度地沿季风区北伸至温带，种类属于东洋界，是"华南区"的代表成分。如巴西红耳龟（*Trachemys scripta elegans*）、云南半叶趾虎（*Hemiphyllodactylus yunnanensis*）、蟒（*Python bivittatus*）、山烙铁头蛇（*Ovophis monticola*）、丽纹蛇（*Calliophis macclellandi*）、（眼镜王蛇*Ophiophagus hannah*）、黑眉锦蛇（*Elaphe taeniurus*）、三索锦蛇（*Elaphe rdiata*）、紫灰锦蛇（*Elaphe porphyracea*）等。

（4）马拉雅—横断山型

喜马拉雅—横断山型主要分布在横断山脉中山、低山或再延伸至喜马拉雅南坡的种类，主要为山林森林栖居者，属于东洋界成分。横断山脉与喜马拉雅山脉，在地形上，是青藏高原的东南斜面，但因其地势起伏很大，主要为高山峡谷地区，自然条件垂直分布明显，其基带为热带—亚热带，动物栖息环境复杂多样，与地形起伏相对平缓、气候寒冷的青藏高原显然有别。如山滑蜥（*Scincella monticola*）、菜花铁头蛇（*Protobothrops jerdonii*）、颈斑蛇（*Plagiopholis blakewayi*）、黑线乌梢蛇（*Zaocys nigromarginatus*）、八线腹链蛇（*Amphiesma octolineatum*）、缅甸颈槽蛇（*Rhabdophis leonardi*）。

（5）云贵高原

云贵高原包括云南省东部，贵州全省，广西壮族自治区西北部和四川、湖北、湖南等省边境，是中国南北走向和东北—西南走向两组山脉的交汇处，地势西北高，东南低。属亚热带湿润区，为亚热带季风气候，气候差别显著。如昆明攀蜥（*Japalura varcoae*）。

7.2.1.3　生活型

爬行动物在陆地上的活动范围虽然没有明显的生境限制，但它们在长期适应陆地各种生境的生活中，不同的种类逐渐形成了对某种生境类型的倾向性，根据爬行类的生活特点和对生境的需求，可将爬行动物分为住宅型、灌丛石隙型、土栖型、水栖型、林栖傍水型和树栖型6种，保护区分布有4种类型。

（1）灌丛石隙型

灌丛石隙型爬行动物主要生活在灌丛边的乱石缝隙中或矮小灌木林上，保护区记录该类型种类包括云南半叶趾虎（*Hemiphyllodactylus yunnanensis*）、铜蜓蜥（*Sphenomorphus indicus*）、细脆蛇蜥（*Ophisaurus gracilis*）、山滑蜥（*Scincella monticola*）、昆明攀蜥（*Japalura varcoae*）等。

（2）水栖型

水栖型种类经常活动在有水源的地方，如山坡溪流旁，因为在这种环境下比较容易找到食物。保护区记录有巴西红耳龟（*Trachemys scripta elegans*）、水游蛇（*Natrix modesta*）、鱼游蛇（*Natrix piscator*）。

（3）林栖傍水型

林栖傍水型种类经常活动在森林边缘有水源的地方，如山坡溪流旁的灌丛、草丛中，因为在这种环境下比较容易找到食物，它们主要以小型啮齿类、蛙、蜥蜴等为食。保护区记录到蟒（*Python bivittatus*）、山烙铁头蛇（*Ovophis monticola*）、菜花铁头蛇（*Protobothrops jerdonii*）、竹叶青（*Trimeresurus stejnegeri*）、云南烙铁头（*Trimeresurus yunanensis*）、横纹翠青蛇（*Cyclophiops multicinctus*）、灰鼠蛇（*Ptyas korros*）、黑线乌梢蛇（*Zaocys nigromarginatus*）、黑眉锦蛇（*Elaphe taeniurus*）、三索锦蛇（*Elaphe rdiata*）、紫灰锦蛇（*Elaphe porphyracea*）、王锦蛇（*Elaphe carinata*）、八线腹链蛇（*Amphiesma octolineatum*）、腹斑腹链蛇（*Amphiesma modestum*）、红脖颈槽蛇（*Rhabdophis subminiatus*）、缅甸颈槽蛇（*Rhabdophis leonardi*）、云南华游蛇（*Sinonatrix yunnanensis*）。

（4）树栖型

树栖型种类经常活动在森林的地方，如林子里，植被较好，因为在这种环境下比较容易找到食物，它们主要以小型啮齿类、蛙等为食。保护区记录到丽纹蛇（*Calliophis macclellandi*）、眼镜王蛇（*Ophiophagus hannah*）、银环蛇（*Bungarus multicinctus*）、颈斑蛇（*Plagiopholis blakewayi*）、颈棱蛇（*Macropisthodon rudis*）。

7.2.1.4 珍稀濒危保护物种

在所调查的爬行动物中，《国家重点保护名录》Ⅱ级保护动物有1种，蟒（*Python bivittatus*）。在2000年8月颁布的《国家保护的有益的或者有重要经济、科学研究价值的陆生野生动物名录》中，收录该地分布的有昆明攀蜥（*Japalura varcoae*）、山烙铁头蛇（*Ovophis monticola*）、菜花铁头蛇（*Protobothrops jerdonii*）、竹叶青（*Trimeresurus stejnegeri*）、云南烙铁头（*Trimeresurus yunanensis*）、横纹翠青蛇（*Cyclophiops multicinctus*）、灰鼠蛇（*Ptyas korros*）、黑线乌梢蛇（*Zaocys nigromarginatus*）、黑眉锦蛇（*Elaphe taeniurus*）、三索锦蛇（*Elaphe rdiata*）、紫灰锦蛇（*Elaphe porphyracea*）、王锦蛇（*Elaphe carinata*）等。

7.2.2 两栖类

7.2.2.1 物种多样性及组成特点

经综合调查，保护区共记录到两栖动物种类24种，隶属2目8科。两栖类以蛙科Ranidae种类最多，记录有8种，见表7-4。

表7-4　云南双柏恐龙河州级自然保护区两栖类动物组成

分类阶元	属数及其所占类群比例		物种数及其所占类群比例	
	N	%	N	%
蝾螈科（Salamandridae）	1	4.76	1	4.17
铃蟾科（Bombinatoridae）	1	4.76	1	4.17
角蟾科（Megophryidae）	4	19.05	5	20.83
蟾蜍科（Bufonidae）	2	9.52	2	8.33
雨蛙科（Hylidae）	1	4.76	2	8.33
蛙科（Ranidae）	8	38.10	8	33.33
树蛙科（Rhacophoridae）	1	4.76	1	4.17
姬蛙科（Microhylidae）	3	14.29	4	16.67
合　计	21	100	24	100

7.2.2.2　区系组成及地理区划

根据调查结果，保护区记录的24种两栖类中，全为东洋型。根据张荣祖（2011）对我国陆生脊椎动物地理分布类型的划分，对保护区24种两栖类的区系从属进行统计分析，结果如下：

（1）南中国型

分布或主要分布在我国亚热带以南地区，为我国东洋界所特有或主要分布于我国东洋界的种，是"华中区"的代表成分，不少种类向南可伸入我国热带或再分布至中南半岛北部，向北可分布至华北。如宽头短腿蟾（*Brachytarsophrys carinensis*）、小角蟾（*Megophrys minor*）、中国雨蛙（*Hyla chinensis*）、滇蛙（*Rana pleuraden*）。

（2）东洋型

旧大陆热带—亚热带型主要分布于欧亚非大陆的低纬度或低纬度至中纬度地区，东南亚热带—亚热带型主要分布于印度半岛、中南半岛或附近岛屿，分布区北缘伸入我国南部热带和亚热带，有些种类可不同程度地沿季风区北伸至温带，种类属于东洋界，是"华南区"的代表成分。如黑眶蟾蜍（*Duttaphrynus melanostictus*）、华西雨蛙（*Hyla gongshanensis*）、云南臭蛙（*Odorrana andersonii*）、斑腿泛树蛙（*Polypedates leucomystax*）、粗皮姬蛙（*Microhyla butleri*）、饰纹姬蛙（*Microhyla ornata*）。

（3）喜马拉雅—横断山型

喜马拉雅—横断山型主要分布在横断山脉中山、低山或再延伸至喜马拉雅南坡的种类，主要为山林森林栖居者，属于东洋界成分。横断山脉与喜马拉雅山脉，在地形上，是青藏高原的东南斜面，但因其地势起伏很大，主要为高山峡谷地区，自然条件垂直分布明显，其基带为热带—亚热带，动物栖息环境复杂多样，与地形起伏相对平缓、气候寒冷的青藏高原显然有别。如红瘰疣螈（*Tylototriton shanjing*）、微蹼铃蟾（*Bombina microdeladigitora*）、景东齿蟾（*Oreolalax jingdongensis*）、哀牢髭蟾（*Vibrissaphora ailaonica*）、峨眉角蟾（*Megophrys omeimontis*）、哀牢蟾蜍（*Bufo ailaoanus kou*）、昭觉林蛙（*Rana chaochiaoensis*）、牛蛙（*Rana catesbeiana*）、无指盘臭蛙（*Odorrana grahami*）、四川湍蛙（*Amolops mantzorum*）、双团棘胸蛙（*Rana yunnanensis*）、棘肛蛙（*Nanorana unculuanus*）、多疣狭口蛙（*Kaloula verrucosa*）。

（4）云贵高原

云贵高原包括云南省东部，贵州全省，广西壮族自治区西北部和四川、湖北、湖南等省边境，是中国南北走向和东北—西南走向两组山脉的交汇处，地势西北高、东南低。属亚热带湿润区，为亚热带季风气候，气候差别显著。如云南狭江蛙（*Calluella yunnanensis*）。

7.2.2.3 生活型

两栖动物产卵、孵化和早期个体发育都离不开湿地环境，而成体在进化过程中，为适应复杂的陆地生活环境，形成了适应不同环境的生态类群。根据两栖类的生活史特点和对生境的不同需求，可将其分为静水型、流水型、树栖型和穴居型4种类型，在保护区中记录到静水型、流水型和树栖型3种两栖类型。

（1）静水型

静水型种类主要生活在静水水域的湿地之中，即湖泊、水池、水坑、稻田和沼泽地带水荡，以及大雨后形成的临时性水坑或水塘等生境，该类型记录有微蹼铃蟾（*Bombina microdeladigitora*）、景东齿蟾（*Oreolalax jingdongensis*）、哀牢髭蟾（*Vibrissaphora ailaonica*）、宽头短腿蟾（*Brachytarsophrys carinensis*）、小角蟾（*Megophrys minor*）、峨眉角蟾（*Megophrys omeimontis*）、哀牢蟾蜍（*Bufo ailaoanus kou*）、黑眶蟾蜍（*Duttaphrynus melanostictus*）、牛蛙（*Rana catesbeiana*）、滇蛙（*Rana pleuraden*）、云南臭蛙（*Odorrana andersonii*）、无指盘臭蛙（*Odorrana grahami*）、棘肛蛙（*Nanorana unculuanus*）、粗皮姬蛙（*Microhyla butleri*）、饰纹姬蛙（*Microhyla ornata*）。

（2）树栖型

树栖型种类的成体经常营树栖生活，少数活动于低矮的灌丛或草丛上，以脚趾的吸盘及胸腹部的腺体作用，使其身体牢固地吸附于树干、枝叶或其他附着物上，该类型记录有昭觉林蛙（*Rana chaochiaoensis*）、中国雨蛙（*Hyla chinensis*）、华西雨蛙（*Hyla gongshanensis*）、斑腿泛树蛙（*Polypedates leucomystax*）。

（3）流水型

流水型种类常年栖息于山涧溪流和江河之中或附近，物种非繁殖期成体多在地上、树丛草中生活，而繁殖期成体在流水环境胚胎地上、树丛草中生活，发育与变态仍然在流水环境。该类型记录红瘰疣螈（*Tylototriton shanjing*）、四川湍蛙（*Amolops mantzorum*）、双团棘胸蛙（*Rana yunnanensis*）、云南狭江蛙（*Calluella yunnanensis*）、多疣狭口蛙（*Kaloula verrucosa*）。

7.3 生物多样性指数

生物多样性指数计算是按照分区来计算，将保护区分为核心区和实验区和新增区来进行计算。为了能够很好地得出保护区两栖爬行类生物多样性指数，在计算时将爬行类和两栖类分开计算。

7.3.1 爬行类生物多样性

7.3.1.1 香农威纳多样性指数

动物群落组成虽受人为干扰影响，但相对植物群落而言更为原始，动物群落组成特征从一定程度上更能真实反应调查区目前的生物多样性特征。

香农威纳多样性指数来源于信息理论，它的计算公式表明，群落中生物种类增多代表了群落的复杂程度增高，即H值愈大，群落所含的信息量愈大。香农威纳指数包含两个因素：其一是种类数目，即丰富度；其二是种类中个体分配上的均匀性。种类数目越多，多样性越大；同样，种类之间个体分配的均匀性增加也会使多样性提高。基于物种水平来看，整个调查区动物组成拥有较低的丰富度，见表7-5。

表7-5　保护区爬行生物多样性指数

功能区	香农指数	均匀度	辛普森指数
总体	3.647	0.768	0.969
核心区	3.643	0.946	0.972
实验区	3.165	0.921	0.955

7.3.1.2　均匀度指数

物种的均匀度指数反应的是一个群落或生境中全部物种个体数目的分配状况，它反映的是各物种个体数目分配的均匀程度，最低值是0，表示物种个体数非均匀分布；最高值是1，表示物种个体数均匀分布。基于物种水平来看，总体拥有较高的均匀度，见表7-5。

7.3.1.3　辛普森指数

辛普森指数是反映丰富度和均匀度的综合指标之一，辛普森指数的最低值是0，最高值是1。前一种情况出现在全部个体均属于一个种的时候，后一种情况出现在每个个体分别属于不同种的时候。

从表7-5可以看出，调查区所有类型物种的辛普森指数波动幅度不大，说明物种在保护区内分布相对均匀。

7.3.1.4　分区多样性比较

基于生物多样性特点分析结果，工作区域分为核心区和实验区来进行计算相似性及隔离程度。本次共记录爬行类31种，隶属2目9科23属（附录4）。

β多样性分析结果表明，表现为核心区生境与实验区生境的相似度最低，见表7-6。

表7-6　保护区2个分区物种种级 β多样性数据测度结果

多样性指数（index）	生境（biotope）	核心区	实验区
Cody指数 βC	核心区		6.5
	实验区		
Routledge指数 βR	核心区		18.06
	实验区		
Jaccard指数CJ	核心区	1	0.68
	实验区		1
Sorenson指数CS	核心区	1	0.81
	实验区		1

从此次调查的物种种级阶元来看，在核心区生境中，共调查到物种种数有24种；在实验区生境中，共调查到物种种数有18种。在核心区和实验区生境中，它们共有的物种种数为18种，分别是昆明滑蜥（*Scincella schmidti*）、颈棱蛇（*Macropisthodon rudis*）、云南半叶趾虎（*Hemiphyllodactylus yunnanensis*）、黑眉锦蛇（*Elaphe taeniurus*）、三索锦蛇（*Elaphe rdiata*）、紫灰锦蛇（*Elaphe porphyracea*）等。其中，沿生境梯度从核心区更替到实验区的变化过程中，增加的物种种数有0种，失去的物种种数有6种。

7.3.2　两栖类生物多样性

7.3.2.1　香农威纳多样性指数

动物群落组成虽受人为干扰影响，但相对植物群落而言更为原始，动物群落组成特征从一定程度上更能真实反应调查区目前的生物多样性特征。

香农威纳多样性指数来源于信息理论，它的计算公式表明，群落中生物种类增多代表了群落的复杂程度增高，即*H*值愈大，群落所含的信息量愈大。香农威纳指数包含两个因素：其一是种类数目，即丰富度；其二是种类中个体分配上的均匀性。种类数目越多，多样性越大；同样，种类之间个体分配的均匀性增加也会使多样性提高。基于物种水平来看，整个调查区动物组成拥有较高的丰富度，见表7-7。

表7-7　保护区两栖生物多样性指数

功能区	香农指数	均匀度	辛普森指数
总体	3.256	0.704	0.957
核心区	3.273	0.906	0.958
实验区	2.830	0.879	0.937

7.3.2.2　均匀度指数

物种的均匀度指数反应的是一个群落或生境中全部物种个体数目的分配状况，它反映的是各物种个体数目分配的均匀程度，最低值是0，表示物种个体数非均匀分布；最高值是1，表示物种个体数均匀分布。基于物种水平来看，总体拥有较高的均匀度，见表7-7。

7.3.2.3　辛普森指数

辛普森指数是反映丰富度和均匀度的综合指标之一，辛普森指数的最低值是0，最高值是1。前一种情况出现在全部个体均属于一个种的时候，后一种情况出现在每个个体分别属于不同种的时候。

从表7-7可以看出，调查区所有类型物种的辛普森指数波动幅度不大，说明物种在保护区内分布相对均匀。

7.3.2.4　分区生物多样性比较

基于生物多样性特点分析结果，工作区域分为核心区和实验区来进行计算相似性及隔离程度。本次共记录两栖类24种，隶属2目8科22属（附录4）。

*β*多样性分析结果表明，表现为核心区生境与实验区生境的相似度最低，见表7-8。

表7-8　保护区2个分区物种种级*β*多样性数据测度结果

多样性指数（index）	生境（biotope）	核心区	实验区
Cody指数βC	核心区		10.0
	实验区		
Routledge指数βR	核心区		11.7
	实验区		

续表7-8

多样性指数（index）	生境（biotope）	核心区	实验区
Jaccard指数CJ	核心区	1	0.64
	实验区		1
Sorenson指数CS	核心区	1	0.78
	实验区		1

从此次调查的物种种级阶元来看，在核心区生境中，共调查到物种种数有23种；在实验区生境中，共调查到物种种数有15种；在新增区生境中，共调查到物种种数有22种。

在核心区和实验区生境中，它们共有的物种种数为15种，分别是中国雨蛙（*Hyla chinensis*）、滇蛙（*Rana pleuraden*）、黑眶蟾蜍（*Duttaphrynus melanostictus*）、华西雨蛙（*Hyla gongshanensis*）、云南臭蛙（*Odorrana andersonii*）、粗皮姬蛙（*Microhyla butleri*）、饰纹姬蛙（*Microhyla ornata*）等。其中，沿生境梯度从核心区更替到实验区的变化过程中，增加的物种种数有0种，失去的物种种数有8种。

7.4 生物多样性评价

7.4.1 物种资源评价

经数据整理和资料分析，调查区共记录两栖爬行动物55种（附录4）。其中爬行类2目9科31种；两栖类2目8科24种。

调查区域及周围地形地貌复杂，既有低热河谷，也有海拔较高的山脉，局地气候呈明显的立体型分布。此次调查主要针对河谷、沟谷、盆地、低山为主，部分穿插着热性灌丛，有高温、高湿的特点。这一带分布的类群为典型的东南亚热带类群如两栖类鱼螈属（*Ichthyophis*）和爬行类中的蟒蛇（*Python bivittatus*）和眼镜王蛇（*Ophiophagus hannah*）等，这些物种都是"华南区"成分的代表物种，是典型的热带喜温喜湿动物群，其中不少种类为我国保护种或仅见于云南省的稀有种，具有极高的保护价值。另一些种类位于南亚热带气候，分布的动物种类对温度与湿度具有更大的适应性，如两栖类的黑眶蟾蜍（*Duttaphrynus melanostictus*）；姬蛙属（*Microhyla*）的饰纹姬蛙（*Microhyla ornata*）等；爬行类的石龙子科（Scincidae）、游蛇科（Colubridae）的多数种类，既有"华南区"种，又有"华中区"、"华南区"共有种和少量的"西南区"种，物种组成上呈现混杂分布状况，因此本区域具有过渡性的特征。

7.4.2 珍稀、濒危及特有物种比例较低

保护区调查的两栖爬行动物中，《国家重点野生动物保护名录》Ⅱ级保护动物有2种，蟒（*Python bivittatus*）、红瘰疣螈（*Tylototriton shanjing*）。列入云南省Ⅱ级保护动物种类的有眼镜王蛇（*Ophiophagus hannah*）。在2000年8月颁布的《国家保护的有益的或者有重要经济、科学研究价值的陆生野生动物名录》中，收录该地分布的有昆明攀蜥（*Japalura varcoae*）、山烙铁头蛇（*Ovophis monticola*）、菜花铁头蛇（*Protobothrops jerdonii*）、竹叶青（*Trimeresurus stejnegeri*）、云南烙铁头（*Trimeresurus yunanensis*）、

横纹翠青蛇（*Cyclophiops multicinctus*）、灰鼠蛇（*Ptyas korros*）、黑线乌梢蛇（*Zaocys nigromarginatus*）、黑眉锦蛇（*Elaphe taeniurus*）、三索锦蛇（*Elaphe rdiata*）、紫灰锦蛇（*Elaphe porphyracea*）、王锦蛇（*Elaphe carinata*）等。

据此次野外调查结果，珍稀、濒危及特有物种种类及种群数量比预期的要少得多，特别是两栖类。由于人为干扰强度大，施用农药、倾倒垃圾等使有害物质进入水体，而两栖类皮肤薄而裸露、通透性强、富含腺体，对外界有害物的抵御性较差，且成体和幼体都离不开水，对水质的污染没有抵抗性，致使两栖类成体和幼体死亡，卵不能正常孵化；对两栖类捕食也致使种类和数量减少。爬行类种类和数量本身就偏低，再加上人类的捕捉，使其数量更低。

7.4.3 区域的过渡性特征明显

恐龙河处于金沙江以南和哀牢山及其以北的中间位置，刚好在"滇中红色高原"带的边缘。哀牢山及其以南和金沙江以北2个区块各自分布的部分种类在恐龙河几乎没有分布，例如哀牢山及其以南地区分布的两栖类：角蟾科（Megophryidae）的髭蟾属（*Vibrissaphora*）、齿蟾属（*Oreolalax*）等。

相反，广泛分布于滇中地区的一些种类，在金沙江以北和哀牢山及其以南地区也有分布，例如蟾蜍科（Bufonidae）的黑眶蟾蜍（*Bufo melanostictus*）、姬蛙科（Microhylidae）和树蛙科（Rhacophoridae）的部分种类等，爬行类中一些在金沙江以北、哀牢山及其以南区域代表性极强的种类类群亦渗透到"滇中红色高原"，但数量不多，这说明恐龙河作为金沙江以北和哀牢山及其以南地区两栖爬行类的分布过渡区特征较为明显。

7.4.4 物种区系组成典型性良好

山地物种多样性具有多种海拔梯度分布格局，其中物种多样性随海拔升高而不断降低被认为是较为普遍的一种格局；另一种格局是总体的物种多样性随海拔先增高后降低呈单峰形的分布格局。既往在我国及邻近地区的研究结果显示，哺乳动物各目（除翼手目外）的多样性等级，由寒带到热带、由干旱地区到潮湿地区、由高海拔到低海拔的的分布都具有增高的趋势（张荣祖，1979；张荣祖和林永烈，1985）。但在保护区，物种密度不存在单纯的纬度梯度及海拔梯度变化特征，主要原因是保护区面积相对较小，脱离了相关梯度规律的影响，而表现为综合地理特征的影响（张荣祖和林永烈，1985）。

调查结果显示，物种组成中单属单种的现象尤为突出。虽然从物种多样性的角度来看，表现出该地区物种分化不强烈，但从地理区位和生境特点来看，单属单种的特点正是其典型性的表现。云南省双柏县虽然位于中国西南部，但在动物地理区划上却位于东洋界华中区的范围。该区划中的动物由于生境异质性偏低，物种分化较西南区物种为低。

保护区的物种的区系成分以东洋界种类为主，表现出单属单种的分化特点，物种分布面积广，种群数量较大，充分体现了东洋界华中区的动物组成特点，表现出良好的典型性。

7.4.5 物种组成自然性高

据调查结果，两栖动物种类24种。有黑眶蟾蜍（*Duttaphrynus melanostictus*）、华西雨蛙（*Hyla gongshanensis*）、云南臭蛙（*Odorrana andersonii*）、斑腿泛树蛙（*Polypedates leucomystax*）、粗皮姬蛙（*Microhyla butleri*）、饰纹姬蛙（*Microhyla ornatadeng*）等。这24种两栖类，只有1种属于外来入侵物种，牛蛙（*Rana catesbeiana*）。爬行类31种，包括云南半叶趾虎（*Hemiphyllodactylus yunnanensis*）、细脆蛇蜥（*Ophisaurus gracilis*）、昆明攀蜥（*Japalura varcoae*）、丽纹蛇（*Calliophis macclellandi*）、眼镜王蛇（*Ophiophagus hannah*）、银环蛇（*Bungarus multicinctus*）、颈斑蛇（*Plagiopholis blakewayi*）等，外来入侵物种只发现1种，巴西红耳龟（*Trachemys scripta elegans*）。虽然两栖爬行类种类及种群数量比预期的要少，总的只有55种，但是当地两栖爬行类外来入侵物种只有2种，仅占3.6%。保护区与鄂嘉镇比邻，现有乡镇建设已对当地野生动物造成永久性的干扰。在保护区周边居民生产、生活均对当地野生动物造成干扰，但干扰不大。所以整个保护区的两栖爬行类物种自然性偏高。另一方面，保护区建设，也令保护区周边产业生产望而却步，为当地野生动物栖息生境保留最后一片净土。经当地相关管理部门的努力，种群数量有恢复的迹象，使得当地自然性得到保障。

7.5 保护建议

7.5.1 合理性区划保护区功能区

保护区的面积相对较小，调查区域及周围地形地貌复杂，既有低热河谷、也有海拔较高的山脉，局地气候呈明显的立体型分布。从两栖爬行类多样性指数分析看，核心区指数是最高的。从相似性指数来看，核心区和实验区是最不相似的，这说明核心区和实验区之间存在一定的隔阂。恐龙河保护区地势地形复杂，从低海拔的河谷到高海拔的山脉，所以物种组成在不同的方位或地点的差异很明显，因此，应给予全方位的保护，不仅应注意核心区自然环境和生境的完整，也应注意一些区段或生境的保护。

7.5.2 加强栖息地管理

栖息地破坏是造成野生动物种群数量下降，甚至消失的主要因素。因此需考虑两栖和爬行动物栖息地的保护。栖息地修复以自然恢复为主要技术手段，虽然受到一定的人为破坏但仍然保留有原生植被类型的区域，尽可能清除人为干扰，加强封育力度。借助自然系统本身的维持和恢复能力，通过植被的更替来逐步恢复栖息地。同时水源地的有效保护和管理对两栖和爬行动物尤为重要。在保护区的部分河段，外来植物入侵情况较为严重，这些植物的生命力、适应力及竞争力极强，对两栖和爬行动物特别是两栖动物的生存是一个巨大的威胁。因此可尝试采用人工拔除的方式对这些入侵种进行控制。根据当地的现有条件，因地制宜选择本土水生植物构建适合两栖和爬行动物的栖息地。

7.5.3 开展物种监测工作

保护区开展的动物资源调查和监测工作较少，缺乏系统性和持续性，保护动物和常见野生动物的数量、密度种群消长等基础料匮乏。在所调查的两栖爬行动物中，《国家重点保护名录》Ⅱ级保护动物有2种，蟒（*Python bivittatus*）、红瘰疣螈（*Tylototriton shanjing*）。虽然保护动物偏少，但土著物种资源丰富，占总的两栖爬行类的96%。可以开展保护区当地两栖爬行类动物资源调查和监测工作，尝试建立科研监测设施和体系掌握物种资源状况。

7.5.4　提升森林生态系统多样性

生物多样性是生物及其环境所形成的生态复合体及与此相关的各种生态过程的总和，它包括不同种类的动物、植物、微生物及其所拥有的基因及生物与生存环境所组成的生态系统，通常分为遗传多样性、物种多样性和生态系统多样性3个层次。生态系统多样性是生物群落与生境类型的多样性，是生物多样性和保护生物多样性的条件和基础，森林生物多样性的降低源于自然灾害和人为活动的影响，尤以人为干扰为重。其中，森林乱砍滥伐是造成大量生物受威胁的首要原因，物种的入侵，过分利用生物资源，过度开垦，环境污染，城市化进程，旅游超载等也是造成生物多样性退化的重要原因。由于人为干扰，大量的天然林被砍伐，被纯种单一林木替代，整个森林生态系统的多样性遭受损失，单调的人工生态系统正在取代复杂的自然生态系统，从生态系统的水平上也反映出生物多样性的降低。

人类活动强度、单位面积化肥和农药负荷、人们的环保意识等指标是影响保护区生态系统健康状况的关键因素，人为因素占主导地位。整体来看，保护区生态系统各要素之间的相互联系处于脆弱和亚健康状态。从人为因素的角度来看，人口增长压力状态下人类不合理的生产活动胁迫林地资源过度利用。虽然保护区人均耕地面积较为富裕，但受制于其他因素的影响，使得整体功能得不到较好的发挥。保护区在今后的发展中要注重减轻山地生态系统所处的压力，减少化肥、农药的使用，发展生态农业和循环经济，减少乡镇和农村生活污水的排放，适时对污水进行集中处理，提高水资源的利用效率，同时要注重因自然和人为因素造成的水土流失，加强流域内水土流失的治理力度。

7.5.5　防止野生动物因栖息地面积减少的不利影响

保护区各种经济活动的规模逐步扩大，可能影响野生动物正常分布和繁殖，导致保护区野生动物活动分布区逐渐减少。保护区南部公路阻碍和分隔了野生动物的活动路线。通过严格执法、严厉打击在保护区非法占用林地进行开发的活动，防止一切形式的林地流失。加大对保护区现已划定区域面积的保护，要严格按照国家法规对保护区核心区、实验区的有关规定进行严格管理，尽量减少对保护区面积的调整，防止野生动物因栖息地面积减少带来的不利影响。

加大野生动物保护管理执法力度，运用法律手段，严厉打击在调查区进行乱捕滥猎、偷砍盗伐等违法犯罪行为，保护好野生动物资源及其栖息地，使野生动物保护真正落到实处。

7.5.6　加大宣传教育力度，构建保护区与社区的和谐关系

保护区两栖和爬行动物生存状况总体相对较好，一些活动性强、适应能力强的种类分布广泛。从物种栖息地的现状看，受胁迫因子主要是非法捕杀和旅游建设。当地群众捕杀一些两栖和爬行动物食用，致使资源量减少。保护区内修路及其他基础设施建设在一定程度上破坏了两栖和爬行动物的生境并切断了关键生态走廊带。

针对以上情况，须加强生态系统与资源保护，加大保护区宣传教育，构建保护区与社区之间的和谐关系。社区经济对自然保护区的发展具有重要的影响意义，因此需要不断加强两者之间的合作与联系，形成互惠互利的良好局面。首先，相关部门要强化对自然保护区的公共投资，使自然资源的配置实现最优化。其次，应该对已经发生生态平衡破坏现象或者具有恶化趋势的自然保护区采取有效的生态补偿措施，避免造成更大不必要的损失。同时，对于

自然保护区受到经济损失的居民也要给予及时的补偿。最后，为促进社区居民与自然保护区管理工作有效融合，可采取社区参与以及共同管理的模式，从而提高社区居民对自然保护区管理工作的认识程度。

附录4　云南双柏恐龙河州级自然保护区两栖爬行类名录

分类阶元	中文名	拉丁名	分布型	区系从属	生境	特有性	保护级别 国家级	保护级别 省级	CITES (2013)	红皮书	数据来源 实体痕迹	数据来源 访谈	数据来源 文献记载	区块
两栖纲AMPHIBIA														
有尾目URODELA														
蝾螈科Salamandridae	红瘰疣螈	*Tylototriton shanjing*	Hc	O	1,2,4,5	+	II			LC	+			J,K
无尾目ANURA														
铃蟾科Bombinatoridae	微蹼铃蟾	*Bombina microdeladigitora*	Hc	O	1,5	+				LC	+			A,J
角蟾科Megophryidae	景东齿蟾	*Oreolalax jingdongensis*	Hc	O	1,5	+				LC	+			J,K
	哀牢髭蟾	*Vibrissaphora ailaonica*	Hc	O	1,5	+				V	+			J,K
	宽头短腿蟾	*Brachytarsophrys carinensis*	Sc	O	1,5					LC	+			A,K
	小角蟾	*Megophrys minor*	Sd	O	1,5	+				LC	+			A,K
	峨眉角蟾	*Megophrys omeimontis*	Hc	O	1,2,5	+				LC	+			A,J
蟾蜍科Bufonidae	哀牢蟾蜍	*Bufo ailaoanus kou*	Hc	O	1,5	+				LC	+			A,C
	黑眶蟾蜍	*Duttaphrynus melanostictus*	Wc	O	1,2,3,4,5					LC	+			A,C,D
雨蛙科Hylidae	中国雨蛙	*Hyla chinensis*	Sd	OP	1,2,3,4,5					LC	+			B,H
	华西雨蛙	*Hyla gongshanensis*	Wd	O	1,2,3,4,5					LC	+			E,H
蛙科Ranidae	昭觉林蛙	*Rana chaochiaoensis*	Hc	O	1,2,3,4,5	+				LC	+			E,G
	牛蛙	*Rana catesbeiana*	Hc	O	1,2,3,4,5					LC	I			A,C
	滇蛙	*Rana pleuraden*	Sc	O	1,2,3,4,5	+				LC	+			D,F
	云南臭蛙	*Odorrana andersonii*	Wc	O	1,2,5					LC	+			J,K
	无指盘臭蛙	*Odorrana grahami*	Hc	O	1,2,3,4,5	+				LC	+			J,K
	四川湍蛙	*Amolops mantzorum*	Hc	O	1,5	+				LC	+			D,F
	双团棘胸蛙	*Paa yunnanensis*	Hc	O	1,2,3,4,5	+				LC	+			A,J
	棘肛蛙	*Nanorana unculuanus*	Hc	O	1,5	+				LC	+			A,J
树蛙科Rhacophoridae	斑腿泛树蛙	*Polypedates megacephalus*	Wc	O	1,2,3,4,5					LC				H,G
姬蛙科Microhylidae	云南狭江蛙	*Calluella yunnanensis*	Y	O	1,3,4,5					LC				F,J
	粗皮姬蛙	*Microhyla butleri*	Wc	O	1,3,4,5					LC				A,C
	饰纹姬蛙	*Microhyla ornata*	Wc	O	2,3,4,5					LC				A,C
	多疣狭口蛙	*Kaloula verrucosa*	Hc	O	1,2,3,4,5	+				LC				A,J
爬行纲REPTILIA														
龟鳖目TESTUDINES														
泽龟科Emydidae	巴西红耳龟	*Trachemys scripta elegans*	Wa	O	5					LC	+			A,C
有鳞目SQUAMATA														
壁虎科Gekkonidae	云南半叶趾虎	*Hemiphyllodactylus yunnanensis*	Wc	O	1,2					NT	+			B,I
石龙子科Scincidae	铜蜓蜥	*Sphenomorphus indicus*	We	OP	1,2,3,4	+				LC	+			B,I

续附录4

分类阶元	中文名	拉丁名	分布型	区系从属	生境	特有性	保护级别 国家级	省级	CITES (2013)	红皮书	数据来源 实体痕迹	访谈	文献记载	区块
	山滑蜥	*Scincella monticola*	Hc	O	1,2,3,4	+				LC	+			B,G
	昆明滑蜥	*Scincella schmidti*	Sc	O	1,2,3,4	+				LC	+			E,G
蛇蜥科Anguidae	细脆蛇蜥	*Ophisaurus gracilis*	Wb	O	1,2,3	+				E	+			
鬣蜥科Agamidae	昆明攀蜥	*Japalura varcoae*	Yb	O	1,2,3,4	+				LC	+			B,G
蚺科Pythonidae	蟒	*Python bivittatus*	Wc	O	1,5		I			LC			+	
蝰科Viperidae	山烙铁头蛇	*Ovophis monticola*	Wc	O	1,2,3					LC	+			
	菜花铁头蛇	*Protobothrops jerdonii*	Hm	O	1,2,3	+				LC	+			
	竹叶青	*Trimeresurus stejnegeri*	We	OP	1,2,3,4,5					LC	+			E,G
	云南烙铁头	*Trimeresurus yunanensis*	Sc	O	1,2,3	+				LC	+			E,G
眼镜蛇科Elapidae	丽纹蛇	*Calliophis macclellandi*	Wc	O	1					E			+	
	眼镜王蛇	*Ophiophagus hannah*	Wb	O	1,2					E			+	
	银环蛇	*Bungarus multicinctus*	Sc	O	1,2					V			+	
游蛇科Colubridae	颈斑蛇	*Plagiopholis blakewayi*	Hc	O	1,2	+				LC	+			
	横纹翠青蛇	*Cyclophiops multicinctus*	Sc	O	1,2,3,4	+				LC	+			
	灰鼠蛇	*Ptyas korros*	Wc	O	1,2,3,5					E	+			
	黑线乌梢蛇	*Zaocys nigromarginatus*	Hm	O	1,2,3,4,5	+				LC	+			I,K
	黑眉锦蛇	*Elaphe taeniurus*	We	OP	1,2,3,4					V	+			
	三索锦蛇	*Elaphe rdiata*	Wb	O	2,3,4,5					E			+	G,H
	紫灰锦蛇	*Elaphe porphyracea*	We	O	1,2,3,4					V	+			
	王锦蛇	*Elaphe carinata*	Sb	OP	1,2,3,4	+				V	+			
	八线腹链蛇	*Amphiesma octolineatum*	Hc	O	1,2,3,4,5	+				LC	+			G,H
	腹斑腹链蛇	*Amphiesma modestum*	Wb	O	1,2,3,4,5					LC	+			
	颈棱蛇	*Macropisthodon rudis*	Sh	OP	1,2	+				LC	+			J,K
	红脖颈槽蛇	*Rhabdophis subminiatus*	We	OP	1,2,3,4,5					LC	+			K,I
	缅甸颈槽蛇	*Rhabdophis leonardi*	Hc	O	1,2,5	+				LC			+	
	云南华游蛇	*Sinonatrix yunnanensis*	Sc	O	1,2,3,4,5	+				LC	+			A,J
	水游蛇	*Natrix modesta*	Ub	P	5					LC	+			A,J
	鱼游蛇	*Natrix piscator*	Wc	O	5					LC	+			C,D,F

注：生境：1—林地；2—灌丛；3—农田；4—居民点；5—溪流。

保护等级：Ⅰ—国家Ⅰ级重点保护野生动物，或CITES附录Ⅰ；Ⅱ—国家Ⅱ级重点保护野生动物，或CITES附录Ⅱ；省，云南省级重点保护野生动物。

红皮书：参照《中国脊椎动物红色名录》（蒋志刚等，2016）。其中绝灭Extinct（EX）、野外绝灭Extinct in the Wild（EW）、极危Critically Endangered（CR）、濒危Endangered（EN）、易危Vulnerable（VU）、近危Near Threatened（NT）、无危Least Concern（LC）、数据缺乏Data Deficient（DD）、未予评估Not Evaluated（NE）。

区系从属：P—古北种；O—东洋种；OP—广布种。

分布型：C—全北性；U—古北型；M—东北型；X—东北华北型；E—季风型；P—高地型；H—横断山区型；S—南中国型；W—东洋型；O—不易归类。

第8章　鱼　类

摘要：通过调查数据整理和资料分析，保护区具有鱼类4目10科21属32种，鲤形目CYPRINIFORMES鲤科Cyprinidae鱼类种数最为丰富，共20种，占保护区鱼类总种数的62.5%；外来鱼类4种，占保护区鱼类总种数12.5%。通过生物多样性分析，除4种外来鱼类，土著鱼类28种，鱼类生物多样性较高。保护区鱼类资源总体呈现出多样性高、区系组成典型性良好、特有性低、种群脆弱性高和物种组成自然性高的特征。

8.1　调查方法

为确保调查工作的完整性，汇总了2015—2017年西南林业大学受楚雄州林业局委托，于双柏县实施野生动物资源专项调查中所获鱼类资源调查数据。累计开展鱼类调查4次，投入主要技术人员3人，见表8-1。

表8-1　保护区鱼类调查工作

序号	时间	领队	主要工作人员
1	2015年3月	李旭（副教授）	孙超（硕士研究生）
2	2016年5月	李旭（副教授）	孙超（硕士研究生）
3	2017年11月	李旭（副教授）	车星锦（硕士研究生）
4	2019年4月	李旭（副教授）	刘小龙（硕士研究生）

（1）样点法

根据地形、海拔等的不同，选取了麻赖山、里挖得、大麻栗树、小转山、茅铺子、白鹤箐、打猎村等7个样点，见表8-2。采用笼具采集、钓捕采集、网具采集等多种采集方式，以最大限度采集不同生存环境的鱼类。大部分所捕获的鱼类在现场完成鉴定，记录其影像数据资料。对带回实验室的鱼类鉴定，参照朱松泉（1989）、褚新洛等（1989，1990，1999）、陈宜瑜（1998a，1998b）、乐佩琦（2000）的分类系统，与相近的物种进行比较。同时参考（陈小勇等，2003；周伟等，2004，2012；陈小勇，2013）及Catalog of Fishes（Eschmeyer et al，2019）提供的分类信息。

表8-2　保护区鱼类样点布设

序号	样点位置	经纬度		海拔（m）
		N	E	
1	麻赖山	24°31′37.81″	101°13′39.65″	793
2	里挖得	24°29′54.65″	101°16′03.44″	768
3	大麻栗树	24°32′57.06″	101°19′14.19″	716
4	小转山	24°30′02.11″	101°21′42.02″	683
5	茅铺子	24°29′19.50″	101°22′32.73″	680
6	白鹤箐	24°25′54.07″	101°23′46.65″	647
7	打猎村	24°24′29.26″	101°24′24.48″	634

（2）访谈调查法

恐龙河自然保护区历史记录的土著鱼类种类相对较少，特征明显，当地居民大多能够回忆土著鱼类外形特征和土名。因此，通过访谈调查的方式，向林业站或保护站管理人员、护林员、社区居民等群体描述物种的外貌特征、个体大小等，以及该种动物活动的生境特征，为鱼类标本采集提供针对性的分布信息。

8.2　调查结果

8.2.1　物种多样性及组成特点

恐龙河自然保护区共有鱼类4目10科31属32种，鲤形目CYPRINIFORMES鲤科Cyprinidae鱼类种数最为丰富，共20种，占石羊江流域鱼类总种数的62.5%，外来鱼类4种，占石羊江流域鱼类总种数12.5%。土著鱼类中少耙白鱼（Anabarilius paucirastellus）是该流域内特有种。在恐龙河自然保护区的土著鱼类中，鲤形目CYPRINIFORMES鱼类占绝大多数，共22属23种，占土著鱼类总属数的82.1%，其他3目仅占17.9%。所以，鲤形目CYPRINIFORMES是恐龙河自然保护区的土著鱼类的主体，见附录5和表8-3。

表8-3　保护区鱼类分类阶元统计

分类阶元	属数及其所占类群比例		物种数及其所占类群比例	
	N	%	N	%
鲤科Cyprinidae	20	64.5	20	62.5
沙鳅科Botiidae	1	3.2	1	3.1
爬鳅科Balitoridae	2	6.5	2	6.3
条鳅科Nemacheilidae	1	3.2	2	6.3
鲿科Bagridae	2	6.5	2	6.3
长臀鮠科Cranoglanidae	1	3.2	1	3.1
鮡科Sisoridae	1	3.2	1	3.1
合鳃鱼科Synbranchidae	1	3.2	1	3.1
刺鳅科Mastacebelidae	1	3.2	1	3.1
鰕虎鱼科Gobiidae	1	3.2	1	3.1
合计	31		32	

8.2.2 鱼类多样性特点

（1）鱼类组成以鲤形目构成主体，而科则以鲤形目的鲤科为种类最多的类群，这一特点与云南鱼类总体组成的特点是一致的。

（2）石羊江流域有1种特有种类少耙白鱼（*Anabarilius paucirastellus*），虽然特有种不多，但体现了恐龙河的独特性。

（3）缺乏东亚类群［鲤科雅罗鱼亚科（Leuciscinae）、鱼丹亚科（Danioninae）］，也缺乏青藏高原类群［鲤科的裂腹鱼亚科（Schizothoracinae）］和长江水系类群，与珠江水系上游南盘江的鱼类区系组成有较大的同质性。

（4）从属级分类阶元看，保护区中除南鳅属（*Schistura*）有2种外，其他属级分类阶元均只有1种，表现了同域物种分化不强烈，说明保护区的同质性较高，生态环境分化不显著。

8.3 鱼类资源评价

8.3.1 鱼类多样性高

除4种外来鱼类，土著鱼类28种，占云南土著鱼类总数629种的4.7%；占元江流域土著鱼类总数89种的31.5%，鱼类多样性较高。鲤（*Cyprinus carpi*）、鲫（*Carassius auratus*）等外来鱼类喜居于静水营养水平较高的水体；水质较好、河道狭窄、隐蔽物较多的水域以本地土著鱼类为主。

8.3.2 物种区系组成典型性良好

石羊江流域土著鱼类多样性丰富，分类阶元多为单属单种，表现出单属单种的分化不明显的特点，物种分布面积广，种群数量较大，充分体现了东洋界华中区的动物组成特点，表达出良好的典型性。

8.3.3 鱼类特有性低

在28种土著鱼类中，仅有少耙白鱼（*Anabarilius paucirastellus*）为特有种，仅占土著鱼类种数3.6%。该现象与恐龙河自然保护区流域面积不大，无法形成较大尺度的自然生境隔离有关。

8.3.4 物种群落脆弱性高

鱼类终身生存离不开水，对水资源有着极强的依赖性，使其无法像其他物种一样进行迁徙；虽然恐龙河自然保护区鱼类特有性低，但限于鱼类生物学习性，群落稳定性弱，一旦消失难以再次恢复。

8.3.5 物种组成自然性高

恐龙河自然保护区共有鱼类4目10科31属32种，外来鱼类4种，占石羊江流域鱼类总种数

12.5%，土著鱼类占87.5%，土著鱼类比例远远超过外来物种，物种组成的自然性高。

8.4 保护建议

8.4.1 修建垃圾中转站

石羊江流域人为干扰造成的影响相对较大，并非旦夕就可改变，再加上村舍附近堆积的生活垃圾会促成水面的局部污染，水体环境仍然面临持续的污染。对于土著鱼类而言，具有较大的影响。因此，可以考虑建设更多的垃圾中转站，严格控制人类对恐龙河污染。

8.4.2 修建专用饮水渠

鱼类终身生存离不开水，对水资源有着极强的依赖性，稳定的水源及高质量的水环境对它们的繁衍生息十分必要。石羊江流域内的河道、村舍、道路对鱼类生境造成切割性的干扰，促成生境进一步破碎化，也是水体生境破碎化的不可忽视的问题之一。因此，可以考虑在恐龙河建设专用的饮用水渠，严格控制人类对水源索取，将会是保护该地区土著鱼类种源的重要基础。

8.4.3 设置区域性的土著鱼类保护地

恐龙河自然保护区以保护绿孔雀为目的而建立，鱼类资源的保护相对较弱，鱼类相对于其他动物类群而言，对水环境的要求极强烈，因此在石羊江流域设置土著鱼类保护片区尤为重要。以目前土著鱼类的分布区为基础，设置土著鱼类保护区域，严格控制人为活动。以水环境保护立法为途径，严格保护土著鱼类栖息的水体。加强湿地水体的保护力度，扩大污水处理服务的服务面积，减轻工业废水和生活污水对湿地水体的污染。

附录5 云南双柏恐龙河州级自然保护区鱼类动物名录

分类阶元	中文名	拉丁名	稀有性	资源现状	外来物种
一、鲤形目 CYPRINIFORMES					
（1）鲤科 Cyprinidae	异鱲	*Parazacco spilurus*			
	越南鱊	*Acheilognathus tonkinensis*			
	大鳞鲴	*Xenocypris macrolepis*			
	飘鱼	*Pseudolaubuca sinensis*			
	少耙白鱼	*Anabarilius paucirastellus*	仅见绿汁江水系		
	翘嘴鲌	*Culter alburnus*			
	元江鳅鮀	*Gobiobotia yuanjiangensis*			
	瓣结鱼	*Folifer brevifilis*			
	软鳍新光唇鱼	*Neolissochilus benasi*			
	条纹小鲃	*Puntius semifasciatus*			
	白甲鱼	*Onychostoma simum*			

续附录5

分类阶元	中文名	拉丁名	稀有性	资源现状	外来物种
	长鳍舟齿鱼	*Scaphiodonichthys macracanthus*			
	倒刺鲃	*Spinibarbus denticulatus*			
	云南吻孔鲃	*Poropuntius huangchuchieni*			
	元江孟加拉鲮	*Bangana lemassoni*			
	纹唇鱼	*Osteochilus salsburyi*			
	无须墨头鱼	*Garra imberba*			
	纹尾盆唇鱼	*Placocheilus caudofasciatus*			
	鲤	*Cyprinus carpi*		优势	+
	鲫	*Carassius auratus*		优势	+
（2）沙鳅科 Botiidae	泥鳅	*Misgurnus anguillicaudatus*		优势	
（3）爬鳅科 Balitoridae	爬岩鳅	*Beaufortia leveretti*			
	越南华吸鳅	*Sinogastromyzon tonkiensis*			
（4）条鳅科 Nemacheilidae	美斑南鳅	*Schistura callichroma*		优势	
	横纹南鳅	*Schistura fasciolata*		优势	
二、鲇形目 SILURIFORMES					
（5）鲿科 Bagridae	黄颡鱼	*Pelteobagrus fulvidraco*		优势	+
	斑鳠	*Hemibagrus guttatus*			
（6）长臀鮠科 Cranoglanidae	亨氏长臀鮠	*Cranoglanis henrici*			
（7）鮡科 Sisoridae	四斑纹胸鮡	*Glyptothorax quadriocellatus*			
三、合鳃鱼目 SYNBRANCHIFORMES					
（8）合鳃鱼科 Synbranchidae	黄鳝	*Monopterus albus*		优势	
（9）刺鳅科 Mastacebelidae	大刺鳅	*Mastacembelus armatus*			
四、鲈形目 PERCIFORMES					
（10）鰕虎鱼科 Gobiidae	褐吻鰕虎鱼	*Rhinogobius brunneus*		优势	+

第❾章 生物多样性评价

摘要： 保护区位于滇中高原和横断山区交汇位置，地理位置独特，区内的中山湿性常绿阔叶林、半湿润常绿阔叶林和"河谷型萨瓦纳植被"的稀树灌木草丛保存较为完好，为动植物提供了良好的栖息环境，生物多样性较高。按照《云南植被》的分类系统，保护区的自然植被初步划分为5个植被型、6个植被亚型、14个群系和16个群落。其中珍稀濒危特有物种较多，稀有性和特有性较高，其中：国家Ⅰ级保护植物有1种，国家Ⅱ级保护植物有6种，中国特有植物264种；动物列入CITES附录Ⅰ物种3种、列入CITES附录Ⅱ物种19种、国家Ⅰ级保护动物36种、国家Ⅱ级保护动物16种、云南省级保护动物1种、云南省特有动物1种。同时保护区还发挥了涵养水源、减缓地表径流、防止水土流失、固碳释氧、净化空气等生态服务功能，且潜在保护价值较高。但保护区地理位置独特，受地质地貌条件的影响与制约，一旦植被遭到破坏再难恢复，故保护区又具有脆弱性。因此，保护区具有潜在的经济、生态、保护与科研等价值。

9.1 生物多样性属性评价

9.1.1 多样性

保护区位于滇中高原和横断山区交汇位置，地理位置独特，区内的中山湿性常绿阔叶林、半湿润常绿阔叶林和"河谷型萨瓦纳植被"的稀树灌木草丛保存较为完好，为动植物提供了良好的栖息环境，生物多样性较高。

按照《云南植被》的分类系统，保护区的自然植被初步划分为5个植被型（季雨林、常绿阔叶林、硬叶常绿阔叶林、暖性针叶林和稀树灌木草丛）、6个植被亚型（落叶季雨林、季风常绿阔叶林、干热河谷常绿阔叶林、暖温性针叶林和干热性稀树灌木草丛）、14个群系（千果榄仁林、木棉林、白头树林、毒药树林、刺栲林、毛叶青冈林、高山栲林、滇青冈林、锥连栎林、云南松林、滇油杉林、含虾子花的中草草丛、含滇榄仁、水蔗草的高草灌草丛和含余甘子的中草草丛）和16个群落。对于野生生物类别的小型自然保护区，植被的多样性是比较丰富的。

保护区记录有维管植物1204种（其中包括部分人工栽培植物），隶属192科736属，其中蕨类植物30科57属103种；裸子植物5科8属9种；被子植物157科671属1092种。

保护区共记录哺乳纲动物8目14科21属24种；鸟纲动物14目44科251种；两栖纲动物2目8科24种；爬行纲动物2目9科31种。

9.1.2 稀有性和特有性

保护区分布的珍稀濒危特有物种较多，保护区记录有维管束植物1204种（其中包括部分人工栽培植物），其中国家Ⅰ级保护植物有1种，即滇南苏铁（*Cycas diannanensis*）；国家Ⅱ级保护植物有6种，即桫椤（*Alsophila spinulosa*）、苏铁蕨（*Brainea insignis*）、金荞麦（*Fagopyrum dibotrys*）、千果榄仁（*Terminalia myriocarpa*）、喜树（*Camptotheca acuminata*）和毛红椿（*Toona ciliate* var. *pubescens*）；有中国特有属16属，如金铁锁属、牛筋条属、弓翅芹属等，有中国特有植物264种，如滇榛、昆明马兜铃、四数龙胆、云南翠雀花等，有云南特有植物57种，如金丝马尾连、白飞蛾藤、昆明滇紫草、翅茎草等。

其中列入CITES物种有树鼩（*Tupaia belangeri*）、猕猴（*Macaca mulatta*）、豹猫（*Felis bengalensis*）等3种，列入CITES附录Ⅱ物种有林麝、豹猫、斑头鸺鹠、领鸺鹠等16种；有国家Ⅰ级保护动物有凤头蜂鹰（*Pernis ptilorhynchus*）、褐耳鹰（*Accipiter badius*）、凤头鹰（*Accipiter trivirgatus*）、松雀鹰（*Accipiter virgatus*）、普通鵟（*Buteo buteo*）、棕腹隼雕（*Aquila kienerii*）、蛇雕（*Spilornis cheela*）、红隼（*Falco tinnunculus*）、白鹇（*Lophura nycthemera*）、原鸡（*Gallus gallus*）、白腹锦鸡（*Chrysolophus amherstiae*）、楔尾绿鸠（*Treron sphenura*）、灰头鹦鹉（*Psittacula himalayana*）、褐翅鸦鹃（*Centropus sinensis*）、红角鸮（*Otus scops*）、领角鸮（*Otus bakkamoena*）、黄嘴角鸮（*Otus spilocephalus*）、雕鸮（*Bubo bubo*）、领鸺鹠（*Glaucidium brodiei*）、斑头鸺鹠（*Glaucidium cuculoides*）、褐林鸮（*Strix leptogrammica*）、灰林鸮（*Strix aluco*）、绿喉蜂虎（*Merops orientalis*）、长尾阔嘴鸟（*Psarisomus dalhousiae*）等24种；国家Ⅱ级保护动物有猕猴（*Macaca mulatta*）、小灵猫（*Viverricula indica*）、猕猴、蟒（*Python bivittatus*）、红瘰疣螈（*Tylototriton shanjing*）等16种，如等，此外还有1种云南省级保护动物，即眼镜王蛇（*Ophiophagus hannah*）；另外，在IUCN红色物种名录（哺乳动物、鸟类）或中国脊椎动物红色名录（两栖爬行类）中列为"EN"的物种有6种，即穿山甲、巨鸦、眼镜蛇、金环蛇、灰鼠蛇、三索锦蛇，列为"VU"的物种有4种，即林麝、小熊猫、黑眉锦蛇、银环蛇；列为"NT"的物种有3种，即黑颈长尾雉、滇鸭、云南半叶趾虎。此外，保护区还分布中华姬鼠和西南兔2种中国特有哺乳动物，白腹锦鸡、宝兴歌鸫、白领凤鹛、棕头雀鹛、滇鸭5种中国特有鸟类。

9.1.3 典型性和代表性

保护区位于云南高原和横断山系的结合部，气候上受西南季风和西风急流交替影响，干湿季节分明，这种气候类型影响下发育的典型植被则为半湿润常绿阔叶林，这是我国出现干湿季分明的气候区内发育的一类常绿阔叶林，滇中高原是其分布的中心地带，在不同的地形、土壤条件下，形成不同优势种为代表的群落类型；向南与季风常绿阔叶林邻接，后者对应于我国东部的南亚热带雨林。另外，保护区河谷地带为较为典型的干热河谷，河谷地带分布有被称为"河谷型萨瓦纳植被"的稀树灌木草丛。因此，恐龙河保护区由于受地形、雨量足和峡谷局部环境影响而形成的季雨林、常绿阔叶林，也是云南山地特殊条件下形成的典型山地植被类型，其群落外貌整齐，层片结构丰富，生境特点以林内阴暗、潮湿为特点。稀树灌木草丛在干热河谷两侧分布最高海拔达1400m的区域，以散生灌木和乔木为主要特征稀疏分布。因此，保护区的植被景观具有典型性与代表性。

9.1.4　自然性

保护区内有保存较完整的季雨林、常绿阔叶林、硬叶常绿阔叶林、暖性针叶林和稀树灌木草丛，特别是小江河区域，受到人为活动干扰较少，保留有较完整的植被垂直带谱，森林覆盖率高。窝拖地区因离鄂嘉镇较近，人为活动较频繁，局部区域存在人工林和耕地，区域植被破碎化较明显，但经过十多年的保护管理，天然林的采伐得到有效控制，天然次生林和次生稀树灌木草丛也随着保护力度的加强逐步呈现正向演替，野生动物种群数量也呈逐年上升趋势。

9.1.5　脆弱性

保护区位于滇中高原和横断山区交汇位置，地理位置独特，受地质地貌条件的影响与制约，有其脆弱性的一面，某些资源或某种生境条件，一经破坏，恢复极为困难。保护区沿江两侧地势陡峭，一旦植被遭到破坏，容易造成水土流失发生，很难恢复以稀树灌木草丛为主体的原生植被，从而造成分布于保护区内的野生动植物特别是绿孔雀等物种因生境或栖息地丧失而减少。同时，保护区范围区内及其周边人口众多，周边社区的群众长期以来对保护区资源的依赖性较强，在社区产业未得到全面扶持和发展，区内资源受到各种威胁依然存在，将在一定程度上加剧保护区的脆弱性。

9.1.6　面积适宜性

保护区总面积为12781.58hm²，其中：核心区面积8423.70hm²，占保护区总面积的65.90%；实验区面积4357.88hm²，占保护区总面积的34.10%。作为保护区主要保护对象的以国家重点保护动物绿孔雀（*Pavo muticus*）、黑颈长尾雉（*Symaticus humiae*）、蟒蛇（*Python molurus*）、猕猴（*Macaca mulatta*）、白鹇（*Lophura nycthemera*）、白腹锦鸡（*Chrysolophus amherstiae*）、滇南苏铁（*Cycas diannanensis*）、千果榄仁（*Termimalia myriocarpa*）、金荞麦（*Fagopyrum dibotrys*）、桫椤（*Alsophila spinulosa*）、毛红椿（*Toona ciliata* var. *pubescens*）等为代表的珍稀濒危野生动植物资源及其栖息地及保护元江中上游重要水源涵养地的面积近7000hm²，结合主要保护对象的分布或活动特征以及生态系统的特点，保护区面积足以有效维持生态系统的结构和功能，能够保证生态系统内各物种正常繁衍的空间。因此，保护区的面积是适宜的。保护区保护管理的关键在于加强现有面积内自然环境和资源的保护和管理，并在区窝拖地片区和拆除的电站区域范围内对一些已退化的生境进行恢复，逐步扩大主要保护对象的适宜生境以及提高森林生态服务功能，尤其是森林的水源涵养能力。

9.1.7　生态区位

保护区属元江—红河水系，主要位于石羊江流域内的干热河谷内。保护区良好的森林植被能有效地减少洪涝灾害和泥石流，对于河流削洪补枯、减少水土流失等具有重要作用，对于保障周边居民生存发展、维持区域和元江—红河流域地区生态安全等意义重大。另外，保护区位于滇中高原和横断山区结合部，特殊的地理位置、复杂的地貌类型、多样的山地气候、优越的土壤条件，不仅为生物种类提供了良好的生存繁衍条件，同时对滇中乃至全省自然环境也具有一定的影响。

9.1.8　潜在保护价值

保护区森林植被对涵养水源、减缓地表径流、防止水土流失、固碳释氧、净化空气等具有重大意义。另外，保护区干热河谷稀树灌木草丛为主要保护对象绿孔雀提供了良好的生存繁衍条件，对维持生物多样性和拯救保护极小种群野生物种具有重要的作用，保护区潜在保护价值较高。

9.2　生物多样性综合价值评价

一般将生物多样性的价值分为直接价值、间接价值、选择价值、存在价值和科学价值。有的学者将生物多样性的价值，分为经济价值、文化价值、生态服务价值、科研价值和保护价值，即生物多样性的五大价值。本专著保护区生物多样性的经济价值、生态服务价值和科研与保护价值4个方面进行简述。

9.2.1　经济价值

生物多样性的经济价值是指"生态复合体以及与此相关的各种生态过程"所提供的具有经济意义的价值。它与生态系统的功能相似，但更强调基因、物种、生态系统和各个层次的作用和价值。保护区丰富的植被类型与景观，以及与保护区生物多样性协同演化所形成的特色民族文化，具有极高的生态旅游景观价值，是双柏最具吸引力的生态旅游景观资源，现在或将来可为当地社区带来可观的收入。

一是保护区蕴藏着丰富的生物和旅游等重要资源。在保护的前提下，科学合理地利用和开发自然资源，既可保护本地区的生物多样性，又将使保护区本身和周边社区获得较大的经济效益，促进地方经济快速发展。

二是保护区直接经济收入主要来自生态旅游和自然资源经营利用项目。在有效保护的前提下，利用实验区的森林景观、江河风光等旅游资源，结合当地民族文化、民俗风情，在社区参与下科学合理地开展生态旅游和自然资源经营利用项目，既可为人们提供"回归自然，反璞归真"的好去处，又能带动其他服务行业的发展，不仅能提高保护区的自养能力，也将促进保护区周边社区经济的发展。

三是保护区的野生动植物资源本身具有不可估量的潜在经济价值。通过保护措施的实施，可有效保护野生动植物及其栖息地，使其种群得到恢复和发展，为我国提供充足的资源储备，其潜在经济价值不可估量。

9.2.2　生态服务价值

生态服务价值指生物多样性在维护地球自然环境（固碳释氧、保土肥土、涵养水源、净化空气、防风固沙、调节气候等）和维护生物多样性（提供生物栖息环境、食物网与提供生物进化的环境）方面的能力与作用。

保护区的森林生态系统服务功能主要体现在森林本身具有的涵养水源、固土保肥、净化大气、固碳释氧等方面。加强保护区建设与管理，保护森林生态系统，一方面充分发挥森林所具有的涵养水源、保持水土、防止水土流失、改良土壤、调节气候、防止污染、美化环境等多种生态效能，并且为周边社区提供长久稳定的生活和生产用水；另一方面保护区的森林植被将得到迅速恢复和发展，林分结构也更趋复杂，将为各种野生动植物提供良好的生存、栖息环境。

9.2.3　科研与保护价值

保护区保存着比较原始的森林生态系统和完整的森林垂直带谱，以及种类繁多的珍稀濒危动植物，是集生物多样性、水资源保护、科研、教学、生产、旅游等多功能为一体的森林生态类型自然保护区。特别是区内河谷中分布有被称为"河谷型萨瓦纳植被"的稀树灌木草丛，是世界植被中"萨瓦纳植被"的干热河谷类型，极具保护价值。同时，保护区生物物种及其遗传的多样性，有利于保护森林生态类型的多样性，有利于保护动植物区系起源的古老性和生物群落地带的特殊性，有利于保护和改善野生生物的生存栖息环境，特别是有利于对绿孔雀、黑颈长尾雉、滇南苏铁等珍稀濒危植物进行有效的保护和拯救。

巩龙河自然保护区的保护与发展将对绿孔雀、黑颈长尾雉、滇南苏铁等珍稀濒危野生动植物物种、各类生物群落、森林植被及生境将得到有效保护，并促进其迅速恢复和发展，尽最大可能保持生物多样性，使本保护区成为野生动植物的避难所、自然博物馆、野生生物物种的基因库、重要的科研基地，为人类保护自然、认识自然、改造自然、合理利用自然提供科学依据。

第⑩章 土地利用

摘要： 保护区总面积为10391.00hm²，国有土地面积9509.84hm²，占总面积91.52%；集体土地面积881.16hm²，占总面积8.48%。按土地利用结构分，一级地类有6个，二级地类有8个，其中：耕地面积588.13hm²，占保护区面积的5.66%；园地面积39.49hm²，占保护区面积的0.38%；林地面积9735.33hm²，占保护区面积的93.69%；住宅用地面积8.31hm²，占保护区面积的0.08%；交通运输用地面积2.08hm²，占保护区面积的0.02%；水域及水利设施用地面积17.66hm²，占保护区面积的0.17%。土地利用中呈现出土地资源以林地为主、耕地以旱地为主、园地类型较多等特点。土地资源中天然林地、耕地、果园、人工林地等发展和改造的潜力很大。土地利用中存在毁林开荒与采伐、放牧、保护与利用矛盾等问题，针对矛盾突出问题，为实现人与自然和谐统一，提出了实施生态修复、逐步由放养改为圈养、推广节能措施、实施林业碳汇项目、协调保护区内相关利益群体关系等措施和建议。

10.1 土地利用现状

10.1.1 土地资源与权属

保护区总面积为10391.00hm²，按土地所有权统计，国有土地面积9509.84hm²，占总面积91.52%；集体土地面积881.16m²，占总面积8.48%。

10.1.2 地类构成与利用程度

保护区土地利用结构分，一级地类有6个，二级地类有8个。其中：耕地面积588.13hm²，占保护区面积的5.66%；园地面积39.49hm²，占保护区面积的0.38%；林地面积9735.33hm²，占保护区面积的93.69%；住宅用地面积8.31hm²，占保护区面积的0.08%；交通运输用地面积2.08hm²，占保护区面积的0.02%；水域及水利设施用地面积17.66hm²，占保护区面积的0.17%。一级、二级分类统计见表10-1。

表10-1 保护区土地利用现状

土地利用分类		合计（hm²）	占保护区总面积 百分比（%）
一级地类	二级地类		
合计		10391.00	100.00
耕地	旱地	588.13	5.66
园地	果园	39.49	0.38

续表10-1

土地利用分类		合计（hm²）	占保护区总面积 百分比（%）
一级地类	二级地类		
林地	乔木林地	9048.48	87.08
	灌木林地	517.47	4.98
	其他林地	169.37	1.63
住宅用地	农村宅基地	8.31	0.08
交通运输用地	农村道路	2.08	0.02
水域及水利设施用地	河流水面	17.66	0.17

10.2 土地利用分析

10.2.1 土地利用特点

（1）土地资源以林地为主

保护区总面积10391.00hm²，其中：乔木林地面积9048.48hm²，占保护区面积的87.08%；灌木林地面积517.47hm²，占保护区面积的4.98%；其他林地面积169.37hm²，占保护区面积的1.63%。林地面积大，物种丰富，有利于野生动植物的繁衍生息。

（2）耕地以坡耕旱地为主

保护区内耕地面积588.13hm²，占保护区面积的5.66%。耕地均为旱地，主要是坡耕地，局部区域坡度较大，产量不高，主要种植玉米、甘蔗等作物。

（3）园地类型较多

园地有果园、茶园、其他园地等类型，园地面积39.49hm²，占保护区面积的0.38%，主要种植桃、李、梨等常见水果。

10.2.2 土地资源潜力分析

（1）林地

保护区内乔木林地面积中，中幼林面积比例较大，近、成、过熟林面积比例较小，林地的单位面积活立木蓄积量为58.10m³/hm²，乔木林地蓄积量为64.1m³/hm²。可以看出，木材生产量的潜力较大。因此，发挥森林生态服务功能的潜力较大，另外非木材林产品资源丰富，主要有食用菌类、药用菌类、药材、野菜、观赏植物、野果等，资源潜力较大。

（2）耕地

根据实地调查，保护区内的耕地主要是坡耕旱地，部分区域坡度大。配套的水利设施不多，耕地的利用率不高。农作物主要种类有玉米、小麦及蚕豆、豌豆、大豆等。

（3）园地

园地类型较多，但面积小，主要集中在小江河区域。重种轻管，果树品种单一，多为农户自发种植，由于管理技术落后，规模小，且受市场影响较大，效益较差。应加大投入和技术扶持，提升园地潜力。

（4）人工林乔木

除园地外，保护区内还有部分人工乔木林，主要树种有桉树、黑荆树等，近年来主要进行修枝采叶，但收益较低，其林地潜力较大，通过提质改造为生态林，充分发挥生态服务功能。

10.2.3　土地利用存在的问题

（1）毁林开荒与采伐

保护区内和周边村庄存在部分毁林开荒现象，砍伐林木和开垦土地以扩大耕地及其他种植面积。另外，为满足取暖、做饭、建设等日常生活需要，保护区内及其周边社区居民采伐保护区内的林木，对林木资源有一定的消耗。

（2）放牧

保护区内部分村寨周围林地内存在牲畜放养现象。牲畜林地放养会对森林植被造成一定影响，特别是林下植被的破坏，不利于生物多样性和生态群落的保护。

（3）保护与利用矛盾突出

保护区主要保护对象以绿孔雀（*Pavo muticus*）、黑颈长尾雉（*Symaticus humiae*）等为代表的珍稀濒危野生动植物资源及其栖息地，千果榄仁、八宝树为建群种的热带季雨林和元江中上游重要水源涵养地。但由于历史原因，保护区内及周边村寨较多，开垦、砍伐、放牧、林下采集等人为活动较多，近年来由于基础设施建设、城镇化发展等原因，保护与当地群众的生产生活矛盾突出。

10.3　土地利用建议

（1）实施生态修复

对实验区内的桉树林、黑荆树林和其他的人工残次林实施生态修复，通过人工手段，采取近自然修复方法逐步更替树种，保护原生植被，选择土著树种，逐步更替人工林，恢复生态，逐步提高生态服务功能。

（2）逐步由放养改为圈养

调查中发现部分地区存在牲畜林中放养现象，对林地林木破坏较大。建议逐步改变原有养殖方式，由放养改为圈养，并给予农户相应的补偿和技术支持，有效保护森林资源。

（3）推广节能措施

加大推广节能改灶措施，减少薪材的利用和采伐，加大推广太阳能利用和加大用电的措施和补助政策，降低森林资源的消耗，减小对森林资源的依赖和影响。

（4）实施林业碳汇项目

在荒山、耕地上实施林业碳汇项目，特别是低产耕地实施退耕还林，提高补偿力度。项目实施后，扩大森林面积，增加森林资源数量，使林业发展与国家应对气候变化战略相结合，充分发挥森林生态服务功能。

（5）协调保护区内相关利益群体关系

保护区内相关利益群体对保护区有着不同的需求，协调好各方利益有利于从根本上解决保护区内人地矛盾、保护与利用矛盾，从而使保护区步入健康发展道路。

第⑪章 社会经济与社区发展

摘要： 保护区位于云南省楚雄州双柏县境内，保护区共涉及1个乡镇、5个村（居）民委员会（阳太、旧丈、鄂嘉、平掌、新树）、7个村民小组。双柏县，历史悠久，民族众多，资源丰富。至2019年年末，全县总人口数16.11万人。主要有彝族、哈尼族、白族、苗族、回族等18个民族，少数民族人口75905人，占全县总人口的49.9%。2019年，双柏县全年实现地区生产总值（GDP）531080万元，城镇常住居民人均可支配收入37361元，农村常住居民人均可支配收入11168元。近年来双柏县经济发展速度较快，居民物质文化生活水平明显提高。但是总体来看，其经济基础仍很薄弱，主要经济指标低于全省平均水平。保护区内及周边社区共居住有10329户、33589人，保护区内居住有26户280人。受地理区位和环境限制，村民普遍依靠种植业、畜牧业等收入维持生活，经济条件较低。针对保护区周边社会经济主要存在人口压力大、经济结构单一、社区发展资金缺乏、社区居民环保意识不强、对保护区资源依赖较大等问题，建议社区发展扶持项目规划，借助各方力量推动社区经济发展，最终实现自然保护与社区协调发展的目标。

11.1 社会经济

11.1.1 行政区域

保护区位于双柏县鄂嘉镇，涉及阳太、旧丈、平掌、鄂嘉、新树等5个村民委员会7个自然村，距县城所在地妥甸167km。

11.1.2 人口数量与民族组成

据2019年国民经济和社会发展统计公报：全县共辖8个乡（镇），11个社区居民委员会，73个村民委员会、2个社区居委会，1540个村（居）民小组，有汉族、彝族、回族、白族、傣族、哈尼族等18个民族，少数民族人口75905人，占全县总人口的49.9%。2019年末调查显示，全县常驻人口16.11万人，人口出生率11.73‰，死亡率7.02‰，自然增长率4.71‰，城镇化率37.21%。据公安部门统计，年末全县户籍人口152437人，其中：城镇31954人，乡村120483人；男性79813人，女性72624人；少数民族人口77924人，占总人口的51.1%，主要少数民族人口：彝族72078人、哈尼族3958人、白族883人、苗族394人、回族174人。

保护区涉及1个乡镇5个村民委员会（阳太、旧丈、鄂嘉、平掌、新树），保护区内有7个自然村共计81户280人。其中：阳太28记108人，旧丈27户80人，平掌23户80人，鄂嘉2户11人，新村1户1人。

11.1.3 地方经济

2019年，双柏县全年实现地区生产总值（GDP）531080万元，按可比价格计算（下同），增长11.3%，分产业看，第一产业增加值137892万元，增长5.7%；第二产业增加值172676万元，增长18.2%；第三产业增加值220512万元，增长9.0%。全年实现农林牧渔业总产值241204万元，比上年增长5.8%，其中：农业产值108353万元，增长3.5%；林业产值24558万元，增长7.8%；畜牧业产值95609万元，增长8.1%；渔业产值1595万元，增长10.1%。主要种植稻谷、玉米、烤烟、核桃等；主要养殖羊、牛、猪、鸡等。城镇常住居民人均可支配收入37361元，增长8.6%；农村常住居民人均可支配收入11168元，增长10.1%。

11.1.4 公共基础设施

（1）交通

2019年底，双柏县境内公路总里程达6034km，农村公路密度达1.49km/km²。其中省道4条（段）218.66km，县道10条（段）343.51km，路面硬化率和畅通率97.6%，通达率100%；乡道100条（段）1100.03km，通达率100%；村道28条（段）1139.35km，90%为等外公路；专用公路31.87km，库外公路1071条（段）2343.97km，未测电子地图等外公路856.61km。

（2）通讯

截止2019年底，3G、4G电信、移动、联通移动电话及固定电话通信网络全面覆盖，网络宽带基本达到村村通，整个保护区及周边基本达到移动通信无障碍，可满足保护区管理及巡护要求。但保护区内部监测监控网络信息系统尚未建设，管护局与保护站（点）、瞭望台、电子监控设备的信息化亟待加强。

（3）教育文化

2019年，全县有普通高中1所，职业中学1所，初中9所，小学37所，年内普通高中招生730人，在校生2190人，毕业生665人；职业中学招生198人，在校生582人，毕业生160人；初中招生1569人，在校生4954人，毕业生1848人；小学招生1310人，在校生8004人，毕业生1560人。小学适龄儿童入学率、初中阶段毛入学率分别为99.97%、120.04%。学年末全县有小学专任教师613人，初中专任教师421人，普通高中专任教师142人，职业中学专任教师32人。

2019年，实施农村电影放映工程，放映电影2306场。年末全县有公共图书馆1个，图书馆藏书68022万册，广播电视综合覆盖率达99.44%。

（4）医疗卫生

2019年，全县有卫生机构112个，医疗卫生机构共有病床594张，每千人口拥有医疗机构床位数3.65张。执业医师和执业助理医师196人，注册护士159人。年内乙类传染病7种203例，发病率为120.19/10万。

（5）社会保障

2019年，全县参加基本医疗保险145991人，参加城乡居民医疗保险135478人，参加城镇职工医疗保险10468人，基本医疗保险参保人数完成率95.8%，城乡居民医疗保险参保率95.4%，城乡居民医疗保险资金使用率102%，城镇职工医疗保险资金使用率93%，参加城镇职工失业保险3278人，城镇登记失业率2.74%。

11.2 社区发展

11.2.1 社区、人口和民族

保护区涉及双柏县鄂嘉镇1个乡镇，8个村（社区）民委员会，7个村民小组。保护区周边村（社区）共居住有81户280人，其中：核心区26户92人，实验区55户188人。区域内以汉族为主，少数民族主要以彝族为主。

表11-1　保护区内居住人口统计表

单位：户、人

乡镇	村委会	村民小组	居民点	自然村	合计		核心区		实验区	
					户数	人口	户数	人口	户数	人口
合计					81	280	26	92	55	188
鄂嘉	阳太	窝拖地		窝拖地	28	108			28	108
鄂嘉	旧丈	大坝岭岗		大坝岭岗	27	80			27	80
鄂嘉	平掌	大平滩		大平滩	15	60	15	60		
鄂嘉	平掌	大平滩	半坡田		2	5	2	5		
鄂嘉	平掌	老石羊		老石羊	5	10	5	10		
鄂嘉	平掌	大水沟	大枇杷果树		1	5	1	5		
鄂嘉	嘉	回族村	汉谷地		2	11	2	11		
鄂嘉	新树	瓦房塘	骂母树		1	1	1	1		

11.2.2 社区经济

保护区内及周边社区农业产业结构单一，主要经济来源为种植业、养殖业，农闲季节少部分人靠外出打工或就近在本地打临工来贴补生活，农民人均纯收入9213元/年。主要种植稻谷、玉米、烤烟、核桃等；主要养殖羊、牛、猪、鸡等。

11.2.3 教育、文化

保护区涉及所在的鄂嘉镇设有中学和中心小学，5个村（居）民委员会均有初级完小；在文化建设方面，鄂嘉镇建有文化站、图书馆，保护区周边大部分行政村建有文化活动室、图书室和村级党员活动室，部分村有组建居民业余文娱宣传队，对丰富村民的业余文化生活和促进乡村文化产业发展具有重要的作用，但文化发展总体水平较低。

11.2.4 医疗卫生

保护区所在的鄂嘉镇有1个卫生院，涉及的每个村民委员会均有1个卫生室，但医疗条件较差，医疗设施设备简陋，群众看病依然比较困难，一般情况下无力诊治大病，主要是治疗常见小病。随着经济条件的发展和交通的改善，很多社区居民遇到重大的疾病，都会选择到县城或省城去就医。

11.2.5 农村居民社会保障

全省农村居民社会保障体系正处于初步建立阶段，新型农村合作医疗保险已全面铺开，有效提高了农村居民的健康水平，促进了农村经济发展和社会稳定。目前，保护区涉及的鄂嘉镇的参合率达96%以上。

11.2.6 交通

恐龙河自然保护区周边村委会由于自然条件差，山高、箐深、坡陡、河流多、筑路材料奇缺，公路建设成本高且建设后养护难，目前多数路面尚未实现硬化，晴通雨阻，路况有待改善。

11.2.7 通电、通讯

保护区涉及的1个乡镇已实现移动通讯网络全面覆盖，覆盖率达99%。保护区涉及乡镇、村委会以及大部分自然村都有接收信号，只有少部分地段接收信号较差，基本能满足保护区管理及巡护需求。保护区涉及的全镇手机普及率较高，基本能满足与外界的信息交流。随着全县电力行业的快速发展，保护区内及周边社区均已通电。

11.3 社区发展存在问题与建议

11.3.1 社区发展存在的问题

（1）人口压力大

随着人口增加，对自然资源的需求加大，生态环境受到的压力与日俱增。根据统计，保护区周边社区共生活着10329户、33589人，其中保护区内有7个自然村81户280人。随着人口逐年增多，保护区内及周边可利用资源的人均占有量将越来越少，对保护区的保护压力越来越大。

（2）经济结构单一

保护区周边村民的经济来源主要是农林产品收入，没有支柱产业。农业种植品种单一，经济作物主要有茶叶、果树等，农作物主要是玉米、小麦、蚕豆、蔬菜等，其他品种较少，具有较高经济价值的品种得不到栽培和推广，阻碍了社区经济的发展。此外，部分社区居民依赖保护区内的资源较大，如采集野生菌类、蔬菜、药材等，缺乏利用科学技术开展中药栽培和种苗培育等致富项目的意识或资金扶持，致富途径狭窄。

（3）社区发展资金缺乏

由于保护区级别较低，没有稳定的资金投入，也没有社区发展资金。由于资金匮乏，保护与社区发展的能源替代、持续利用、社区参与等项目实施较少，社区参与及发展机会少。

（4）社区居民环保意识不强

由于环境保护意识不强，保护区周边社区居民的生产生活对保护区资源依赖性较大，忽视保护区的生态效益和社会效益，阻碍保护区与社区间的协调发展。

（5）对保护区资源依赖较大

社区居民对保护区资源的依赖形式主要有薪材、林下采摘、放牧等。据调查，保护区周边社区村寨的主要能源还是薪柴，主要用于农村传统的取暖、做饭等，而电主要用于照明；为获得更多收益，村民在保护区内无序采摘。每年收获季节，大量村民涌入保护区采摘各种菌类、野菜和野生药材等。

11.3.2　社区发展建议

11.3.2.1　发展目标

（1）开展社区共管与社区发展扶持相结合，发展社区经济，加快社区脱贫，提高保护区周边和区内居民生活水平，有效改善社区生活环境和卫生状况，使保护区与社区和谐发展。

（2）改进资源利用方式和社区能源结构，加大太阳能等替代能源的使用，减少保护区周边居民对自然资源的依赖，实现生态环境与资源保护和社区经济发展的良性循环。

（3）开展宣传教育活动，提高社区居民文化素质和法律意识，增强社区居民的保护意识，自觉参与保护，降低保护区内案件发生率。

（4）为周边社区提供种植、养殖业等方面的实用技术培训，促进社区经济发展，减轻社区发展对自然资源依赖，实现自然保护区的可持续发展。

11.3.2.2　社区发展扶持项目规划

保护区地理位置特殊，保护区周边及区内居民生活生产条件相对低下，结合新农村建设、整乡推进、乡村公益性事业建设、基础设施建设以及州、县、乡发展规划，开展社区替代活动，推广农业科技，发展特色养殖业和种植业，转变周边及区内居民经济收入方式，改善周边社区经济条件、生活条件及卫生状况。

（1）直接减轻威胁保护区项目

①社区环境卫生改善

A．建卫生厕所

为提高社区环境卫生质量，防止传染病发生，每年选5个自然村，每村选择5户建卫生厕所。

B．建垃圾收集点

集中收集处理垃圾，每年选5个自然村，根据需要建设垃圾收集点。

②人畜饮水工程项目

重点扶持解决的保护区周边生产、生活用水困难的村社，解决人畜饮水困难的问题。规划扶持建设蓄水池5个，人畜饮水管网改造和建设20km。

（2）能源替代与技术改进

A．节柴灶推广示范

为降低薪材消耗，缓解自然保护区内资源压力，在保护区内及周边开展社区节柴改灶600眼。

B．扶持退耕还林，恢复植被，保护生态环境

加大退耕还林工程对保护区周边区域的倾斜力度，从县、乡、村、小组多层次、全方位地对保护区周边居民宣传退耕还林工程的好处和实惠，改变居民根深蒂固的传统观念，让居民群众积极主动地参加到退耕还林中来，恢复植被，改善和保护生态环境。

C．太阳能推广示范

太阳能使用与推广可降低森林资源消耗，缓解资源压力，是一项长效、安全、方便、简

捷的能源途径。

推广太阳能热水器100台；推广太阳能路灯100盏。重点安排在日照时间长且经济条件允许的村庄。

D．营造薪炭林

在保护区实验区边缘，与社区接壤有宜林地的社区村落，营造人工薪炭林，逐渐减少和阻止保护区天然林木的消耗。营造面积400hm²。树种选择：云南松、桦木、高山松、桤木等。

（3）社区替代性活动

①种植扶持项目

保护区周边适宜种植草药，选择适宜地点，利用林木庇荫，在保护区周边的社区土地内（林下）种植石槲、何首乌等中草药。林下立体种植，既不破坏林木资源，又能为社区居民带来经济收入，从而减少对保护区自然资源的依赖。规划示范种植面积50hm²。

②养殖扶持项目

在保护区周边社区，发展具有当地特色的鸡、牛和蜂等适度规模养殖。采用划区放牧和圈养相结合的方式，大力推广健康生态养殖技术，提升养殖效益，减少在保护区内放牧造成的生态危害。

③社区居民综合素质培训

A．培训社区居民学习相关知识技能，充实其头脑、拓宽其眼界、蜕变其思想；提高社区居民对事物的认知水平以及处理矛盾的能力，培养社区居民的法制观念，直接或间接向社区经济发展提供智力支持。

B．通过相关知识技能培训，改变社区居民的小农经济思想，鼓励开办家庭旅馆、餐饮，鼓励开展民族特色产品、服饰针织、传统手工艺品等不破坏自然资源的商贸活动，以多种形式积极参与就业。

C．社区旅游从业人员要进行从业技能培训，包括观念上的和技能上的，如环境卫生意识、导游技能、餐饮服务技能、客房服务技能、语言能力等技能培训，以提高服务质量、规范服务行为，提升旅游品牌。

④传统民族文化相关的产品加工制作

保护区周边生活着汉族、彝族、回族、哈尼族、傣族、傈僳族、白族、苦聪族、拉祜族、壮族等少数民族。结合楚雄州和双柏县旅游发展规划，少数民族民俗文化体验旅游占了很大一部分比重。鼓励发展乡镇旅游商品生产企业，创造就业机会，吸纳本地社区居民，依托各少数民族文化发展各村寨民族小手工业，进行传统服装、饰品、民俗手工艺品、乐器等的加工制作，作为民俗文化体验的纪念品进行销售，促进农村综合性旅游经济的发展。

11.3.2.3 资金渠道

（1）中央及各级政府社区发展资金和各级扶贫资金。

（2）地方政府经济和社会发展规划、计划，并在经费安排和政策上重点倾斜。

（3）社区自筹资金。

（4）争取社会团体、企业、个人的资助。

（5）争取项目援助。

（6）共管计划编制完成后，可通过招商引资活动争取更多的资金。

（7）利用"社区发展投资基金"在社区开展切实可行的创收活动。

第⑫章 保护区建设与管理

摘要：双柏恐龙河自然保护区是经楚雄州人民政府批准成立，以保护国家重点保护动物绿孔雀、黑颈长尾雉、滇南苏铁等为代表的珍稀濒危野生动植物资源及其栖息地、千果榄仁和八宝树为建群种的热带季雨林、元江中上游重要水源涵养地为主要保护对象。2004年，成立了双柏县恐龙河州级自然保护区管理所，为双柏县林业局管理的股所级事业单位。2017年5月，更名为恐龙河州级自然保护区管护局，为公益一类事业机构，正科级，核定事业编制10名。保护区成立以来，保护区管护局在制度建设、保护管理、科研监测、宣传教育等方面做了大量工作，并取得了成效。但保护区还存在着管理机构有待完善、基础设施严重滞后、保护管理人员不足、经费严重投入不足、执法体系不完善、保护与发展矛盾突出等方面的问题，建议加快推进保护地整合优化工作、理顺管理体制、加强队伍建设、加大科研经费投入、加强基础设施设备建设、完善管理制度、加强人类活动的管理等措施，使保护区走上规范、科学的管理轨道。

12.1 保护区建设

12.1.1 历史沿革及法律地位

（1）历史沿革

2002年3月，为了抢救性保护元江中上游的礼社江、石羊江河谷区域分布的绿孔雀及黑颈长尾雉，云南省林业调查规划院对恐龙河区域进行了初步调查，编制了《双柏恐龙河自然保护区可行性研究报告》《恐龙河自然保护区综合考察报告（2002）》及《恐龙河自然保护区总体规划设计方案（2002）》。

2002年8月15日，双柏县林业局以《关于申报成立恐龙河州级自然保护区的请示》向双柏县人民政府正式提出申请建立恐龙河州级自然保护区。

2003年4月10日，楚雄州人民政府《关于同意建立花椒园、大尖山、恐龙河州级自然保护区的批复》（楚政复〔2003〕19号），批准成立保护区，总面积10391.0hm²，其中：核心区9038.0hm²，实验区1353.0hm²。

2004年，根据楚雄州机构编制委员会《关于成立州级自然保护区管理所的通知》（楚编发〔2004〕15号）以及双柏县机构编制委员会《关于成立双柏县白竹山、恐龙河州级自然保护区管理所的通知》（双编发〔2004〕9号），批准成立双柏县恐龙河州级自然保护区管理所，为林业局下属股所级，核定事业编制5人。

2017年5月10日，双柏县机构编制委员会以《关于明确双柏县恐龙河州级自然保护区机构编制事项的通知》（双编发〔2017〕7号），双柏县恐龙河州级自然保护区管理所更名为恐龙河州级自然保护区管护局，为公益一类事业机构，正科级，核定事业编制10名。

（2）法律地位

2003年，楚雄州人民政府《关于同意建立花椒园、大尖山、恐龙河州级自然保护区的批复》（楚政复〔2003〕19号），批准成立保护区，总面积10391.0hm²，其中：核心区9038.0hm²，实验区1353.0hm²。

2004年，双柏县机构编制委员会《关于成立双柏县白竹山、恐龙河州级自然保护区管理所的通知》（双编发〔2004〕9号），批准成立双柏县恐龙河州级自然保护区管理所，为林业局下属股所级，核定事业编制5人。

2017年5月10日，双柏县机构编制委员会以《关于明确双柏县恐龙河州级自然保护区机构编制事项的通知》（双编发〔2017〕7号），双柏县恐龙河州级自然保护区管理所更名为恐龙河州级自然保护区管护局，为公益一类事业机构，正科级，核定事业编制10名。

（3）资源管理及执法权限

保护区管护局由双柏县林业和草原局管理，资源保护管理工作由恐龙河自然保护区管护局负责。执法权限按照《云南省人民政府关于增加云南省森林公安机关林业行政处罚权工作方案的批复》（云政复〔2015〕79号）和《云南省林业厅关于深入推进相对集中林业行政处罚权工作的通知》（云林法策〔2015〕2号）要求，由市县森林公安机关统一行使。

12.1.2 保护区类型和主要保护对象

12.1.2.1 保护区类型

（1）保护区的性质

保护区是经楚雄州人民政府批准成立，以保护国家重点保护动物绿孔雀、黑颈长尾雉、滇南苏铁等为代表的珍稀濒危野生动植物资源及其栖息地为目的，依法划出予以特殊保护和管理的自然地域，是集自然保护、科研监测、宣教、社区共管、生态旅游为一体的社会公益事业。保护区的管理机构属公益一类事业单位。

（2）保护区的类型

依据中华人民共和国国家标准《自然保护区类型与级别划分原则》（GB/T 14529—93），恐龙河自然保护区属于野生生物类别，野生动物类型的小型自然保护区。

12.1.2.2 保护区主要保护对象

保护区主要保护对象为：

（1）以国家重点保护动物绿孔雀（*Pavo muticus*）、黑颈长尾雉（*Symaticus humiae*）、蟒蛇（*Python molurus*）、猕猴（*Macaca mulatta*）、白鹇（*Lophura nycthemera*）、白腹锦鸡（*Chrvsolophus amherstiae*）、滇南苏铁（*Cycas diannanensis*）、千果榄仁（*Termimalia myriocarpa*）、金荞麦（*Fagopyrum dibotrys*）、桫椤（*Alsophila spinulosa*）、毛红椿（*Toona ciliata* var. *pubescens*）等为代表的珍稀濒危野生动植物资源及其栖息地；

（2）以千果榄仁、八宝树为建群种的热带季雨林；

（3）保护元江中上游重要水源涵养地。

12.1.3 保护区建设目标

12.1.3.1 总目标

认真贯彻国家和省政府各项有关自然保护区建设管理的法律、法规和方针政策，遵循自然规律和经济规律，有效地保护和恢复绿孔雀、黑颈长尾雉、滇南苏铁、千果榄仁等为主的野生动植物及热带季雨林等森林生态系统，维护其安全、稳定。在全面保护的前提下，运用科学方法、技术和手段，积极开展科学研究、监测、宣传教育、社区共管、生态旅游等活动，努力提高科学保护及管理的水平和能力。正确处理保护与发展的关系，探索自然资源可持续利用的有效途径，增强自养能力，促进周边社区的经济发展，使保护与社区建设相互促进、协调发展。通过科学规范的建设，把恐龙河自然保护区建成管理机构健全、人员结构合理、运行机制灵活、功能区划合理、设施完善、管理高效、科研与监测手段先进、在国内外具有较高知名度的自然保护区。

12.1.3.2 近期目标

（1）完善保护区机构建设，强化保护区基础设施建设，购置各项设备。

（2）完成保护区边界勘察，充实基层管护人员，加大对保护区资源的管理力度。

（3）强化保护管理和生态恢复，稳定绿孔雀种群、恢复其栖息地。

（4）加大人才培养及国内外合作交流力度，使保护区职工综合素质得到质的提高，科研、监测能力得到有效提升。

（5）在高质量的科研成果的支持下，加大宣教力度，积极开展各类环境教育活动，提高公众的环境意识和有效参与能力，使保护区知名度和影响力得到较大提高。

（6）在严格保护的前提下，积极探索有效的社区管理模式，稳妥地合理利用自然资源和景观资源，减少社区对保护区资源的依赖，使社区群众主动参与到保护区的保护管理中。

12.1.3.3 中远期目标

（1）实现保护区规范化和科学化的管理，使保护区生态系统充分发挥保护区的生态服务功能。

（2）优化保护区功能区。对出现保护管理问题的局部区域进行优化调整，最终达到各功能区布局科学合理，实现其保护功能价值最优化。

（3）调查受损、退化生态系统，编制需要进行恢复与修复的生态系统名录，确定恢复与修复方案，并且开展小范围试验示范。

（4）加强科学研究，持续开展人才培养及国内外合作交流。

（5）持续开展各类宣传教育活动，加强对外宣传和联系，使保护区知名度得到较大提升，公众环保意识普遍增强。

（6）依法、规范、适度、有序地开展特色生态旅游，打造保护区生态旅游品牌，并成为区域经济发展的新增长点，为保护区可持续发展奠定良好基础。

12.1.4 管理机构及人员编制

2003年，楚雄州人民政府《关于同意建立花椒园、大尖山、恐龙河州级自然保护区的批复》（楚政复〔2003〕19号），正式批准成立保护区；2004年，双柏县机构编制委员会《关于成立双柏县白竹山、恐龙河州级自然保护区管理所的通知》（双编发〔2004〕9号），批准成立双柏县恐龙河州级自然保护区管理所，为林业局下属股所级，核定事业编制5人。2017年5月10日，双柏县机构编制委员会以《关于明确双柏县恐龙河州级自然保护区机构编制事项的通知》（双编发〔2017〕7号），双柏县恐龙河州级自然保护区管理所更名为"恐龙河州级自然保护区管护局"，为公益一类事业机构，正科级，核定事业编制10名。

目前，保护区管护局下内设办公室（含会计、出纳）、资源保护股、科研宣教股等职能部门。保护区核定事业编制10人，现在职人数10人，其中管理岗位2人，技术岗位8人；另有管护人员7人未列入编制。正式在编职工中，按学历分：本科1人，大专7人，中专1人，高中1人。

12.1.5　基础设施和设备现状

恐龙河自然保护区地处的双柏县属于国家级贫困县，在财政状况十分困难的情况下，靠申报工程投资建设了少量必须的基础设施。目前，保护区尚未建设独立的办公用房、宿舍，以借用哀牢山国家级自然保护区双柏管理局房屋办公，为两层楼房，面积260m^2；其他基础设施建设严重滞后，亟待改善。

在保护区栽设界桩156棵，保护区界限明显；在保护区重要位置、显要地点建保护区半永久性、永久性宣传牌（碑）及宣传展板79块，宣传显著；同时建设绿孔雀饮水补充点、投食台4处，有效解决绿孔雀饮水困难。

12.2　保护区管理

12.2.1　制度建设

保护区管护局各项管理制度和措施，健全保护管理规章制度，明确职责。通过制度建设，使保护管理工作初步做到日常化、制度化，做到有法可依，有章可循，强化依法行政、依法管理。工作人员积极开展巡护管理、森林防火、宣传教育、野生动物肇事解释等工作。

12.2.2　保护管理

（1）巡护管理

现有护林员7人，建立了巡护管理工作制度，明确巡护责任，规定了护林员月巡护天数；制定出巡护路线，明确巡护目的、重点部位、防火重点、重点保护物种位置等。通过巡护，不断了解山情、林情、村情、社情、民情，能及时发现问题，调整工作重点。

管理着一支30人的县级专业扑火队，并采取各种措施预防森林火灾的发生。每到护林防火季节及农村过节时期，保护管理人员都深入农户宣传护林防火，确保了从保护区成立以来未发生过大的火灾的良好记录。

（2）边界管理

已在保护区周边沿保护区边界埋设了永久性水泥界桩156棵，明确了保护区管护四至界线，向周边社区告示了保护区范围，得到社区认可，管理方便。

12.2.3　科研监测

长期以来，保护区科研人员和必要的科研设备紧缺，科研基础薄弱，影响了保护区科研工作的有效开展。保护区建立以来，共有多批动植物专家、研究生到保护区开展了鸟类、黑颈长尾雉、绿孔雀、滇南苏铁等专项调查。中科院昆明动物研究所、中科院昆明植物研究所都与恐龙河管护局建立了良好的合作关系，保护区科研监测工作得到他们的指导和技术支持，获得长足发展。

（1）科学考察

2002年3月，为了抢救性保护元江中上游的礼社江、石羊江河谷区域分布的绿孔雀及黑颈长尾雉，云南省林业调查规划院对恐龙河区域进行了初步调查，编制了《双柏恐龙河自然保护区可行性研究报告》《恐龙河自然保护区综合考察报告（2002）》及《恐龙河自然保护区总体规划设计方案（2002）》。

（2）黑颈长尾雉调查监测

2003年4—5月期间，北京林业大学研究生调查表明，保护区内有黑颈长尾雉137只。2006年—2007年4月期间，2批西南林学院研究生对黑颈长尾雉进行了全面调查，估计有19群约150只，拍到了活体图片。调查数据显示，黑颈长尾雉数量略有增长。

（3）绿孔雀调查监测

根据北京林业大学、云南大学、西南林业大学的教授及学者对恐龙河保护区范围内调查，恐龙河保护区内分布有绿孔雀60~70只，其野生种群数量是全省乃至全国所有自然保护区最多的，如果恐龙河保护区分布的绿孔雀灭绝的话，则中国国内野生绿孔雀在野外灭绝的时间也就不远了。

2011年、2012年，楚雄州自然保护区管理局开展绿孔雀调查，在恐龙河保护区拍到了活体录像图片。

2014年4月，在保护区用绿孔雀挂红外线监测相机拍摄到多张绿孔雀图片。

2014年11月—2015年5月，保护区采用标图法和红外相机法对辖区内莫家湾片区的绿孔雀种群进行了重点监测和调查，经整理和统计，该片区分布56只个体，最大集群红外监测数量记录为7只。

2016年1—12月的监测与调查工作，除在原有的磨江湾片区进行连续监测，并且密度与监测范围的加强和扩大以外，还新增了龙树山、旱谷地、新树山、小竹箐、红星地、杨梅树等6个监测地点和片区。2016年度调查监测片区内绿孔雀总体数量不少于79只。其中2月份最大集群数量为13只，高于2015年7只的最大监测数量。

2017年，恐龙河保护区继续开展全年的绿孔雀极小种群常规监测工作，此外，在2017年5月进行的元江中上游绿孔雀种群调查工作中，调查人员对于石羊江河谷流域进行大量访问调查和实地调查，调查结果发现恐龙河保护区内共有8处绿孔雀分布点，绿孔雀种群数量不低于90只，此数据也被列入元江中上游绿孔雀调查数据结果中。

2017—2018年，分别对独田、爱尼山、大麦地、妥甸等乡镇进行了普查，并对重点区域进行巡护监测。

（4）滇南苏铁调查监测

2012年2月，经中国科学院昆明植物研究所龚洵教授到恐龙河保护区实地调查，保护区内分布的苏铁鉴定为滇南苏铁，具有极高的保护研究价值，种群数量达数千余株，在云南省境内是分布最集中、数量较多的地方，如此大规模集中分布的野生苏铁在我国极为少见。

2016年和2018年，管护局分别实施了滇南苏铁保护项目，建设完成1块滇南苏铁监测样地、1条监测样带，完成近3年的滇南苏铁物候监测。

2016年，管护局开展滇南苏铁项目，繁育滇南苏铁苗849株；2018年采摘滇南苏铁野外种949粒，大棚人工繁育2185粒。

2018年，位于彩鄂公路桃树箐嘴滇南苏铁回归种植基地建设完成，回归种植滇南苏铁849株。

12.2.4　宣传教育

保护区建立以来，管护局比较重视宣教工作，积极协调环保、新闻、文化等部门多次进行"爱护生态、保护资源"、"把青山留给子孙后代"、"保护绿孔雀，双柏在行动"等一系列宣传活动，周边社区群众的环境保护意识有所提高，破坏森林和偷猎等事件呈下降趋势；保护区还经常到本辖区内的周边中小学给学生宣传，讲解鉴别珍稀动物知识，增强中小学生保护自然意识；保护区积极参与极小种群野生植物的保护宣传，参与COP15—极小种群物种与生物多样性保护边会宣传片中滇南苏铁和绿孔雀2个物种的保护成效宣传。目前，在保护区重要位置、显要地点建设保护区宣传牌（碑）及宣传展板79块，宣传效果显著。通过不断的宣传教育，提高了公众对保护区的认知度和环境保护意识，同时较大地提升了保护区在国内外的知名度和影响力。

12.3　管理评价

（1）管理机构

保护区管护局在行政上受双柏县人民政府领导，业务上受双柏县林业和草原局、楚雄州林业和草原局指导。管护局行政级别为正科级，设局长1名，副局长1名，根据法律、法规和相关政策，对保护区行使保护管理职能，对保护区实行统一管理。目前内设办公室（含会计、出纳）、资源保护股、科研宣教股等职能部门，仅有管护局一级管理体系，护林点及专职护林员正准备着手试运行。

（2）管理队伍

经双柏县机构编制委员会批准，保护区核定事业编制10人。现在职人数10人，已满编，其中管理岗位2人，技术岗位8人；另有管护人员7人未列入编制。目前，保护区人员配备尚显不足，不能涵盖保护区工作的方方面面，应根据保护管理工作的需要，配齐工作人员，并在管理深度上下功夫，提高保护管理人员专业水平，特别是提高科研人员的工作能力。

（3）基础设施与设备

保护区现无自有的基础设施，所使用办公用房两层楼房约260m³，权属为哀牢山自然保护区双柏管护分局；巡护站点、卡哨权属为双柏县鄂嘉林场，无巡护监测和办公公务用车，单位固定资产12万元全部属于办公、巡护检测设备。目前，在保护区栽设界桩156棵，保护区界限明显。

（4）法规体系

保护区管理机构成立后，依据《云南省自然保护区管理条例》《中华人民共和国自然保护区条例》等法律、法规行使保护管理工作。但由于保护区机构改革前，人员少、任务重，加上正式设立保护区机构的时间不长，尚未实现"一区一法"制定属于保护区的管理办法、管理制度、保护区各科室工作任务和职责、保护点工作职责和管理制度等，难以使管护队伍做到任务到位、目标明确、职责分明，管护工作离正规化和规范化的轨道还相差甚远。保护区管理区点多面广、情况复杂，在贯彻执行当地政府和上级业务主管部门的管理制度中，现有的规章制度远远不能满足实际保护管理工作需求。

（5）科研监测

近年来，保护区管护局购置了部分巡护及防火设备和科研办公设备，为保护区科研及监测工作创造了最基础的科研条件。与科研单位和大专院校开展了绿孔雀、滇南苏铁等物种的调查监测项目。通过与科研单位和大专院校联合科研监测项目，保护区管护局的科研监测能力得到了较大的提高。但由于保护区科研经费缺乏、科研人员缺乏等原因，科研监测成效不理想，较少取得实际成果，因而，以后的科研工作要加强科研人才培养和科研投入。

（6）宣传教育

保护区建立以来，管护局比较重视宣教工作，积极协调环保、新闻、文化等部门多次进行"爱护生态、保护资源""把青山留给子孙后代""保护绿孔雀，双柏在行动"等一系列宣传活动，周边社区群众的环境保护意识有所提高，破坏森林和偷猎等事件呈下降趋势。保护区还经常到本辖区内的周边中小学给学生宣传，讲解鉴别珍稀动物知识，增强中小学生保护自然意识。目前，在保护区重要位置、显要地点建保护区宣传牌（碑）及宣传展板79块，宣传显著。通过不断的宣传教育，提高了公众对保护区的认知度和环境保护意识，同时较大地提升了保护区在国内外的知名度和影响力。

（7）管理成效

近年来，管护局在取得政府和广大群众对保护工作支持的同时，通过禁猎、禁捕、加强日常巡护和加大查处力度，对保护区内的乱采滥挖、乱捕滥猎活动予以严厉打击。

针对保护区周边人为活动频繁区域林火威胁严重的问题，保护区管护局着重加强对森林火灾的防范工作，管理着一支30人的县级专业扑火队，并采取各种措施预防森林火灾的发生。每到护林防火季节及农村过节时期，保护管理人员都深入农户宣传护林防火，这也确保了从保护区成立以来未发生过大的火灾的良好记录。但不可否认的是由于资金投入渠道缺乏，目前保护区的防火力量还非常薄弱。

（8）相关利益群体协调

保护区的建立和发展涉及保护区管理者、周边社区、当地政府及社会公众等众多相关利益者，不同相关利益者的需求及其对保护区的态度，直接影响到保护区的发展。与保护区保护和发展相关的不同利益群体主要有：①政府及其职能部门；②区内及周边社区；③教育、科研及培训部门等。

保护区内涉及有6个村民小组共计76户267人。保护区及周边经济欠发达，保护区周边群众生产生活对自然资源的依赖较大。虽然管护局积极参与太阳能、节柴灶、圈养畜牧等新科技推广，积极参与产业结构调整和林业产业扶贫，积极参与脱贫攻坚等重大政策性民生工程，取得积极的社会效益。但由于保护区建设暂无经费，需要保护区管护局开展的各项社区协调工作尚未真正开展，保护区急需解决好社区共建、共管的问题。

（9）自养能力

保护区建立以来，主要精力花在保护区资源保护工作上，没有专人进行相关方面工作的尝试，保护区仅靠财政拨款维持，自养能力极低。为促进保护区保护工作的顺利开展和保护事业的健康发展，今后在努力争取上级对保护区项目建设投资的同时，应尽快落实完善生态公益林补偿机制，应积极、合理、有效地开展保护区和社区经济发展项目，以增强保护区自身的经济实力和发展后劲。

12.4　存在问题与对策

12.4.1　存在问题

自保护区建立以来，已取得了一些保护成效。但在建设和发展过程中存在一些困难和问题，特别是科研监测、宣传教育、资源合理利用，以及如何全面、科学、有效地管理保护区，促进保护区可持续发展等方面仍存在着一些矛盾和问题，制约着保护区保护管理水平的提高。

（1）管理机构有待完善

保护区级别为州级，行政和人事归双柏县委、政府领导和管理，业务受县林业和草原局、州林业和草原局指导；目前管护局内部机构设置不完善，管护局仅为一级管理，对开展工作造成一定的局限性。

（2）基础设施严重滞后

目前保护区基础设施建设严重滞后，管护局办公楼为租用哀牢山国家级自然保护区双柏管理局业务用房，保护区尚未建立自主的保护区局、站办公用房；保护区界桩、界碑及标示牌等严重缺乏；科研、宣教设施设备缺乏，特别是野外科研、宣教设施亟待增强。由于这些基础设施严重滞后，给保护管理工作带来诸多不利影响，严重制约了保护区发展。

（3）保护管理人员不足，专业人员有限

保护区点多、面广、线长，人员编制偏紧，现有人员专业结构不能满足保护管理工作的需要；并且在职人员中专业技术人员比例不高，专业性较弱，无法进行基本的标本制作、物种辨认，管理、专业技能亟待加强。

（4）科研监测、宣教等经费严重不足

由于地方政府财政困难，保护区管护局的人员工资和公务费由州财政按月拨付。除此之外，保护区管护局无科研监测、公众意识宣传教育、巡护等业务经费，科研监测、宣传教育设施设备缺乏，严重制约了保护事业的发展。

（5）执法体系不完善

由于保护区机构改革前，人员少、任务重，加上正式设立保护区机构的时间不长，尚未实现"一区一法"，相应的多种管理制度尚未健全。并且，保护区管护局没有综合执法权，林业行政执法由州森林公安局执法，执法范围和区域受限，给依法管理自然保护区带来诸多不便。

（6）社区群众对保护区依赖依然严重

保护区内涉及有6个村民小组共计76户267人，其建设用地、生产用地周边基本上是野生苏铁、绿孔雀集中分布区；并且村民生产生活用柴均依赖保护区，放牧耕种等活动对保护区的影响较大。这些区域村民的生产生活活动对保护区形成了严重干扰，出现村民与保护区争地，牲畜与保护区内野生动物争食的现象。

（7）保护与发展矛盾突出

经济发展历来是国家和地方政府非常重视的问题，它涉及到社会的方方面面，只注重保护不求发展的泛保护主义将不利于社区和周边社会的稳定。如何妥善解决资源、环境保护与经济发展的矛盾，实现保护区与社区经济的协调发展，是保护区必须解决的紧要问题。随着近年来区域社会经济的发展，保护区与社区经济发展之间矛盾日益冲突，影响了保护区的发展和保护管理的有效性。

12.4.2 对策

（1）加快保护地整合优化工作

根据"中办发〔2019〕42号"、"自然资函〔2020〕71号"等政策文件要求，按照保护面积不减少、保护强度不降低、保护性质不改变的总体要求，加快推进保护地整合优化工作，彻底解决保护地交叉重叠问题。

（2）理顺管理体制

结合自然保护区管理体制改革，划清自然保护区的管护范围，由保护区管护局统一行使对恐龙河州级自然保护区的管护监督职能，并承担管护主体责任，全面加强保护区森林资源管护和监测。保护区管护局统一对管护人员进行日常督促考核管理。

（3）提高人员素质

充实局、站人员，结合保护区岗位结构和人员现状，制定合理的人才引进和培训计划，提高管理人员素质，按照具体的管理任务，合理配备管理人员。切实提高自然保护区科学管理水平，增加科技人员的比重，增加编制调入专业技术人员，并积极吸纳高校毕业生。同时，结合保护区自身特点，自上而下可进一步开展对保护区决策人员、管理人员、科研人员、宣传人员、数据管理人员、执法人员、巡护人员、行政管理服务人员等职业教育和技能培训，全面提升保护区各类人员的文化素质和业务能力。

（4）加强基础设施建设

将保护区建设纳入各级政府经济社会发展计划，完成局、站、哨卡基础设施和配套工程建设，配备相应的设施设备，改善职工办公环境和基本生活条件，为保护区各项工作的正常开展提供硬件保障。考虑到现管护局所在地为乡镇，距离县城较远，办公、交通、生活等条件均较差，为便于与各部门协调工作和统一管理，建议将保护区管护局迁至双柏县城办公。

（5）加大科研监测经费投入

根据保护区科研监测工作的实际需要，加大科研监测经费投入，加强科研基础设施建设，购置科研监测设备，营造良好的科研平台，吸引相关科研机构合作开展科研工作。针对主要保护对象，加大本底资源调查的详细程度，扩大研究范围和研究对象，推进研究深度，加强科研能力。监测项目主要是建立健全监测样地、样线，对主要保护对象及其栖息环境进行动态监测，在科研机构的支持下长期自主开展监测，不断加强监测能力。

（6）加强保护区内人类活动情况的管理

对保护区内的人类活动进行现地核实，查清起源及存在问题，建立人类活动台账，依据调查情况依法依规处理，并充分考虑涉及群众的民生问题，结合实际开展整改，加强监管。对位于保护区内或对保护区压力较大和生活条件较差的社区居民进行搬迁，以改善群众生产、生活条件，加快脱贫致富，减轻对保护区的压力。

（7）制定和完善各项管理制度

保护区管理机构和管理人员要认真组织贯彻落实相关的法律、法规和条例，制定和完善各项管理制度，保障保护区的有效保护管理；加强宣传，让社区群众主动自觉参与自然资源的保护工作，合理地、适当地利用保护区集体林，使区内放牧、乱砍滥伐、偷猎、林下采集等现象得到有效控制。

参考文献

艾铁民. 中国药用植物志 第3卷 被子植物门 双子叶植物纲[M]. 北京: 北京大学医学出版社, 2016.

陈维新, 吴大刚. 银木荷皂苷元研究[J]. 化学学报, 1978, 36 (3): 229–232.

陈小勇. 云南鱼类名录[J]. 动物学, 2013, 34 (4): 281–343.

陈宜瑜. 横断山区鱼类[M]. 北京: 科学出版社, 1998b.

陈宜瑜. 中国动物志硬骨鱼纲鲤形目（中卷）[M]. 北京: 科学出版社, 1998.

陈永森. 云南省志–地理志[M]. 昆明: 云南人民出版社, 1998.

成功, 龚济达, 薛达元, 等. 云南省陇川县景颇族药用植物传统知识现状[J]. 云南农业大学学报 (自然科学), 2013, 28(1): 1–8.

成庆泰. 云南的鱼类研究[J]. 动物学杂志, 1958, 2 (3): 153–262.

褚新洛, 陈银瑞. 云南鱼类志（上册）[M]. 北京: 科学出版社, 1989.

褚新洛, 陈银瑞. 云南鱼类志（下册）[M]. 北京: 科学出版社, 1990.

褚新洛, 郑葆珊, 戴定远. 中国动物志硬骨鱼纲鲇形目[M]. 北京: 科学出版社, 1999.

杜凡, 杨宇明, 李俊清, 等. 云南假泽兰属植物及薇甘菊的危害[J]. 云南植物研究, 2006, 28 (5): 505–508.

龚济达, 成功, 薛达元, 等. 云南省陇川县景颇族药用动物传统知识现状[J]. 云南农业大学学报 (自然科学), 2012, 27 (3) : 308–314.

郭振, 崔箭, 徐士奎, 等. 产业化角度打造民族医药发展载体[J]. 中国民族医药杂志, 2006 (5): 82–85.

韩联宪, 刘越强, 谢以昌, 等. 黄庆文双柏恐龙河自然保护区春季鸟类组成[J]. 保护鸟类人鸟和谐, 2009: 219–225.

何开仁. 景颇族医药的历史现状与发展[J]. 中国民族医药杂志, 2009, 15(10) : 6–7.

何明华. 浅谈怒江水系鱼类资源保护[J]. 林业调查规划, 2005, 30（增刊）: 73–77.

侯学煜. 论中国植被分区的原则、依据和系统单位[J]. 植物生态学报, 1964, 2 (2): 153–179.

胡华斌. 云南德宏景颇族传统生态知识的民族植物学研究[D]. 昆明: 中国科学院昆明植物研究所, 2006: 1–100.

贾敏如, 李星炜. 中国民族药志要[M]. 北京: 中国医药科技出版社, 2005: 1– 857.

姜汉侨. 云南植被分布的特点及其地带规律性[J]. 云南植物研究, 1980 (1): 24–34.

蒋志刚, 江建平, 王跃招, 等. 中国脊椎动物红色名录[J]. 生物多样性, 2016, 24 (5): 500–551.

乐佩琦. 中国动物志硬骨鱼纲鲤形目（下卷）[M]. 北京: 科学出版社, 2000.

雷富民, 卢汰春. 中国鸟类特有种[M]. 北京: 科学出版社, 2006.

李荣兴. 德宏民族药名录[M]. 德宏傣族景颇族自治州: 德宏民族出版社, 1990: 1–214.

李锡文. 云南高原地区种子植物区系[J]. 云南植物研究, 1995, 17 (1): 1–14.

李锡文. 云南热带种子植物区系[J]. 植物分类与资源学报, 1995, 17 (2): 115–128.

李锡文. 云南植物区系[J]. 植物分类与资源学报, 1985, 7 (4): 361–382.

刘华训. 我国山地植被的垂直分布规律[J]. 地理学报, 1981, 48 (3): 267–279.

马克平, 刘灿然, 刘玉明. 生物群落多样性的测度方法 II β多样性的测度方法[J]. 生物多样性, 1995, 3(1): 38–43.

宋永昌. 中国常绿阔叶林分类试行方案[J]. 植物生态学报, 2004, 28(4): 435–448.

王荷生, 张镱锂. 中国种子植物特有属的生物多样性和特征[J]. 云南植物研究, 1994, 16(3): 1–3.

韦淑成, 周庆宏. 昆明优良乡土绿化树种[M]. 昆明: 云南科技出版社, 2011: 114.

吴征镒, 路安民, 汤彦承, 等. 中国被子植物科属综论[M]. 北京: 科学出版社, 2003.

吴征镒, 孙航, 周浙昆, 等. 中国植物区系中的特有性及其起源和分化[J]. 云南植物研究, 2005, 27 (6): 577–604.

吴征镒, 朱彦丞. 云南植被[M]. 北京: 科学出版社, 1987: 81–793.

吴征镒. 论中国植物区系的分区问题[J]. 植物分类与资源学报, 1979, 1 (1): 3–22.

西南林学院, 云南林业厅. 云南树木图志 (上中下册) [M]. 昆明: 云南科技出版社, 1988–1991.

肖之强, 马晨晨, 代俊, 等. 铜壁关自然保护区藤本植物多样性研究[J]. 热带亚热带植物学报, 2016, 24 (4): 437–443.

杨大同, 饶定齐. 云南两栖爬行动物[M]. 昆明：云南科技出版社, 2008.

杨晓君, 吴飞, 王荣兴, 等. 云南省生物物种名录—鸟类[M]. 昆明: 云南科技出版社, 2016: 553–578.

尹五元, 舒清态, 李进宇. 云南铜壁关自然保护区种子植物区系研究[J]. 西北农林科技大学学报 (自然科学版), 2007, 35 (1): 204–210.

袁明, 王慷林, 普迎冬. 云南德宏傣族景颇族自治州竹亚科 (禾本科) 植物区系地理研究[J]. 植物分类与资源学报, 2005, 27 (1): 19–26.

张立敏, 高鑫, 董坤, 等. 生物群落β多样性量化水平及其评价方法[J]. 云南农业大学学报 (自然科学), 2014, 29 (4): 578–585.

张荣祖. 中国动物地理[M]. 北京: 科学出版社, 1999.

郑光美. 中国鸟类分类与分布名录 [M]. 3版. 北京: 科学出版社, 2018.

郑作新. 中国鸟类分布名录[M]. 北京: 科学出版社, 1976.

中国科学院昆明植物研究所. 云南植物志 (1–16卷) [M]. 北京: 科学出版社, 1977–2006.

中国科学院植物研究所. 中国高等植物图鉴 (1–5册) [M]. 北京: 科学出版社, 1972–1976.

中国植物志编委会. 中国植物志 (1–80卷) [M]. 北京: 科学出版社, 1959–2004.

中华人民共和国濒危物种进出口管理办公室, 中华人民共和国濒危物种科学委员会. 濒危野生动植物种国际贸易公约[M]. 2016.

朱华, 赵见明, 蔡敏, 等. 云南德宏州种子植物区系研究–科和属的地理成分分析[J]. 广西植物, 2004, 24 (3): 193–198.

GREEN DM, BAKER MG. Urbanization impacts on habitat and bird communities in a sonoran desert ecosystem[J]. Landscape & Urban Planning, 2003, 63 (4): 225–239.

KONG D, WU F, SHAN P, et al. (2018). Status and distribution changes of the endangered Green Peafowl (Pavo muticus) in China over the past three decades (1990s—2017). Avian Research, 9 (1), 18.

WU F, LIU L, FANG JL, et al. Conservation value of human–modified forests for birds in mountainous regions of south–west China. Bird Conservation International, 2017, 27 (2), 187–203.

WU F, LIU LM, GAO JY, et al. Birds of the Ailao Mountains, Yunnan province, China, Forktail, 2015, 31: 47–54.

WU F, YANG XJ, YANG JX. Using additive diversity partitioning to help guide regional montane reserve design in Asia: an example from the Ailao Mountains, Yunnan Province, China. Diversity and Distributions, 2010, 16: 1022–1033.

保护区综合科学考察单位及人员名单

一、考察单位

主持单位：云南省林业调查规划院
云南省自然保护地研究监测中心
参与单位：中国科学院昆明动物研究所
云南大学
云南师范大学
西南林业大学
双柏县林业和草原局
双柏恐龙河州级自然保护区管护局

二、专题组成员

（一）管理组

华朝朗　云南省林业调查规划院　副院长、正高级工程师
余昌元　云南省林业调查规划院　主任、正高级工程师
郑进烜　云南省林业调查规划院　副主任、高级工程师
王　勇　云南省林业调查规划院　副主任、高级工程师
杨　东　云南省林业调查规划院　高级工程师
朱志刚　楚雄州林业和草原局　科长
朱明龙　中共双柏县委　常委、统战部　部长、县林业和草原局　原局长
杨光科　双柏县林业和草原局　原副局长
柏永相　双柏恐龙河州级自然保护区管护局　原局长
郭汝平　双柏恐龙河州级自然保护区管护局　局长
谢以晶　双柏恐龙河州级自然保护区管护局　股长

（二）自然地理专题

角媛梅　云南师范大学　教授
刘澄静　云南师范大学硕士　研究生
刘　敬　云南师范大学硕士　研究生
吴常润　云南师范大学硕士　研究生
冯志娟　云南师范大学硕士　研究生

（三）植物、植被专题

王焕冲　云南大学　副教授

余昌元　云南省林业调查规划院　主任、正高级工程师

郑进烜　云南省林业调查规划院　副主任、高级工程师

张国学　中国科学院昆明植物物研究所　高级工程师

蔡文婧　云南省林业调查规划院　工程师

郑静楠　云南省林业调查规划院　助理工程师

尹明云　云南大学　硕士研究生

沈　微　云南大学　硕士研究生

张　坤　云南大学　硕士研究生

王秋萍　云南大学　硕士研究生

（四）兽类专题

杨士剑　云南师范大学　教授

杨　东　云南省林业调查规划院　高级工程师

金　蔚　云南省林业调查规划院　助理工程师

王亚红　云南师范大学　本科生

张一蔓　云南师范大学　本科生

李国彬　云南师范大学　本科生

张桥艳　云南师范大学　本科生

张柏楠　云南师范大学　本科生

马梦迪　云南师范大学　本科生

李俊宏　云南师范大学　本科生

李玉杰　云南师范大学　本科生

卢　剑　云南师范大学　本科生

（五）鸟类专题

吴　飞　中国科学院昆明动物研究所　副研究员

杨　东　云南省林业调查规划院　高级工程师

岩　道　中国科学院昆明动物研究所　硕士研究生

高建云　中国科学院昆明动物研究所　硕士研究生

单鹏飞　中国科学院昆明动物研究所　硕士研究生

袁兴海　中国科学院昆明动物研究所　硕士研究生

陈逸林　中国科学院昆明动物研究所　硕士研究生

（六）两栖爬行类、鱼类动物专题

李　旭　西南林业大学　副教授

杨　东　云南省林业调查规划院　高级工程师

刘小龙　西南林业大学　硕士研究生

（七）生物多样性评价专题

华朝朗　云南省林业调查规划院　副院长、正高级工程师

郑进烜　云南省林业调查规划院　副主任、高级工程师

杨国伟　云南省林业调查规划院　正高级工程师

蔡文婧　云南省林业调查规划院　工程师
郑静楠　云南省林业调查规划院　助理工程师
朱明龙　中共双柏县委　常委、统战部　部长、县林业和草原局　局长

（八）土地利用专题

王　勇　云南省林业调查规划院　副主任、高级工程师
郑进烜　云南省林业调查规划院　副主任、高级工程师
朱志刚　楚雄州林业和草原局　科长
杨祖勇　双柏县林业和草原局　工程师
杨光科　双柏县林业和草原局　副局长
文云燕　双柏恐龙河州级自然保护区管护局　主任、工程师

（九）社区经济与社区发展专题

郑静楠　云南省林业调查规划院　助理工程师
杨国伟　云南省林业调查规划院　正高级工程师
郑进烜　云南省林业调查规划院　副主任、高级工程师
蔡文婧　云南省林业调查规划院　工程师
郭汝平　双柏恐龙河州级自然保护区管护局　局长

（十）保护区建设与管理专题

余昌元　云南省林业调查规划院　主任、正高级工程师
杨国伟　云南省林业调查规划院　正高级工程师
郑进烜　云南省林业调查规划院　副主任、高级工程师
杨　东　云南省林业调查规划院　高级工程帅
王　勇　云南省林业调查规划院　副主任、工程师
苏贤海　双柏恐龙河州级自然保护区管护局　副局长

（十一）GIS 及制图专题

王　勇　云南省林业调查规划院　副主任、高级工程师

（十二）摄像专题

余金贵　云南章鱼文化传媒有限公司
张　阳　云南章鱼文化传媒有限公司
余昌元　云南省林业调查规划院　主任、正高级工程师
郑进烜　云南省林业调查规划院　副主任、高级工程师
郭汝平　双柏恐龙河州级自然保护区管护局　局长

保护区管护局参加调查的人员：
吴晓玲　双柏恐龙河州级自然保护区管护局　助理工程师
罗恒玲　双柏恐龙河州级自然保护区管护局　助理工程师